Reine und angewandte Metallkunde in Einzeldarstellungen
Herausgegeben von W. Köster
11

Magnetische Werkstoffe

Von

Dr. techn. Ing. Franz Pawlek
o. Professor an der Technischen Universität
Berlin-Charlottenburg

Mit 270 Abbildungen

Springer-Verlag
Berlin / Göttingen / Heidelberg
1952

ISBN 978-3-642-53300-6   ISBN 978-3-642-53299-3 (eBook)
DOI 10.1007/978-3-642-53299-3

Vorwort.

Die stürmische Entwicklung auf ferromagnetischem Gebiet und die wachsende Bedeutung der Anwendung magnetischer Werkstoffe in der industriellen Technik ließ es schon seit einiger Zeit als wünschenswert erscheinen, eine zusammenfassende Darstellung über diese Fragen herauszubringen.

Der Verfasser folgte deshalb gern der Aufforderung des Herausgebers, „die Werkstoffe" in einem Band der Sammlung geschlossen zu behandeln. Bei Beschränkung auf dieses wichtige und umfangreiche Teilgebiet der magnetischen Werkstoffkunde ging man von der Voraussetzung aus, daß der Industrie mit einem Buch, in dem in der Hauptsache die Anwendungsfragen des Gesamtgebietes gründlich abgehandelt sind, zur Zeit besonders gedient sein wird.

Bei der Bearbeitung konnte die Zeitschriftenliteratur der Jahre 1930 bis Ende 1950, die zum größten Teil im Original zur Verfügung stand, berücksichtigt werden. Von den älteren zusammenfassenden Werken ist das Buch „Die ferromagnetischen Legierungen" von W. S. MESSKIN und A. KUSSMANN besonders erwähnenswert. Inhaltlich muß vieles in ihm nach dem heutigen Stand als überholt angesehen werden, wenn auch sein Aufbau noch immer als vorbildlich angesprochen werden kann. In einer Reihe weiterer, in der Folgezeit erschienener Bücher werden die Werkstoffe nur an zweiter Stelle behandelt. In dem umfangreichen Buch von R. M. BOZORTH „Ferromagnetism", das 1951 in New York herauskam, wird der heutige Stand des Gesamtgebietes wiedergegeben. Im vorliegenden Band, in dem ein Querschnitt über die Entwicklung der magnetischen Werkstoffe in den letzten 20 Jahren gegeben wird, konnten diese jedoch sehr viel eingehender gewürdigt werden.

Das Manuskript des Buches wurde von Herrn Prof. Dr. W. KÖSTER und Herrn Dr. K. SIXTUS überprüft. Für diese Arbeit und für zahlreiche Diskussionen und Vorschläge während der Abfassung des Buches bin ich diesen Herren zu außerordentlichem Dank verpflichtet.

Die Firmen AEG, Badische Anilin- und Soda-Fabrik, Deutsche Edelstahlwerke, Krupp, Magnetstahlfabrik Tigges & Co. und Vacuumschmelze Hanau haben bereitwillig Unterlagen zur Verfügung gestellt, wofür ich den Firmen auch an dieser Stelle meinen verbindlichsten Dank zum Ausdruck bringe. Das gleiche tue ich auch Herrn HELMUT HENNIG gegenüber für die Anfertigung von Zeichnungen und Fräulein URSULA VOLKMANN für das Korrekturlesen.

Berlin, im Januar 1952.

Franz Pawlek

Inhaltsverzeichnis.

A. Einleitung.

Die ferromagnetischen Werkstoffe haben stets einen geheimnisvollen Reiz auf den Menschen ausgeübt, handelt es sich doch dabei um eine Naturerscheinung, die durch unsere Sinnesorgane nicht unmittelbar erfaßt werden kann. Diesem Umstand mag es auch zuzuschreiben sein, daß verhältnismäßig spät eine theoretische Durchdringung dieses Gebietes begann, die bis heute noch nicht abgeschlossen ist. Aber auch andere Gründe waren maßgebend für eine verzögerte systematische Entwicklung magnetischer Werkstoffe. Die Skala der magnetischen Kennwerte derzeit gebräuchlicher Materialien reicht über fünf Zehnerpotenzen, umfaßt also einen sehr großen Bereich, der durch denselben Werkstoff fast nie zu bestreichen ist. Hinzu kommt, daß die Kennwerte sowohl durch verhältnismäßig geringe Änderungen in der Zusammensetzung als auch durch Änderungen des Werkstoffzustandes entscheidend beeinflußt werden können: so ist es z. B. möglich, bei einer geeigneten Legierung nur durch die Änderung der Abkühlungsbedingungen die Koerzitivkraft um den Faktor 10^4 zu verändern. Schließlich zeigen die meisten ferromagnetischen Stoffe eine sehr ausgeprägte Anisotropie der Eigenschaften, so daß der kristallographische Aufbau oft eine entscheidende Rolle spielen kann. Diese erst vor etwa 25 Jahren gewonnenen Erkenntnisse haben zur Folge, daß eine ungeheure Fülle magnetischer Messungen wertlos ist, weil Zusammensetzung und Zustand des Materials gar nicht oder unzureichend gekennzeichnet waren. Erst durch Berücksichtigung dieser Gegebenheiten war es möglich, einander oft widersprechende Ergebnisse einer gemeinsamen Gesetzmäßigkeit unterzuordnen.

Bei der Beschreibung magnetischer Werkstoffe ist die Wahl einer Systematik auf Grund der oben angeführten Gründe etwas schwierig. Der starke Einfluß von Zusammensetzung und Zustand sprechen zunächst für eine Anordnung des Stoffes nach metallkundlichen Gesichtspunkten, jedoch würde dies auf Kosten der Übersichtlichkeit gehen und vor allem den Erfordernissen der Technik nicht entsprechen. Die magnetischen Werkstoffe spielen heute eine entscheidende Rolle in der Elektrotechnik. Es erscheint daher nur folgerichtig, wenn eine Systematik der magnetischen Werkstoffe nach den Anwendungsbereichen in der Elektrotechnik durchgeführt wird. Da die Werkstoffe stets zur Auf- oder Entmagnetisierung benutzt werden, ist es angezeigt, die Magnetisierungsschleife bei der Besprechung mit heranzuziehen. Das geradlinige Anfangsstück der Neukurve bestimmt die Eignung eines Materials für die Schwachstromtechnik, woran vor allem die Fernmelde- und Verstärkertechnik interessiert ist, während das nun folgende steilere Stück der Neukurve hauptsächlich für den Bau von Relais von Bedeutung ist. Die Starkstromtechnik mit ihren Transformatoren, Motoren und Generatoren nutzt den obersten Teil der Neukurve aus; da diese Werkstoffe mengenmäßig den größten Anteil darstellen, spielen hier neben rein physikalischen Erwägungen auch wirtschaftliche Fragen eine große Rolle. Der absteigende Ast der Hysteresisschleife ist überall dort von Bedeutung, wo Dauermagnete eingesetzt werden.

Diese Zuordnung der verschiedenen Teile der Hysteresisschleife zu den einzelnen Gebieten der Elektrotechnik ist mit etwas Zwang verbunden, weil sich gewisse Forderungen keineswegs erfüllen lassen, ohne andere Eigenschaften stark zu vernachlässigen. Trotzdem soll diese Einteilung benutzt werden, um den Lesern des Buches, soweit sie sich aus dem Verbraucherkreis zusammensetzen, die für ihr Spezialgebiet in Frage kommenden Werkstoffe leicht zugänglich zu machen. Nur sei der Bedeutung der einzelnen Kategorien entsprochen, indem die Reihenfolge etwas abgeändert wird. Innerhalb dieser vier Kategorien empfiehlt es sich, metallkundliche Gesichtspunkte für die Anordnung des Stoffes anzuwenden. Doch sei auch hier aus Zweckmäßigkeitsgründen nicht durchweg dieselbe Eigenschaft als ordnendes Prinzip herangezogen, sondern die dieses Gebiet am stärksten beeinflussende Eigenschaft gewählt. Dies ist bei den Dauermagneten der Gefügezustand, bei den weichen Werkstoffen die Legierungszusammensetzung unter besonderer Berücksichtigung der Verunreinigungen, bei den Werkstoffen für Übertrager die Kristallanisotropie.

Daneben sollen noch Werkstoffe behandelt werden, die besondere magnetische Eigenschaften haben: Stark von der Temperatur abhängigen Ferromagnetismus, besonders große Magnetostriktion, ferner Paramagnetismus trotz ihres Aufbaues aus ferromagnetischen Bestandteilen. Schließlich sollen hier noch Werkstoffe erwähnt werden, die zwar wegen ganz anderer Eigenschaften verwendet werden, deren besondere Eigenschaften aber auf verborgenen magnetischen Vorgängen beruhen. Es sind dies Werkstoffe mit besonderen Ausdehnungskoeffizienten und besonderen Temperaturkoeffizienten des Elastizitätsmoduls.

Die einzelnen Werkstoffe werden im folgenden durch ihre magnetischen Eigenschaften charakterisiert; deren Abhängigkeit von der Grundzusammensetzung, von Zusätzen und Verunreinigungen soll eingehend geschildert werden. Da die Herstellung der magnetischen Werkstoffe speziell in Deutschland bei ganz wenigen Firmen erfolgt, ist eine genaue Beschreibung der Herstellungsverfahren von untergeordneter Bedeutung für die Allgemeinheit. Dort, wo aber die letzte Wärmebehandlung beim Verbraucher erfolgt, sei sie mit aller Ausführlichkeit im Hinblick auf die zahlreichen Möglichkeiten geschildert, durch eine ungeeignete oder ungenügende Behandlung den Werkstoff vollständig und oft unwiederbringlich zu verderben. Anwendungsbeispiele, soweit sie nicht schon durch die Eingliederung des betreffenden Werkstoffes gegeben sind, mögen die Charakterisierung der betreffenden Legierungen abschließen.

Magnetische Legierungen und Verbindungen, welche keine praktische Anwendung gefunden haben, wurden nicht behandelt.

B. Dauermagnete.

I. Allgemeines.

1. Charakterisierung der Dauermagnete.

Dauermagnete dienen dazu, an bestimmten Stellen von Meßgeräten, Relais, Fernsprechapparaten und Lautsprechern, aber auch in kleinen Motoren und Generatoren magnetische Felder zu erzeugen, die irgendwie zu einer Arbeitsleistung herangezogen werden sollen. Es ist eine selbstverständliche Forderung der Technik, die größte Leistung mit dem kleinsten Werkstoffaufwand zu erzielen. Da ein Magnet bei gegebenem Volumen V an den Außenraum die Energie $E = \dfrac{B \cdot H \cdot V}{8\,\pi}$ abgeben kann, läuft diese Forderung auf die Erreichung eines möglichst großen Produktes $(B \cdot H)$ hinaus. Wie aus Abb. 1 zu entnehmen ist, kann dieser

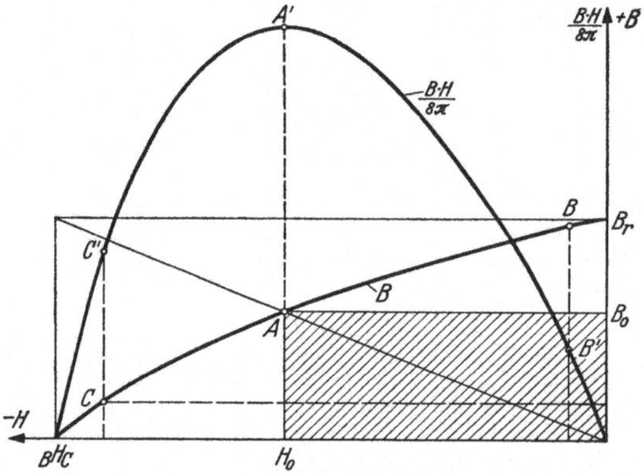

Abb. 1. Entmagnetisierungs- und Energiekurve eines Dauermagneten.

Punkt aus der Entmagnetisierungskurve eines Dauermagneten leicht bestimmt werden, er ist durch den Schnittpunkt der Diagonale im Rechteck aus Remanenz und Koerzitivkraft mit der Hysteresisschleife gegeben. Während man früher für die Kennzeichnung eines Dauermagnetwerkstoffes das Produkt aus Remanenz × Koerzitivkraft heranzog, wird seit längerer Zeit das Produkt $(B \cdot H)_{\mathrm{max}}$ dafür benutzt und als Energiewert bezeichnet.

Mangels klarer Richtlinien über die Abstufung der von der Elektrotechnik benötigten magnetischen Eigenschaften der Dauermagnetwerkstoffe schwoll in den letzten 15 Jahren die Zahl der eingeführten Legierungen stark an, ohne daß dabei immer zwingende Gründe vom technischen Standpunkt aus vorlagen. Damit der Fachmann sich durch die

Fülle der Bezeichnungen leichter durchfinden kann, wurde von W. ZUM-
BUSCH[1] die Charakterisierung eines Werkstoffes durch wenige Zahlen-
angaben vorgeschlagen. Die Festlegung der physikalischen Eigenart
eines Werkstoffes für die Bedürfnisse des Entwurfes der Magnetform
hat die Kenntnis des mittleren Verlaufes der Magnetisierungskurve zur
Voraussetzung. Durch die abgerundete Angabe dreier Größen, nämlich
des Energiewertes, der Permeabilität im günstigsten Arbeitspunkt sowie
des Kurvenfüllbeiwertes bzw. Ausbauchungsfaktors, können die magnetischen Eigenschaften eines Werkstoffes eindeutig wiedergegeben werden. Aus diesen drei Kennwerten:

$$(B \cdot H)_{\max}, \; \mu_0 = \frac{\text{Induktion im Arbeitspunkt } B_0}{\text{Feldstärke im Arbeitspunkt } H_0} \text{ und } \eta = \frac{(B \cdot H)_{\max}}{B_r \cdot H_c} \, 100 \, \%$$

lassen sich die anderen Größen, aus welchen die Kennwerte ursprünglich
gewonnen wurden, einfach nach folgenden Gleichungen berechnen:

$$H_0 = \sqrt{\frac{(B \cdot H)_{\max}}{\mu_0}}$$

$$B_0 = \frac{(B \cdot H)_{\max}}{H_0}$$

$$H_c = \frac{1}{\sqrt{\eta}} \cdot H_0$$

$$B_r = \frac{1}{\sqrt{\eta}} \cdot B_0$$

Als Kennzahl eines Magneten sollen unter Weglassen der Dezimalen
und der Zehnerpotenzen die Werte in der Reihenfolge $\dfrac{(B \cdot H)_{\max}}{8\pi}$ Erg/cm³,
μ_0 und η angegeben werden. Für einen Wolframstahl mit einer Remanenz
von 9800 Gauß und einer Koerzitivkraft von 72 Oersted ergibt sich der-
art die Kennzahl 14 — 138 — 49.

Wenn es auch bestrickend ist, einen Werkstoff bzw. den doch recht
komplizierten Verlauf seiner Entmagnetisierungskurve mit Hilfe von
drei Zahlenwerten eindeutig zu beschreiben, so hat sich dieser Vorschlag
nicht allgemein eingeführt, weil die unmittelbaren Meßgrößen erst durch
Rechnung in die Kennzahlen umgewandelt werden müssen. Man findet
daher allgemein nur Angaben über Remanenz, Koerzitivkraft und
Energiewert, daneben noch selten die Werte für $\dfrac{B_0}{H_0}$ und den Aus-
bauchungsfaktor.

Die Angaben von Remanenz und Koerzitivkraft sind schon deshalb
erforderlich, weil auch sie außer dem Energiewert für die praktische
Anwendung von Bedeutung sind. Wenn man z. B. in einem engen Spalt
ein möglichst hohes Feld zu erhalten wünscht, so ist von zwei Werk-

---

[1] ZUMBUSCH, W.: Arch. Eisenhüttenw. Bd. 14 (1940) S. 127/31.

stoffen mit gleichem Energiewert derjenige zu bevorzugen, dessen Induktion im Arbeitspunkt größer ist; bei großen Spaltbreiten und geringen Anforderungen an die Höhe des Feldes ist dagegen ein Werkstoff mit hoher Koerzitivkraft vorzuziehen.

Der Gebrauchswert eines Dauermagneten ist weiterhin dadurch gegeben, daß Temperaturschwankungen, Erschütterungen oder Streufelder möglichst geringe bleibende Änderungen der magnetischen Eigenschaften hervorrufen. Der magnetisch harte Zustand ist gewöhnlich an eine besondere Gefügeausbildung des Werkstoffes gebunden und man verlangt mit Recht, daß sich dieser Gefügezustand möglichst wenig im Verlaufe der Zeit bzw. unter äußeren Einflüssen ändert. Alle diese Vorgänge werden unter dem Begriff der Alterung erfaßt, wobei man von einer thermischen, mechanischen oder Gefügealterung spricht. Schließlich sind die rein technologischen Eigenschaften, wie mechanische Festigkeit, Gießbarkeit, Bearbeitbarkeit usw. für den Konstrukteur von großer Wichtigkeit. Haben doch schlechte Formgebungsmöglichkeiten sogar völlig neue Herstellungsverfahren für Dauermagnete erwirkt. Für den Verbraucher ist es unerläßlich zu wissen, ob das auf Grund seiner magnetischen Eigenschaften ausgewählte Material auch in die günstigste Form gebracht werden kann. Alle diese Faktoren sollen ebenfalls bei der Beschreibung der einzelnen Werkstoffe gebührend erwähnt werden.

2. Theorie der Koerzitivkraft.

a) Spannungstheorie nach BECKER.

Wie bereits erwähnt, ist das Arbeitsvermögen eines Dauermagneten proportional dem Produkt aus Koerzitivkraft und Remanenz und es ist zu untersuchen, welche Möglichkeiten uns in die Hand gegeben sind, um diese beiden Eigenschaften zu beeinflussen. Die Koerzitivkraft ist seit langem Gegenstand theoretischer Überlegungen und Berechnungen. Von KUSSMANN und SCHARNOW[1] wurde bereits die Vermutung ausgesprochen, daß hohe Koerzitivkräfte auf Eigenspannungen des Werkstoffes beruhen. Von R. BECKER und seinen Schülern, vor allem M. KERSTEN, wurde dann in zahlreichen experimentellen und theoretischen Arbeiten die Spannungstheorie der Koerzitivkraft geschaffen. Hier sollen lediglich die Ergebnisse dieser Arbeiten für unsere Betrachtungen verwendet werden. Unter Berücksichtigung der Dicke der BLOCHschen Wand zwischen zwei WEISSschen Bezirken ϑ und der durchschnittlichen Wirkungslänge l der örtlichen Spannungsschwankungen ergab sich die Koerzitivkraft zu $H_c = \dfrac{\lambda_s \sigma_i}{I_s} \cdot \dfrac{2\,\vartheta/l}{1 + 2\,(\vartheta/l)^2}$. Es bedeuten λ_s die Sättigungsmagnetostriktion, I_s die Sättigungsmagnetisierung und

---

[1] KUSSMANN, A., u. B. SCHARNOW: Z. Phys. Bd. 54 (1929) S. 1/15.

σ_i die inneren Spannungen. Die Größen λ_s, I_s und ϑ sind durch die Werkstoffzusammensetzung gegeben und können nur durch eine Änderung der Legierung beeinflußt werden. Durch äußere Einflüsse können demnach nur die Höhe der inneren Spannungen und ihre Verteilung verändert werden.

Die Metallkunde kennt zwei Mittel, um innere Spannungen zu erzeugen, das sind die Gefügeumwandlung und die Ausscheidung einer zweiten Phase aus einer übersättigten festen Lösung. In beiden Fällen ist eine Volumenänderung, bedingt durch das verschiedene spezifische Gewicht der gebildeten Phase, die Ursache. Diese inneren Spannungen und als äußeres Zeichen große Härte werden erhalten bei der Stahlhärtung und bei der Ausscheidungshärtung. Die Spannungsverteilung zur Erzielung größter Härte ist aber verschieden, je nachdem ob es sich um mechanische oder magnetische Härte handelt. Wegen der endlichen Dicke der BLOCHschen Wände wird die auf die magnetische Härte optimal wirkende Spannungsverteilung im allgemeinen erst erreicht, wenn die mechanische Härte bereits wieder im Abklingen begriffen ist.

Bei der Gefügeumwandlung, im besonderen bei der Martensithärtung des Stahles, wird die Höhe der Spannungen und ihre Verteilung durch den Feinheitsgrad des Härtungsgefüges beeinflußt. Bei der Ausscheidungshärtung wird die innere Spannung durch die Größe der ausgeschiedenen Teilchen und damit durch Höhe und Dauer der Anlaßbehandlung geändert. Bei der Besprechung der einzelnen Werkstoffe soll jeweils auf die Maßnahmen hingewiesen werden, welche im Sinne der Spannungstheorie fördernd wirken.

b) Fremdkörpertheorie nach KERSTEN.

Die fortschreitende Werkstoffentwicklung brachte auch Dauermagnete auf den Markt, deren geringe mechanische Härte unvereinbar mit großen inneren Spannungen waren oder wo die den hohen Werten der Koerzitivkraft entsprechenden inneren Spannungen mit dem E-Modul des betreffenden Werkstoffs unvereinbar waren. Eine Lösung dieser Diskrepanz brachte eine neue Theorie der Koerzitivkraft, welche von KERSTEN[1] unter der Bezeichnung Fremdkörpertheorie veröffentlicht wurde. Er setzt den Vorgang der Wandverschiebung zwischen WEISSschen Bezirken in Analogie zu der Verschiebung einer Seifenblase in einem Rohr mit örtlichen Querschnittsschwankungen, wobei im Falle des Ferromagnetikums die Querschnittsverengungen durch eingelagerte Fremdkörper gebildet werden. Ohne auf die genaue Ableitung einzugehen, die von M. KERSTEN[2] gegeben wird, kann für runde Teilchen und unter

---

[1] KERSTEN, M.: Physik. Z. Bd. 44 (1943) S. 63/77.

[2] KERSTEN, M.: Grundlagen einer Theorie der ferromagnetischen Hysterese und der Koerzitivkraft. Leipzig: S. Hirzel 1943.

der Annahme, daß die Teilchengröße die Dicke der BLOCHschen Wand wesentlich übertrifft, folgende Formel für die Koerzitivkraft angegeben werden:

$$H_c \sim 2 \cdot 5 \frac{\frac{3}{2}\lambda_s\,\sigma_i + b\,K}{I_s} \cdot \frac{2\,\vartheta/d}{1+2\,(\vartheta/d)^2}\left[\frac{\pi}{6}\cdot\left(\frac{d}{s}\right)^3\right]^{2}/3 \;.$$

Es bedeuten: K = Kristallenergie, I_s = Sättigungsmagnetisierung, ϑ = Dicke der BLOCHschen Wand, d = Durchmesser der Fremdkörper, s = Abstand der Fremdkörper voneinander, b = eine von 1 wenig abweichende Konstante. Das Glied $\dfrac{2\,\vartheta/d}{1+2\,(\vartheta/d)^2}$ stellt den Dispersionsgrad der Fremdkörper dar und ist in Analogie zu setzen dem Verteilungsgrad der inneren Spannungen im Rahmen der Spannungstheorie. Das Glied $\dfrac{\pi}{6}\cdot\left(\dfrac{d}{s}\right)^3$ stellt den Raumanteil der Fremdkörper dar. Wir sehen, daß auch hier eine kritische Teilchengröße das Optimum der Koerzitivkraft bringen wird. Neben den inneren Spannungen kann auch eine große Kristallenergie Einfluß auf die Größe der Koerzitivkraft gewinnen.

c) Streufeldtheorie nach NÉEL.

Die beiden Theorien von BECKER und KERSTEN wurden neuerdings von L. NÉEL[1] einer eingehenden Kritik unterzogen. Er sieht nicht die Störungen der Oberflächenspannungen der BLOCHschen Wände durch innere Spannungen oder Einschlüsse als die maßgeblichen Einflüsse an, sondern die Wirkung der Streufelder, welche durch Einschlüsse oder ungleichmäßige Magnetisierung infolge innerer Spannungen entstehen. Erforderlich ist hier neben den magnetischen Grundeigenschaften auch die Kenntnis des Volumenanteils der durch Spannungen gestörten Bezirke bzw. des Volumens der Einschlüsse, Hohlräume und Poren. Nach mehreren Vereinfachungen ergibt sich die durch Spannungen bedingte Koerzitivkraft zu

$$H_c' \sim 0{,}191\,\frac{\lambda^2\,\sigma^2\,v}{K\,I_s}\left(1{,}386 + \log\sqrt{\frac{2\,\pi\,I_s^2}{K}}\right)\;\text{für}\;\frac{3}{2}\,\lambda\,\sigma \ll K$$

oder

$$H_c' \sim 0{,}46\,\frac{\lambda\,\sigma\,v}{K}\left(0{,}386 + \log\sqrt{\frac{4\cdot 5\,I_s^2}{\lambda\,\sigma}}\right)\;\text{für}\;\frac{3}{2}\,\lambda\,\sigma \gg K$$

wobei v der Volumenanteil der durch Spannungen beeinflußten Bezirke ist, der im Falle größerer äußerer Spannungen = 1 wird.

Der durch die Einschlüsse bzw. Poren bedingte Anteil der Koerzitivkraft beträgt

$$H_c'' \sim \frac{2\,K\,v'}{\pi\,I_s}\left(0{,}386 + \log\sqrt{\frac{2\,\pi\,I_s^2}{K}}\right)$$

---

[1] NÉEL, L.: Physica Bd. 15 (1949) S. 225/34.

wobei v' der Volumenanteil der Einschlüsse bzw. Poren bedeutet. Zur Stütze seiner Theorie zeigt NÉEL die lineare Abhängigkeit der Koerzitivkraft weichgeglühter Eisenlegierungen vom Volumenanteil der Einschlüsse im Bereich von $1 \cdots 350$ Oerstedt.

d) Koerzitivkraft kleinster Teilchen.

Schließlich wurde etwa gleichzeitig durch L. NÉEL[1] und E. C. STONER und E. P. WOHLFARTH[2] darauf hingewiesen, daß beim Unterschreiten einer gewissen Größe der ferromagnetischen Teilchen große Koerzitivkräfte zu erwarten sind. Nach einer besonders übersichtlichen Darstellung von R. M. BOZORTH[3] hängt sowohl die magnetostatische Energie eines einzelnen WEISSschen Bezirkes als auch die Wandenergie zwischen den einzelnen Bezirken von den Abmessungen ab. Die Wandenergie wird gleich der magnetostatischen Energie eines Einzelbezirks, wenn die Teilchengröße auf etwa 10^{-6} cm absinkt. Ist das der Fall, dann kann die Ausrichtung der magnetischen Vektoren nicht mehr durch Wandverschiebungen, sondern nur durch Drehprozesse entgegen der Kristallenergie erfolgen. Je höher die Kristallenergie ist, desto größer wird bei sehr feinen Pulvern die Koerzitivkraft werden.

Wir haben mithin drei Faktoren, welche durch äußere Maßnahmen veränderlich sind und die Höhe der Koerzitivkraft zu gestalten vermögen: Innere Spannungen, Gestalt und Verteilung von Ausscheidungen und die Korngröße der ferromagnetischen Teilchen. Bei den einzelnen Werkstoffen soll auf den im speziellen Fall einflußreichsten Faktor hingewiesen werden.

3. Theorie der Remanenz.

Die Remanenz soll ebenfalls hohe Werte erreichen; sie ist mit der Sättigung dadurch verknüpft, daß üblicherweise die WEISSschen Bezirke im Remanenzpunkt nach der Richtung des vorher angelegten Feldes statistisch ausgerichtet sind und die Remanenz daher den halben Wert der Sättigung erreicht. Die Sättigung kann nur in beschränktem Maße durch Legierungszusätze beeinflußt werden.

a) Einfluß der Textur.

Es gibt jedoch noch andere Möglichkeiten, die Remanenz zu erhöhen. Fällt die Kristallrichtung der leichtesten Magnetisierbarkeit mit der

---

[1] NÉEL, L.: C. R. hebd. Séances Acad. Sci. Bd. 224 (1947) S. 1488/90, 1550/51.
[2] STONER, E. C., u. E. P. WOHLFARTH: Nature Bd. 160 (1947) S. 650/51.
[3] BOZORTH, R. M.: Electr. Engg. Bd. 68 (1949) S. 471/76.

angewandten Feldrichtung zusammen, so erreicht die Remanenz fast den Sättigungswert, da alle Vektoren bereits in der Feldrichtung liegen und im Zustand der Sättigung nicht erst hineingedreht werden müssen, also beim Abschalten des äußeren Feldes nicht in ihre ursprüngliche kristallographisch gegebene Vorzugslage zurückzudrehen brauchen. Durch Erzeugung besonderer Guß- und Verformungstexturen kann dieser Zustand erreicht werden.

b) Einfluß der Abkühlung im Magnetfeld.

Die magnetischen Vektoren der WEISSschen Bezirke werden in ihrer Lage nicht nur durch ihre kristallographische Orientierung, sondern auch durch die magnetostriktiv bedingte Verspannung im Metall festgelegt. Wird während der Abkühlung ein genügend großes Magnetfeld angelegt, so richten sich alle Vektoren parallel dazu aus. Erfolgt diese Ausrichtung oberhalb der Rekristallisationstemperatur, so kann die damit verbundene Magnetostriktion durch plastische Verformung ausgeglichen werden. Ist nun die Kristallenergie als Maß für die Kraft, welche nach Abschaltung des äußeren Feldes den Vektor in seine kristallographisch bedingte Vorzugslage zurückdreht, sehr klein im Verhältnis zu den elastischen Spannungen, welche durch die dabei eintretende Magnetostriktion entstehen würden, so bleiben die Magnetisierungsvektoren, unabhängig von ihrer kristallographischen Orientierung mehr oder weniger gut zur Feldrichtung ausgerichtet, festgelegt; sie sind sozusagen eingefroren. Die Wirkung auf die Remanenz ist ähnlich der einer kristallographisch bedingten Vorzugslage und bewirkt, daß sie fast die Höhe der Sättigung erreicht. Voraussetzung für eine wirksame Anwendung der Magnetfeldabkühlung ist die Lage des Curiepunktes etwa $100 \cdots 200°$ oberhalb der Rekristallisationstemperatur und eine kleine Kristallenergie.

Von beiden Möglichkeiten der Erhöhung der Remanenz wird auf dem Gebiete der Dauermagnetherstellung Gebrauch gemacht.

II. Dauermagnet-Werkstoffe.

1. Geschichtlicher Überblick.

Der älteste Werkstoff für Dauermagnete ist stark kohlenstoffhaltiges Eisen, das durch Abschrecken von hohen Temperaturen gehärtet wird. Die dabei eintretende Umwandlung in Martensit bewirkt eine verhältnismäßig hohe Koerzitivkraft. Alle Versuche, die Dauermagnete zu verbessern, bewegten sich in der Zeit von 1900 bis 1931 in der Richtung, durch Zusätze von Chrom, Wolfram und Kobalt, allein oder in aufeinander abgestimmten Mengen, ein Umwandlungsgefüge mit einer möglichst hohen Koerzitivkraft herzustellen. Die grundsätzlichen Nachteile der im Martensitzustand vorliegenden Stähle waren ihre Glashärte, die Neigung zur Rißbildung bei der Härtung und ihre geringe Durchhärtung. Der instabile Martensitzustand schloß mit einer Neigung, irreversibel in ein heterogenes stabiles Gefüge überzugehen, eine starke Gefügealterung ein (siehe S. 18).

Ein grundlegender Fortschritt wurde erzielt, als W. KÖSTER 1927 die Prinzipien der Ausscheidungshärtung auf die Herstellung von Dauermagnetlegierungen anwandte und mit Legierungen der Systeme Fe-Co-W und Fe-Co-Mo für die damalige Zeit außerordentliche Energiewerte erzielte. Die etwas später von T. MISHIMA in Japan entdeckten Legierungen des Systems Fe-Ni-Al sind in ihrem Härtungsmechanismus noch nicht geklärt. Die bestechende Einfachheit ihrer Herstellung und Härtung führte zu zahlreichen Versuchen, diesen Typ von Dauermagnetlegierungen weiter zu entwickeln. Es gelang tatsächlich, durch Zusätze von Co, Cu und Ti erhebliche Verbesserungen zu erzielen. Ihren vorläufigen Abschluß fand diese Entwicklung mit der Anwendung der Magnetfeldabkühlung durch D. A. OLIVER und J. W. SHEDDEN im Jahre 1938 auf diesen Legierungstyp, die in einer Vorzugslage bei unveränderter Koerzitivkraft zu sehr hohen Remanenzen führte.

Eine andere Richtung in der Entwicklung verfolgte die Herstellung leicht verformbarer Magnetwerkstoffe. Zum erstenmal gelang dies 1935 O. DAHL und seinen Mitarbeitern bei der Erforschung des Systems Fe-Ni-Cu. Ihnen folgten W. JELLINGHAUS 1936 mit dem System Fe-Co-Cu und W. DANNÖHL 1938 mit dem System Co-Ni-Cu. Die besten Werte erzielte bei kaltwalzbaren Dauermagneten E. A. NESBITT 1940 an Legierungen des Systems Fe-Co-V. Daneben gelang es A. KUSSMANN im System Pt-Fe und W. JELLINGHAUS im System Pt-Co Werkstoffe mit sehr hoher Koerzitivkraft zu finden. Niedrige Remanenzen und die kostspieligen Legierungszusätze bedingten aber, daß diese Legierungen kaum praktische Anwendung fanden.

Die hier in kurzen Worten geschilderte Entwicklung ist in Abb. 2 graphisch dargestellt. Es ist jedoch sehr gewagt, aus der bisherigen Entwicklung auf die möglichen Grenzwerte magnetischer Werkstoffe zu schließen, wie es H. KRAINER und F. RAIDL[1] getan haben, die da glaubten, für den Energiewert eine obere Grenze von etwa $15 \cdot 10^6$ Gauß · Oersted annehmen zu können. Neue Theorien und neue Erkenntnisse lassen der Entwicklung noch immer großen Spielraum. Als Bestätigung dafür möge die jüngste Entwicklung auf dem Gebiet der Dauermagnete dienen, die von NÉEL um 1941 eingeleitet wurde. Er erzielte bei reinem

---

[1] KRAINER, H., u. F. RAIDL: Berg- u. hüttenm. Mh. Bd. 90 (1942) S. 99/106.

Eisen, nur bedingt durch die geringe Teilchengröße des verwendeten Pulvers, recht gute Koerzitivkräfte.

Unter Ausnutzung des Einflusses der Teilchengröße sind an ferromagnetischen Mn-Bi-Verbindungen sogar Koerzitivkräfte bis zu 12000 Oersted beobachtet worden.

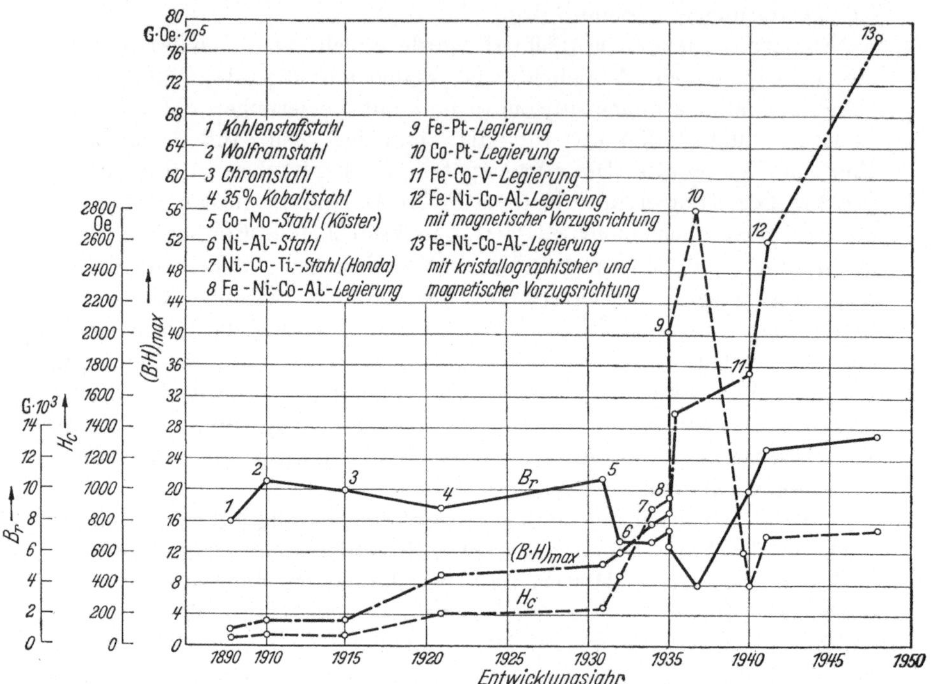

Abb. 2. Entwicklung der Dauermagnetwerkstoffe.

2. Durch Gefügeumwandlung gehärtete Werkstoffe.

Wie bereits einleitend erwähnt, sollen die einzelnen Magnetwerkstoffe nach metallkundlichen Gesichtspunkten geordnet besprochen werden. Als die am längsten bekannte Gruppe wird die durch Gefügeumwandlung gebildete behandelt, wobei zwei ähnliche metallkundliche Vorgänge maßgebend sind.

a) Härtungsvorgang.

Der erste Vorgang ist die altbekannte Stahlhärtung. Bei hohen Temperaturen oberhalb des A_3-Punktes sind die Kohlenstoffatome im Stahl statistisch zwischen den Eisenatomen eingelagert, wofür das kubisch flächenzentrierte Gitter den kleinen Kohlenstoffatomen Platz bietet. Beim Abschrecken ist ein Konzentrationsausgleich durch Diffusion unmöglich, das flächenzentrierte Gitter geht durch Schiebungsvorgänge zunächst in ein tetragonal raumzentriertes Gitter über. Der in ihm eingelagerte Kohlenstoff verfügt über wesentlich weniger Platz als im kubisch flächenzentrierten Gitter und bewirkt die zur Härtung führenden Spannungszustände. Bei geringer Erwärmung geht das tetragonale Gitter in nicht geklärter Weise in ein kubisch raumzentriertes Gitter über unter weiterer Erhöhung der Spannungszustände und der magnetischen Härte.

Der zweite Vorgang tritt bei Legierungen des Eisens mit Elementen auf, die das Zustandsfeld der kubisch flächenzentrierten Modifikation stark erweitern und bis auf Raumtemperatur beständig machen.

Wird der Werkstoff im α-Zustand bei Temperaturen angelassen, welche bei der entsprechenden Zusammensetzung dem Zweiphasengebiet zugeordnet sind, so erfolgt eine teilweise Umwandlung in Austenit und bedingt dabei eine magnetische Härtung.

Die Entwicklung der martensitischen Kohlenstoffstähle ging vom unlegierten Stahl über den Wolfram- und den Chrom- zum Kobaltstahl. Die Legierungszusätze sollten ein möglichst feinkörniges Härtungsgefüge und eine Stabilisierung des martensitischen Zustandes bewirken.

b) Kohlenstoffstähle.

Da unlegierter Kohlenstoffstahl mit etwa 0,9 % C heute praktisch nicht mehr verwendet wird wegen seiner niedrigen Werte für die Koerzitivkraft mit 45 ⋯ 50 Oersted und Remanenz mit etwa 9000 bis 10000 Gauß und wegen der sehr starken Alterung, sei dieser Werkstoff hier nicht mehr besprochen, sondern auf die ältere Fachliteratur verwiesen[1].

α) Chrommagnetstahl.

Als der wichtigste Vertreter der Kohlenstoffstähle sei zunächst der Chrommagnetstahl besprochen. Er wurde erst eingeführt, als während des Krieges 1914/18 die verringerte Rohstoffzufuhr eine Beschränkung der Verwendung des bis dahin vorherrschenden Wolframstahles gebot. Die in der ganzen Welt zunehmenden Sparmaßnahmen haben aber auch weiterhin dem in seinen Eigenschaften gegenüber dem Wolframstahl nur unwesentlich unterlegenen Chromstahl weitgehende Anwendung gesichert. Er wird heute noch überall dort benutzt, wo Magnetsysteme, an die geringe Ansprüche gestellt werden, Verwendung finden.

Zusammensetzung und Eigenschaften. Es sei zunächst in Tab. 1 eine Übersicht über die Zusammensetzung der gebräuchlichsten Chrommagnetstähle und ihre magnetischen Werte gegeben.

---

[1] Messkin-Kussmann: Die ferromagnetischen Legierungen. Berlin: Springer 1932. — Houdremont, E.: Handbuch der Sonderstahlkunde. Berlin: Springer 1943.

Tabelle 1. *Zusammensetzung und magnetische Werte von Chromstählen.*

Zusammensetzung in %				Magnetische Werte			Härtung	
C	Cr	Mn	Si	B_r	H_c	$(B \cdot H)_{max} \cdot 10^6$	°C	Abschreck-mittel
0,93	1,94	0,26	0,16	9800	57	0,27	780	Öl
1,00	2,00	0,35	0,20	8000	70		840	Öl
1,00	2,00	0,35	0,20	10000	60		800	Wasser
0,97	2,87	0,74	0,33	10450	65		775	Wasser
1,1	3,0	0,35	0,20	9000	75		840	Öl
1,1	3,0	0,35	0,20	10000	65	0,28	800	Wasser
1,0	6		0,35	9000	72		845	Öl.

Die hier angegebenen und in der Praxis erprobten Legierungen stellen
das Ergebnis sehr sorgfältiger Untersuchungen über den Einfluß des
Kohlenstoff- und des Chromgehaltes auf die magnetischen Eigenschaften

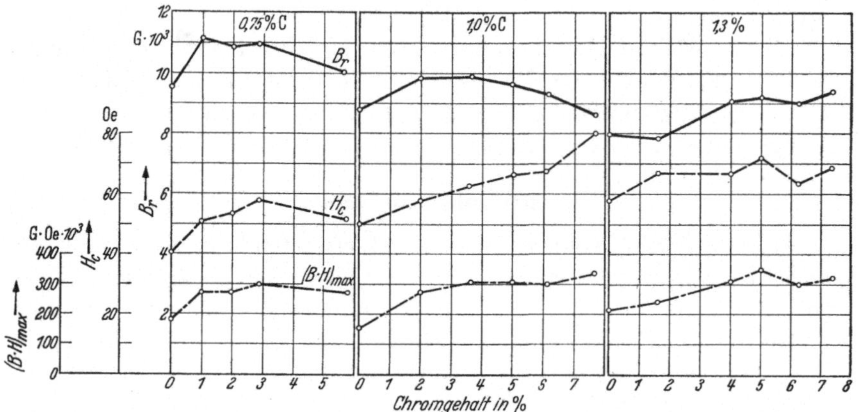

Abb. 3. Koerzitivkraft, Remanenz und Energiewert von Chrommagnetstählen in Abhängigkeit
vom Kohlenstoff- und Chromgehalt.

dar. Neben den klassischen Untersuchungen von E. Gumlich[1] sind auch
die Ergebnisse von G. Hannack[2], P. Oberhoffer, O. Emicke[3], H. Krainer
und F. Raidl[4] herangezogen. Aus Abb. 3 geht hervor, daß sich mit
steigendem Kohlenstoffgehalt ein schwach ausgebildetes Optimum des
Chromgehaltes von 3 nach 5% verschiebt. Die Stähle sind dabei unter
den jeweils günstigsten Bedingungen hinsichtlich Temperatur, Erhitzungsdauer und Abschreckmittel gehärtet worden. Die durch den höheren
Chromgehalt gegebene Verbesserung ist aber so gering, daß sie im allgemeinen den Mehraufwand an Chrom kaum rechtfertigt. Man bleibt daher bei etwa 3% Chrom.

[1] Gumlich, E.: Stahl u. Eisen Bd. 42 (1922) S. 41/46.
[2] Hannack, G.: Stahl u. Eisen Bd. 44 (1924) S. 1237/43.
[3] Oberhoffer, P., u. O. Emicke: Stahl u. Eisen Bd. 45 (1925) S. 537/40.
[4] Krainer, H., u. F. Raidl: Arch. Eisenhüttenw. Bd. 16 (1943) S. 253/60.

Der Temperaturkoeffizient des Kraftflusses von Chrommagnetstählen wurde von E. Gumlich[1] ermittelt. Nach der Gleichung $\Phi t = \Phi_0$ $(1 + \alpha t)$ läßt sich der Kraftfluß bei der Temperatur t^0 C aus den Werten bei 0^0 C und aus dem Koeffizient α berechnen; der Wert für α beträgt etwa $3 \cdot 10^{-4}$.

Einfluß von Zusätzen. Es wurde auch versucht, den Chrommagnetstahl durch Zusatz von weiteren Legierungselementen zu verbessern.

Über die Wirkung von Si-Zusätzen berichteten H. Krainer und F. Raidl[2]. Sie untersuchten Stähle mit 3,5 bzw. 5,5% Cr und 1,0 bzw.

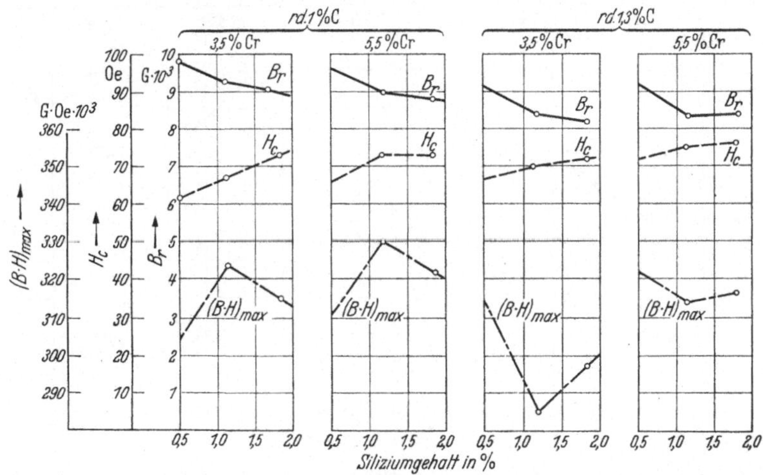

Abb. 4. Einfluß des Siliziums auf die magnetischen Eigenschaften von Chrommagnetstählen. (Nach H. Krainer u. F. Raidl.)

1,3% C. Bei den Stählen mit 1% C bewirkt der Zusatz von etwa 1% Si eine Steigerung der Koerzitivkraft bei leichtem Absinken der Remanenz, so daß der Energiewert noch etwas verbessert wird. Bei Stählen mit 1,3% C wirkt sich das Silizium nur verschlechternd aus. Die Ergebnisse sind in Abb. 4 wiedergegeben. Auch W. S. Messkin und B. E. Somin[3] fanden bei einem Stahl mit 1% C, 2% Cr und 1,5% Si nach einer allerdings abweichenden komplizierten Wärmebehandlung für die Remanenz 8500 Gauß, für die Koerzitivkraft 87 Oersted und für den Energiewert $0,35 \cdot 10^6$ Gauß · Oersted. Die wesentlichste Wirkung des Siliziums besteht aber in einer starken Herabsetzung der Alterung der Magnete, worauf auch E. Houdremont[4] hinweist. Deshalb haben sich Magnetstähle mit etwa 1% Si gut eingeführt.

---

[1] Gumlich, E.: Ann. Phys. Bd. 54 (1919) S. 668/88.
[2] Krainer, H., u. F. Raidl: Arch. Eisenhüttenw. Bd. 16 (1943) S. 253/60.
[3] Messkin, W. S., u. B. E. Somin: Stal Bd. 8 (1938) Nr. 6 S. 32/38.
[4] Houdremont, E.: Handbuch der Sonderstahlkunde, S. 463. Berlin: Springer 1943.

Ähnlich wie das Silizium verhält sich auch das Aluminium, nur genügen geringere Mengen, um eine entsprechende Wirkung zu erzielen. Bei Stählen mit 1% C führen etwa 0,5% Al zu beachtlichen Erhöhungen der Koerzitivkraft, bei Stählen mit 1,3% ist der Einfluß schwächer. Die Ergebnisse sind aus Abb. 5 zu entnehmen.

Schließlich wirkt sich durchaus günstig ein kleiner Zusatz von Zinn aus. Bereits 0,5% Sn erhöhen die Koerzitivkraft, ohne daß dabei die Remanenz abfällt, so daß im Gesamtergebnis eine Verbesserung des

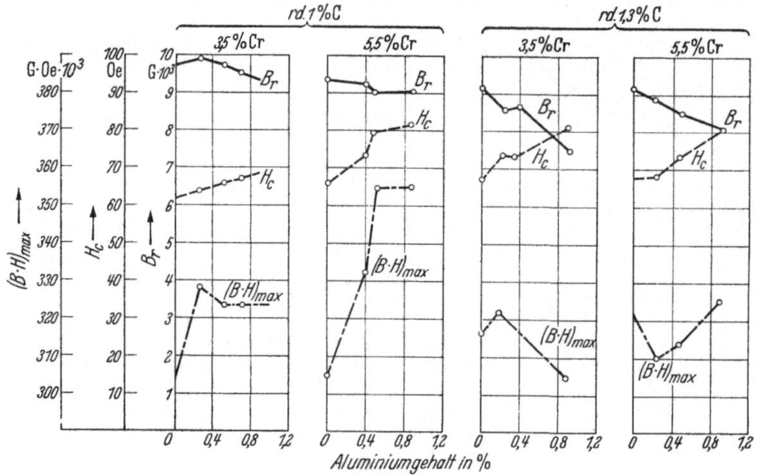

Abb. 5. Einfluß des Aluminiums auf die magnetischen Eigenschaften von Chrommagnetstählen. (Nach H. KRAINER u. F. RAIDL.)

Energiewertes bis auf $0{,}40 \cdot 10^6$ Gauß · Oersted erreicht werden konnte. Die Elemente P, As und Sb wirken entweder gar nicht oder nur in negativem Sinne.

Die Sonderkarbide bildenden Elemente, wie W, Mo, V, Nb wirken sich besonders bei geringen Zusätzen gut aus, indem sie wohl die Koerzitivkraft heraufsetzen, durch ihren geringen Anteil die Remanenz aber nur unwesentlich verringern. Wolfram wirkt sich am günstigsten aus, wie aus Abb. 6 zu entnehmen ist. Mit einem Zusatz von nur 0,23% W, lassen sich Energiewerte erreichen, die sonst eines Zusatzes von 6% bei reinen Wolframstählen bedürfen. Mo wirkt sich nicht ganz so günstig aus, was auch seine Bestätigung in Untersuchungen von B. G. LIWSCHITZ und N. J. DROSDOW[1] findet, die mit einem Stahl mit 1,07% C, 9,7% Cr, 1,76% Mo die Werte des sechsprozentigen Wolframstahles nicht überbieten konnten.

---

[1] LIWSCHITZ, B. G., u. N. J. DROSDOW: Katschestwennaja Stal Bd. 4 (1936) Nr. 1 S. 56/61.

Auch Zusätze von 0,2% V bewirken bei Stählen mit 3,5% Cr recht gute Werte, die ebenfalls mit denen der handelsüblichen Wolframstähle durchaus konkurrieren können.

Der Einfluß von Mangan wurde von H. KRAINER und F. RAIDL[1] und B. G. LIWSCHITZ und N. J. DROSDOW[2] untersucht. Bei Stählen mit Chromgehalten bis 8% und Mangangehalten bis 1,5% wurden nur geringfügige Verbesserungen beobachtet, was auch E. HOUDREMONT[3] bestätigt. Eine verschlechternde Wirkung, wie sie F. RAPATZ[4] angibt, konnte aber nicht

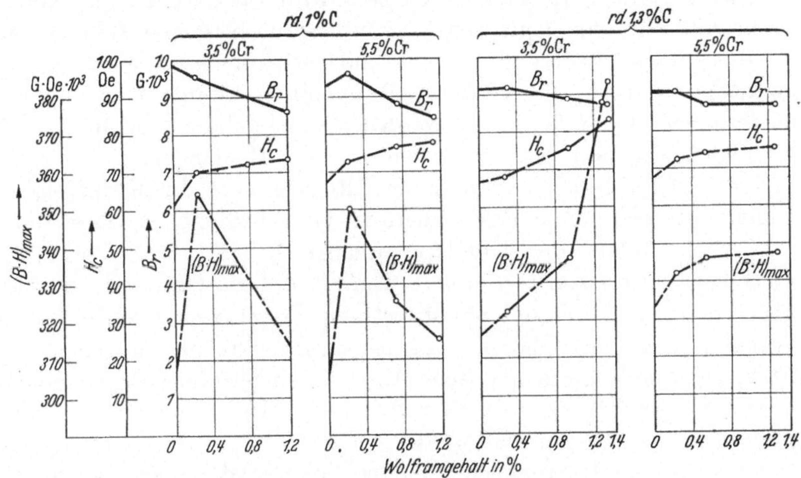

Abb. 6. Einfluß des Wolframs auf die magnetischen Eigenschaften von Chrommagnetstählen. (Nach H. KRAINER u. F. RAIDL.)

gefunden werden. Mäßige Zusätze von Nickel und Kupfer wirken sich nach H. KRAINER und F. RAIDL[1] nur verschlechternd aus.

Alterung. Es wurde schon eingangs darauf hingewiesen, daß die martensitisch gehärteten Dauermagnetwerkstoffe besonders alterungsempfindlich sind. Die Kenntnis der Größe der Alterung und ihre Beeinflussung durch äußere Einwirkungen ist für den Einsatz der Werkstoffe von großer Wichtigkeit. Soweit Daten vorliegen, sollen die Einflüsse graphisch wiedergegeben werden.

Man kann dabei zwei Arten der Alterung unterscheiden. Der als magnetische Alterung bezeichnete Effekt beruht darauf, daß sich der Zustandspunkt auf der Magnetisierungskurve, der durch die Angabe von

---

[1] KRAINER, H., u. F. RAIDL: Arch. Eisenhüttenw. Bd. 16 (1943) S. 253/60.

[2] LIWSCHITZ, B. G., u. N. J. DROSDOW: Katschestwennaja Stal Bd. 4 (1936) Nr. 1 S. 56/61.

[3] HOUDREMONT, E.: Handbuch der Sonderstahlkunde, S. 463. Berlin: Springer 1943.

[4] RAPATZ, F.: Die Edelstähle, S. 163. Berlin: Springer 1942.

B_0 und H_0 gekennzeichnet ist, bei der Beanspruchung eines Magneten verschiebt. Die Veranlassung dafür können kleine Wechselfelder, Temperaturschwankungen und auch Erschütterungen sein. Die Wirkung kleiner Wechselfelder bedarf wohl keiner Erklärung. Über den Einfluß kleiner Temperaturschwankungen und Erschütterungen sei hier kurz folgende Vorstellung entwickelt. Beim Abschalten des äußeren Feldes nach der Aufmagnetisierung drehen die Vektoren der WEISSschen Bezirke in ihre kristallographische Vorzugslage zurück, so daß theoretisch die Remanenz gleich der halben Sättigung wird. Nun liegen sicher einige Bezirke mit ihrer magnetischen Vorzugslage unter einem Winkel von fast 90° zur Magnetisierungsrichtung und geringfügige Änderungen des Spannungszustandes, wie sie durch Temperaturschwankungen und Erschütterungen immer eintreten werden, bringen diese labilen Bezirke zum Umklappen und vermindern dadurch die Remanenz.

Nicht zuletzt ist die magnetische Alterung aber durch das eigene entmagnetisierende Feld des Dauermagneten bedingt, welches einen statistischen Ablauf der Umklappvorgänge bewirkt. Die Form des Dauermagneten ist also von großem Einfluß auf die Größe der magnetischen Alterung. Da es sich um statistische Vorgänge handelt, ist nach L. NÉEL[1] ein exponentieller Verlauf der Eigenschaftsänderungen zu erwarten. Die durch die magnetische Alterung eingetretene Verschiebung des Arbeitsbereiches kann durch eine erneute Aufmagnetisierung vollkommen rückgängig gemacht werden.

Das durch die Härtung entstandene Gefüge ist keineswegs stabil. Der tetragonale Martensit geht beim Erwärmen in kubischen Martensit über und zerfällt schließlich in α-Eisen und Zementit. Mit der Ausscheidung des Zementits erfolgt ein Abbau der magnetisch besonders wirksamen inneren Spannungen, mit steigender Temperatur findet eine Koagulation des Karbides statt, so daß ihr zunächst sehr wirksamer Einfluß als Fremdkörper vermindert wird und sich die magnetischen Werte verschlechtern. Den gesamten Vorgang bezeichnet man als Gefügealterung.

Während durch die magnetische Alterung nur der Arbeitspunkt des Dauermagneten auf einer konstant angenommenen Hysteresisschleife verschoben wird, erfolgt durch die Gefügealterung eine Änderung der magnetischen Eigenschaften, welche nicht mehr rückgängig gemacht werden kann. Sie kann bei den Kohlenstoffstählen durch Zusätze vermindert werden, welche den martensitischen Zustand stabilisieren bzw. seine Zerfallgeschwindigkeit herabsetzen. Als solche Zusätze haben sich vor allem die Sonderkarbidbildner und das die Diffusionsgeschwindigkeit stark vermindernde Silizium erwiesen (siehe S. 15).

In Abb. 7 ist zunächst das Ausmaß der Gefügealterung an einem Cr-Si-Stahl nach unveröffentlichten Versuchen von K. J. SIXTUS

---

[1] NÉEL, L.: C. R. hebd. Séances Acad. Sci. Bd. 228 (1949) S. 1210/12.

wiedergegeben. Die Beobachtungen erstrecken sich über 1 Jahr bei
Raumtemperatur und auf einige Monate bei erhöhter Temperatur.

Bei logarithmischer Zeitskala zeigt die Abnahme der Koerzitivkraft
bzw. Zunahme der Remanenz über längere Zeiträume einen linearen Verlauf für eine konstante Alterungstemperatur. Unter der Annahme, daß
Diffusionsvorgänge für die Gefügealterung maßgebend sind, wurde versucht, aus dem Verlauf der Alterungskurven bei erhöhter Temperatur

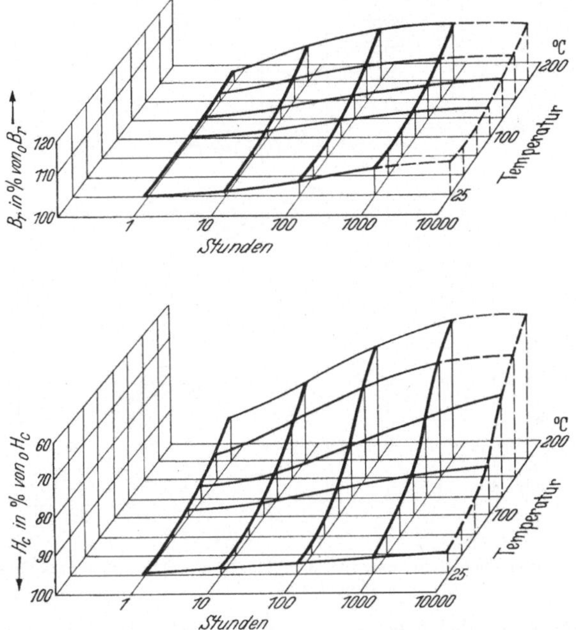

Abb. 7. Gefügealterung eines Chrommagnetstahls (1% C, 4,1% Cr, 1% Si, geglüht 10 Min. bei 840°,
abgeschreckt in Petroleum). Änderung der Koerzitivkraft und der Remanenz mit Zeit und Temperatur.
(Nach K. J. SIXTUS.)

Rückschlüsse auf das Verhalten bei Raumtemperatur zu ziehen, wo die
Alterung sehr langsam verläuft. Es stellte sich jedoch heraus, daß die den
Diffusionsvorgang zugeordnete Aktivierungswärme von der Alterungstemperatur in unbekannter Weise abhängt, daß also die Alterungsvor-
gänge bei Raumtemperatur und bei erhöhter Temperatur nach einem
verschiedenen Mechanismus ablaufen und daher nicht miteinander ver-
gleichbar sind. Für das Verhalten bei Raumtemperatur sind also die zeit-
raubenden Alterungsversuche nicht durch Kurzzeitversuche bei erhöhter
Temperatur ersetzbar.

Ein Anlassen über 100° hinaus führt zu schweren Einbußen der
Leistungsfähigkeit. In Abb. 8 sind die Änderungen der Koerzitivkraft,
der Remanenz und des Energiewertes nach dem Anlassen von nur je

½ Stunde bei steigender Temperatur wiedergegeben. Die Werte sind Arbeiten von W. S. MESSKIN, E. S. TOWPENJEZ[1] und W. KÖSTER[2] entnommen; sie unterscheiden sich nur wenig von älteren Angaben von P. OBERHOFFER und O. EMICKE[3] und dürften das Anlaßverhalten des Chromstahles gut charakterisieren. Die Werte für den Energiewert liegen bei KÖSTER wahrscheinlich etwas zu günstig.

Die magnetische Alterung durch Erschütterungen ist ebenfalls von K. J. SIXTUS untersucht worden. Um diese Effekte ungestört durch eine

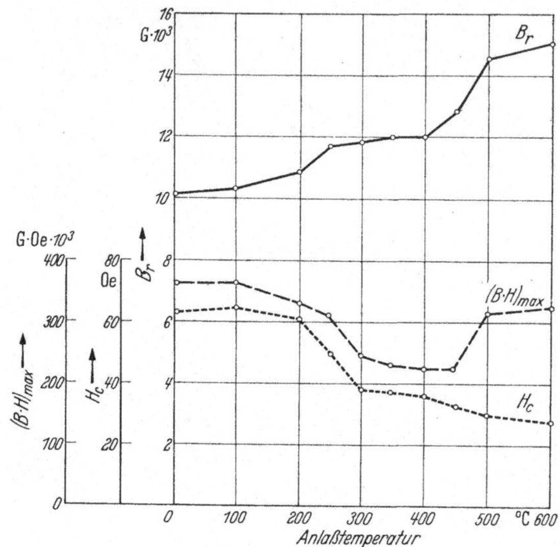

Abb. 8. Gefügealterung eines Chrommagnetstahls (3% Cr) in Abhängigkeit von der Anlaßtemperatur (Anlaßdauer 30 Min.).

Gefügealterung beobachten zu können, wurde diese durch eine Erwärmung auf 100° während 40 Stunden zum größten Teil vorweggenommen. Durch Schläge mit einem Gewicht von 446 g aus 75 cm Höhe wurde der Magnet periodisch erschüttert. Die ersten Schläge zeigten den stärksten Einfluß. So brachte der erste Schlag einen Abfall der Remanenz um 2%, weitere 100 Schläge senkten die Remanenz nur noch um insgesamt 4½% und 1000 Schläge um 5%.

Zyklische Erwärmung zwischen 25 und 75° erniedrigt die Remanenz nach 100 Zyklen nur um etwa 3%. Eine Kombination beider Arten magnetischer Alterung zeigte, daß die Auswirkungen nicht voneinander unabhängig sind, eine den Schlägen folgende zyklische Erwärmung brachte keine nennenswerte Verschlechterung mehr.

---

[1] MESSKIN, W. S., u. E. S. TOWPENJEZ: Arch. Eisenhüttenw. Bd. 6 (1932) S. 75/78.

[2] KÖSTER, W.: Stahl u. Eisen Bd. 53 (1933) S. 849/56.

[3] OBERHOFFER, P., u. O. EMICKE: Stahl u. Eisen Bd. 45 (1925) S. 537/40.

Schließlich wurde sowohl von K. J. Sixtus als auch von R. L. Dowdell[1] die natürliche Alterung beim Lagern untersucht. Während bei den
vorhergegangenen Untersuchungen bei jeder Messung die Probe voll aufmagnetisiert und so die Änderung der Werkstoffkonstanten bestimmt
wurde, ist bei den folgenden Versuchen die Änderung der scheinbaren
Remanenz ohne vorhergehende Aufmagnetisierung bestimmt worden;
es wurde also das Verhalten des Dauermagneten im praktischen Betrieb
untersucht. Danach sinkt nach R. L. Dowdell die scheinbare Remanenz
im Laufe von 10 Jahren bei einem Stahl mit 0,97% C und 2,87% Cr
um etwa 35% (Abb. 9). Diese für den Instrumentenbau sehr unange-

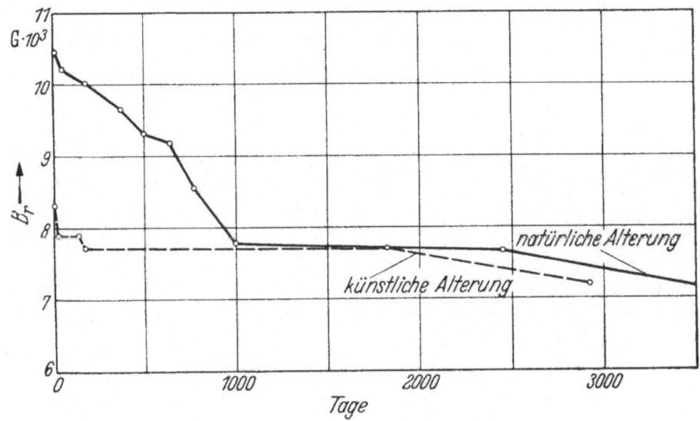

Abb. 9. Magnetische Alterung eines Chrommagnetstahls (0,97% C, 2,87% Cr) in Abhängigkeit
von der Zeit. (Nach R. L. Dowdell.)

nehme Änderung kann durch eine Vorbehandlung, sogenannte künstliche
Alterung, zum größten Teil vorweggenommen werden. Sie besteht aus
folgenden Schritten: Aufmagnetisieren nach dem Härten, Entmagnetisieren und Anlassen für 12 Stunden bei 100°, Aufmagnetisieren und bei
100° solange Anlassen, bis die Remanenz um 5% abgenommen hat,
durch ein Gegenfeld abmagnetisieren, bis weitere 5% der Remanenz verlorengegangen sind. Dadurch verliert zwar der Magnet anfänglich sehr
viel an Remanenz, aber wie aus Abb. 9 zu entnehmen ist, beträgt dann
der weitere Abfall im Verlaufe von 10 Jahren nur noch etwa 7%. Ähnliche Feststellungen, wenn auch über kürzere Zeitspannen, konnte
K. J. Sixtus nach einer 24stündigen Alterung bei 100° machen. Ähnliche Maßnahmen, wie Anlassen bei 100° und teilweises Entmagnetisieren
empfiehlt auch K. L. Scott[2]. Schließlich sei noch auf eine Arbeit von
J. I. Lewando[3] hingewiesen, wo sich Angaben über den Verlauf der
Alterung bei einem Chromstahl von 2,27% Cr und 0,97% C finden.

---

[1] Dowdell, R. L.: Trans. Am. Soc. Metals Bd. 22 (1934) S. 19/30.
[2] Scott, K. L.: Metal Progr. Bd. 30 (1936) S. 64/68 u. 88.
[3] Lewando, J. I.: Katschestwennaja Stal (1935) Nr. 4 S. 28/30.

Der Einfluß verschiedener Zusätze auf die Gefügealterung wurde von
H. KRAINER und F. RAIDL[1] untersucht. Es erwiesen sich neben dem bereits
erwähnten Silizium auch die Zusätze von Sonderkarbidbildnern recht
gut, während die das γ-Feld erweiternden Legierungsbestandteile nicht so
günstig abschneiden, auch unter Berücksichtigung, daß zunächst der
Energiewert noch ansteigt. Einzelheiten sind aus der Abb. 10 ersichtlich.
Leider fehlen hierzu genaue Angaben der Wärmebehandlung.

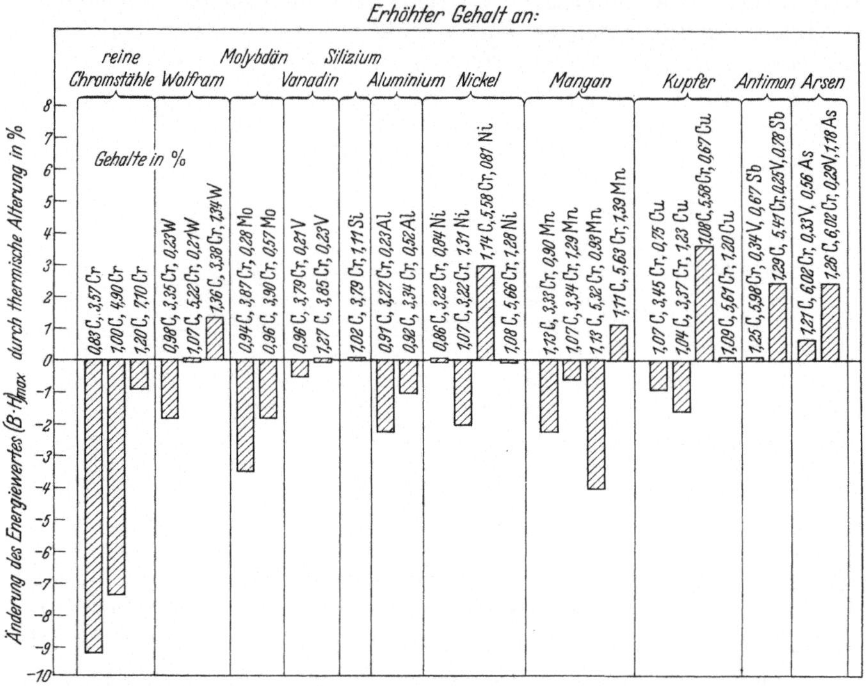

Abb. 10. Einfluß von Legierungszusätzen auf die Gefügealterung von Chrommagnetstählen.
(Nach H. KRAINER u. F. RAIDL.)

Herstellung und Härtung. Die Erschmelzung und Verwalzung zu
Stangen und Profilen ist eine Angelegenheit des Edelstahlwerkes und
soll hier nicht beschrieben werden. Die Schlußbehandlung, die Härtung,
liegt aber sehr oft in den Händen des Verbrauchers. Außerdem kann es
vorkommen, daß Magnete durch äußere Einflüsse Schaden genommen
haben und neu gehärtet werden sollen. In all diesen Fällen ist eine eingehende Kenntnis der Härtevorschriften erwünscht.

Der Härtevorgang selbst beruht auf einer Glühung, bei der die Karbide gelöst werden, und nachfolgender Abschreckung, durch die der bei
hoher Temperatur gebildete Austenit in Martensit umgewandelt wird.

---

[1] KRAINER, H., u. F. RAIDL: Arch. Eisenhüttenw. Bd. 16 (1943) S. 253/60.

Die Tatsache, daß die Härtetemperatur mit dem Gehalt an Chrom und Kohlenstoff eng verknüpft ist, wurde erst verhältnismäßig spät erkannt. Daher erscheint uns heute eine große Anzahl von Arbeiten aus früherer Zeit, welche sich mit der genauen Festlegung der Härtetemperatur befassen, als überflüssig. Außerdem entbehrt es heute der zwingenden Notwendigkeit, durch eine ausgeklügelte und sehr exakte Wärmebehandlung das Energieprodukt um wenige Prozente zu heben, da Werkstoffe mit einem um eine Zehnerpotenz höherliegenden Energiewert in preiswerter Form zur Verfügung stehen.

Beim Lösungsvorgang der Karbide ist natürlich diejenige Temperatur zu wählen, bei welcher der ganze Kohlenstoff gelöst wird, also bei höheren Kohlenstoff- bzw. Chromanteilen die höheren Temperaturen. Bei zu langem Verweilen auf Härtetemperatur wurde aber allgemein eine Verschlechterung der magnetischen Werte beobachtet. Dieser Effekt kann auf verschiedene Weise gedeutet werden. Die im Chromstahl vorhandenen Sonderkarbide $(Cr, Fe)_7C_3$ werden bei einer normalen Glühung nicht vollständig aufgelöst. Die verbliebenen Reste bieten als Störstellen bevorzugte Ausgangspunkte für die Martensitumwandlung, worauf übermikroskopische Untersuchungen an Karbidrückständen durch W. KOCH und H. J. WIESTER[1] hindeuten. Je weniger Reste an Sonderkarbiden übrigbleiben, desto grobkörniger und weniger wirksam wird der Martensit anfallen. Die Sonderkarbide können sich aber auch unter dem Einfluß langdauernder Erhitzung nur zusammenballen und somit denselben Effekt erzielen. Die Auflösung aller Karbide kann aber auch eine Verschiebung des Martensitpunktes zu tieferen Temperaturen bewirken. Dies wurde tatsächlich durch sehr eingehende Untersuchungen von W. JELLINGHAUS[2] bestätigt. Nach langer Erhitzung auf 1050° C, also unter extremen Bedingungen, wurde der Martensitpunkt von 250° auf 50° herabgesetzt. Bei dieser Temperatur ist die Umwandlungsgeschwindigkeit so gering, daß 65% des Austenits bestehen bleiben. Auch eine anschließende Abkühlung in flüssiger Luft führt nur zu einer Martensitbildung zu etwa 70%. Wahrscheinlich werden beide Vorgänge zur Verschlechterung des Chromstahles beitragen.

Die günstigste Haltezeit auf Härtetemperatur beträgt 5 bis 10 Min. In Abb. 11 ist die günstigste Härtetemperatur beim Abschrecken in Öl in Abhängigkeit vom Cr- und C-Gehalt nach Angaben von W. S. MESSKIN und E. S. TOWPENJEZ[3], H. KRAINER und F. RAIDL[4] gezeigt. Daraus ist zu entnehmen, daß bei dem handelsüblichen 3 proz. Chromstahl die beste

---

[1] KOCH, W., u. H. J. WIESTER: Stahl u. Eisen Bd. 69 (1949) S. 80/86.

[2] JELLINGHAUS, W.: Arch. Eisenhüttenw. Bd. 20 (1949) S. 249/54.

[3] MESSKIN, W. S., u. E. S. TOWPENJEZ: Arch. Eisenhüttenw. Bd. 6 (1932) S. 75/78.

[4] KRAINER, H., u. F. RAIDL: Arch. Eisenhüttenw. Bd. 16 (1943) S. 253/60.

Ablöschtemperatur zwischen 825/850°C liegt, was auch durch die Veröffentlichungen von K. L. Scott[1], J. C. Swan[2] und J. B. Peile[3] bestätigt wird.

Als Abschreckmittel kommen Öl und Wasser in Frage. Da Chromzusatz eine Herabsetzung der Abschreckgeschwindigkeit erlaubt, wird man die Ölabschreckung vorziehen, weil sie die Rißgefahr und damit den Ausschußanteil herabsetzt. Vom magnetischen Gesichtspunkt aus ist die Ölhärtung ebenfalls vorzuziehen; sowohl E. Houdremont[4] als auch W. Zumbusch[5] finden niedrigere Remanenzen und höhere Koerzitivkräfte und insgesamt höhere Energiewerte bei der Ölhärtung gegenüber der Wasserhärtung. W. Jellinghaus[6] führt diese Erscheinung auf eine größere magnetische Härte des kubischen Martensits zurück, der sich durch Anlaßwirkung bei der langsameren Ölabkühlung zwischen dem Martensitpunkt und etwa 100° bilden kann, während bei der Wasserabkühlung es zu keinem Anlaßeffekt kommt. Da auch der Gehalt an Restaustenit bei der Ölhärtung höher ist, kann zusätzlich mit einem Effekt dieses Gefügebestandteiles gerechnet werden.

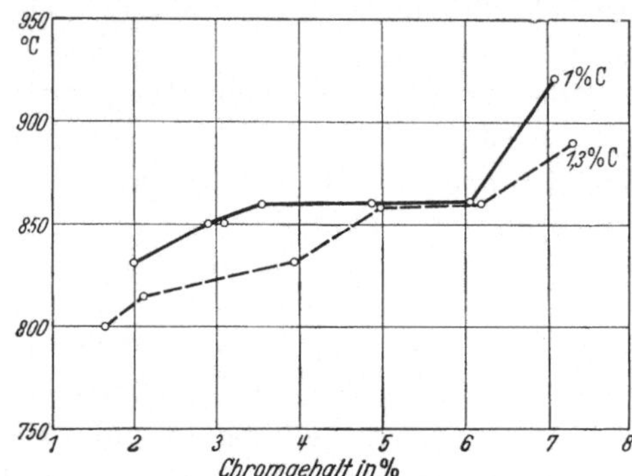

Abb. 11. Günstigste Härtetemperaturen von Chrommagnetstählen in Abhängigkeit vom Chrom- und Kohlenstoffgehalt.

Nach Untersuchungen von B. K. Wainstein und B. G. Liwschitz[7] weist die Koerzitivkraft bei einem Gehalt von 11% Restaustenit ein Maximum auf.

Neben dem normalen Härten wurde vor allem von russischer Seite der Effekt einer mehrfachen Wärmebehandlung untersucht. Das erste Ziel bestand darin, eine gleichmäßige Verteilung möglichst zahlreicher Keime für die Martensitbildung zu erzeugen. W. S. Messkin und B. E. Somin[8] sowie W. A. Erachtin und K. Malinina[9] empfehlen ein Lösungsglühen

[1] Scott, K. L.: Metal Progr. Bd. 30 (1936) S. 64/68 u. 88.

[2] Swan, J. C.: Iron Steel Bd. 13 (1940) S. 419/22.

[3] Peile, J. B.: Heat Treating Forging Bd. 24 (1938) S. 245/47.

[4] Houdremont, E.: Handbuch der Sonderstahlkunde, S. 463. Berlin: Springer 1943.

[5] Zumbusch, W.: Arch. Eisenhüttenw. Bd. 14 (1940) S. 127/31.

[6] Jellinghaus, W.: Arch. Eisenhüttenw. Bd. 20 (1949) S. 249/54.

[7] Wainstein, B. K., u. B. G. Liwschitz: J. techn. Physik (russ.) Bd. 19 (1949) S. 871/81.

[8] Messkin, W. S., u. B. E. Somin: Stal Bd. 8 (1938) Nr. 6 S. 32/38.

[9] Erachtin, W. A., u. K. Malinina: Stal Bd. 9 (1939) Nr. 4/5 S. 63/66.

bei 1100 bzw. 1000···1050° mit nachfolgender Ölabschreckung, um zunächst alle Karbide in Lösung zu bringen. Durch eine nachfolgende Anlaßbehandlung von 2 Stunden bei 500° bzw. 30 Min. bei 600° wird eine feine Karbidausscheidung erzielt, der die übliche Härtung bei 825 ··· 850° mit Ölabschreckung folgt. MESSKIN und SOMIN erzielten für einen Chromstahl mit 3,12 % Cr und 0,9 % C dadurch eine Koerzitivkraft von 75 Oersted und eine Remanenz von 10500 Gauß. Ob die verhältnismäßig geringfügigen Verbesserungen den Mehraufwand lohnen, mag dahingestellt sein.

Auch der Einfluß der gebrochenen Härtung wurde untersucht. Während N. T. GUDZOW, W. W. POLOWNIKOW und L. S. ALEXEJEWA[1], die in

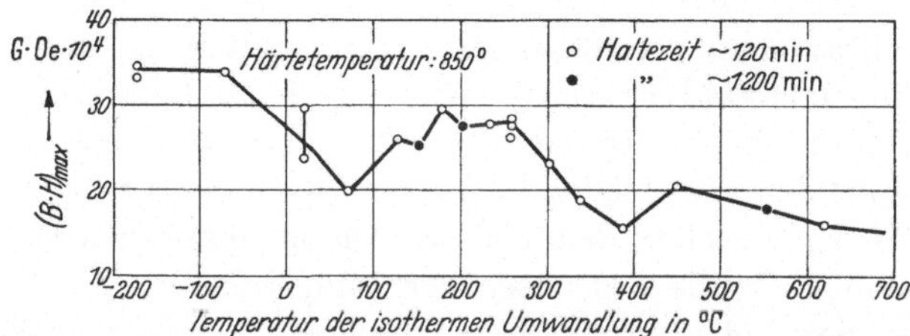

Abb. 12. Energiewerte eines Chrommagnetstahls in Abhängigkeit von der Umwandlungstemperatur. (Nach W. JELLINGHAUS.)

Öl von 100° abschreckten, und nach 40 ··· 60 Sek. in Wasser endgültig härteten, einen günstigen Effekt erzielten, kommt I. N. LECHOWITZKI[2] zu dem Ergebnis, daß die besten Ergebnisse durch einfaches Ablöschen in Wasser von 70° C erhalten werden.

Schließlich wurde von W. JELLINGHAUS[3] der Einfluß einer isothermen Umwandlung auf die magnetischen Eigenschaften untersucht. In Abb. 12 ist die Güteziffer eines Chromstahles mit 0,88 % C, 4,77 % Cr, 1,03 % Mn in Abhängigkeit von der Umwandlungstemperatur wiedergegeben. Es zeigt sich ein Maximum bei etwa 175°, das auf die Umwandlung des tetragonalen Martensits in den kubischen zurückgeführt wird. Bei Abkühlung unter Raumtemperatur wird die Austenitumwandlung erst vollständig, der Abfall der Koerzitivkraft wird durch eine erhebliche Steigerung der Remanenz kompensiert, so daß relativ hohe Energiewerte erzielt werden. Auch bei Raumtemperatur abgeschreckte Stähle zeigen nach der Abkühlung in flüssiger Luft noch eine Zunahme der Remanenz durch Umwandlung des Restaustenits. Die damit verbundene Verbesserung der magnetischen Eigenschaften überschreitet aber nicht 10 % und hat daher keine praktische Bedeutung.

Das Gefüge des Chromstahles nach dem Walzen im Stahlwerk ist gewöhnlich so feinkörnig, daß es sich gut härten läßt. Durch eine längere

[1] GUDZOW, N. T., W. W. POLOWNIKOW u. L. S. ALEXEJEWA: Metallurgist (russ.) Bd. 14 (1939) Nr. 7 S. 62/74.
[2] LECHOWITZKI, I. N.: Stal (1941) Nr. 4 S. 75/76.
[3] JELLINGHAUS, W.: Arch. Eisenhüttenw. Bd. 20 (1949) S. 249/54.

Glühung in der Nähe des Perlitpunktes (zwischen 700 und 800°) kann es zur Zusammenballung der Karbide kommen, die sich dann bei der kurzen Haltezeit bei der üblichen Härtetemperatur nicht vollkommen auflösen und so die Härtung verschlechtern. In diesen Fällen hilft eine Normalisierung bei 850 ··· 1000° mit nachfolgender Öl- oder Luftabkühlung, wie E. Houdremont[1] zeigen konnte. Die Wirkung der Normalisierung kann nach W. S. Messkin und E. S. Towpenjez[2] durch eine Anlaßbehandlung bei 200 ··· 300° zwischen der Normalisierung und der Härtung noch verbessert werden.

β) Wolframmagnetstahl.

Der Wolframmagnetstahl ist der am längsten bekannte legierte Kohlenstoffmagnetstahl, er wurde vor mehr als 50 Jahren in die Praxis eingeführt, spielt aber heute nur mehr eine untergeordnete Rolle. Seine Herstellung bei den verschiedenen Werken ist mehr eine Sache der Tradition, als die eines reellen Bedürfnisses. Die magnetischen Werte liegen nur wenig höher als die des wesentlich billigeren Chrommagnetstahles und können den hohen Aufwand an teuerem Legierungszusatz nicht rechtfertigen. Die Ansprüche an hohe Leistungen werden durch ganz anders zusammengesetzte wohlfeile Legierungen befriedigt.

Zusammensetzung und Eigenschaften. Es sei zunächst in Tab. 2 eine Übersicht über die gebräuchlichsten Zusammensetzungen und die dabei zu erwartenden magnetischen Werte gegeben.

Tabelle 2. *Zusammensetzung und magnetische Eigenschaften von Wolframstählen.*

Zusammensetzung in %				Magnetische Werte			Härtung	
C	W	Mn	Si	B_r	H_c	$(B \cdot H)_{max} \cdot 10^6$	°C	Abschreckmittel
0,55	6			11 500	57	0,28		
0,70	5,5	0,3	0,3	10 000	65	0,30	850	Wasser
0,72	6			10 500	70	0,35	830	Wasser
0,85	6			9 500	75	0,35		

Systematische Untersuchungen über den Einfluß des Wolframgehaltes auf die magnetischen Eigenschaften fehlen, nur über die Höhe des Kohlenstoffgehaltes liegen ältere Untersuchungen von G. Hannack[3] vor, die ein Maximum bei einem Stahl von 6% W bei etwa 0,75% C erkennen lassen.

Einfluß von Zusätzen. Man hat auch versucht, den Wolframstahl durch weitere Legierungszusätze zu verbessern. Während der gewöhn-

[1] Houdremont, E.: Handbuch der Sonderstahlkunde, S. 463. Berlin: Springer 1943.

[2] Messkin, W. S., u. E. S. Towpenjez: Arch. Eisenhüttenw. Bd. 6 (1932) S. 75/78.

[3] Hannack, G.: Stahl u. Eisen Bd. 44 (1924) S. 1237/43.

liche Wolframstahl ein Wasserhärter ist, gelingt es, durch Zusatz von
$0,3 \cdots 1\%$ Cr die kritische Abkühlgeschwindigkeit so zu verlangsamen,
daß diese Stähle auch in Öl abgeschreckt werden können. Der Vorteil
liegt nicht so sehr in einer Verbesserung der magnetischen Eigenschaften
als in einer Verringerung des Härtungsausschusses durch Rißbildung. In
Tab. 3 sind Zusammensetzungen und Eigenschaften derartiger Chrom-
Wolfram-Stähle angegeben. Auch W. A. ERACHTIN[1] findet, daß Wolframstähle mit Zusätzen bis zu 0,7% Chrom sich günstig verhalten.

Tabelle 3.
Zusammensetzung und magnetische Eigenschaften von Chrom-Wolfram-Stählen.

| Zusammensetzung in % | | | | | Magnetische Werte | | | Härtung | |
C	W	Cr	Mn	Si	B_r	H_c	$(B \cdot H)_{max} \cdot 10^6$	°C	Abschreck-mittel
0,68	5,9	0,21	0,26	0,13	9 400	66	0,29		Öl
0,67	5,7	0,27	0,32	0,20	9 100	68	0,29		Öl
0,70	6	0,50	0,50	0,30	9 000	70	0,30	830	Öl
0,70	6	0,50			9 800	72	0,34	860	Öl
0,72	5,8	0,43	0,30	0,15	9 100	70	0,30		Öl
0,51	6,04	0,74			11 200	70	0,36	870	Öl
0,60	5,91	0,81			11 150	76	0,38	850	Öl

Alterung. Der Wolframmagnetstahl ist ebenso wie alle martensitischen Stähle einer starken Alterung ausgesetzt. Neben Bestimmungen
der natürlichen Alterung durch Lagern sind auch Untersuchungen über
Gefügealterung und über den Einfluß von Erschütterungen und Streu-
feldern angestellt worden. Die Ergebnisse dieser Untersuchungen sind
in den Abb. $13 \cdots 15$ wiedergegeben.

In Abb. 13 ist zunächst das Ausmaß der Gefügealterung bei einem
W-Cr-Stahl nach unveröffentlichten Untersuchungen von K. J. SIXTUS
gezeigt. Für die Durchführung und die Schlußfolgerungen gilt das beim
Cr-Stahl Gesagte (siehe S. 17 ff.). Die Alterung ist wesentlich stärker als
bei dem Cr-Si-Stahl und erreicht bereits bei 100° recht erhebliche Ausmaße. Eine Anlaßbehandlung über 100° hinaus führt sehr rasch zu einer
Beseitigung der Dauermagneteigenschaften. Die Ergebnisse entsprechender Versuche von W. KÖSTER[2] sind in Abb. 14 wiedergegeben; bereits
nach einer halbstündigen Erhitzung auf 250° sind die Dauermagneteigenschaften auf $^2/_3$ der ursprünglichen Werte abgesunken.

Die magnetische Alterung durch Erschütterungen ist bei dem Wolframstahl nicht so stark als bei dem Cr-Si-Stahl; auch hier verschlechtert
der erste Schlag die Remanenz um etwa 2%, während die nächsten
100 Schläge nur noch um 1% die Remanenz herabzusetzen vermögen.

---

[1] ERACHTIN, W. A.: Stal Bd. 8 (1938) Nr. 6 S. 39/43.
[2] KÖSTER, W.: Stahl u. Eisen Bd. 53 (1933) S. 849/56.

Ähnlich ist das Verhalten bei der zyklischen Erwärmung, wo nach 100 Zyklen zwischen 25 und 75° die Remanenz um 4% abgenommen hat. Auch F. PÖLZGUTER[1] hat den Einfluß von Erschütterungen studiert und ist zu ähnlichen Ergebnissen gekommen.

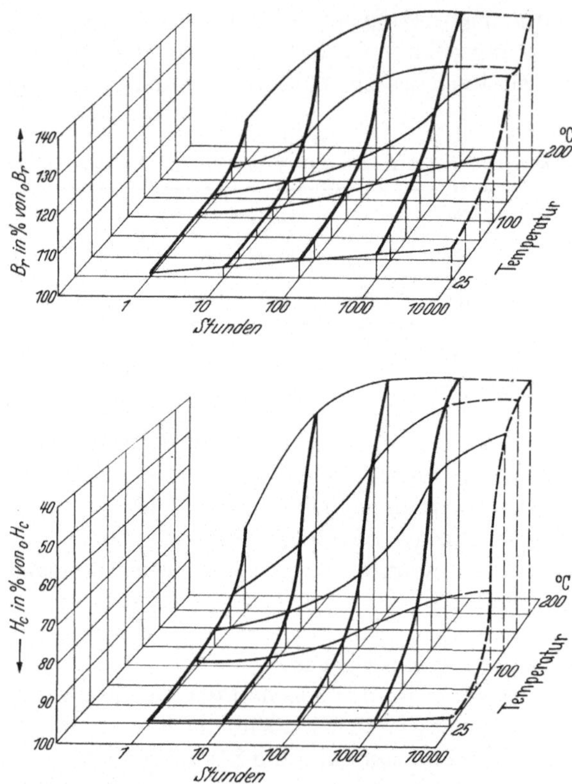

Abb. 13. Gefügealterung eines Wolframmagnetstahls (0,8% C, 6,1% W, 0,7% Cr, geglüht 10 Min. bei 800°, abgeschreckt in Öl). Änderung von Koerzitivkraft und Remanenz mit Zeit und Temperatur. (Nach K. J. SIXTUS.)

Die bei der Lagerung eingetretene Änderung der scheinbaren Remanenz ist von R. L. DOWDELL[2] über einen Zeitraum von 10 Jahren untersucht worden. Seine Ergebnisse sind in Abb. 15 wiedergegeben. Auch hier wird ein Verlust der Remanenz um etwa 35% in dem angegebenen Zeitraum beobachtet. Eine bereits beim Chromstahl angegebene künstliche Alterung (siehe S. 21) vermindert den Abfall auf wenige Prozente: ein Ergebnis, das in großen Zügen von K. J. SIXTUS bestätigt wird.

---

[1] PÖLZGUTER, F.: Nickel-Ber. Bd. 3 (1933) S. 1/4.
[2] DOWDELL, R. L.: Trans. Am. Soc. Metals Bd. 22 (1934) S. 19/30.

Die Alterung bei Wolframmagnetstählen soll nach E. HOUDREMONT[1] durch einige Zehntel Prozent Kobalt etwas herabgesetzt werden. Weitere Angaben über Alterung finden sich bei A. S. SAIMOWSKI und A. M. OPARKIN[2].

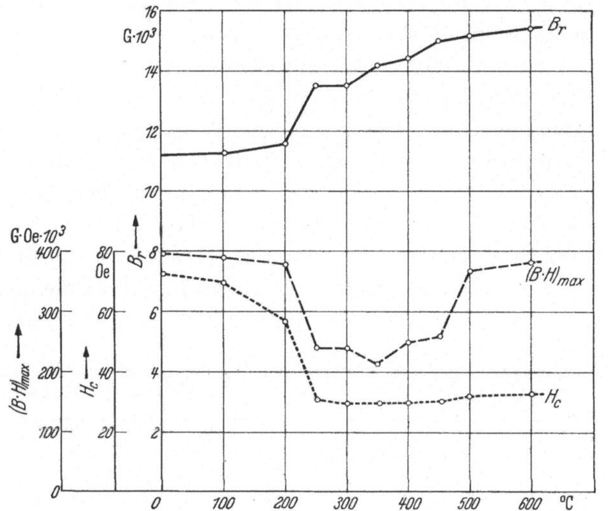

Abb. 14. Gefügealterung eines Wolframmagnetstahls in Abhängigkeit von der Anlaßtemperatur (Anlaßdauer 30 Min.). (Nach W. KÖSTER.)

Herstellung, Härtung. Die Höhe der erzielbaren Koerzitivkraft hängt von der Menge und Feinheit des gebildeten Martensits ab. Durch unsach-

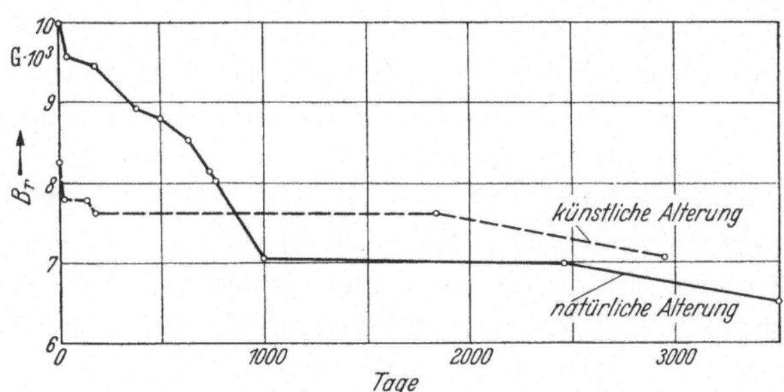

Abb. 15. Magnetische Alterung eines Wolframmagnetstahls (0,67% C, 5,43% W) in Abhängigkeit von der Zeit. (Nach R. L. DOWDELL.)

gemäße Wärmebehandlung, insbesondere durch längeres Glühen bei 950° und darüber kommt es zur Ausscheidung von Sonderkarbiden, welche nach Untersuchungen von C. WAINWRIGHT[3] die Zusammensetzung Fe_4W_2C

[1] HOUDREMONT, E.: Handbuch der Sonderstahlkunde, S. 592. Berlin: Springer 1943.

[2] SAIMOWSKI, A. S., u. A. M. OPARKIN: J. techn. Physik (russ.) Bd. 4 (1934) S. 946/48.

[3] WAINWRIGHT, C.: J. sci. instr. Bd. 18 (1941) S. 97/98.

und WC haben. Dadurch wird der für die Martensitbildung erforderliche Kohlenstoff anderweitig gebunden und fehlt bei der Härtung. Während aber die beim Chrommagnetstahl ebenfalls sich bildenden Sonderkarbide leicht wieder in Lösung gebracht werden können, stößt dies beim Wolframmagnetstahl auf fast nicht überwindbare Schwierigkeiten. Sogar das Schmelzen kann offenbar die Wiederauflösung einmal gebildeten Wolframkarbids nicht vollständig bewirken. E. HOUDREMONT[1] vergleicht zwei Wolframmagnetstähle. Der eine ist mit Wolframkarbidzusatz (Hartmetallabfälle), der andere mit Ferrowolframzusatz erschmolzen. Bei sonst gleichartiger Herstellung ist der mit WC-Zusatz hergestellte Stahl wesentlich schlechter. Ob es sich dabei um nicht aufgelöstes WC oder um eine Keimbildung von WC-Resten, die sofort wieder die Bildung von WC beim Erstarren bewirken, handelt, muß dahingestellt bleiben. Die bei diesem Versuch erzielten Ergebnisse sind in Tab. 4 wiedergegeben.

Tabelle 4. *Auswirkung der Schwerlöslichkeit von Wolframkarbid auf die magnetischen Eigenschaften eines mit Wolframkarbidzusatz erschmolzenen Wolframmagnetstahles.*

Zusammensetzung % C	% W	W-Zusatz als	Härtung	H_c	B_r	$(B \cdot H)_{max} \cdot 10^6$
0,71	5,44	Ferrowolfram	820° Wasser	64,5	10 900	0,33
0,72	5,76	Karbid	820° Wasser	38	11 250	0,20

Wenn nicht einmal eine Schmelzbehandlung die schädliche Wirkung des einmal gebildeten WC völlig aufheben kann, so ist es nicht verwunderlich, wenn eine ungeeignete, zur Bildung von Sonderkarbiden führende Wärmebehandlung ebenfalls stark verschlechternd wirkt. Die Ursachen dieser, mit „Verglühen" bezeichneten Erscheinung wurde in neuerer Zeit u. a. von K. HOSELITZ und M. McCAIG[2] untersucht. Es wurde die nach verschieden langem Glühen bei $950 \cdots 1000°$ und nachfolgendem Abschrecken verbliebene Menge Restaustenit bestimmt und gefunden, daß dieser Anteil mit steigender Glühdauer abnimmt, also der zur Stabilisierung des Austenits erforderliche Kohlenstoff durch WC-Bildung verlorengeht. Röntgenographische Untersuchungen von C. WAIN-

Tabelle 5. *Verschlechterung der magnetischen Eigenschaften eines Wolframmagnetstahles durch Verglühen.*

Vorbehandlung	Härtung		H_c	B_r	$(B \cdot H)_{max} \cdot 10^6$
Walzzustand	820°	Wasser	66	11 000	0 33
1 Stunde 750° geglüht	820°	Wasser	40	11 100	0,21

[1] HOUDREMONT, E.: Handbuch der Sonderstahlkunde, S. 592. Berlin: Springer 1943.

[2] HOSELITZ, K., u. M. McCAIG: Nature Bd. 159 (1947) S. 710.

WRIGHT[1] bestätigen diese Annahme durch Identifizierung der Phasen Fe_4W_2C und WC. Wie stark die Verschlechterung ist, geht aus den in Tab. 5 wiedergegebenen Untersuchungen von E. HOUDREMONT[2] hervor.

Diese Verschlechterung durch Verglühen und der damit verbundenen Bildung von WC kann nur sehr schwierig aufgehoben werden. Übereinstimmend wird von W. A. WOOD[3] und J. B. PEILE[4] eine Glühung bei 1200 bis 1250° angegeben, wobei besondere Maßnahmen zur Verhinderung einer starken Zunderbildung bzw. Entkohlung getroffen werden müssen. E. HOUDREMONT[2] warnt daher ausdrücklich vor einem Weichglühen des Wolframmagnetstahls zwecks besserer Bearbeitbarkeit und empfiehlt, sich lieber mit höheren Bearbeitungskosten abzufinden, als den Stahl durch eine sehr gefährliche Glühoperation in einen kaum mehr zu behebenden Umfang zu verschlechtern.

Bemerkenswert ist noch eine Schädigung der magnetischen Eigenschaften durch Wasserstoffaufnahme, z. B. bei kathodischer Wasserstoffentwicklung oder beim Beizen. Diese Leistungsverminderung, die von J. KOULSON[5] beobachtet wurde, kann vielleicht dadurch erklärt werden, daß durch den aufgenommenen Wasserstoff die Spannungsverteilung und damit die Koerzitivkraft geändert wird. Für diese Annahme spricht die Reversibilität der Erscheinung. Da die Wasserstoffaufnahme nur oberflächlich erfolgt, verschlechtern sich die magnetischen Werte nur um wenige Prozente.

Die Härtung wird bei reinen Wolframstählen nach einer Glühung bei 820 ⋯ 900°, also in einem, im Vergleich zu Chromstahl weiten Bereich in Wasser durchgeführt, nur ganz kleine Teilchen können nach J. C. SWAN[6] in Öl gehärtet werden. Bei Zusatz von 0,3 ⋯ 0,8% Chrom kann die Härtung in Öl vorgenommen werden. Dadurch wird die Herstellung komplizierter Teile ohne großen Härteverzug möglich. Übereinstimmend wird von E. HOUDREMONT[2] und J. C. SWAN[6] angegeben, daß bei Ölabschreckung die Remanenz kleiner und die Koerzitivkraft größer ist als nach einer Wasserabschreckung. Möglicherweise gilt auch hier die von W. JELLINGHAUS[7] für den Cr-Stahl ausgesprochene Ansicht, daß der kubische Martensit härter ist als der tetragonale.

Neben der normalen Härtung wird von W. A. ERACHTIN und K. MALININA[8] eine mehrfache Wärmebehandlung empfohlen. Nachdem sämtliche

---

[1] WAINWRIGHT, C.: J. sci. instr. Bd. 18 (1941) S. 97/98.

[2] HOUDREMONT, E.: Handbuch der Sonderstahlkunde, S. 592. Berlin: Springer 1943.

[3] WOOD, W. A.: Phil. Mag. Bd. 13 (1932) S. 355/60.

[4] PEILE, J. B.: Heat Treating Forging Bd. 24 (1938) S. 245/47.

[5] KOULSON, J.: Phys. Rev. Bd. 20 (1922) S. 51/58.

[6] SWAN, J. C.: Iron Steel Bd. 13 (1940) S. 419/22.

[7] JELLINGHAUS, W.: Arch. Eisenhüttenw. Bd. 20 (1949) S. 249/54.

[8] ERACHTIN, W. A., u. K. MALININA: Stal Bd. 9 (1939) Nr. 4/5 S. 63/66.

Karbide bei 1180 ··· 1200° in Lösung gebracht wurden, sollen besonders feinverteilte Keime durch eine halbstündige Anlaßbehandlung bei 600° entstehen, die bei der nachfolgenden Härtung bei 820° optimale Werte erreichen lassen.

Die oben geschilderte Glühempfindlichkeit des Wolframstahles wird zum Teil durch Chromzusatz aufgehoben. Zusammenfassend läßt sich aber sagen, daß wegen seiner Empfindlichkeit und vor allem wegen der überall zunehmenden Sparmaßnahmen der Wolframmagnetstahl zugunsten des Chrommagnetstahles sehr an Bedeutung verloren hat.

γ) Kobaltmagnetstahl.

Die Kobaltmagnetstähle stellten einen gewissen Höhepunkt in der Entwicklung der Dauermagnete dar. K. HONDA gelang es 1917, einen mit Kobalt legierten Magnetstahl mit einer wesentlich höheren Koerzitivkraft als dies bis dahin bei den bekannten Chrom- und Wolframmagnetstählen möglich war, zu entwickeln. Die besondere Wirkung des Kobalts beruht auf der Bildung eines äußerst feinkörnigen Martensits und daß es als ferromagnetisches Element die Sättigung und die Remanenz nicht nur nicht herabsetzt, sondern in bescheidenem Maße sogar noch erhöht. Es lassen sich also Magnete mit einem besonders großen Energiewert herstellen. Die Bestrebungen, das teure Kobalt durch billigere Sonderkarbidbildner zu ersetzen, führten zwar nicht zu kobaltärmeren Legierungen, aber man fand, daß durch solche Zusätze die Koerzitivkraft noch weiter erhöht werden konnte. So entstanden komplizierte Mehrstofflegierungen mit Zusätzen von Cr, W, Mo, V und Mn. Die Kobaltmagnetstähle beherrschten aber nur kurze Zeit das Feld der Dauermagnetlegierungen und wurden durch die leistungsfähigeren und billigeren durch Ausscheidung gehärteten Legierungen ersetzt, ehe es zu einer systematischen Erforschung dieser komplexen Stähle kam.

Zusammensetzung und Eigenschaften, Einfluß von Zusätzen. Den Einfluß eines steigenden Co-Gehaltes auf die wichtigsten magnetischen Kenngrößen zeigt Abb. 16. Die schwach ausgezogenen Kurven entsprechen dem reinen Kobaltstahl, während die stark ausgezogenen Linien komplexen Mehrstofflegierungen mit dem entsprechenden Co-Gehalt zugeordnet sind. Die Kurven erheben keinen Anspruch auf Genauigkeit. Sie sind aus Mittelwerten von Legierungen recht unterschiedlicher Zusammensetzung entstanden und sollen nur den Einfluß weiterer Zusätze charakterisieren. Es gelingt vor allem, die Koerzitivkraft auf eine recht beachtliche Höhe zu bringen; der damit verbundene erhöhte Aufwand an Legierungsmetallen läßt sich aber eher durch das Streben nach Spitzenwerten als aus wirtschaftlichen Überlegungen erklären. In Tab. 6 ist eine Zusammenstellung der Eigenschaften von Kobaltstählen, nach steigenden Kobaltgehalten geordnet, wiedergegeben[1]. Diese Tabelle zeigt nur eine Auswahl aus einer Fülle von Legierungen auf, die vor 20 Jahren eine Spitzenleistung darstellten. Die verschiedenen Zusätze stellen eine Vereinigung aller bei der Härtung als nützlich erkannten

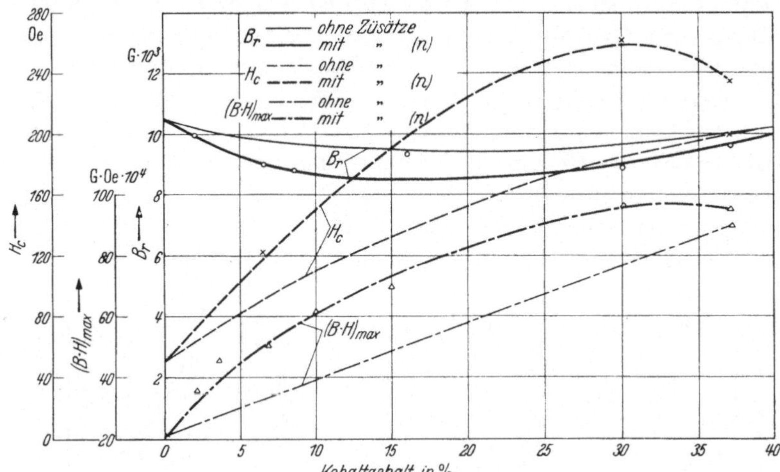

Abb. 16. Die magnetischen Eigenschaften von Kobaltmagnetstählen ohne und mit weiteren Zusätzen in Abhängigkeit vom Kobaltgehalt.

Tabelle 6. *Zusammensetzung und magnetische Eigenschaften von Kobaltstählen.*

Zusammensetzung					Härtung		Magnetische Werte		
C	Co	Cr	W	Mo	°C	Abschr.-mittel	B_r	H_c	$(B \cdot H)_{max} \cdot 10^6$
1	2	3…4	0,5	—	840/870	Öl/H_2O	9500/10500	68/80	0,35/0,39
1	3…4	4…9	1,25	—	890/930	Öl	8000/9400	100/130	0,46
1	6,5	5…9	1,25	1,25	950/975	Öl	8700/9500	120/130	0,50/0,53
0,9	8,5	5	1,25	—	900	Öl	7500	120	
1	10	8	—	1,5	1000	Öl	8000/9000	140/170	0,64
1	10	6	1,25	—	975	Öl	9500	155	0,68
1	15…16	9	—	1,3	1000	Öl	8000/9000	160/190	0,65
1	15…16	5	5	—	980	Öl	9000	165/175	0,71
1	30	5	5	1,5	925	Öl	8000/9000	240/270	1,00
1	30	8	—	1,5	1000	Öl	8500/9500	220/260	0,88
1	36	3,5	3	—	—	—	9000	210	0,94
1	35…41	3,5…6	4…7	—	925	Öl	9700	235	

Elemente dar. Die Eigenschaften geringer Mo-Zusätze, die Koerzitivkraft zu erhöhen und die Remanenz herabzusetzen, wird auch von B. G. LIWSCHITZ und A. G. RACHSTADT[2] bestätigt.

[1] Die Werte sind entnommen aus HOUDREMONT, E.: Handbuch der Sonderstahlkunde, S. 748/52. Berlin: Springer 1943. — ZUMBUSCH, W.: Arch. Eisenhüttenw. Bd. 14 (1940) S. 127/31. — SCOTT, K. L.: Metal Progr. Bd. 30 (1936) S. 64/68, 88. — RUDER, W. E.: Iron Age Bd. 157 (1946) S. 65/70.

[2] LIWSCHITZ, B. G., u. A. G. RACHSTADT: Katschestwennaja Stal Bd. 5 (1937) Nr. 7 S. 37/41.

Da Kristallenergie, Sättigungsmagnetisierung und Sättigungsmagnetostriktion von der Temperatur abhängig sind, verändern sich auch die Werte für den Kraftfluß eines Dauermagneten mit der Temperatur. Zum Unterschied von der später zu besprechenden Alterung sind diese Veränderungen reversibel. A. C. WHIFFIN[1] hat den Temperaturkoeffizienten des Kraftflusses von Kobaltmagnetstählen in Abhängigkeit von der Temperatur und der Zusammensetzung bestimmt. Die Temperaturabhängigkeit läßt sich beschreiben nach der Gleichung: $\Phi_t = \Phi_0 (1 + \alpha t + \beta t)$, wobei Φ_0 der Fluß bei $0°$ C und t die Temperatur in $°$ C bedeuten. Der Koeffizient α hat die Größenordnung 10^{-4}, der Koeffizient β kann wegen seiner geringen Bedeutung (Größenordnung 10^{-7}) in erster Annäherung vernachlässigt werden. Abb. 17 zeigt für einen Dauermagnetstahl mit 15 % Co die Änderung des Koeffizienten α mit der Temperatur. Die Abb. 18 zeigt die

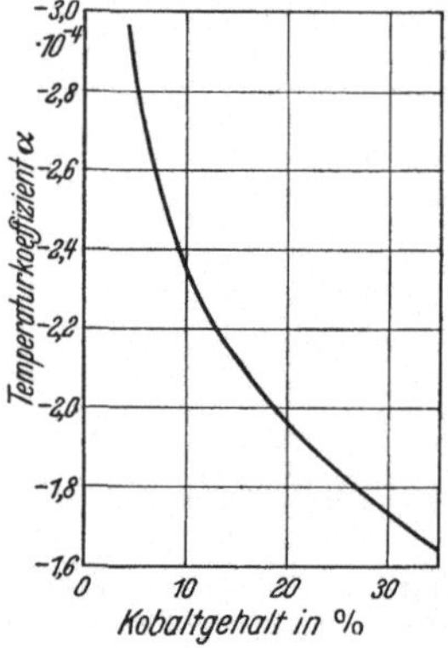

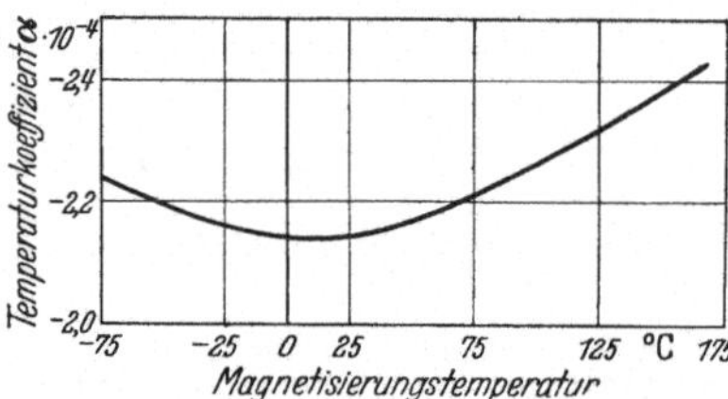

Abb. 17. Temperaturkoeffizient der Remanenz eines Kobaltmagnetstahls (15 % Co) in Abhängigkeit von der Temperatur. (Nach A. C. WHIFFIN.)

Abb. 18. Temperaturkoeffizient der Remanenz von Kobaltmagnetstählen bei 25° in Abhängigkeit vom Kobaltgehalt. (Nach A. C. WHIFFIN.)

Abhängigkeit dieses Koeffizienten bei 25° vom Kobaltgehalt des Stahles. Mit steigendem Kobaltgehalt nimmt der Temperaturkoeffizient ab.

Alterung. Das Kobalt wirkt stabilisierend auf den Martensit bzw. auf die entstandenen Sonderkarbide, deshalb sind die Alterungserscheinungen an mittellegierten Kobaltstählen geringer als bei den Wolfram-Kohlenstoffstählen.

Die Ergebnisse der Gefügealterung bei niedrigen Temperaturen sind nach unveröffentlichten Versuchen von K. J. SIXTUS für drei verschieden hoch legierte Stähle in den Abb. 19 ··· 21 zusammengestellt. Die Alterungsanfälligkeit nimmt mit steigendem Kobaltgehalt zu, sie erreicht jedoch nicht die prozentuale Verschlechterung wie beim W-Stahl. Bei dem am höchsten legierten Kobaltstahl mit 28,6 % Co ist sie aber recht beträchtlich. Das Verhalten ähnlich zusammengesetzter Stähle beim Erhitzen auf höhere Temperaturen ist nach Versuchen von W. KÖSTER[2] in Abb. 22 wiedergegeben. Die hohe Koerzitivkraft der Kobaltstähle bietet keines-

[1] WHIFFIN, A. C.: J. Inst. electr. Eng. Bd. 81 (1937) S. 727/40.
[2] KÖSTER, W.: Stahl u. Eisen Bd. 53 (1933) S. 849/56.

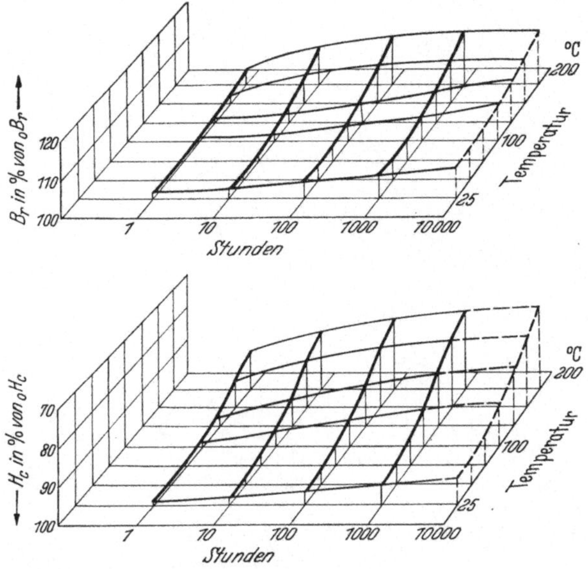

Abb. 19. Gefügealterung eines Kobaltmagnetstahls (1% C, 6% Co, 7,7% Cr, 1,0% Mo, Dreifachhärtung). Änderung von Koerzitivkraft und Remanenz mit Zeit und Temperatur. (Nach K. J. SIXTUS.)

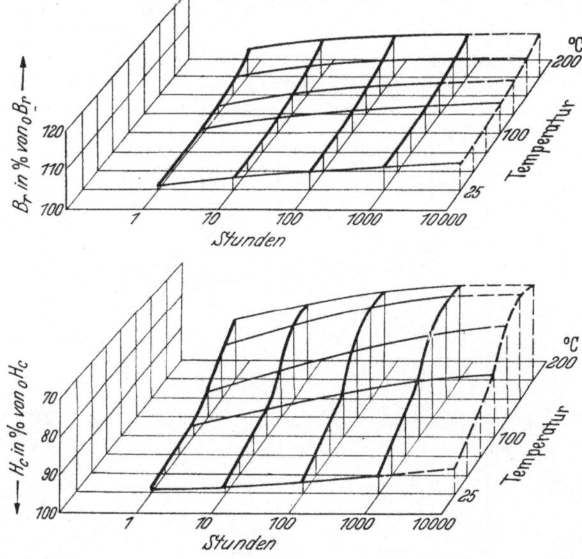

Abb. 20. Gefügealterung eines Kobaltmagnetstahls (1% C, 11,4% Co, 7,6% Cr, 1,0% Mo, Dreifachhärtung). Änderung von Koerzitivkraft und Remanenz mit Zeit und Temperatur. (Nach K. J. SIXTUS.)

wegs einen besonderen Schutz gegen eine ungewollte Anlaßbehandlung.
Auch bei den höchsten Koerzitivkräften bzw. Co-Gehalten beginnt oberhalb 100° der Abfall, der um so steiler ist, je höher der Ausgangswert liegt.

3*

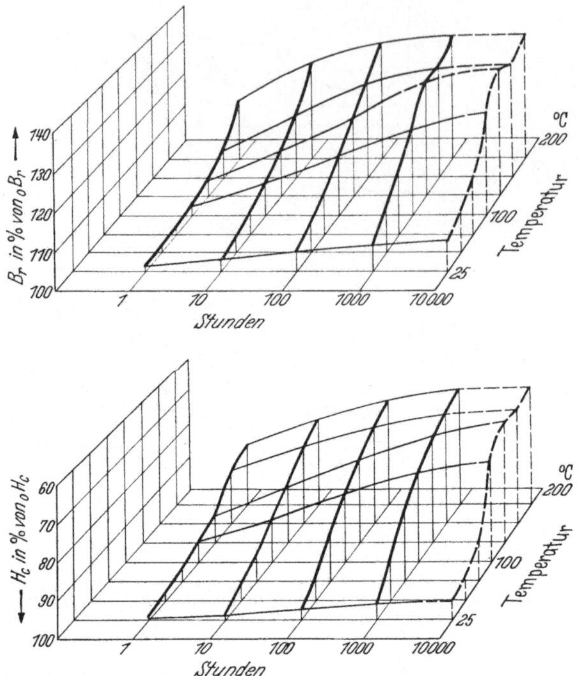

Abb. 21. Gefügealterung eines Kobaltmagnetstahls (1% C, 28,6% Co, 4,5% Cr, 6,0% W, 0,25% V, Dreifachhärtung). Änderung von Koerzitivkraft und Remanenz mit Zeit und Temperatur. (Nach K. J. SIXTUS.)

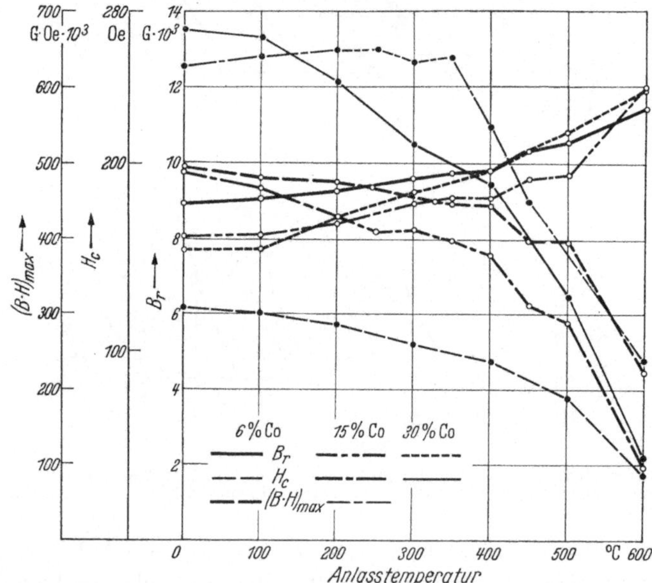

Abb. 22. Gefügealterung von Kobaltmagnetstählen in Abhängigkeit von der Temperatur (Anlaßdauer 30 Min.). (Nach W. KÖSTER.)

K. Kronenberg (nicht veröffentlicht) hat mit einer sehr empfindlichen Meßmethode, welche die Bestimmung der scheinbaren Remanenz auf 0,1 % genau erlaubte, sowohl die magnetische als auch die Gefügealterung an einem niedrig legierten Kobaltstahl mit 2,0 % Co, 4,0 % Cr, 0,5 % W, 1 % C bestimmt. Seine Ergebnisse sind in Abb. 23 zusammengestellt. Es zeigt sich, daß nach einer Anlaßbehandlung bei 300° die Alterungserscheinungen abgeklungen sind. Dies ist allerdings verbunden mit einer Abnahme des ursprünglich vorhandenen Kraftflusses um 85 %.

Gegen Erschütterungen und zyklische Erwärmungen sind die Co-Stähle nach Untersuchungen von K. J. Sixtus etwas weniger empfindlich als die bisher besprochenen Magnetstähle. Erschütterungen bewirken einen Abfall der Remanenz von 2 bzw. 3 % nach 1 bzw. 100 Schlägen. Nach 100 zyklischen Erwärmungen zwischen 25 und 75° liegen die Remanenzen nur um etwa 1 ⋯ 1,5 % niedriger als der Ausgangswert.

R. L. Dowdell[1] hat an einem Co-Stahl mit 13,7 % Co den Einfluß langzeitiger Lagerung bei Raumtemperatur auf die scheinbare Remanenz untersucht. Die Ergebnisse im unbehandelten Zustand sowie nach einer künstlichen Alterung sind in Abb. 24 wiedergegeben; hier zeigt sich die Überlegenheit des Co-Stahles gegenüber den anderen Magnetstählen besonders deutlich, der Abfall der scheinbaren Remanenz nach 10 Jahren überschreitet nicht 8 % des Ausgangswertes.

Herstellung und Härten. Die Kobaltstähle lassen sich wie die anderen Magnetstähle warm walzen, schmieden und spanabhebend bearbeiten, bis auf die höchsten Gehalte von 30 % und darüber, die nur durch

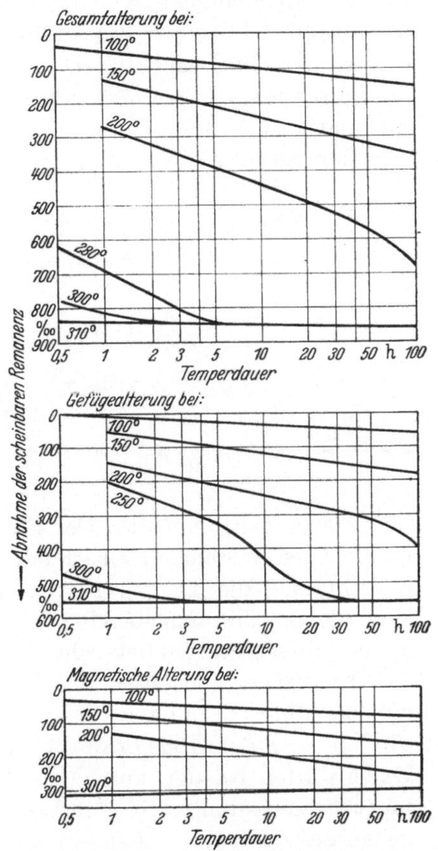

Abb. 23. Alterungserscheinungen eines Kobalt-Chrom-Magnetstahls (2 % Co, 4 % Cr, 0,5 % W, 1 % C) in Abhängigkeit von Anlaßtemperatur und -dauer. (Nach K. Kronenberg.)

---

[1] Dowdell, R. L.: Trans. Am. Soc. Metals Bd. 22 (1934) S. 19/30.

Schleifen formbar sind. Um optimale Härtung und höchste Koerzitivkraft zu erhalten, werden die Kobaltstähle einem komplizierten Härteverfahren unterzogen. Zunächst werden durch eine Glühbehandlung bei
1200° sämtliche Karbide in Lösung gebracht, dann wird der Stahl mit
Preßluft abgeschreckt. Kobalt übt eine stark verzögernde Wirkung auf
die Austenit-Martensit-Umwandlung aus, so daß es trotz der milden Abschreckung mit Druckluft gelingt, den Stahl bei Raumtemperatur im
austenitischen, bei den höchsten Co-Gehalten praktisch unmagnetischen
Zustand zu erhalten. Der zweite Schritt bezweckt die Erzielung einer
sehr feinverteilten Karbidausscheidung knapp oberhalb der Zerfalls-

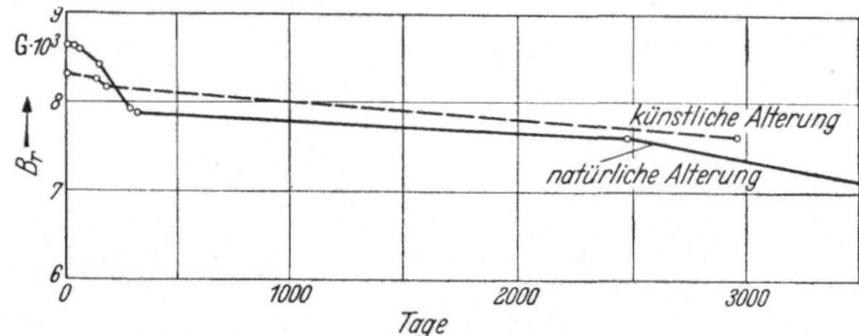

Abb. 24. Magnetische Alterung eines Kobaltmagnetstahls (13,7% Co, 9,3% Cr, 1,25% Mo, 0,86% C)
in Abhängigkeit von der Zeit. (Nach R. L. Dowdell.)

temperatur des Austenits. Der Stahl wird kurzzeitig auf 720 bis 750°
erhitzt; der Austenitzerfall ist mit einer Wärmetönung verbunden, die
bewirkt, daß die Temperatur des Stahls in diesem Augenblick höher
liegt als die des umgebenden Ofenraumes. Aufmerksame Beobachter
können diesen Augenblick sehr gut erkennen, er ist ein Zeichen dafür,
daß die vorhergegangene Glühbehandlung gut durchgeführt und die Anlaßbehandlung beendet ist. Nun wird der Stahl kurzzeitig auf 900 bis
975°, je nach der Höhe des Co-Gehaltes, erwärmt und in Öl abgelöscht.
Dabei dürfen bei der kurzen Erhitzungsdauer von 10 · · · 15 Minuten
nicht die gesamten Karbide in Lösung gehen, weil sonst der Kohlenstoffgehalt des Austenits zu hoch wird und der Martensitpunkt nach so tiefen
Temperaturen verschoben wird, daß nach dem Abschrecken mehr oder
weniger große Mengen Restaustenit verbleiben und Remanenz und
Koerzitivkraft nicht die Höchstwerte erreichen. Nur bei Stählen mit
mehr als 30% Co oder nach Zusatz von 0,3 · · · 0,5% V kann auch mit
einer Einfachhärtung bei 925 · · · 975° ausgekommen werden. Daß auch
bei einer Dreifachhärtung noch Restaustenit vorhanden ist, beweisen Tiefkühlungsversuche von W. Jellinghaus[1], bei welchen eine Zunahme der
Remanenz nach Abkühlung in flüssiger Luft beobachtet wurde. Messungen der Sättigung bei steigenden Temperaturen von L. Ward[2] be-

---

[1] Jellinghaus, W.: Arch. Eisenhüttenw. Bd. 20 (1949) S. 249/54.
[2] Ward, L.: Metallurgia (Manchester) Bd. 41 (1949) S. 3/7.

stätigen diese Ergebnisse, sie ergeben durch Zerfall des Austenits zwischen 600 und 630° eine Zunahme der Sättigung. Die hier beschriebene Härteprozedur wird übereinstimmend von E. F. Cone[1] für einen Stahl mit 38% Co, von W. A. Erachtin und A. W. Osstapenko[2] für einen 30proz. Stahl und von denselben Autoren für einen 15proz. Stahl, sowie von B. G. Liwschitz und A. G. Rachstadt[3] für einen 10proz. Stahl angegeben. Die bei den reinen Wolframstählen so gefürchtete Glühempfindlichkeit tritt bei den Kobaltstählen nicht auf.

Wenn auch die Kobaltstähle in ihrer Klasse Spitzenleistungen der Legierungskunst darstellen, so ist ihre praktische Verwendung zur Bedeutungslosigkeit herabgesunken. Schon vor der Entdeckung der modernen Ni-Al-Fe-Legierungen wurden die sehr teueren Kobaltstähle nur dort benutzt, wo eine sehr hohe Koerzitivkraft unbedingt erforderlich war, sonst begnügte man sich mit dem billigen Chromstahl. Eine Übersicht über den Kostenaufwand bei gleicher Energieabgabe bringt W. Zumbusch[4], wobei die in der folgenden Tab. 7 wiedergegebenen verhältnismäßigen Legierungskosten je 1000 Erg. etwa proportional den gesamten Herstellungskosten zu setzen sind, da nennenswerte Unterschiede in der Fabrikation nicht auftreten.

Tabelle 7. *Verhältnismäßige Legierungskosten bei verschiedenen Magnetstählen, geordnet nach steigendem Energiewert.*

Zusammensetzung					Energiewert $(B \cdot H)_{max} \cdot 10^6$	Verhältnismäßige Legierungskosten
C	Cr	Co	W	Mo		
1	3	—	—	—	0,30	0,5···0,8
1	3,5	2	0,5	—	0,40	1,4···1,6
1	6	6	1,5	1,5	0,50	3,9···4,3
1	6	10	1,5	—	0,68	4,5···5
1	6	30	6	—	1,00	6,5···7

Daraus ist zu entnehmen, daß man die niedrig legierten Chromstähle ausschließlich verwenden wird, wenn nicht extreme magnetische oder konstruktive Forderungen den etwa zehnfachen Mehraufwand rechtfertigen.

c) Kohlenstofffreie Legierungen.

α) Härtungsvorgang.

Bei den bisher besprochenen Legierungen wurde die Umwandlung des Austenits in Martensit beim Abschrecken kohlenstoffhaltiger Stähle

---

[1] Cone, E. F.: Steel Bd. 96 (1935) S. 48/50.

[2] Erachtin, W. A., u. A. W. Osstapenko: Katschestwennaja Stal Bd. 5 (1937) Nr. 8 S. 17/22.

[3] Liwschitz, B. G., u. A. G. Rachstadt: Katschestwennaja Stal Bd. 5 (1937) Nr. 7 S. 37/41.

[4] Zumbusch, W.: Arch. Eisenhüttenw. Bd. 14 (1940) S. 127/31.

als härtender Vorgang für die Erzeugung von Dauermagnetwerkstoffen herangezogen. Es sollen nun einige Fälle besprochen werden, wo der umgekehrte Vorgang, nämlich die Bildung des Austenits nach stattgefundener Ferritbildung für die Dauermagneteigenschaften verantwortlich ist.

Legierungszusätze, welche das γ-Feld des Eisens erweitern, bewirken auch oftmals eine große Ausdehnung des Zweiphasengebietes zwischen Austenit und Ferrit. Werden solche Legierungen bei geeigneter Temperatur angelassen, so daß sie sich im Zustandsfeld des Zweiphasengebietes befinden, so erfolgt ein Zerfall des Ferrits entsprechend dem Zustandsdiagramm in einen an Legierungsbestandteilen verarmten Ferrit und einen angereicherten Austenit. W. KÖSTER[1] konnte dabei recht auffällige Eigenschaftsänderungen beobachten. Der bei höherer Temperatur gebildete Austenit bleibt bis auf Raumtemperatur herab bestehen und ist sehr beständig. So konnte bei einer Fe-Co-Cr-Legierung auch bei Abkühlung in flüssiger Luft seine Umwandlung in Ferrit nicht erzwungen werden. Der im Umwandlungsgebiet entstehende Austenit ruft eine Härtesteigerung hervor, die aber bereits wieder abgeklungen ist, wenn das Maximum der Koerzitivkraft beobachtet wird. Sind Reste des ursprünglichen Austenits vorhanden gewesen, oder erfolgt der Zerfall des Ferrits wegen zu kurzer Anlaßzeit nicht vollständig, so können Austenite bzw. Ferrite verschiedener Konzentration anwesend sein, die auf Grund ihres verschiedenen spezifischen Gewichtes und daher verschiedenen Volumens die Quelle von mechanischen Spannungen und als deren Folge die Ursache erhöhter Koerzitivkraft sind. Daneben wird die KERSTENsche Fremdkörpertheorie hier erfolgreich zur Deutung der teilweise recht beachtlichen Koerzitivkräfte heranzuziehen sein.

β) Eisen-Kobalt-Vanadin-Legierungen.

Zusammensetzung und Eigenschaften. Unter dem Namen Vicalloy wurde von G. A. KELSALL und E. A. NESBITT[2] im Jahre 1940 eine Legierung von Eisen, Kobalt und Vanadin angegeben, die ganz ausgezeichnete Dauermagneteigenschaften neben vorzüglicher Bearbeitbarkeit aufweist. Es werden zwei Typen beschrieben: Vicalloy I mit 38,5% Fe, 52% Co, 9,5% V und Vicalloy II mit 35% Fe, 52% Co, 13% V, welche vorwiegend nach einer starken Kaltverformung angewandt wird. Die metallkundliche Deutung der Eigenschaften erfolgt am besten an Hand eines von W. KÖSTER und K. LANG[3] aufgestellten Teildiagrammes des Systems Fe-Co-V, welches für die Konzentration von 50% Co in Abb. 25

---

[1] KÖSTER, W.: Arch. Eisenhüttenw. Bd. 8 (1935) S. 491/98.
[2] KELSALL, G. A., u. E. A. NESBITT: A. P. 2190667.
[3] KÖSTER, W., u. K. LANG: Z. Metallkde. Bd. 30 (1938) S. 350/52.

wiedergegeben ist. Legierungen mit weniger als 12 % V bestehen aus der
α-Phase (Ferrit), wenn sie aus dem γ-Feld abgekühlt werden. Legierungen
mit mehr als 12, vorwiegend 14 % V, bestehen auch bei Raumtemperatur
nur aus der unmagnetischen γ-Phase (Austenit). Durch eine starke Kaltverformung kann auch diese Legierung zum größten Teil in die α-Phase
umgewandelt werden. Werden nun beide Legierungen aus dem α-Zu-
stand bei etwa 600° angelassen, so befinden sie sich in einem Zweiphasengebiet, es kommt zur Bildung von Austenit
mit den damit verbundenen günstigen Eigenschaften.

Einfluß einer Verformungstextur. Während
im allgemeinen mit der Bildung des Austenits
eine Abnahme der Sättigung und der Remanenz verbunden ist, überlagert sich hier dieser
Erscheinung der Effekt einer magnetischen
Vorzugsrichtung. Die sich beim Ziehen aus-
bildende kristallographische Vorzugslage fällt
offenbar mit der Vorzugslage des magnetischen Vektors zusammen. Es vereinen sich
also drei günstige Bedingungen beim Vicalloy:
Hohe Sättigung und daher hohe Remanenz
der Legierungen mit etwa 50 % Co, gute mechanische Bearbeitbarkeit, Zusammenfallen
der magnetischen Vorzugslage mit der Kristallorientierung im stark kaltverformten Zustand. Dieser letztere Umstand

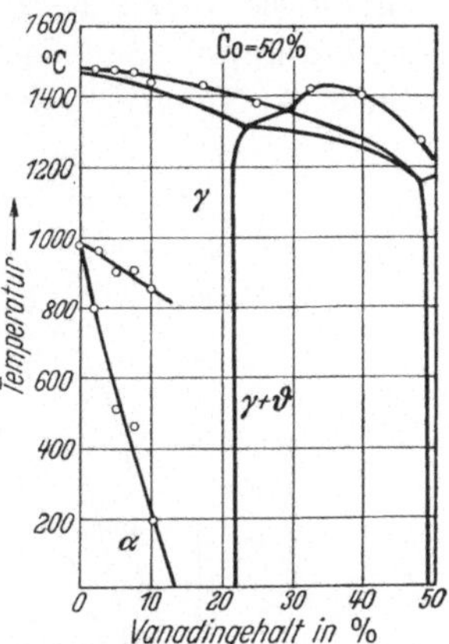

Abb. 25. Schnitt durch das System
Fe-Co-V bei 50 % Co.
(Nach W. KÖSTER u. K. LANG.)

führt nicht nur zu einer an die Sättigung heranreichenden Remanenz,
sondern bedingt auch einen sehr hohen Kurvenfüllfaktor, indem sich die
Hysteresisschleife der Rechteckform nähert. In der Tab. 8 sei die Abhängigkeit der magnetischen Eigenschaften von der Zusammensetzung bei fol-

Tabelle 8. *Einfluß des Verformungsgrades auf die magnetischen Eigenschaften von
Fe-Co-V-Legierungen.*

Zusammensetzung			Verformung %	B_r Gauß	H_c Oersted	$(B \cdot H)_{max}$ $\cdot 10^6$
Fe	Co	V				
38,5	53,5	8	94	14200	130	1,35
36	53	11	94	11400	220	1,58
35	53	12	92	10500	300	1,98
35	52	13	91	10000	375	2,38
34	52	14	96	9600	400	2,78
34	52	14	98	10000	520	3,50
38,5	53,5	8	warm ver- arbeitet	9600	180	0,72
37,2	52,9	9,4	1200° Öl 8 Std. 600°	9000	300	1,00

gender Behandlung wiedergegeben: Warmgewalzt bei 1000°, kaltverformt um 90/98%, angelassen 8 Stunden bei 600°.

Die magnetischen Werte sind auch von der Art der Fasertextur und vom Grad der Ausrichtung der Kristalle abhängig. Bei der Herstellung von Draht durch Ziehen oder Profilwalzen werden bessere Ergebnisse erzielt als beim Walzen von Bändern. Die Eigenschaften quer zur Walzrichtung sind erheblich schlechter als in der Walzrichtung. Abb. 26 zeigt diese Verhältnisse an verschiedenen Magnetisierungskurven einer Legierung mit 35% Fe, 54% Co, 11% V, welche einer Veröffentlichung von E. A. Nesbitt[1] entnommen wurde. Danach sinken Remanenz und

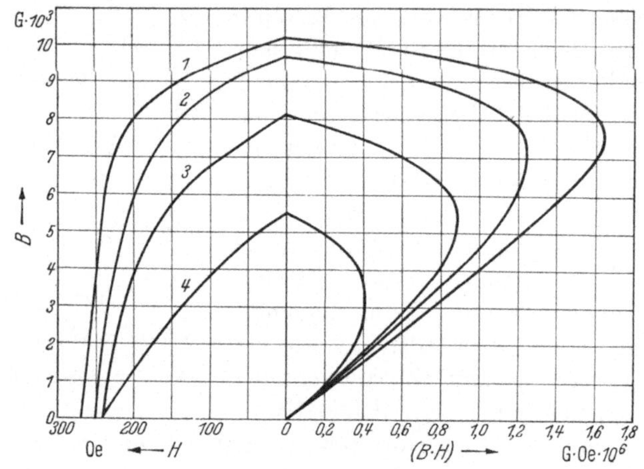

Abb. 26. Richtungsabhängigkeit der magnetischen Eigenschaften von Vicalloy, kaltgewalzt und bei 600° angelassen. *Kurve 1* Kalibergewalzt, hoher Verformungsgrad, Eigenschaften parallel zur Walzrichtung. *Kurve 2* Wie *1*, jedoch kürzere Probenlänge. *Kurve 3* Flachgewalzt, Eigenschaften parallel zur Walzrichtung. *Kurve 4* Wie *2*, jedoch Eigenschaften quer zur Walzrichtung. (Nach E. A. Nesbitt.)

auch etwas die Koerzitivkraft quer zur Walzrichtung ab, so daß das Energieprodukt nur noch ein Drittel des Wertes in der Walzrichtung beträgt. Die Eigenschaften einer als Band gewalzten Legierung liegen dazwischen. Als schädliche Beimengungen bei der Herstellung von Vicalloy hat sich ein Aluminiumgehalt des Ferrovanadins erwiesen, so daß Verunreinigungen von mehr als 0,3% Al zu vermeiden sind.

Die Anwendung dieser Legierung dürfte auf Grund ihres hohen Preises infolge kostspieliger Bestandteile und teuerer Verarbeitung nicht sehr umfangreich sein. Sie wird für die magnetische Tonaufzeichnung in entsprechenden Geräten benutzt.

---

[1] Nesbitt, E. A.: Metals Techn. Bd. 13 (1946) Techn. Publ. 1973.

γ) Eisen-Mangan-Legierungen.

Zusammensetzung und Eigenschaften. Ebenso wie durch Zusatz von Vanadin die α-γ-Umwandlung zu tiefen Temperaturen verlegt und das Zweiphasengebiet stark erweitert wird, so wirkt auch Mangan in diesem Sinne. Legierungen mit mehr als 14% Mn bleiben nach dem Glühen beim Abkühlen bis Raumtemperatur austenitisch und unmagnetisch. Nach Untersuchungen von W. JELLINGHAUS[1] können auch diese Legierungen durch geeignete Walz- und Glühbehandlung Dauermagneteigenschaften erlangen. Manganstahl mit weniger als 0,1% C, 15% Mn und 1% Ti wurde heiß geschmiedet, dann kalt um etwa 80% gewalzt und schließlich bei 500 bzw. 525° angelassen. Zum Unterschied von der üblichen martensitischen Härtung kohlenstoffhaltiger Stähle weist der durch Kaltwalzen entstandene Martensit zunächst nur eine geringe magnetische Härte auf. Beim nachfolgenden Anlassen konnte röntgenographisch eine Verarmung des Martensits und eine Anreicherung des Austenits an Mangan beobachtet werden.

Einfluß einer Verformungstextur. Ebenso wie Vicalloy ist der kaltgewalzte Manganstahl in seinen Eigenschaften stark richtungsabhängig, wie aus Tab. 9 zu entnehmen ist.

Möglicherweise wird bei der Drahtherstellung eine bessere und günstigere Ausrichtung der Kristalle erzielt und dabei höhere Dauermagneteigenschaften erreicht, jedoch liegen keine Versuche in dieser Richtung vor.

Tabelle 9. *Richtungsabhängigkeit der magnetischen Eigenschaften eines Manganmagnetstahls nach dem Kaltwalzen und Anlassen.*

Behandlung	Meßrichtung	B_r	H_c	$(B \cdot H)_{max} \, 10^6$
10 mm geschmiedet, kalt gewalzt auf 3 mm, ½ Std. 550° kalt gewalzt auf 2 mm, ½ Std.	‖ Walzrichtung	6350	173	0,47
500° luftgekühlt	⊥ Walzrichtung	4170	162	0,22

An Stelle des Manganstahls wurde nach F. P. 876 153 ein Chrommanganstahl mit 25% Cr und 20% Mn vorgeschlagen, der ähnliche Eigenschaften aufweisen soll. Drähte aus diesen Legierungen finden als Stahltondraht in Sprechgeräten Verwendung. Die leichte Bearbeitbarkeit ermöglicht auch die Anwendung im Meßinstrumentenbau.

δ) Eisen-Nickel-Kupfer-Legierungen.

Zusammensetzung und Eigenschaften. Die in dem System Fe-Cu auftretende Mischungslücke setzt sich im ternären System Fe-Ni-Cu bis weit in das Nickelgebiet fort und bietet, da die Kupferlöslichkeit auch

---

[1] JELLINGHAUS, W.: Arch. Eisenhüttenw. Bd. 15 (1941) S. 99/102.

temperaturabhängig ist, die Möglichkeit zur Aushärtung. Diese Tatsache glaubte H. Legat[1] zur Herstellung von Dauermagneten auf dem eisenreichen ferritischen Teil des Dreistoffsystems ausnutzen zu können. Seine Ergebnisse waren keineswegs ermutigend, sie wurden dennoch von W. Dannöhl[2] nachgeprüft. Er erreichte an Gußlegierungen eine Koerzitivkraft von 328 Oersted bei einer Remanenz von 3920 Gauß und konnte dabei durch genaue Untersuchungen feststellen, daß die magnetische Härtung nur zum geringen Teil auf die Ausscheidung einer kupferreichen Phase zurückzuführen ist, dafür aber ein Vorgang analog dem bei den vorher beschriebenen Legierungen, nämlich die Bildung von Austenit, die magnetischen Eigenschaften beeinflußt.

Einfluß einer Verformungstextur. Auch in Analogie zu den früher erwähnten Werkstoffen scheint eine Kaltverformung mit Texturausbildung noch verbessernd zu wirken. H. Schaarwächter[3] soll an geeigneten, kaltgewalzten Legierungen eine Koerzitivkraft von 300 Oersted bei einer Remanenz von 7000 Gauß erzielt haben.

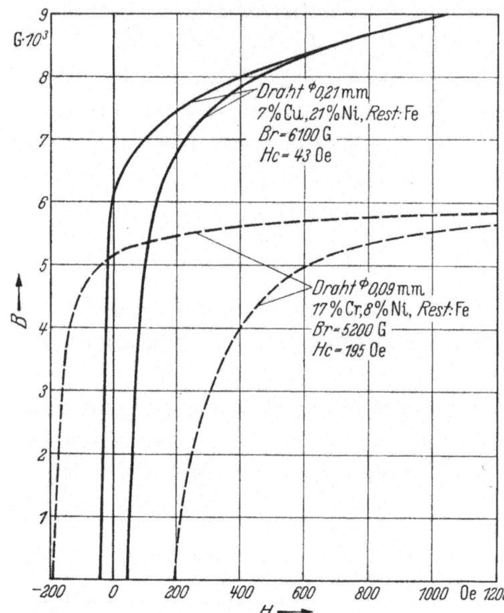

Abb. 27. Hysteresekurven von Eisen-Chrom-Nickel- und Eisen-Kupfer-Nickel-Drähten.

Hysteresiskurven von Stahltondrähten aus Eisen-Chrom-Nickel- und Eisen-Kupfer-Nickel-Legierungen sind in Abb. 27 wiedergegeben.

ε) Eisen-Aluminium-Kohlenstoff-Legierungen.

Zusammensetzung und Eigenschaften. Nach Angaben von J. L. Snoek[4] sind auch Legierungen mit etwa 8% Al, 1,5% C magnetisch härtbar. Trotz des hohen Kohlenstoffgehaltes scheint es sich um einen Fall der Härtung durch Gefügeumwandlung ohne Martensitbildung zu handeln.

---

[1] Legat, H.: Metallwirtschaft Bd. 16 (1937) S. 743/49.

[2] Dannöhl, W.: Z. Metallkde. Bd. 30 (1938) S. 95/99.

[3] Schaarwächter, H., s. W. Dannöhl: Z. Metallkde. Bd. 30 (1938) S. 95 Fußnote [3].

[4] Snoek, J. L.: New Development in Ferromagnetic Materials, S. 99/102. New York — Amsterdam: Elsevier Publishing Co. 1947.

Die Legierungen bestehen bei sehr hohen Temperaturen aus einer einzigen kubisch raumzentrierten Phase. Durch Abschrecken zerfallen sie in zwei kubisch flächenzentrierte Phasen, von welchen die γ-Phase schwach magnetisch ist, während die ε-Phase unmagnetisch bleibt. Durch Abkühlung in flüssiger Luft wird der Zerfall in $\gamma + \varepsilon$ vervollständigt. Eine nachträgliche Anlaßbehandlung bei 500° bedingt dann die Umwandlung der γ-Phase in die stark magnetische α-Phase.

Herstellung und Härtung. Nach holl. Patent 57003 soll eine Legierung mit 1,5% C, 7% Al, 3% Cu nach dem Abschrecken in Öl von 1200°, Abkühlen in flüssiger Luft und Anlassen bei 550° folgende Werte zeigen: $H_c = 185$ Oe, $B_r = 6300$ G, $(B \cdot H)_{max} = 0,4 \cdot 10^6$ G · Oe. Die Legierungen sind hart und spröde und lassen sich nur durch Gießen und Schleifen formen. Die Leistung ist keineswegs hervorragend, jedoch ist die Herstellung der Legierung sehr billig durch Verwendung von Stahlschrott und Umschmelzaluminium.

3. Durch Ausscheidung gehärtete Werkstoffe.

a) Härtungsvorgang.

Eine weitere Möglichkeit zur Erzeugung einer breiten Hysteresisschleife mit den damit verknüpften hohen Werten von Koerzitivkraft und Remanenz bietet die Ausscheidungshärtung. Viele Metalle sind im festen Zustand nur beschränkt ineinander löslich, wobei diese Löslichkeit im allgemeinen temperaturabhängig ist. Es gelingt durch eine Glühung bei hohen Temperaturen mit nachfolgendem Abschrecken, eine bei Raumtemperatur übersättigte feste Lösung zu erzeugen. Bei einer nachfolgenden Temperung wird der instabile Zustand durch Ausscheidung einer zweiten Phase aufgehoben. Die Entmischung und Ausscheidung des zweiten Bestandteils erfolgt fast immer in feinverteilter Form. Inwieweit die durch die Ausscheidung anders zusammengesetzter Teilchen bewirkten mechanischen Spannungen oder ob ihre Anwesenheit als Fremdkörper in der ferromagnetischen Grundmasse die Erhöhung der Koerzitivkraft veranlassen, wird sich nicht immer entscheiden lassen. In jedem Falle aber ist die Ausscheidung eines oder mehrerer Bestandteile als Ursache der erhöhten Koerzitivkraft anzusehen.

Als erster hat W. Köster[1] die Verbreiterung der Hysteresisschleife bei der Ausscheidung von Kohlenstoff aus Eisen beobachtet. Auf der Suche nach besonders wirksamen Ausscheidungsvorgängen bei stark magnetischen Legierungen gelang es ihm, in den Systemen Fe-Co-W und Fe-Co-Mo Werkstoffe mit hoher Koerzitivkraft und Remanenz zu finden. Seine Entdeckung hat außerordentlich befruchtend auf die Weiterentwicklung der Dauermagnete gewirkt.

---

[1] Köster, W.: Arch. Eisenhüttenw. Bd. 2 (1928) S. 503/22.

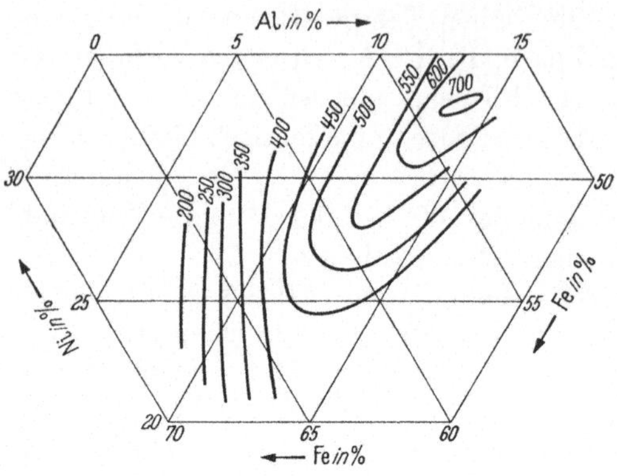

Abb. 28. Einfluß der Zusammensetzung auf die Koerzitivkraft von Dauermagneten im System Fe-Ni-Al.

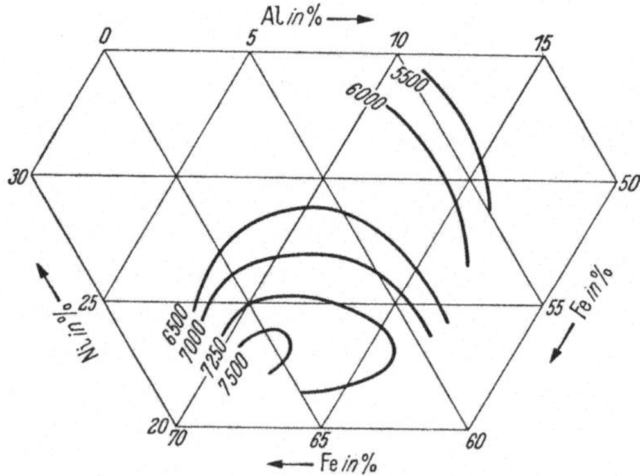

Abb. 29. Einfluß der Zusammensetzung auf die Remanenz von Dauermagneten im System Fe-Ni-Al.

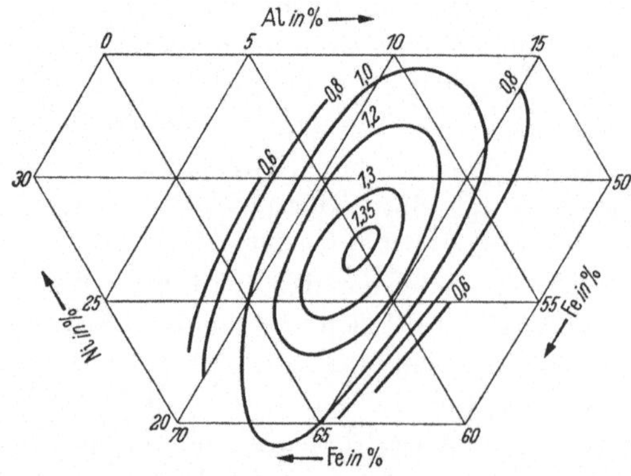

Abb. 30. Einfluß der Zusammensetzung auf den Energiewert von Dauermagneten im System Fe-Ni-Al.

b) Eisen-Nickel-Aluminium-Legierungen.

Die wichtigsten, auf Ausscheidungshärtung beruhenden Dauermagnetlegierungen basieren auf dem Dreistoffsystem Fe-Ni-Al. Die Legierung wurde 1931 von T. MISHIMA entdeckt. Die verblüffend einfache Wärmebehandlung — nur Abkühlen aus dem Gußzustande — führte zu zahlreichen von Erfolg begleiteten Versuchen, durch Legierungszusätze weitere Verbesserungen zu erzielen. Da die metallkundliche Deutung der magnetischen Härtung sehr kompliziert ist, braucht es nicht zu verwundern, wenn in diesem Falle die Praxis der Theorie um viele Jahre vorauseilte.

α) Zusammensetzung und Eigenschaften.

Der Einfluß der Zusammensetzung auf die magnetischen Eigenschaften im Dreistoffsystem Fe-Ni-Al wurde eingehend von W. BETTERIDGE[1] untersucht. Seine Untersuchungen waren außerordentlich sorgfältig. Er bestimmte für die meisten Zusammensetzungen die besten Abkühlungsbedingungen (auf die in den folgenden Abschnitten noch eingegangen werden soll),

---

[1] BETTERIDGE, W.: Iron Steel Inst. Bd. 139 (1939) S. 187/210.

so daß für jeden Punkt des Dreistoffsystems optimale Bedingungen vorlagen[1]. Es zeigt sich in Abb. 28, daß mit steigendem Nickelgehalt und vor allem mit steigendem Aluminiumgehalt eine sehr starke Erhöhung der Koerzitivkraft eintritt, welche die der Kohlenstoffstähle um das Zehnfache übertrifft. Legierungen mit 14% Al, 33% Ni, 53% Fe zeigen Koerzitivkräfte bis zu 700 Oersted. Die Remanenz hingegen nimmt gemäß Abb. 29 mit steigenden Legierungszusätzen erwartungsgemäß ab. Ihr Abfall erfolgt so rasch, daß das Maximum des Energiewertes $(B \cdot H)_{max}$, wie aus Abb. 30 hervorgeht, nicht mehr mit dem Maximum

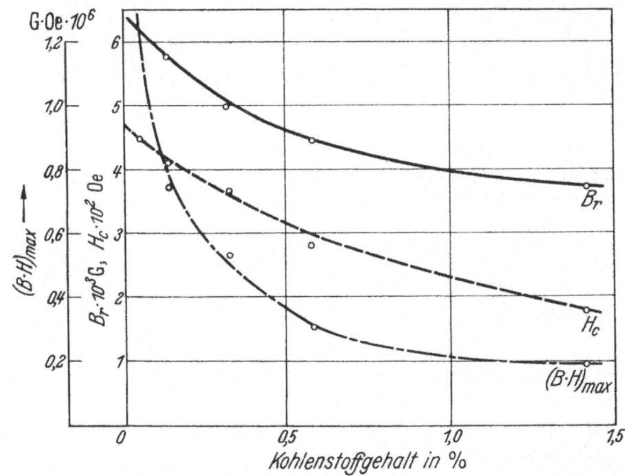

Abb. 31. Einfluß von Kohlenstoff auf die magnetischen Eigenschaften von Fe-Ni-Al-Legierungen. (Nach W. Betteridge.)

der Koerzitivkraft zusammenfällt, sondern nach niedrigeren Zusätzen hin verschoben ist und bei 13% Al, 27% Ni und 60% Fe einen Wert von $1,35 \cdot 10^6$ Gauß · Oersted aufweist.

β) Einfluß von Verunreinigungen.

Verunreinigungen wirken im allgemeinen bereits bei geringen Gehalten schädlich. So erweist sich Kohlenstoff als sehr gefährlich. W. Betteridge hat nach den in Abb. 31 wiedergegebenen Untersuchungen gefunden, daß ein Kohlenstoffgehalt von nur 0,14% den Energiewert bereits um ein Drittel herabsetzt. Die Wirkung des Kohlenstoffs soll durch geringe Zusätze von Ti bei kleinen Kohlenstoffmengen kompensiert werden können. Schädlich wirkt auch Silizium. Es soll jedoch mög-

---

[1] Seine Angaben wurden ergänzt durch die Ergebnisse von W. Dannöhl: Arch. Eisenhüttenw. Bd. 15 (1942) S. 379/87. — Hotop, W.: Stahl u. Eisen Bd. 61 (1941) S. 1105/09. — Krainer, H., u. F. Raidl: Berg- u. hüttenm. Mh. Bd. 90 (1942) S. 99/106. — Pölzguter, F.: Stahl u. Eisen Bd. 55 (1935) S. 853/60. — Ruder, W. E.: Iron Age Bd. 157 (1946) S. 65/70. — Zumbusch, W.: Arch. Eisenhüttenw. Bd. 14 (1940) S. 127/31.

lich sein, durch Abänderung der Zusammensetzung und der Wärme-
behandlung Siliziumgehalte bis zu 1,5% zu kompensieren, was für das
Problem des Schmelzens im sauren Tiegel und der Aufarbeitung von
Gußabfällen von großer Bedeutung ist.

γ) Einfluß von Zusätzen.

Die von vornherein guten magnetischen Werte verlockten natürlich,
durch weitere Zusätze neue Verbesserungen zu erzielen. Infolge Un-

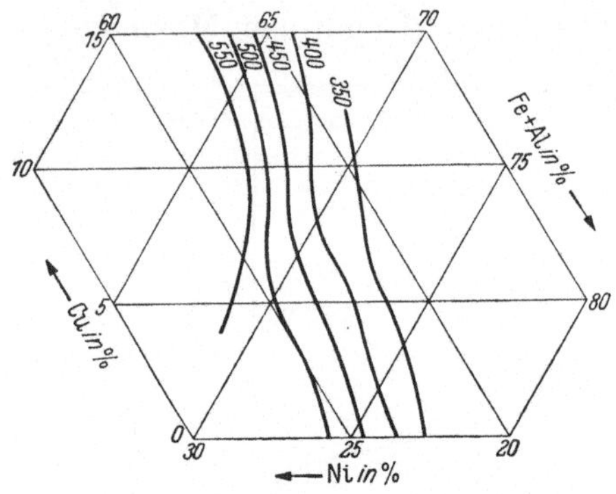

Abb. 32. |Einfluß der Zusammensetzung auf die
Koerzitivkraft von Dauermagneten mit 13% Al
im System Fe-Ni-Al-Cu. (Nach W. BETTERIDGE.)

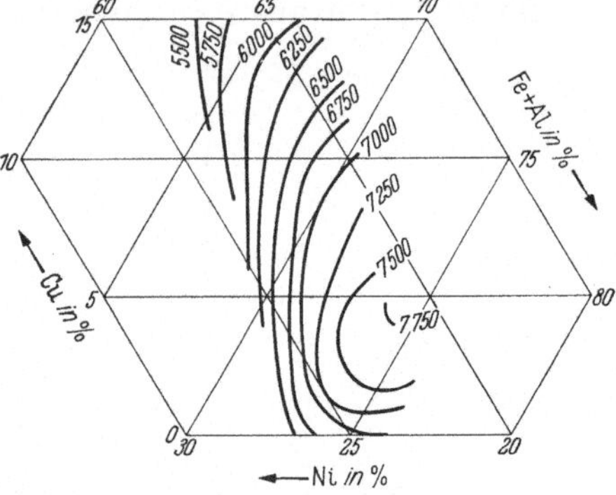

Abb. 33. Einfluß der Zusammensetzung auf die
Remanenz von Dauermagneten mit 13% Al im
System Fe-Ni-Al-Cu. (Nach W. BETTERIDGE.)

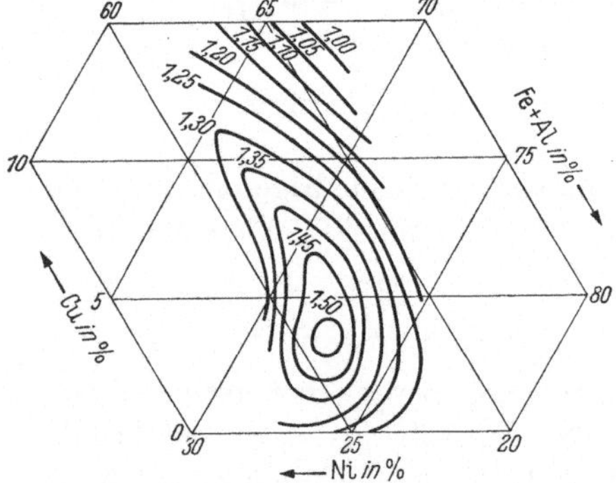

Abb. 34. Einfluß der Zusammensetzung auf den
Energiewert von Dauermagneten mit 13% Al im
System Fe-Ni-Al-Cu. (Nach W. BETTERIDGE.)

kenntnis der metallkundlichen Verhältnisse wurde empirisch vorge-
gangen und eine Fülle von Vorschlägen erprobt. Davon haben
sich nur sehr wenige als günstig erwiesen. Die Mehrzahl der Zusätze
zeigte eine recht fragwürdige Wirkung.

Zunächst sei die Wirkung des
Kupfers besprochen. Die Härtung
der Ni-Al-Fe-Magnete erfolgt durch
Ausscheidung; dieser Vorgang wird
durch geringe Mengen Kupfer beschleunigt, so daß entweder die

Querschnitte dünner oder die Abschreckung schroffer gewählt werden
kann. Das Kupfer bewirkt außerdem eine kleine Herabsetzung der Remanenz. Da Vierstoffsysteme der graphischen Wiedergabe unzugänglich sind,
sei der Einfluß des Kupfers und Nickels an Legierungen mit 13% Al, also
derjenigen Menge, welche sich im Dreistoffsystem als besonders günstig
erwies, nach Untersuchungen von W. BETTERIDGE in den Abb. 32···34
wiedergegeben. Wie aus Abb. 32 hervorgeht, wird durch kleine Kupfer-

zusätze die Koerzitivkraft etwas angehoben. Abb. 33 zeigt das Verhalten der Remanenz, die besonders mit steigendem Nickel- und Kupfergehalt ein Absinken aufweist, wie bereits eingangs erwähnt wurde. Immerhin reicht die kleine Verbesserung der Koerzitivkraft aus, um den Energiewert um etwa 10% auf $1,50 \cdot 10^6$ Gauß · Oersted zu erhöhen. Abb. 34 zeigt das Maximum des Energiewertes bei einer Legierung mit 59,5% Fe, 24,0% Ni, 13,0% Al, 3,5% Cu mit einer Remanenz von 7350 Gauß, einer Koerzitivkraft von 465 Oersted und einem Energiewert von

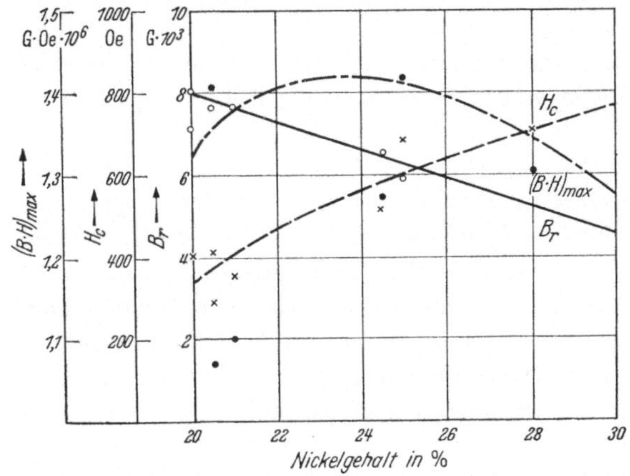

Abb. 35. Einfluß von steigendem Nickelgehalt auf die Dauermagneteigenschaften von Legierungen mit 12% Al, 4% Co, Rest Fe + Ni.

$1,50 \cdot 10^6$ Gauß · Oersted. Diese Ergebnisse wurden von W. ZUMBUSCH[1] voll bestätigt.

Bedeutender ist die Wirkung von Kobalt, welches die Aushärtung durch Herabsetzung der Ausscheidungsgeschwindigkeit merklich verzögert, so daß mit der Abkühlungsgeschwindigkeit heruntergegangen werden kann bzw. daß auch dicke Querschnitte auf gute magnetische Eigenschaften gebracht werden können. Für niedrige und konstante Co-Gehalte von 4% ist in Abb. 35 das magnetische Verhalten gezeigt. Wie beim Kupfer wird auch hier die Koerzitivkraft jedoch in stärkerem Maße angehoben, während die Remanenz absinkt. Wegen dieses Wechselspieles ist hier der Energiewert nicht sehr stark erhöht und liegt sogar etwas unter dem Optimum für Kupfer bei etwa $1,4 \cdot 10^6$ Gauß · Oersted. Höhere Kobaltgehalte von 5···10% geben nach A. S. SAIMOWSKI und P. I. DENISSOW[2] bei gleicher Koerzitivkraft eine höhere Remanenz und damit eine entsprechende Verbesserung des Energiewertes.

[1] ZUMBUSCH, W.: Elektrotechnik Maschinenbau Bd. 60 (1942) S. 533/47.

[2] SAIMOWSKI, A. S., u. P. I. DENISSOW: Katschestwennaja Stal Bd. 4 (1936) Nr. 10 S. 31/38.

Schließlich wurde noch mehrfach der Zusatz von Titan empfohlen. Bei kleinen Zusätzen bis zu 3% entspricht dieses Element in seiner Wirkung dem Kupfer, Beschleunigung der Aushärtung und Heraufsetzung der Koerzitivkraft. Die Hauptwirkung dürfte aber indirekt in einer Unschädlichmachung der Kohlenstoffverunreinigungen bestehen. Von W. Zumbusch[1] wird der Ti-Zusatz mit 1% begrenzt, da darüber die Herabsetzung der Remanenz und des Kurvenfüllfaktors die günstige Erhöhung der Koerzitivkraft bei weitem überwiegen. Auch I. Feszczenko-Czopiwski und L. Kozlowski[2] geben dieselbe Wirkung bei Titangehalten über 1% an.

Ein Zusatz von Vanadin wirkt in geringen Mengen wie Titan nach Untersuchungen von A. S. Saimowski, P. I. Denissow und N. Wolkenstein[3].

Verschlechternd wirkt nach I. Feszczenko-Czopiwski und L. Kozlowski[2] ein Zusatz von Molybdän, wenn der Magnet im Gußzustand ohne nachfolgende Wärmebehandlung verwendet werden soll. Durch Glühen bei 1250°, Abschrecken und Anlassen bei 650° werden dann die Werte der zusatzfreien Legierung wieder erreicht, jedoch nicht verbessert. Diese Ergebnisse werden von A. S. Saimowski, P. I. Denissow und N. Wolkenstein[3] für das Molybdän bestätigt und für Wolframzusätze, im gleichen Sinne wirkend, gefunden. Ebenso wirken Chrom und Niob nach A. S. Saimowski und L. M. Lwow[4] ungünstig. Nach A.P. 2 185 464 soll ein Gehalt von 0,2% Zirkon das Kobalt, wenigstens teilweise, ersetzen können.

Während zunächst nur der Einfluß von Zusätzen in Höhe von wenigen Prozenten besprochen wurde, soll nun auch die Wirkung eines weitgehenden Ersatzes des Eisens durch Kobalt genauer beschrieben werden. Da das Kobalt die Sättigung des Eisens etwas erhöht, war anzunehmen, daß dieser Effekt vielleicht auch bei den Ni-Fe-Al-Legierungen auftreten würde. Tatsächlich ergaben sich recht hohe Remanenzen als Folge der erhöhten Sättigung bei Zusatz von etwa 20$\cdots$25% Co und gleichzeitig recht hohe Koerzitivkräfte. Wie bereits erwähnt, bewirkt ein Co-Zusatz eine starke Verminderung der Aushärtungsgeschwindigkeit, so daß die stark Co-haltigen Legierungen stets einen mäßigen Cu-Zusatz in Höhe von 3$\cdots$6% erhalten, um die Aushärtungsgeschwindigkeit wieder zu erhöhen. Das heißt aber, man hat es mit Fünfstoffsystemen zu tun, die einer graphischen Darstellung nicht mehr zugänglich sind; aber auch

---

[1] Zumbusch, W.: Elektrotechnik Maschinenbau Bd. 60 (1942) S. 533/47.

[2] Feszczenko-Czopiwski, I., u. L. Kozlowski: Foundry Trade J. Bd. 59 (1938) S. 305/6.

[3] Saimowski, A. S., P. I. Denissow u. N. Wolkenstein: Stal Bd. 8 (1938) Nr. 5 S. 60/64.

[4] Saimowski, A. S., u. L. M. Lwow: Mater & Meth. Bd. 24 (1946) S. 1510.

unter der Annahme, daß der geringe Kupfergehalt als konstant angesehen und dem Eisengehalt zugeschlagen werden kann, läßt sich das auf vier Komponenten reduzierte System nicht graphisch darstellen und der Einfluß der Zusammensetzung auf die magnetischen Kenngrößen wiedergeben. Für zwei Gruppen von Zusammensetzungen gibt W. Zum-

busch[1] die Änderungen der Eigenschaften an, seine Ergebnisse sind in den Abb. 36 u. 37 wiedergegeben. Es zeigt sich, daß neben dem Anstieg der Remanenz eine sehr große Zunahme der Koerzitivkraft eintritt, so daß bei Kobaltgehalten von etwa 25% Energiewerte von fast $2 \cdot 10^6$ Gauß · Oersted erreicht werden. Ein ähnliches Bild bietet auch die nickelreichere Gruppe, die mit ihren Anteilen an Nickel und Aluminium ungefähr den Gehalten der Dreistofflegierungen in ihrer optimalen Zusammensetzung entsprechen. Durch Ersatz des Eisens durch Kobalt wird auch hier eine starke Verbesserung der Koerzitivkraft und des Energiewertes erzielt. Von außerordentlichem Einfluß ist der Aluminiumgehalt, wie aus einer Untersuchung von W. Jellinghaus[2] hervorgeht. Die von ihm untersuchten Legierungen mit 23% Co, 15% Ni, 3% Cu und wechselnden Gehalten an Al stellen zwar nach einer speziellen zusätzlichen Wärmebe-

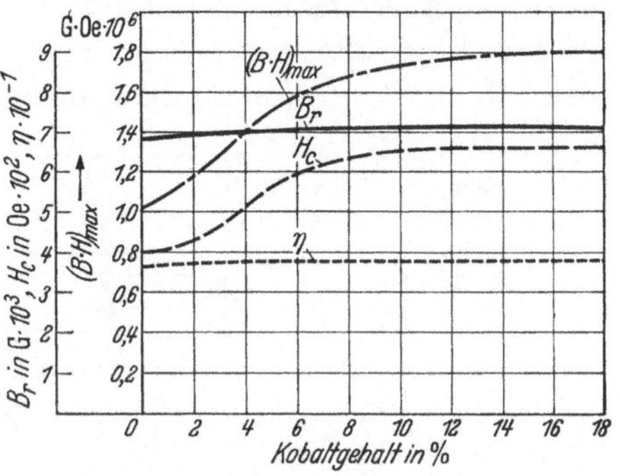

Abb. 36. Magnetische Eigenschaften von Dauermagneten mit 22···24% Ni, 11···12% Al, 3···5% Cu, 0···18% Co, Rest Fe. (Nach W. Zumbusch.)

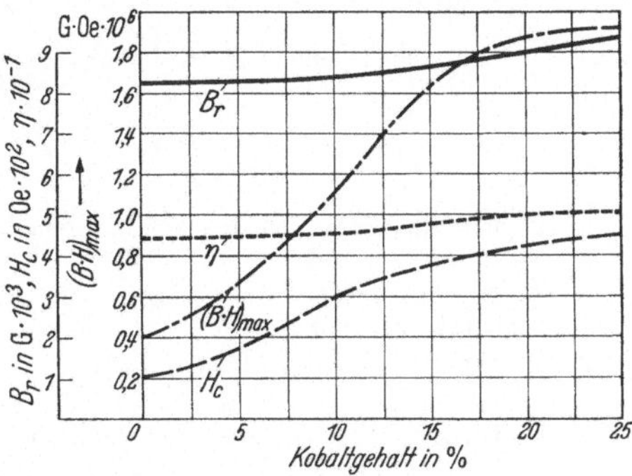

Abb. 37. Magnetische Eigenschaften von Dauermagneten mit 14···16% Ni, 8···10% Al, 2···5% Cu, 0···25% Co, Rest Fe. (Nach W. Zumbusch.)

handlung einen besonders günstigen Zustand dar, sie geben aber trotzdem den außerordentlich starken Einfluß des Al auf die Koerzitivkraft wieder und seien deshalb in Abb. 38 wiedergegeben; die Koerzitivkraft weist ein sehr scharf ausgeprägtes Maximum bei 8% Al in Höhe von 500 Oersted auf, bei 6% Al liegt die Koerzitivkraft unter 100, bei 10% Al bei etwa 200 Oersted. Demnach liegen die in Abb. 36 wiedergegebenen Legierungen mit ihrem Al-Gehalt etwas zu hoch. Berücksichtigt man den sehr starken Einfluß des Aluminiums, so kann man bei günstiger

---

₁

[1] Zumbusch, W.: Elektrotechnik Maschinenbau Bd. 60 (1942) S. 533/47.
[2] Jellinghaus, W.: Arch. Eisenhüttenw. Bd. 16 (1942) S. 247/52.

Wärmebehandlung nach B. JONAS und H. J. MEERKAMP VAN EMBDEN[1]
Energiewerte von $2,14 \cdot 10^6$ Gauß · Oersted bei einer Remanenz von
8800 Gauß und einer Koerzitivkraft von 587 Oersted an einer Legierung
mit 14% Ni, 23% Co, 3% Cu, 8,5% Al, Rest Fe erhalten.

Fügt man zu den stark Co-haltigen Legierungen noch 6 ··· 8% Titan
hinzu, so erhält man Werkstoffe mit außerordentlich hohen Koerzitivkräften. Eingeleitet wurde diese Entwicklung von K. HONDA[2] mit seinem
neuen K.S.-Stahl, dessen Zusammensetzung in Tab. 10 wiedergegeben

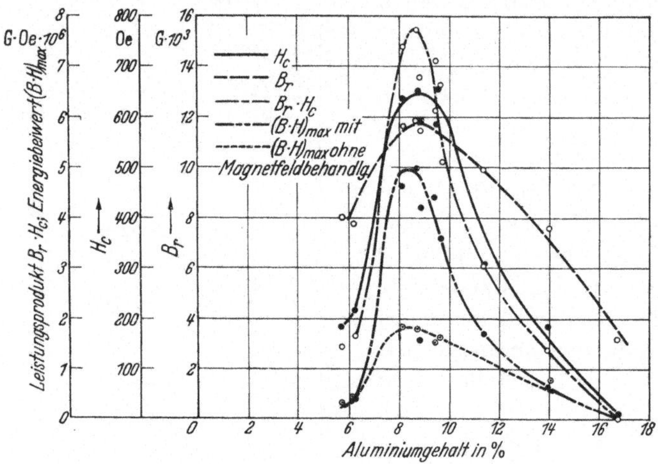

Abb. 38. Magnetische Eigenschaften von Dauermagneten mit 23% Co, 15% Ni, 3% Cu in Abhängigkeit vom Aluminiumgehalt. (Nach W. JELLINGHAUS.)

ist. Ähnlich zusammengesetzte Legierungen werden von W. E. RUDER[3]
und E. M. UNDERHILL[4] angegeben.

Tabelle 10. *Zusammensetzung und magnetische Eigenschaften von Fe-Co-Ni-Al-(Cu)-
Ti-Legierungen.*

Zusammensetzung						Koerzitiv-kraft Oersted	Remanenz Gauß	Energiewert $(B \cdot H)_{max} \cdot 10^6$
Ni	Co	Al	Cu	Ti	Fe			
17,7	27,2	3,7	—	6,7	Rest	900	6000	2
18	35	6	—	8	Rest	1000	6100	1,65
20	20	.	7	6,5	Rest	1000	5500	1,92

Die reversible Temperaturabhängigkeit der magnetischen Eigenschaften wurde für die Al-Ni-Dauermagnetlegierungen von A. C. WHIFFIN[5]

[1] JONAS, B., u. H. J. MEERKAMP VAN EMBDEN: Philips techn. Rdsch. Bd. 6
(1941) S. 8/11.
[2] HONDA, K.: Metallwirtschaft Bd. 13 (1934) S. 425/27.
[3] RUDER, W. E.: Iron Age Bd. 157 (1946) S. 65/70.
[4] UNDERHILL, E. M.: Electronics (1948) S. 122/23.
[5] WHIFFIN, A. C.: J. Inst. electr. Eng. Bd. 81 (1937) S. 727/40.

bestimmt. Nach der Gleichung $\Phi_t = \Phi_0(1 + \alpha t + \beta t^2)$, wobei Φ den Kraftfluß, t die Temperatur in °C und α und β Koeffizienten bedeuten, läßt sich die Änderung des Flusses berechnen. Die Abhängigkeit des Koeffizienten α von der Temperatur für eine Legierung mit 26% Ni und 13% Al, sowie für eine Legierung mit 18% Ni, 10% Al und 14% Co ist in Abb. 39 gezeigt.

δ) Alterung.

Zum Unterschied von den gefügegehärteten Stählen stellen die durch Ausscheidung magnetisch gehärteten Legierungen wesentlich stabilere Werkstoffe dar. Die Gefügealterung durch Erwärmen spielt erst oberhalb derjenigen Temperaturen eine Rolle, wo es entweder infolge des Erreichens der Rekristallisationstemperatur zu einer Entspannung des Werkstoffes und zu einer Koagulation der Ausscheidungsprodukte kommt, oder wo die Wiederauflösung der ausgeschiedenen Phase durch Erreichen der Löslichkeitsgrenze eintritt. Für die Fe-Ni-Al-Legierungen liegt diese Temperaturschwelle sehr hoch. Erst bei Temperaturen oberhalb 500° konnte F. PÖLZGUTER[1] ein leichtes Absinken der Koerzitivkraft und einen Anstieg der Remanenz beobachten, zu empfindlichen Verschlechterungen führen Wärmebehandlungen über 800°, doch auch dabei kommt es infolge

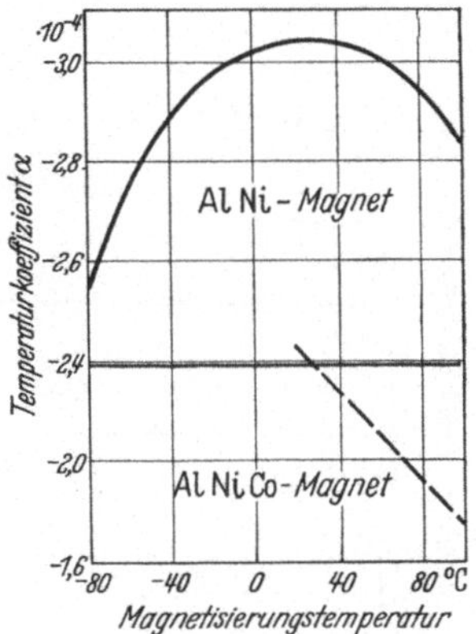

Abb. 39. Temperaturkoeffizient der Remanenz eines Fe-Ni-Al- und eines Fe-Ni-Al-Co-Dauermagneten in Abhängigkeit von der Temperatur. (Nach A. C. WHIFFIN.)

des merkwürdigen, später zu besprechenden Härtemechanismus keineswegs zu einer völligen Zerstörung der Dauermagneteigenschaften. Diese gute Beständigkeit wird von C. J. GORTER[2] bestätigt. Die von K. KRONENBERG (nicht veröffentlicht) mit einer sehr empfindlichen Methode gewonnenen Ergebnisse bei Alterungsversuchen bei erhöhter Temperatur bestätigen die vorangegangenen Untersuchungen. In Abb. 40 ist der Verlauf der Gesamtalterung und der Gefügealterung wiedergegeben. Die Gefügealterung liegt bei 300° noch unter $1^0/_{00}$ und zeigt erst bei 500° eine Zunahme der scheinbaren Remanenz. Die davon abweichenden Ergebnisse von A. KUSNETZOW[3] sind wahrscheinlich durch das Auftreten von Haarrissen, welche beim Erwärmen unter dem Einfluß von Gußspannungen entstanden, vorgetäuscht worden.

Die magnetische Alterung der Al-Ni-Magnete ist erheblich geringer als die der Kohlenstoffstähle. In Abb. 40 entspricht die Gesamtalterung

[1] PÖLZGUTER, F.: Nickel-Ber. Bd. 5 (1935) S. 3/7.
[2] GORTER, C. J.: J. sci. instr. Bd. 13 (1936) S. 336/37.
[3] KUSNETZOW, A.: Stal Bd. 8 (1938) Nr. 8/9 S. 68/71.

infolge des Wegfalls der Gefügealterung der magnetischen Alterung. Sie
beträgt z. B. bei 300° auf dieselbe Anlaßdauer bezogen bei dem Kobaltstahl etwa 30% gegen etwa 5% bei den Al-Ni-Legierungen.

Nach unveröffentlichten Versuchen von K. J. Sixtus ist zwar die Empfindlichkeit gegen Erschütterungen wesentlich geringer als bei Kohlenstoffstählen; 10 Schläge bewirken einen Abfall der Remanenz um etwa 0,5%
und erst 1000 Schläge einen solchen von 2%. Dies ist auf die größere
Sprödigkeit zurückzuführen, welche das Auftreten von Schwingungen größerer Amplitude unterbindet. Diese geringe Erschütterungsempfind-
lichkeit wird von F. Pölzguter[1], J. Q. Adams[2] und C. J. Gorter[3]
bestätigt. Eine zyklische Erwärmung zwischen 25 und 75° bringt nach
100 Wärmespielen einen Abfall um etwa 3%; diese Angaben von K. J.
Sixtus decken sich mit Versuchsergebnissen von J. F. Kinnard und J. H.
Goss[4], welche die Alterung durch Messung der Bremswirkung in Stromzählern
bestimmten.

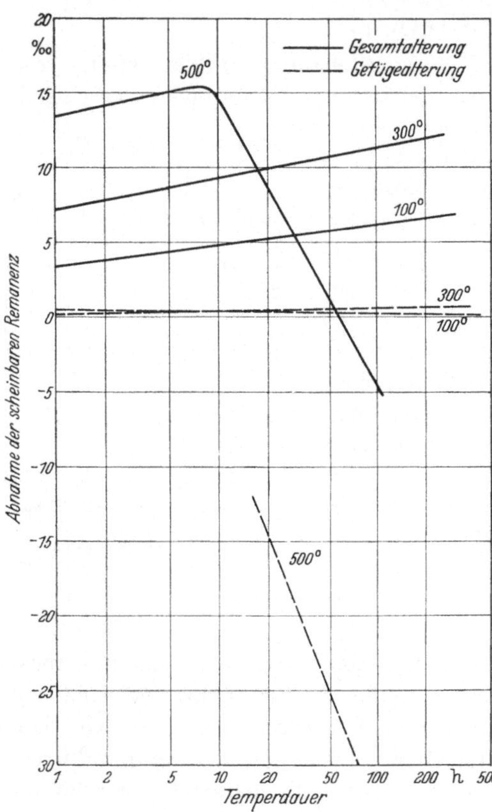

Abb. 40. Alterungserscheinungen an einem Fe-Ni-Al-Dauer-
magneten in Abhängigkeit von Anlaßtemperatur und -dauer.
(Nach K. Kronenberg.)

Über die Alterung bei ruhiger Lagerung ohne jeweilige Aufmagnetisierung
vor der Kontrollmessung, also nur Bestimmung der Flußabnahme zwischen
den Polen, gehen die Angaben noch recht stark auseinander. J. F. Kinnard
und J. H. Goss[4] finden nach 30 Wochen bei ihren Kontrollmessungen in
Zählern praktisch keine Änderung. Dem widersprechen die Angaben von

[1] Pölzguter, F.: Nickel-Ber. Bd. 3 (1933) S. 1/4.
[2] Adams, J. Q.: Gen. electr. Rev. Bd. 41 (1938) S. 518/22.
[3] Gorter, C. J.: J. sci. instr. Bd. 13 (1936) S. 336/37.
[4] Kinnard, J. F., u. J. H. Goss: Trans. Am. Inst. Electr. Eng. Bd. 60 (1941).

K. J. SIXTUS (nicht veröffentlicht), der an künstlich gealterten Magneten nach einem Jahr einen Abfall von 2 bis 3% des Flusses beobachtete. D. A. OLIVER und J. W. SHEDDEN[1] finden in den ersten 100 Stunden einen Abfall von 1,6 + 0,3% und danach große Konstanz des Flusses. M. I. SCHKOLWSKI[2] fand nach zwei- bis dreijähriger Lagerung, daß der Abfall des Restflusses stark von dem Entmagnetisierungsfeld abhängt, Stabmagnete zeigten nach 3 Jahren einen wesentlich kleineren Abfall als Magnete mit einem ungünstigeren Entmagnetisierungsfaktor nach 4 Monaten.

Legierungen mit magnetischer Vorzugslage, über deren Herstellung noch zu sprechen ist (siehe S. 68), zeigen in Übereinstimmung mit den theoretischen Vorstellungen eine noch kleinere magnetische Alterung als die Legierungen ohne Vorzugslage, denn es fehlen größtenteils die von der Feldrichtung abweichend orientierten WEISSschen Bezirke. Aus Abb. 41, die ebenfalls aus Versuchen von K. KRONENBERG stammen, kann entnommen werden, daß die Gefügealterung bis 300° Anlaßtemperatur weniger als 1°/$_{00}$ beträgt und die magnetische Alterung, welche auch in diesem Falle gleich der Gesamtalterung ist, bei derselben Temperatur nur noch 1% ausmacht.

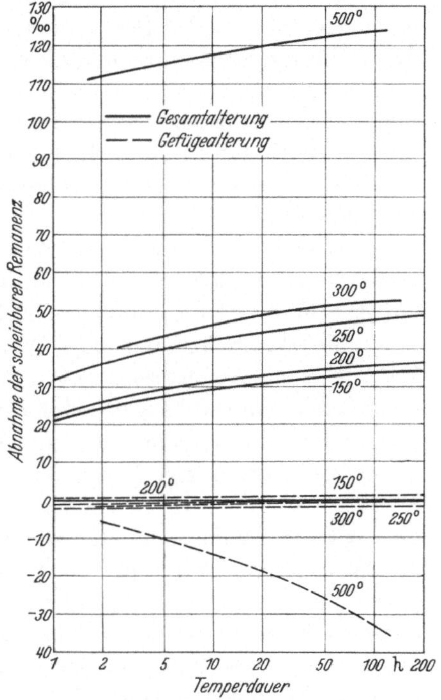

Abb. 41. Alterungserscheinungen an einem Fe-Ni-Al-Co-Dauermagneten mit magnetischer Vorzugslage in Abhängigkeit von Anlaßtemperatur und -dauer. (Nach K. KRONENBERG.)

Diese Unterschiede in den Ergebnissen dürften im allgemeinen darauf zurückzuführen sein, daß sowohl die Meßmethoden als auch die Vorbehandlung verschieden sind und auch die Form des Magneten und die Art der Lagerung von großem Einfluß zu sein scheinen. Eine Vorschrift zur einwandfreien und reproduzierbaren Durchführung von Alterungsversuchen erscheint demnach dringend notwendig, um nicht die Ergebnisse langjähriger Versuche letzten Endes verwerfen zu müssen.

ε) Herstellung.

Wenn auch die Herstellung der Fe-Ni-Al-Dauermagnetlegierungen und der daraus abgeleiteten Vier- und Fünfstofflegierungen ebenso wie

---

[1] OLIVER, D. A., u. J. W. SHEDDEN: J. sci. instr. Bd. 15 (1938) S. 193/200.
[2] SCHKOLWSKI, M. I.: Nachr. Elektroind. Bd. 10 (1939) Nr. 5 S. 35.

die der verschiedenen Stahllegierungen in wenigen Spezialfabriken erfolgt, so erscheint es doch zweckmäßig, die dabei auftretenden Schwierigkeiten etwas eingehender zu schildern, um beim Verbraucher Verständnis für manche Beschränkungen in der Formgebung zu erwecken.

Schmelzen. Die Legierungen werden fast ausschließlich im Hochfrequenzofen erschmolzen. Infolge des hohen Aluminiumgehaltes treten wahrscheinlich in der Schmelze feinverteilte Oxydschleier auf, welche die Viskosität sehr stark heraufsetzen; das Formfüllungsvermögen solcher Schmelzen ist trotz entsprechend heraufgesetzter Gießtemperatur sehr schlecht, es lassen sich nur einfache Formen herstellen. Die Schrumpfung beim Erstarren ist recht hoch, so daß große Gußtrichter für eine Reserve an flüssigem Metall vorgesehen werden müssen. Der Gußabfall ist daher erheblich.

Aber nicht nur im flüssigen Zustande sind die Formgebungsmöglichkeiten beschränkt, auch im festen Zustande treten viele Schwierigkeiten auf. Die Fe-Ni-Al-Legierungen sind bis in die Nähe des Schmelzpunktes so spröde, daß Schmieden oder Walzen vollkommen ausgeschlossen ist. Die Legierungen erstarren recht grobkörnig, so daß auch bei Verwendung von Hartmetallwerkzeugen beim Drehen, Fräsen oder Bohren stets die groben Kristalle aus dem Verband losgerissen werden und ausbrechen. Es verbleibt als einzige Formgebungsmöglichkeit das Schleifen. Die Fe-Ni-Al-Legierungen stellen also einen Werkstoff dar, der nur in einfachen, nicht zu kleinen Formen vergossen und nachträglich nur durch Schleifen bearbeitet werden kann. A. Torry[1] erblickt die Ursache der außerordentlichen Sprödigkeit in den verschiedenen Ausdehnungskoeffizienten der anwesenden bzw. ausgeschiedenen Phasen. Er untersucht den Einfluß der Zusammensetzung auf die Eigenschaften der einzelnen Gefügebestandteile und glaubt die Zusätze in ihrem Einfluß auf magnetische Eigenschaften und Ausdehnungsverhalten so abstimmen zu können, daß eine wirtschaftliche Herstellung unter Wahrung guter mechanischer Eigenschaften ohne Verschlechterung des magnetischen Verhaltens möglich ist.

Eine praktische Verwirklichung dieser Vorschläge ist aber noch nicht bekannt geworden. Auch ein anderer Vorschlag, die Schwierigkeiten der Formgebung zu umgehen, hat sich wohl nicht durchgesetzt. Nach F.P. 884862 sollen die Al-freien Vorlegierungen gegossen, warm und kalt verformt werden und nach Erlangung der endgültigen Gestalt durch Diffusionsglühen in einer Al-haltigen Masse bei $1000 \cdots 1300°$ auf den erforderlichen Al-Gehalt gebracht werden. Die praktische Durchführung dürfte jedoch bei der Oxydationsempfindlichkeit des Al auf Schwierigkeiten stoßen. Es ist wegen der Beschränkung bei der Herstellung der Fe-Ni-Al-Dauermagnete auf dem Gußwege nicht verwunderlich, daß

---

[1] Torry, A.: Metallurgia (Manchester) Bd. 34 (1946) S. 47/153.

sich frühzeitig die Pulvermetallurgie der Frage der Dauermagnetherstellung bemächtigt hat.

Sintern. Die einfachste Möglichkeit, Sinterkörper durch Pressen und Sintern der erschmolzenen und gepulverten Legierung herzustellen, besteht bei den Al-Ni-Magneten und ihren Abkömmlingen nicht. Um einigermaßen kantenfeste Preßkörper zu erhalten, ist ein gewisses Maß an plastischer Verformung der einzelnen Körner erforderlich. Diese plastische Verformungsfähigkeit fehlt bei Raumtemperatur bei den hier vorliegenden Legierungen vollkommen. W. Hotop[1] gibt an, daß durch Heißpressen die Herstellung von Dauermagneten aus gepulverten Legierungen möglich ist. Die Arbeitsbedingungen: Preßtemperatur 1100 ⋯ 1200° und Preßdruck 12 ⋯ 15 t/cm² sind aber für eine Herstellung in technischem Maßstabe nicht geeignet. Der verhältnismäßig hohe Al-Gehalt bedingt eine starke Anfälligkeit gegen Oxydation, deshalb werden auch trotz diesen extremen Bedingungen nur 70% des Energiewertes der geschmolzenen Legierung erzielt.

Es wurden zur Herstellung von Magneten aus Pulvern zwei Wege beschritten. Der Ersatz der mangelnden plastischen Verformbarkeit durch die Beigabe von Bindemitteln beim Pressen führte zu den unter dem Namen „Tromalit" bekanntgewordenen Dauermagneten, sie sollen weiter unten besprochen werden (siehe S. 60). Der andere Weg, die Vereinigung des Sintervorganges mit der Legierungsbildung, hat allgemeine Bedeutung erlangt.

Auch hier stellen sich der Fabrikation noch erhebliche Schwierigkeiten in den Weg. Die Mischung der pulverförmigen Komponenten läßt sich wegen des niedrigen Schmelzpunktes und der starken Oxydationsneigung des Aluminiums nicht sintern. Es bilden sich bereits bei der Herstellung des Al-Pulvers Oxydhäute, die beim Sintern auch bei Verwendung von Wasserstoff als Schutzgas nicht mehr reduziert werden und die Diffusion auf das stärkste behindern. Nach W. Hotop[1] werden je nach der Feinheit des Al-Pulvers 15 ⋯ 45% des Energiewertes der geschmolzenen Legierung erzielt.

Die Schwierigkeiten konnten erfolgreich umgangen werden durch Benutzung von Vorlegierungen des Aluminiums mit Eisen, Nickel oder Kobalt, worauf erstmalig G. H. Howe[2] hinwies. Legierungen mit etwa 50% Al sind sehr spröde und daher leicht zu Pulver zu zerkleinern, ohne daß es dabei zu unerwünschten Oxydationserscheinungen kommt. Die Anfälligkeit gegen Oxydation beim Sintern ist hingegen geblieben, ihr kann nur durch eine sorgfältige Vorbehandlung des Schutzgases begegnet werden. Bei den angewandten Sintertemperaturen ist die am häufigsten verwendete Fe-Al-Vorlegierung vollkommen verflüssigt.

---

[1] Hotop, W.: Stahl u. Eisen Bd. 61 (1941) S. 1105/09.
[2] Howe, G. H.: Iron Age Bd. 145 (1940) Nr. 2 S. 27/31.

G. Ritzau[1] befürchtete Entmischungserscheinungen oder Formveränderungen und schlug die Verwendung von Ni-Al- oder Co-Al-Legierungen vor, die bei der Sintertemperatur peritektische Umwandlungen erleiden und so durch genaue Einhaltung der Legierungszusammensetzung die Menge der flüssigen Phase bemessen werden kann. W. Hotop[2] und S. J. Garvin[3] konnten aber die Befürchtungen G. Ritzaus nicht bestätigen, obwohl unter Umständen $1/3$ des Preßkörpervolumens zwischendurch bei der Sinterung sich verflüssigt, bevor die endgültige Legierung gebildet ist. Hingegen wird der Sinterprozeß nach S. J. Garvin[3] durch Verwendung dieser Vorlegierungen sogar verlangsamt. Um eine weitgehende Freiheit von diffusionshindernden Schlackenhäuten zu erreichen, schlägt P. R. Kalischer[4] vor, die Fe-Al-Vorlegierung auf aluminothermischem Wege zu gewinnen. Die Fe- bzw. Ni-Pulver werden entweder als Karbonylmetalle verwendet, nach S. J. Garvin aus in spröder Form abgeschiedenen Elektrolytniederschlägen, welche sich leicht pulvern lassen, oder nach P. R. Kalischer durch Reduktion der entsprechenden Oxyde gewonnen. Die nach den beiden letzten Vorschlägen gewonnenen Pulver sollen wegen ihrer dendritischen oder schwammigen Struktur bei niedrigen Preßdrucken besonders feste Preßkörper liefern.

Bei guter Verformungsfähigkeit der reinen Metallpulver führt die Verhakung der einzelnen Teile zu so festen Körpern, daß man neben der spröden Vorlegierung nach W. Hotop noch $30 \cdots 40\%$ gepulverter fertiger Magnetlegierung zusetzen kann, ohne die Verarbeitbarkeit der Preßkörper zu gefährden.

Die angewandten Preßdrucke schwanken zwischen 4 t/cm² (S. J. Garvin) und 7,5 t/cm² und hängen vornehmlich von der Verformbarkeit der reinen Metallpulver ab. Um eine gute Verdichtung zu erreichen, wird die innere Reibung des Pulvergemisches durch Zusatz von Schmiermitteln herabgesetzt, es werden Kampfer und Stearinsäure genannt, die verflüchtigen, bevor durch die Sinterung die Poren geschlossen werden.

Die Sinterung selbst wird bei $1250 \cdots 1300°$ durchgeführt, besondere Sorgfalt ist der Reinheit des als Schutzgas ausschließlich benutzten Wasserstoffs zu widmen. Er soll frei von jeder Spur Wasserdampf sein. Die Wirkung des Schutzgases wird durch Zusatz von $0,3 \cdots 2\%$ Titanhydrid (P. R. Kalischer) unterstützt, welches sich bei $800 \cdots 1000°$ zersetzt und durch den gebildeten atomaren Wasserstoff offenbar in der Lage ist, gebildete Oxydhäute der Vorlegierungen zu beseitigen. Kalziumhydrid weist nach W. Hotop diese Wirkung nicht auf.

---

[1] Ritzau, G.: Wiss. Veröff. Siemens-Werke, Werkst.-Sonderh. (1940) S. 37/43.

[2] Hotop, W.: Stahl u. Eisen Bd. 61 (1941) S. 1105/09.

[3] Garvin, S. J.: Engineering Bd. 163 (1947) S. 445/46 u. 465/67.

[4] Kalischer, P. R.: Metals Techn. Bd. 8 (1941) Techn. Publ. 1302; Iron Coal Trades Rev. Bd. 154 (1947) S. 928.

Überraschend sind vor allem die mechanischen Eigenschaften der Sintermagnete, was auf das wesentlich feinere Gefüge zurückzuführen ist. In Abb. 42 sind die Gefügebilder einer Gußlegierung und einer Sinterlegierung gegenübergestellt, wonach die Gußlegierung die 10- bis 20fache Korngröße besitzt. Dementsprechend liegt die Bruchfestigkeit der Gußmagnete bei $30 \cdots 50 \text{ kg/mm}^2$, der Sintermagnete bei 100 bis 140 kg/mm^2.

Während sich die Gußmagnete nur durch nachträgliches Schleifen

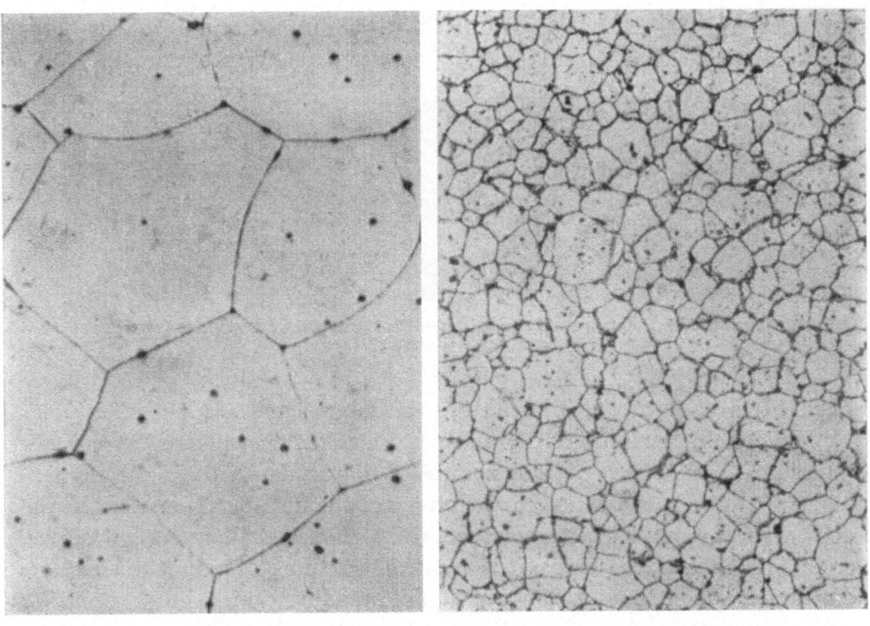

a   b

Abb. 42a u. b. Gefügebilder von Dauermagnetlegierungen mit 60% Fe, 27% Ni, 13% Al (geätzt mit alkohol. Salpetersäure). a Gußlegierung. b Sinterlegierung. (Nach W. Hotop.)

bearbeiten lassen, können gutverdichtete Preßkörper nach W. Hotop bereits im ungesinterten Zustand bearbeitet werden. Dies ist besonders für die Anfertigung komplizierter Einzelstücke wesentlich, da man die Anfertigung kostspieliger Formen ersparen kann. Einfache Preßkörper lassen sich bei schonender Behandlung bohren, fräsen und Gewinde schneiden. G. H. Howe[1] verlegt die Bearbeitung nach einer Vorsinterung bei 700°. Im fertig gesinterten Zustande sind nach W. Hotop die Legierungen mit Hartmetallwerkzeugen ebenfalls gut bearbeitbar, in Abb. 43 sind aus dem links gezeigten prismatischen Sinterkörper sämtliche anderen Formen herausgearbeitet.

---

[1] Howe, G. H.: Iron Age Bd. 145 (1940) Nr. 2 S. 27/31.

Wegen der schlechten Bearbeitbarkeit und der schlechten Lötfähigkeit infolge des hohen Aluminiumgehaltes ist die Befestigungsfrage bei Gußmagneten stets ein besonderes Problem gewesen. Sie läßt sich durch Weicheisenansinterung sehr leicht lösen. Die mit der Feinkörnigkeit verbundene erhöhte Festigkeit erlaubt auch, beim Sintern andere Metalle, vorwiegend Eisen, in Magnethohlkörper einzuschrumpfen. Da die Magnete nach der Sinterung oftmals einer Wärmebehandlung unterzogen werden, bei welcher die Eisenteile stark verzundern würden, soll das reine Eisen durch eine wesentlich zunderfestere Legierung aus Eisen mit 3% Al ersetzt werden[1].

Während die Dichte nur um $3 \cdots 5\%$ hinter derjenigen der Gußmagnete zurückbleibt, hinken die magnetischen Werte um $10 \cdots 30\%$

Abb. 43. Durch Hobeln, Drehen und Bohren bearbeitete Formstücke aus einer gesinterten Fe-Ni-Al-Legierung. (Nach W. HOTOP.)

nach. H. FAHLENBRACH[2] beschäftigte sich eingehend mit dieser Tatsache. Er berechnete Einfluß von Poren und Schlackeneinschlüssen, einmal als unzusammenhängende Inhomogenitäten, das andere Mal als zusammenhängende, die innere Entmagnetisierung erhöhende Störungen. Auf Grund des Verhaltens von Sintermagneten mit magnetischer Vorzugslage kommt er zu dem Schluß, daß nur unzusammenhängende Poren und Einschlüsse die Ursache der Eigenschaftsverminderung sind, was auch mit dem mikroskopischen Befund an Schliffen durchaus übereinstimmt.

Preßmagnete. Wie bereits in der Einleitung zum Abschnitt Sintermagnete angedeutet wurde (S. 57), kann die mangelnde Plastizität der Pulver aus Magnetlegierungen beim Pressen durch die Zumischung eines Bindemittels ersetzt werden. Bekannt wurde das Verfahren durch mehrere Veröffentlichungen von H. DEHLER[3] und A. S. SAIMOWSKI[4]. Es wurden die Pulver der bekannten Vier- und Fünfstofflegierungen verwendet. Um einen möglichst hohen Füllfaktor zu erreichen, empfiehlt es sich, die Kornverteilung zu überwachen. Mischungen aus 50% mit einem Korn von 1 mm,

---

[1] Iron Coal Trades Rev. Bd. 154 (1947) S. 928.

[2] FAHLENBRACH, H.: Arch. Eisenhüttenw. Bd. 20 (1949) S. 301/04.

[3] DEHLER, H.: Elektrotechn. Z. Bd. 62 (1941) S. 601/06; Stahl u. Eisen Bd. 62 (1942) S. 983/86; Elektrotechn. Z. Bd. 65 (1944) S. 93/95.

[4] SAIMOWSKI, A. S., L. S. KASARNOWSKI u. I. I. KIFER: Nachr. Elektro-Ind. (russ.) Bd. 18 (1947) S. 19/22.

20% mit 0,3 mm und 30% mit 0,05 mm ergeben Dichten der Preßkörper bis zu 90% von der des Gusses. Um eine Entmischung des Pulvers beim Transport zu vermeiden, wird nach der Beimischung des Kunstharzbindemittels (Phenol- oder Polyvinylharz) die ganze Mischung aufmagnetisiert. Aus Abb. 44 ist zu ersehen, daß erwartungsgemäß mit steigendem Preßdruck sämtliche magnetischen Werte zunehmen, aus fertigungstechnischen Gründen überschreitet man im allgemeinen einen spezifischen Preßdruck von 5 t/cm² nicht. Aus Abb. 45 ist zu entnehmen, daß der günstigste Harzzusatz bei 5% liegt. Das Harz über

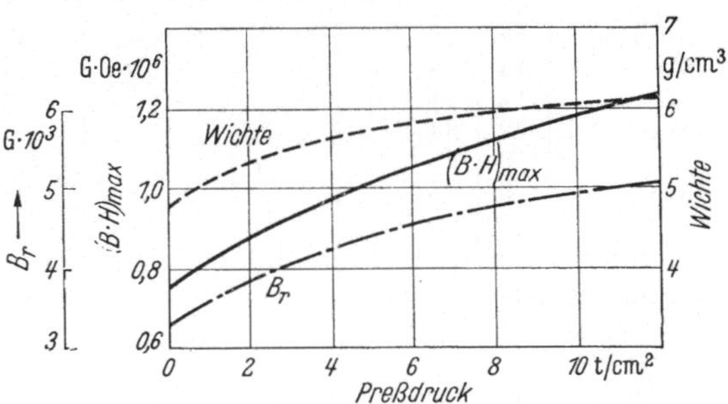

Abb. 44. Einfluß des Preßdruckes auf die magnetischen Eigenschaften und Wichte eines Preßmagneten aus einer Dauermagnetlegierung (9% Al, 19% Co, 18% Ni, 4% Cu, 4% Ti, Rest Fe) und 6% Harz. (Nach H. DEHLER.)

nimmt die Rolle des Schmiermittels bei der Verdichtung und ermöglicht bei verhältnismäßig kleinen Drucken einen guten Füllfaktor. Mit dem Pressen wird gleichzeitig die Aushärtung des Kunstharzes verbunden, indem das Pressen bei 100 ⋯ 180° und einer Dauer von 90 ⋯ 120 Sek. durchgeführt wird. In Tab. 11 sind die erzielten magnetischen Werte im Vergleich mit Gußmagneten zusammengestellt.

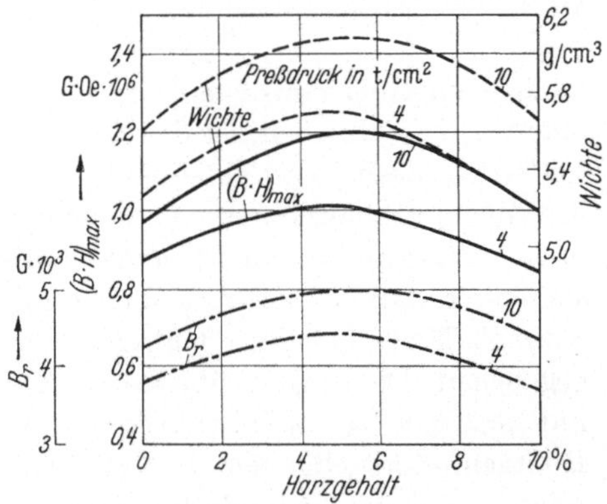

Abb. 45. Einfluß des Harzgehaltes auf die magnetischen Eigenschaften und auf die Wichte eines Preßmagneten aus einer Dauermagnetlegierung mit 9% Al, 19% Co, 18% Ni, 4% Cu, 4% Ti, Rest Fe. (Nach H. DEHLER.)

Auf dasselbe Volumen bezogen, ergibt sich ein Abfall der Leistung auf etwa die Hälfte, auf das Gewicht bezogen, ist der Abfall etwa ein Viertel von der Leistung des Gußmagneten.

·Die Herstellung bietet alle Vorteile der Pulvermetallurgie, besonders große Maßhaltigkeit, so daß eine Nachbearbeitung nicht mehr erforderlich ist, es können auch kleine Achsen eingepreßt werden oder zur Temperaturkompensation Streifen aus einer temperaturabhängigen Eisen-Nickel-Legierung eingelegt werden. Besonders bestechend ist die fast unbegrenzte Formgebungsmöglichkeit, von der einige markante Beispiele in Abb. 46 wiedergegeben sind. Durch das elastische Bindemittel werden

Tabelle 11. *Vergleich der magnetischen Werte von Guß- und Preßmagneten gleicher Zusammensetzung.*

Herstellung	Zusammensetzung						Remanenz Gauß	Koerzitivkraft Oersted	$(B \cdot H)_{max} \cdot 10^6$ $G \cdot Oe.$
	Al	Ni	Co	Cu	Ti	Fe			
Guß.....	14	28				Rest	6500	520	1,25
Pressen..	14	28				Rest	3500	600	0,63
Guß.....	12	24	10	4		Rest	7200	650	1,75
Pressen..	12	24	10	4		Rest	3800	700	0,76
Guß.....	9	18	19	4	4	Rest	6500	800	1,8
Pressen..	9	18	19	4	4	Rest	5000	800	1,23

Erschütterungen stark gemildert, so daß die magnetische Alterung herabgesetzt wird.

Als nach Kriegsende die deutschen Patente zur allgemeinen Benutzung freigegeben wurden, beschäftigte sich auch das Ausland mit diesem Verfahren. Die von H. DEHLER gemachten Angaben werden bestätigt[1], während A. S. SAIMOWSKI, L. S. KASARNOWSKI und I. I. KIFER[2] die oben angegebenen Werte nicht ganz erreichen können.

Die Sintertechnik hat in den letzten Jahren solche Fortschritte erzielt, daß für die Preßmagnete, welche nur ohne magnetische Vorzugslage geliefert werden können, nur ein beschränktes Anwendungsgebiet verbleiben wird.

ζ) Wärmebehandlung.

Härtungsmechanismus. Um den Härtungsmechanismus der Al-Ni-Magnete zu verstehen, ist die Kenntnis des Konstitutionsdiagramms erforderlich, deshalb sei einleitend kurz darauf verwiesen. Die Aufstellung des Zustandsdiagramms ist wegen der recht komplizierten Verhältnisse noch immer nicht abgeschlossen. W. KÖSTER[3] befaßte sich als erster damit; die von ihm erfolgte Festlegung des Verlaufs der Schmelzfläche hat ihre Gültigkeit bis heute behalten. Die von ihm gegebenen Deutungen über den Ausscheidungsverlauf konnten aber mit späteren Untersuchungen nicht in Einklang gebracht werden. Röntgenuntersuchungen von R. GLOCKER, H. PFISTER und P. WIEST[4] zeigten, daß im Zustande höchster Koerzitivkraft eine Aufspaltung der bei hoher Temperatur beständigen α-Phase in einen ungeordnet gebliebenen Anteil α und eine geordnete Phase α' erfolgte. Dieser Befund wurde auch von L. WERESCHTSCHAGIN und G. KURDJUMOW[5],

---

[1] Iron Coal Trades Rev. Bd. 154 (1947) S. 928.

[2] SAIMOWSKI, A. S., L. S. KASARNOWSKI und I. I. KIFER: Nachr. Elektro-Ind. (russ.) Bd. 18 (1947) S. 19/22.

[3] KÖSTER, W.: Arch. Eisenhüttenw. Bd. 7 (1933) S. 257/62.

[4] GLOCKER, R., H. PFISTER u. P. WIEST: Arch. Eisenhüttenw. Bd. 8 (1935) S. 561/63.

[5] WERESCHTSCHAGIN, L., u. G. KURDJUMOW: Techn. Physics USSR Bd. 2 (1935) S. 431/34.

	1	2	3	4. Bemerkungen zur neuen Ausführung als	
	Magnet für:	Ältere Ausführung	Neue Ausführung	Gußmagnet	Preßmagnet
I	Drehspulinstrumente Drehspulrelais	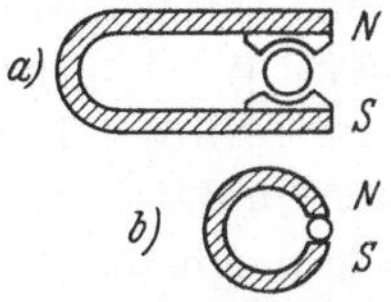	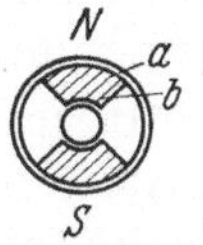	Viel Schleifarbeit, schwierige Befestigung, teuer	Keine Schleifarbeit, Fertigstellung in einem Arbeitsgang, daher billig
II	Drehspulrelais	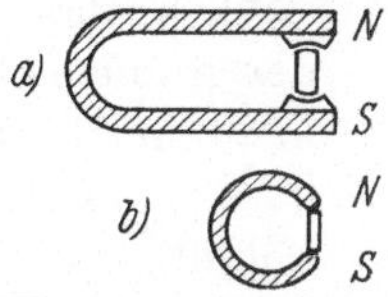	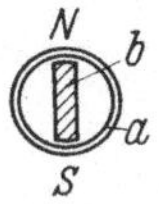	Schleifarbeit, umständliche Halterung, teuer	Keine Schleifarbeit, Halterungsteile werden miteingepreßt, sehr billig
III	Kreuzspulinstrumente	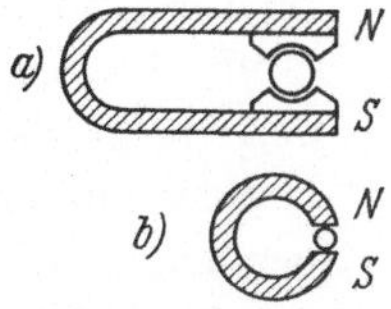		Wie bei II	Wie bei II
IV	Magnetkupplung	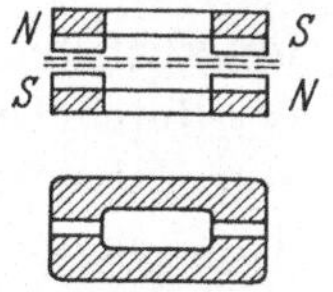	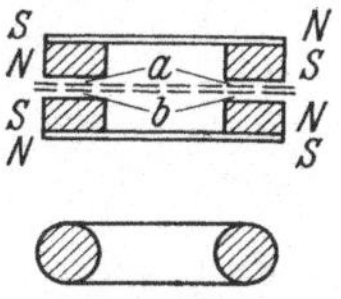	Schleifarbeit	Keine Schleifarbeit
V	Großwinkelgeräte	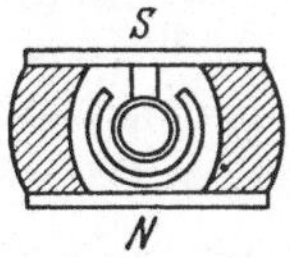		Viel Schleifarbeit, schwierige Befestigung, sehr teuer	Keine Schleifarbeit, Befestigung beim Pressen, wirtschaftlich sehr günstig
VI	Kleinmotor	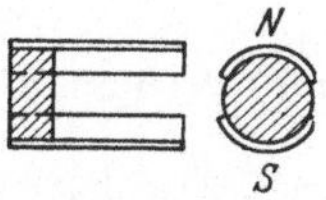	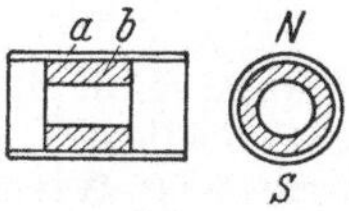	Wie bei V	Wie bei V
VII	Drehzahlgeber	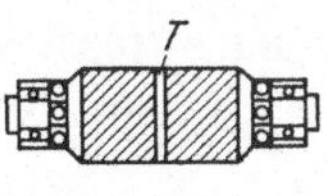	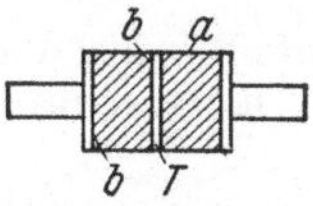	Viel Schleifarbeit, besondere Befestigung auf der Achse und des Thermopermringes T, teuer	Keine Schleifarbeit, Achse Thermopermring T werden mitverpreßt, billig
VIII	Drehmagnetrelais und Kompaß	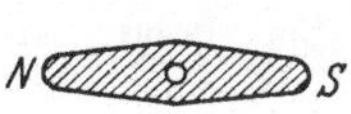	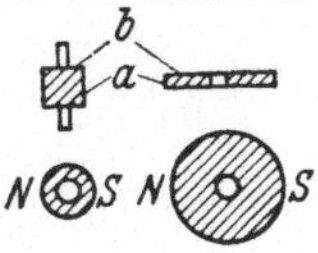	Teilweise überhaupt nicht herstellbar, sehr viel Schleifarbeit, sehr teuer	Keine Schleifarbeit, Achse wird eingepreßt, billig
IX	Tachometer (Der Antrieb ist senkrecht zur Anzeige)	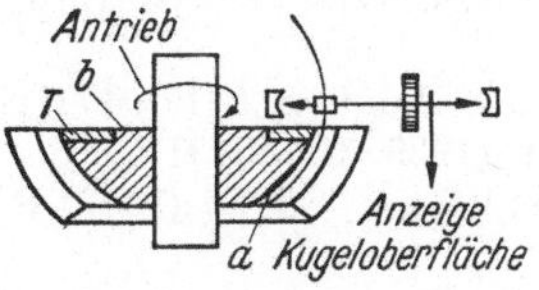		Sehr schwierige Schleifarbeit und Befestigung der Achse und des Thermopermringes T	Keine Schleifarbeit, Fertigstellung in einem Arbeitsgang

Abb. 46. Gegenüberstellung einiger wichtiger Magnetsysteme. (Nach H. DEHLER.)

A. KOMAR und D. TARASSOW[1] bestätigt. W. S. MESSKIN, B. J. SOMIN und J. M. MARGOLIN[2] glaubten, daß die magnetische Härtung auf eine sehr fein disperse submikroskopische Ausscheidung zurückzuführen sei, während R. GLOCKER, H. PFISTER und P. WIEST[3], W. G. BURGERS und J. L. SNOEK[4], L. WERESCHTSCHAGIN und G. KURDJUMOW[5], B. G. LIWSCHITZ und M. P. SZAWZOWA[6] der Ansicht zuneigten, daß Vorgänge ähnlich der Kaltaushärtung des Duralumin für die Dauermagneteigenschaften maß-

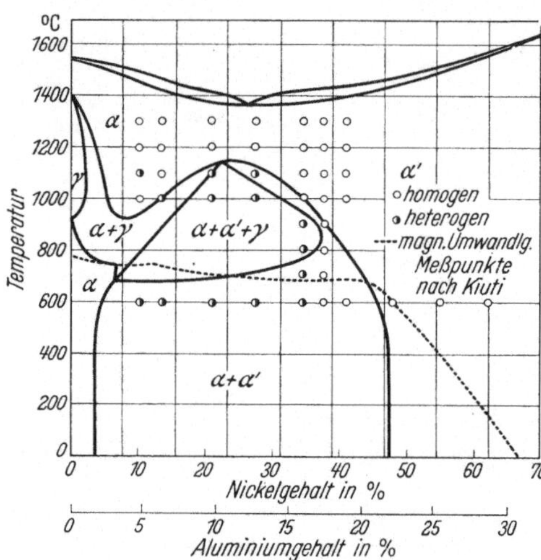

Abb. 47. Schnitt Fe-Ni-Al durch das Dreistoffsystem. (Nach W. DANNÖHL.)

geblich sind. Eine Klärung der stabilen Gefügeverhältnisse bei Raumtemperatur nach ganz langsamer Abkühlung erfolgte dann durch A. J. BRADLEY und A. TAYLOR[7], ihre Ergebnisse wurden in großen Zügen von H. BUMM und H. G. MÜLLER[8] bestätigt, nur hinsichtlich des Auftretens der γ-Phase unterlief ihnen ein Irrtum, der durch Untersuchungen von S. KIUTI[9] geklärt werden konnte. Die Befunde von A. J. BRADLEY und A. TAYLOR wurden durch magnetische Messungen von W. SUCKSMITH[10] und J. L. SNOEK[11] erhärtet. W. DANNÖHL[12] hat unter

[1] KOMAR, A., u. D. TARASSOW: J. techn. Physik (russ.) Bd. 10 (1940) S. 1745/55.

[2] MESSKIN, W. S., B. J. SOMIN u. J. M. MARGOLIN: Rep. centr. Inst. Metals Leningrad (russ.) Bd. 16 (1934) S. 60/76.

[3] GLOCKER, R., H. PFISTER u. P. WIEST: Arch. Eisenhüttenw. Bd. 8 (1935) S. 561/63.

[4] BURGERS, W. G., u. J. L. SNOEK: Physica Bd. 2 (1935) S. 1064/73.

[5] WERESCHTSCHAGIN, L., u. G. KURDJUMOW: Techn. Physics USSR Bd. 2 (1935) S. 431/34.

[6] LIWSCHITZ, B. G., u. M. P. SZAWZOWA: J. techn. Physik (russ.) Bd. 7 (1937) S. 907/15.

[7] BRADLEY, A. J., u. A. TAYLOR: Pr. Roy. Soc. London A Bd. 166 (1938) S. 353/75.

[8] BUMM, H., u. H. G. MÜLLER: Wiss. Veröff. Siemens-Konzern Bd. 17 (1938) S. 63/73.

[9] KIUTI, S.: Rep. aeronaut. Res. Inst. Tokyo Imp. Univ. Bd. 13 (1938) S. 555/81.

[10] SUCKSMITH, W.: Pr. Roy. Soc. London A Bd. 171 (1939) S. 525/40.

[11] SNOEK, J. L.: Physica Bd. 6 (1939) S. 321/31.

[12] DANNÖHL, W.: Arch. Eisenhüttenw. Bd. 15 (1942) S. 321/30.

Zusammenfassung aller bisher bekannten Arbeiten ein Zustandsbild aufgestellt. Da die wichtigsten Dauermagnetlegierungen in ihrer Zusammensetzung in der Nähe des Schnittes Fe-NiAl liegen, sei hier nur das Diagramm dieses Schnittes wiedergegeben. Nach Abb. 47 kann man bei sehr hohen Temperaturen das Dreistoffsystem als quasibinäres System Fe-NiAl auffassen, welches bei tiefen Temperaturen in eine ungeordnete α-Phase und eine geordnete α'-Phase zerfällt. Bei mittleren Temperaturen aber bildet sich ein breites Dreiphasengebiet aus, so daß dort von keinem quasibinären System gesprochen werden kann. In einer weiteren Arbeit diskutiert W. Dannöhl[1] die sich aus diesem Diagramm ergebenden Möglichkeiten einer Mehrfachhärtung.

Neuere Untersuchungen von A. J. Bradley[2] bestätigen das Diagramm von W. Dannöhl[3] keineswegs. Wenn die Veröffentlichungen von Bradley auch noch nicht abgeschlossen sind, so lassen sie doch erkennen, daß dem Dreiphasengebiet keineswegs die Ausdehnung zukommt, welche ihm W. Dannöhl zubilligt. Damit aber sind die Möglichkeiten einer Mehrfachhärtung zumindest sehr beschränkt, wenn sie nicht für die technisch wichtigsten Legierungen ganz ausfallen. Wahrscheinlich bleibt als magnetisch härtender Vorgang nur der Zerfall der α-Phase in $\alpha + \alpha'$ bestehen.

A. Komar und D. Tarassow[4] wiesen bereits auf einen orientierten Zerfall der α-Phase in $\alpha + \alpha'$ hin. A. J. Bradley[5] konnte zeigen, daß sich bei dem Zerfall der α-Phase Mosaikblöckchen der magnetischen α-Phase und der unmagnetischen α'-Phase bilden. Wenn die Ausbildung der Mosaikblöckchen auch erst nach einer Anlaßbehandlung von 16 Tagen bei 850° bei einer 2000fachen Vergrößerung sichtbar wird, so ist doch die Bildung solcher ferromagnetischer Inseln auch bei den üblichen Abkühlungsbedingungen zum mindesten in ihren Anfangsstadien zu erwarten. Die Kantenlänge der Blöckchen beträgt etwa 0,25 μ und entspricht mithin der von Néel für das Auftreten hoher Koerzitivkräfte geforderten Größe. Schließlich fand E. A. Nesbitt[6], daß die Magnetostriktion von Al-Ni-Magneten Null ist. Mithin kann nach der Beckerschen Spannungstheorie, wonach die Koerzitivkraft proportional der Sättigungsmagnetostriktion und den inneren Spannungen ist, eine hohe Koerzitivkraft gar nicht erwartet werden. Diese Tatsachen sprechen dafür, daß für die Deutung der Koerzitivkraft der Néelschen Theorie neben der Kerstenschen Fremdkörpertheorie großes Gewicht beizulegen ist.

[1] Dannöhl, W.: Arch. Eisenhüttenw. Bd. 15 (1942) S. 379/87.
[2] Bradley, A. J.: J. Iron Steel Inst. Bd. 163 (1949) S. 19/30.
[3] Dannöhl, W.: Arch. Eisenhüttenw. Bd. 15 (1942) S. 321/30.
[4] Komar, A., u. D. Tarassow: J. techn. Physik (russ.) Bd. 10 (1940) S. 1745/55.
[5] Bradley, A. J.: Nature Bd. 162 (1948) S. 799/801.
[6] Nesbitt, E. A.: J. Applied Phys. Bd. 21 (1950) S. 879/89.

Der Härtungsmechanismus ist wahrscheinlich weniger durch die Bildung eines zweiten Bestandteiles als durch den Zerfall der α-Phase und den Ordnungsgrad bzw. die Größe der geordneten Teilchen bedingt. Eine endgültige Deutung des Härtungsmechanismus steht noch immer aus.

Inzwischen half sich die Praxis auf Grund empirisch ermittelter Behandlungsverfahren weiter. Im Anfang überraschte die Tatsache, daß die Magnete bereits nach dem Gießen für den damaligen Stand der Technik ausgezeichnete Eigenschaften aufwiesen und durch keines der bis dahin üblichen Wärmebehandlungsverfahren wesentlich verbessert werden konnten. Man merkte jedoch bald, daß die magnetischen Eigenschaften von den Dimensionen, vor allem vom Querschnitt der Gußstücke abhing.

Gleichzeitig erkannte man, daß der Querschnittseinfluß durch Abänderung des Aluminiumgehaltes kompensiert werden konnte. Entsprechende Angaben liegen in den Arbeiten von W. S. Messkin und B. E. Somin[1],

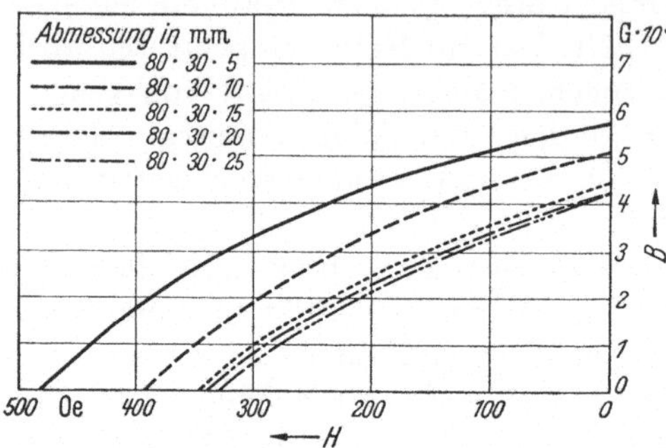

Abb. 48. Entmagnetisierungskurven von einer Dauermagnetlegierung (24,8% Ni, 12,7% Al, Rest Fe) in Abhängigkeit von den Abmessungen des Gußstückes. (Nach F. Pölzguter.)

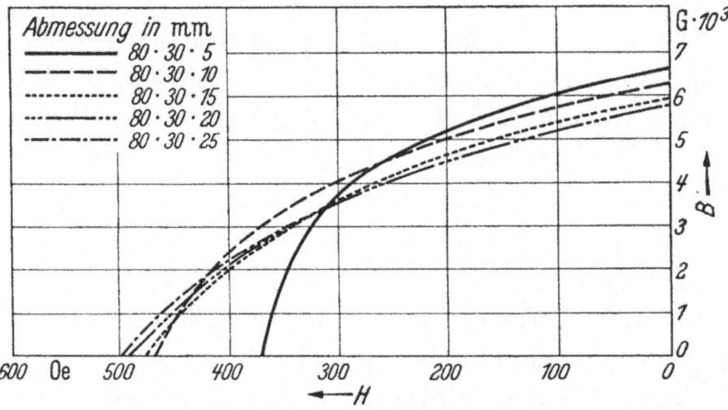

Abb. 49. Entmagnetisierungskurven von einer Dauermagnetlegierung (24,8% Ni, 14,7% Al, Rest Fe) in Abhängigkeit von den Abmessungen des Gußstückes. (Nach F. Pölzguter.)

F. Pölzguter[2], I. Feszczenko-Czopiwski, T. Malkiewicz und C. Stoch[3] vor. Ein besonders charakteristisches Beispiel sei der Arbeit von F. Pölzguter entnommen und in den Abb. 48 u. 49 wiedergegeben.

Der Querschnittseinfluß konnte durch eine zusätzliche Wärmebehandlung erst dann wirksam bekämpft werden, als man die Glühtemperatur auf über 1150° steigerte, um so zunächst alle ungeeigneten Gefügebestand-

[1] Messkin, W. S., u. B. E. Somin: Arch. Eisenhüttenw. Bd. 8 (1935) S. 315/18.
[2] Pölzguter, F.: Stahl u. Eisen Bd. 55 (1935) S. 853/60.
[3] Feszczenko-Czopiwski, I., T. Malkiewicz u. C. Stoch: Forschungsarbeiten Baildon-Hütte (polnisch) (1938) S. 51/67.

teile in Lösung zu bringen. Durch darauffolgende Abkühlung in Bohrölwasser oder heißem Wasser oder mit Preßluft und eine Anlaßbehandlung bei genügend hoher Temperatur erreicht man die besten Werte. Ein entsprechendes Beispiel sei ebenfalls der Arbeit von F. Pölzguter entnommen und in Abb. 50 wiedergegeben. Die Vergütung beliebig geformter Gußstücke durch Glühen bei 1200 ··· 1250°, Abschrecken mit Preßluft oder in Ölemulsion und Anlassen bei 700° wird außer von F. Pölzguter noch von A. S. Saimowski, J. E. Naroditzki und

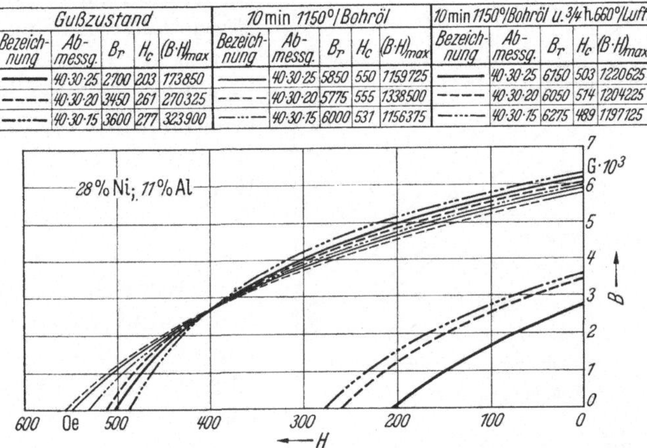

Gußzustand					10 min 1150°/Bohröl					10 min 1150°/Bohröl u. ³/₄ h. 660°/Luft				
Bezeich-nung	Ab-messg.	B_r	H_c	$(B·H)_{max}$	Bezeich-nung	Ab-messg.	B_r	H_c	$(B·H)_{max}$	Bezeich-nung	Ab-messg.	B_r	H_c	$(B·H)_{max}$
————	40·30·25	2700	203	173850	————	40·30·25	5850	550	1159725	————	40·30·25	6150	503	1220625
— — —	40·30·20	3450	261	270325	— — —	40·30·20	5775	555	1338500	— — —	40·30·20	6050	514	1204225
—··—··—	40·30·15	3600	277	323900	—··—··—	40·30·15	6000	531	1156375	—··—··—	40·30·15	6275	489	1197125

Abb. 50. Einfluß von Abmessung und Wärmebehandlung auf die magnetischen Eigenschaften von gegossenen Dauermagneten mit 28% Ni, 11% Al, Rest Fe. (Nach F. Pölzguter.)

D. J. Ljubowitsch[1], B. G. Liwschitz und D. A. Grinhaus[2] und J. C. Swan[3] angegeben. An Stelle einer Abkühlung mit Preßluft empfiehlt B. G. Liwschitz[4] ein zwei Minuten langes Halten im Bleibad von 800°, Abschrecken und nachfolgendes Anlassen über 1 ··· 2 Stunden bei 700°.

Außerordentlich sorgfältig bestimmte W. Betteridge[5] die optimalen Abkühlungsbedingungen. Als Abschreckmittel wählte er angewärmtes Wasser und ermittelte zunächst für eine gegebene Probenform die Abkühlungsgeschwindigkeit in Abhängigkeit von der Wassertemperatur und dann für die verschiedenen Zusammensetzungen die jeweils günstigste Abkühlungsgeschwindigkeit. Wie aus Abb. 51 zu entnehmen ist, sinkt mit steigendem Nickel- bzw. Aluminiumgehalt in Übereinstimmung mit

---

[1] Saimowski, A. S., J. E. Naroditzki u. D. J. Ljubowitsch: Metal Ind. Herald (russ.) Bd. 14 (1934) Nr. 8/9 S. 140/53.

[2] Liwschitz, B. G., u. D. A. Grinhaus: Katschestwennaja Stal Bd. 5 (1937) Nr. 12 S. 39/43.

[3] Swan, J. C.: Iron Steel Bd. 13 (1940) S. 419/22.

[4] Liwschitz, B. G.: J. techn. Physik (russ.) Bd. 10 (1940) S. 1981/85.

[5] Betteridge, W.: Iron Steel Inst. Bd. 139 (1939) S. 187/210.

den vorangegangenen Überlegungen die kritische Abkühlungsgeschwindigkeit oder, übertragen auf praktische Verhältnisse, die Querschnittsabhängigkeit.

Magnetfeldabkühlung. Der Einfluß einer Abkühlung im Magnetfeld auf die Remanenz wurde bereits eingangs (S. 10) erwähnt. Diese zunächst nur für magnetisch weiche Werkstoffe entwickelten Vorstellungen sind auch bei Dauermagneten zutreffend, wie es W. JELLINGHAUS[1] durch sehr eingehende Messungen beweisen konnte. Die Abkühlung im Magnetfeld wurde das erstemal von D. A. OLIVER und J. W. SHEDDEN[2] bei einer Fünfstofflegierung mit 18% Nickel, 10% Aluminium, 12% Kobalt, 6% Kupfer, 54% Eisen angewandt, die erzielten Verbesserungen überschritten zunächst nicht 10%. Etwas später wurde von J. S. SCHUR[3] an einer Legierung mit 25···28% Ni und 11··· 13% Al beim Anlassen auf 650° im Magnetfeld ebenfalls eine Verbesserung der Remanenz um etwa 10% beobachtet.

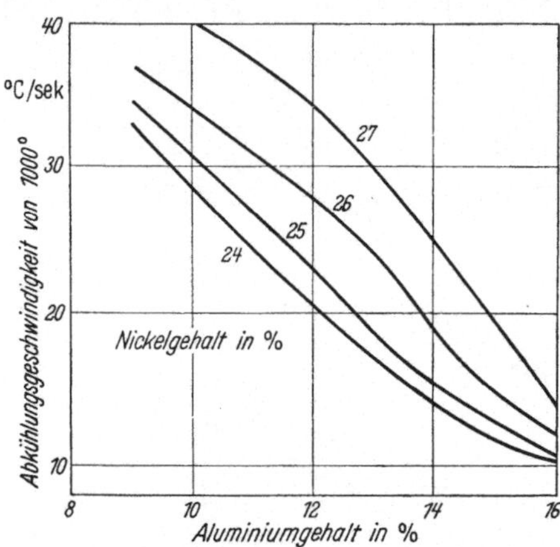

Abb. 51. Günstigste Abkühlungsgeschwindigkeit von Fe-Ni-Al-Dauermagnetlegierungen in Abhängigkeit von der Zusammensetzung. (Nach W. BETTERIDGE.)

Inzwischen hatten sich verschiedene Industrielaboratorien sehr eingehend um die Festlegung der optimalen Zusammensetzung der Legierungen bemüht. W. JELLINGHAUS[4], B. JONAS und H. J. MEERKAMP VAN EMBDEN[5] kommen fast zu denselben Ergebnissen hinsichtlich der Zusammensetzung. Die dabei erzielten Verbesserungen sind erstaunlich und bringen eine Erhöhung des Energiewertes von etwa 1,4 bis $2,0 \cdot 10^6$ Gauß · Oersted auf $4,5 \cdots 5,2 \cdot 10^6$ Gauß · Oersted. Als Beispiel seien die von W. JELLINGHAUS gefundenen Werte in Abb. 52 wiedergegeben. Die entscheidende Verbesserung ist auf eine Erhöhung der Remanenz und eine Annäherung der Magnetisierungskurve an eine Rechteckschleife zurückzuführen. Glücklicherweise liegt die Rekristallisationstemperatur so hoch, nämlich oberhalb 700°, daß außerdem eine starke Verbesserung der Koerzitivkraft durch Anlassen bis etwa 650° möglich ist.

---

[1] JELLINGHAUS, W.: Z. Metallkde. Bd. 39 (1948) S. 52/56.
[2] OLIVER, D. A., u. J. W. SHEDDEN: Nature Bd. 142 (1938) S. 209.
[3] SCHUR, J. S.: J. techn. Physik (russ.) Bd. 10 (1940) S. 757/60.
[4] JELLINGHAUS, W.: Techn. Mitt. Krupp Forsch.-ber. Bd. 3 (1940) S. 143/45.
[5] JONAS, B., u. H. J. MEERKAMP VAN EMBDEN: Philips techn. Rdsch. Bd. 6 (1941) S. 8/11.

Um die höchsten magnetischen Werte zu erzielen, kann man auf Grund der oben geschilderten Wirkungen eines Magnetfeldes beim Abkühlen folgende Forderungen stellen: Hohe Sättigung, damit die ihr proportionale Remanenz möglichst hoch liegt, hohe Curietemperatur bzw. eine große Spanne zwischen ihr und der unteren Rekristallisationsschwelle, damit das angelegte Magnetfeld über ein möglichst großes Temperaturgebiet einwirken kann. Daneben aber müssen die Gefügeumwand-

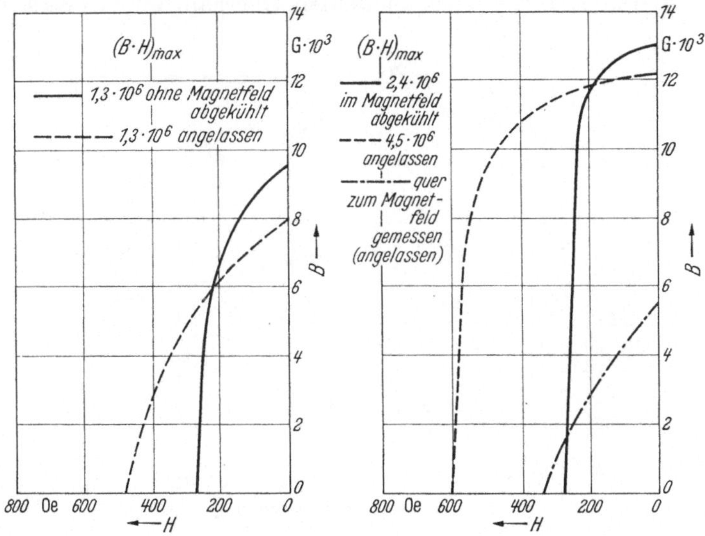

Abb. 52. Entmagnetisierungskurven einer Legierung mit 15% Ni, 25% Co, 9% Al, 3% Cu, Rest Fe in Abhängigkeit von der Wärmebehandlung. (Nach W. JELLINGHAUS.)

lungen erhalten bleiben, welche zu einer hohen Koerzitivkraft führen, sie dürfen nicht durch eine Abschreckung erzwungen werden, weil dadurch die Einwirkungsdauer des Magnetfeldes bis zu seiner Unwirksamkeit gekürzt wird.

Mit der Klärung der Verhältnisse hat sich W. JELLINGHAUS[1] eingehend befaßt. Für die Höhe der Sättigung ist hauptsächlich der Kobaltgehalt, für die Aushärtung der Aluminiumgehalt maßgebend. Bei den folgenden Erörterungen sei der zur Verbesserung der Aushärtungsgeschwindigkeit stets beigefügte Gehalt von $3 \cdots 6\%$ Cu vernachlässigt, weil er die Gefügeverhältnisse kaum beeinflußt. Um eine möglichst hohe Sättigung von vornherein zu haben, wurde als Ausgangsstoff eine Legierung mit 60% Fe, 24% Co, 16% Ni gewählt, die eine Sättigung von etwa 21000 Gauß besitzt. Unter Konstanthaltung der Co- und Ni-Mengen wurden steigende Mengen an Al zugesetzt. Die bei dieser Legie-

[1] JELLINGHAUS, W.: Arch. Eisenhüttenw. Bd. 16 (1942) S. 247/52.

rungsreihe gemessenen magnetischen Werte seien in Abb. 53 wiedergegeben (siehe auch S. 52 Abb. 38). Hinsichtlich der Sättigung wird man einen möglichst geringen Al-Gehalt bevorzugen. Unter Berücksichtigung der Gefügebilder und Röntgenaufnahmen läßt sich dem Knick in der Kurve der Curietemperatur der flächenzentrierten Phase der Beginn, dem entsprechenden Knick bei der raumzentrierten Phase das Ende eines Zweiphasengebietes zuordnen. Eine α-Phase mit Überstruktur konnte erst bei Al-Gehalten über 16% beobachtet werden. Oberhalb 6,2% Al ist sichtbar

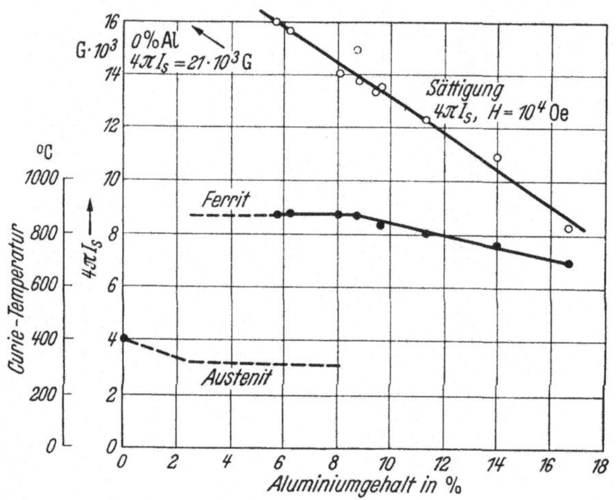

Abb. 53. Sättigung und Curietemperatur von Dauermagnetlegierungen mit 15% Ni, 23% Co, 3% Cu und Fe in Abhängigkeit vom Al-Gehalt. (Nach W. Jellinghaus.)

nur eine kubisch raumzentrierte Phase beständig, während es durch Untersuchung der Temperaturabhängigkeit der Koerzitivkraft gelang nachzuweisen, daß auch dieser scheinbar einphasige Legierungsbereich in Wirklichkeit mehrphasig ist. Nach Untersuchungen von O. S. Iwanow und M. A. Skrjabina[1] am Vierstoffsystem Fe-Co-Ni-Al scheinen ähnliche Verhältnisse wie nach den Untersuchungen von A. J. Bradley[2] im Dreistoffsystem Fe-Ni-Al zu herrschen. Die größte Koerzitivkraft wurde stets im Zweiphasengebiet $\alpha + \alpha'$ gefunden.

Da oberhalb 8,5% Al der Curiepunkt sinkt und damit die Wirksamkeit des äußeren Feldes abnimmt, ist es verständlich, daß die Magnetfeldabkühlung gerade in dem Konzentrationsbereich zwischen 8 und 9% Al besonders wirksam ist.

---

[1] Iwanow, O. S., u. M. A. Skrjabina: Nachr. Akad. Wiss. UdSSR, Abt. Chem. (1949) S. 337/42.
[2] Bradley, A. J.: J. Iron Steel Inst. Bd. 163 (1949) S. 19/30.

Mit dem Einfluß der anderen Komponenten Ni und Co befaßt sich W. ZUMBUSCH[1]. Er findet, wie aus Abb. 54 hervorgeht, daß für eine erfolgreiche Vergütung im Magnetfeld die Summe von Ni + Co 30 bis 36% betragen muß, bei einem Verhältnis von Co zu Ni = 1,5 ⋯ 1,7. Daß dabei dem die Curietemperatur heraufsetzenden Kobalt die Hauptrolle zufällt, konnten H. KRAINER und F. RAIDL[2] beweisen. In Abb. 55 ist

Leg.-Gr.	*%Ni*	*%Co*	*%Al*	*%Cu*	*%Ti*	*Bemerkungen*
I a	*12 bis 16*	*10 bis 18*	*7 bis 10*	*2bis5*	*bis1*	*Co:Ni= 0,8bis1,2*
I b	*12 bis 16*	*18 bis 26*	*7,5 bis 9,5*	*2bis5*	*bis1*	*Co:Ni=1,2bis1,7*
II	*16 bis 26*	*6 bis 15*	*10 bis 14*	*2bis6*	*bis2*	$Al + Ti \lesseqgtr 14\%$
III	*16 bis 22*	*16 bis 34*	*bis 9*	*bis6*	*2 bis12*	$Al + Ti \lesseqgtr 14\%$

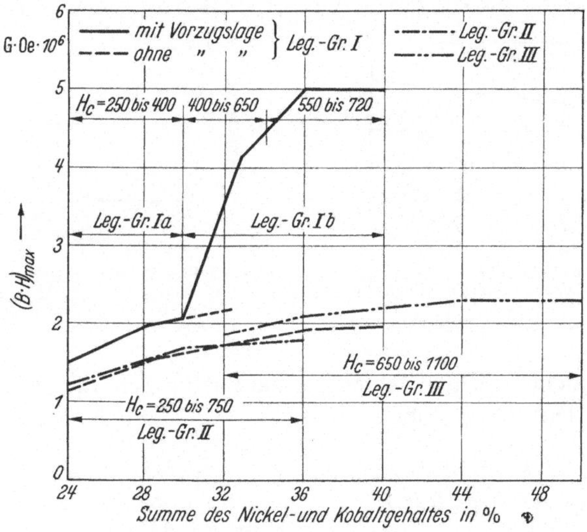

Abb. 54. Energiewerte von Dauermagneten aus Fe-Ni-Co-Al-Legierungen mit Cu- und Ti-Zusatz, mit und ohne magnetischer Vorzugslage. (Nach W. ZUMBUSCH.)

die absolute und prozentuale Zunahme des Energiewertes mit dem Co-Gehalt wiedergegeben für Legierungen mit 8 ⋯ 13% Al, 15 ⋯ 24% Ni und steigendem Co-Gehalt. Außerdem ist in Abb. 56 die Abhängigkeit der Curietemperatur vom Co-Gehalt und in Abb. 57 die prozentuale Zunahme des Energiewertes in Abhängigkeit von der Curietemperatur gezeigt. Die Spanne zwischen der Rekristallisationstemperatur und dem Curiepunkt beträgt demnach günstigstenfalls 60°. Höhere Co-Gehalte als 25% wirken wieder verschlechternd. Neuerdings soll es D. A. OLIVER und

---

[1] ZUMBUSCH, W.: Arch. Eisenhüttenw. Bd. 16 (1942) S. 101/12.
[2] KRAINER, H., u. F. RAIDL: Berg- u. hüttenm. Mh. Bd. 90 (1942) S. 99/106.

D. HADFIELD[1] gelungen sein, durch Zusätze von Niob die Koerzitivkraft der Fünfstofflegierungen von etwa 650 Oersted auf 750 Oersted zu erhöhen, ohne dabei die Magnetfeldvergütung zu mindern.

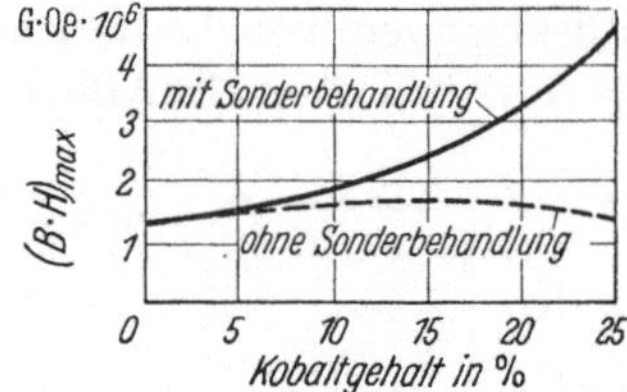

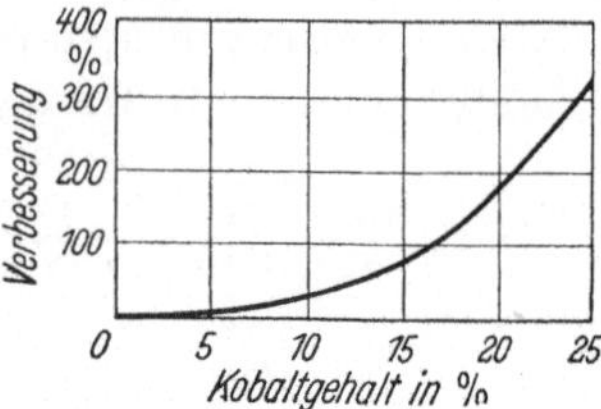

Abb. 55. Absolute und prozentuale Zunahme des Energiewertes von Fe-Ni-Co-Al-Dauermagnetlegierungen in Abhängigkeit vom Co-Gehalt. (Nach H. KRAINER u. F. RAIDL.)

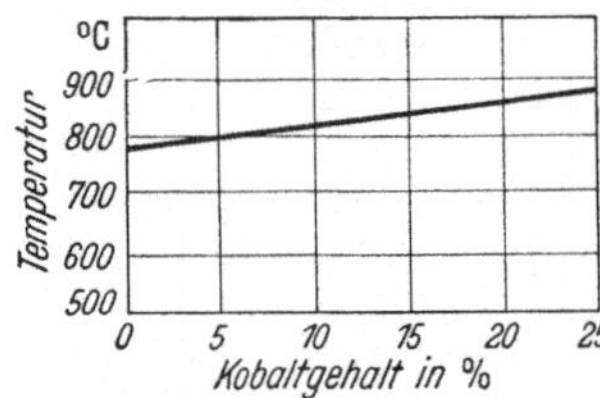

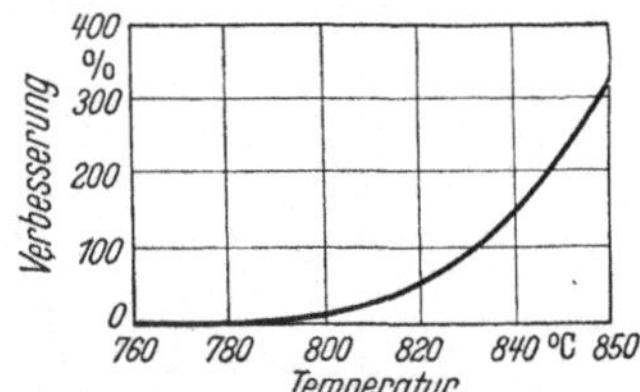

Abb. 56. Abhängigkeit der Curietemperatur bei Fe-Ni-Co-Al-Dauermagnetlegierungen vom Co-Gehalt. (Nach H. KRAINER u. F. RAIDL.)

Abb. 57. Verbesserung des Energiewertes von Fe-Ni-Co-Al-Dauermagnetlegierungen in Abhängigkeit von der Curietemperatur. (Nach H. KRAINER u. F. RAIDL.)

Die Wärmebehandlung im Magnetfeld setzt sich aus zwei Schritten zusammen. Der erste Schritt bewirkt vornehmlich die Ausrichtung

Tabelle 12. *Einfluß der Zeitdauer der Einwirkung des Magnetfeldes.*

Zeit der Magnetfeldeinwirkung in Sekunden	Remanenz Gauß	i_r
—	9,700	0,68
20	11,000	0,78
40	11,500	0,82
60	12,400	0,88
90	12,800	0,91
120	12,800	0,91
240	12,800	0,91

Tabelle 13. *Einfluß der Magnetfeldstärke auf die Ausbildung der Vorzugslage bei gleicher Abkühlungsgeschwindigkeit.*

Feldstärke Oersted	Remanenz Gauß	i_r
nicht behandelt	9,700	0,68
450	12,000	0,85
650	12,400	0,88
1000	12,900	0,92
1600	12,800	0,91
2250	12,800	0,91
2800	12,800	0,91
3200	12,800	0,91

der WEISSschen Bezirke. Dabei muß eine gewisse minimale Abschreckgeschwindigkeit angewandt werden. Maßgebend ist die Abkühlungsgeschwindigkeit zwischen Curiepunkt und Grenze der Rekristallisation, also zwischen 880 und 750°. Diesbezügliche Angaben von H. KRAINER und

---

[1] OLIVER, D. A., u. D. HADFIELD: Nature Bd. 162 (1948) S. 799/801.

F. Raidl[1] und W. Zumbusch[2] ergänzen sich hervorragend. Die Werte der Remanenz bei verschiedener Einwirkungsdauer des Magnetfeldes im Intervall von 880···750° sind in Tab. 12, die Magnetisierungskurven in Abb. 58 zusammengestellt. Eine Abkühlungsgeschwindigkeit von 60···80°/Min. gibt die optimalen Werte, bei zu rascher Abkühlung kommt der plastische Fließvorgang nicht ganz zum Ablauf, bei zu langsamer Abkühlung mit weniger als 20···25°/Min. nimmt wahrscheinlich die Bildung der unmagnetischen α'-Phase unter Verminderung der Remanenz zu stark überhand. Die dabei anzuwendende Feldstärke ist aus Tab. 13 zu ersehen. Felder über 1000 Oersted bringen keine Verbesserung mehr.

Im Magnetfeld abgekühlt mit	Nicht angelassen		Angelassen	
	Kurve	Kennwert	Kurve	Kennwert
60°/min	1	510—25—63	1a	480—19—58
120°/min	2	279—43—72	2a	390—26—65
30°/min	3	322—16—44	3a	261—15—41

Die für die Erzielung der besten Wirkung des Magnetfeldes angewandte Abkühlungsgeschwindigkeit bringt aber meistens nicht die höchste Koerzitivkraft. Sie muß durch eine Anlaßbehandlung unterhalb 750° noch verbessert werden, unterhalb dieser Temperatur ist eine Aufhebung der magnetischen Vorzugslage nicht zu befürchten. Eine Anlaßbehandlung zwischen 550 und 650° bringt

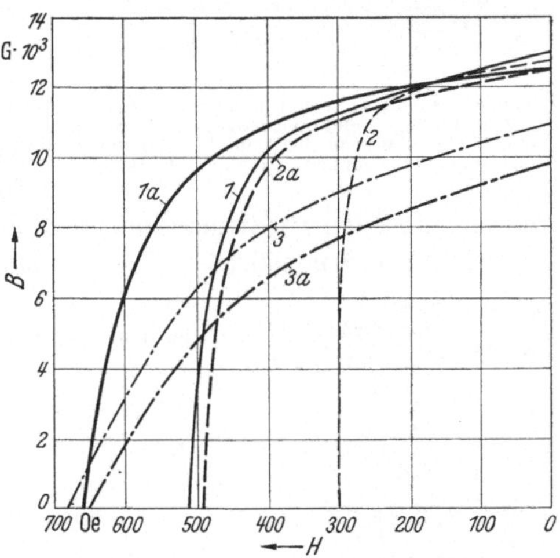

Abb. 58. Einfluß der Wärmebehandlung im Magnetfeld und einer Anlaßbehandlung auf die magnetischen Eigenschaften einer Dauermagnetlegierung mit 14,5% Ni, 22,5% Co, 8,5% Al, 4,0% Cu, Rest Fe. (Nach W. Zumbusch.)

noch recht beachtliche Zunahmen der Koerzitivkraft, wie aus Abb. 58 hervorgeht; je niedriger die Koerzitivkraft ist, desto länger muß angelassen werden, wobei u. U. erst nach 30···50 Stunden das Optimum erreicht wird.

Die Abkühlung im Magnetfeld kann in einer Feldspule erfolgen, wobei aber zu beachten ist, daß die magnetische Vorzugslage an den Enden der Stäbe nicht mehr mit ihrer geometrischen Achse zusammenfällt und diese Enden eventuell verworfen werden müssen. Auch ein geeignetes Joch mit beheizten oder schlecht wärmeleitenden (aus Invar bestehenden) Polschuhen kann verwendet werden. An Stelle von Gleichstrom kann auch Wechselstrom für die Erzeugung des Feldes benutzt

[1] Krainer, H., u. F. Raidl: Berg- u. hüttenm. Mh. Bd. 90 (1942) S. 99/106.
[2] Zumbusch, W.: Arch. Eisenhüttenw. Bd. 16 (1942) S. 101/12.

und die erhebliche Ummagnetisierungsarbeit im Dauermagneten zur Herabsetzung der Abkühlungsgeschwindigkeit verwendet werden. Zusammenfassend seien die besten Bedingungen für die Herstellung von Magneten mit Vorzugslage gegeben. Zusammensetzung 8,5% Al, 14% Ni, 24% Co, 3% Cu, Rest Fe, Abkühlungsgeschwindigkeit 60 ⋯ 80°/Min. in einem Feld von mindestens 1000 Oersted und Anlassen bei 550 ⋯ 650°.

Abb. 59. Magnete von Drehspulinstrumenten mit gleicher Luftspaltinduktion. *Links*: 6% Co-Stahl, *rechts*: Alni-Legierung (hell) mit Weicheisenjoch und -polschuh (dunkel). (Nach K. J. SIXTUS.)

Im Anschluß an die Magnetfeldbehandlung sei noch auf ein interessantes Verfahren hingewiesen, welches im F.P. 872989 beschrieben wurde. Vor längerer Zeit hatte T. NISHINA[1] festgestellt, daß durch eine elastische Zugbeanspruchung während der Abkühlung ähnliche Effekte wie durch eine Magnetfeldbehandlung erzielbar sind, über die später genauer berichtet werden soll (S. 202). In dem vorliegenden Patent wird die elastische Zugbeanspruchung durch gerichtete Abschreckspannungen bewirkt. Werden stabförmige Magnete auf 1200° erwärmt und in senkrechter Stellung mit einer Geschwindigkeit von 10 mm/Sek. in kaltes fließendes Wasser getaucht, so werden ähnliche Verbesserungen der Remanenz beobachtet, wie nach einer Abkühlung im Magnetfeld. In jüngster Zeit ist es geglückt, durch geeignete Maßnahmen beim Gießen Stengelkristalle zu erzielen, welche als Kristallachse eine [100]-Richtung aufweisen. Wird die Kristallachse parallel zur Feldrichtung benutzt, so kann durch Wegfallen der ungünstigen Orientierungen der WEISSschen Bezirke eine weitere Verbesserung erzielt werden. Energiewerte bis $7,8 \cdot 10^6$ G·Oe

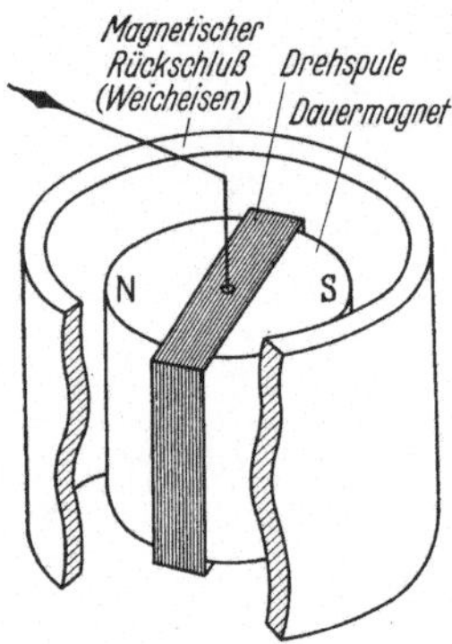

Abb. 60. Drehspulinstrument mit Innenpolmagnet. (Nach K. J. SIXTUS.)

sind das Ergebnis der Kombination von gerichteter Kristallisation des Gusses und nachfolgender Abkühlung im Magnetfeld.

η) Verwendung.

Die außerordentliche Leistungssteigerung moderner Dauermagnete führte zu einer grundsätzlichen Änderung ihrer Anwendung. Das für die Erzeugung einer gewissen Leistung erforderliche Magnetvolumen schrumpfte so zusammen, daß die Polschuhe viel größer dimensioniert

---

[1] NISHINA, T.: Sci. Rep. Tôhoku Imp. Univ., Ser. I Bd. 28 (1939) S. 225/34.

sind als der Magnetkörper selbst. Am Beispiel eines Drehspulinstrumentes sei in Abb. 59 nach Angaben von K. J. Sixtus[1] gezeigt, welche Einsparung an Magnetwerkstoff möglich wird. Die sehr hohen Koerzitivkräfte erlauben auch den Aufbau von Drehspulsystemen mit Innenpolmagneten, welche den Bau sehr kleiner Instrumente gestatten (Abb. 60). Auf Grund sorgfältiger Berechnungen gelang es J. L. Snoek[2], einen Dauermagneten sehr großer Tragfähigkeit zu konstruieren. Sein schematischer Aufbau ist in Abb. 61 wiedergegeben. Der Dauermagnet sitzt in einem nicht magnetischen Rahmen und überträgt seine Kraft über Polschuhe aus Kobalteisen auf den Traganker. Der Dauermagnet aus einer Fünfstofflegierung mit magnetischer Vorzugslage im Gewicht von

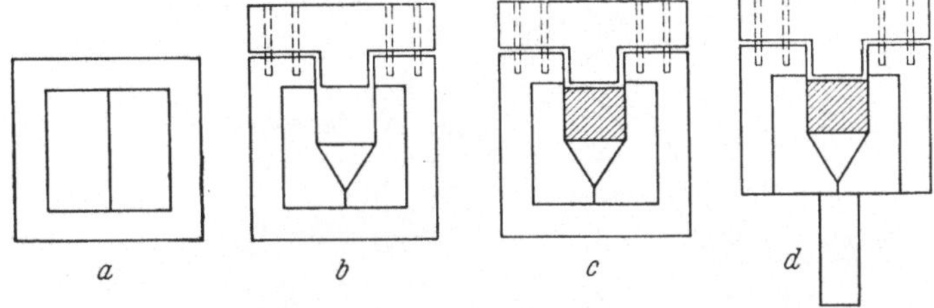

Abb. 61a—d. Herstellung eines Dauermagneten hoher Tragkraft unter Verwendung einer Fe-Ni-Co-Al-Cu-Legierung mit Vorzugslage. (Nach J. L. Snoek.)

Herstellung des Magneten: a) Zwei Stücke Kobalteisen, getrennt durch eine Kupferfolie, werden in einen Rahmen von V2A-Stahl gelötet. b) In das Werkstück wird ein Einschnitt gefräst, der später den Magnetstahl aufnehmen soll. Der Einschnitt wird vorläufig mit V2A-Stahl abgeschlossen, und das Ganze wird spannungsfrei geglüht. c) Der Magnetstahlwürfel wird eingelegt. Das Ganze wird in dem Feld eines Elektromagneten magnetisiert; mit Hilfe verschiedener Anker wird die Tragkraft bestimmt, die nach dem Abschleifen des V2A-Stahles an der Unterseite erhalten wird. d) An der Unterseite wird stets mehr Material weggeschliffen bis die Tragkraft ihr Maximum erreicht hat.

nur 0,47 g trägt 1650 g. Das Verhältnis von Eigengewicht : Tragfähigkeit konnte bei einer ähnlichen Konstruktion auf 5000, bei einem Magnetgewicht von 13 g zur Tragfähigkeit von 65 kg gesteigert werden. Eine andere Spitzenleistung auf diesem Gebiete sei noch erwähnt. Nach Angaben von S. Rosenblum und B. Tsai[3] wurde für die Spektrographie von α-Strahlen ein Dauermagnet mit Polen aus Alni-Magneten im Gewicht von 5,75 t gebaut. Der fertige Magnet gibt bei einem Abstand der Polschuhe von 18 mm ein Feld von 13 000 Gauß, wobei die Polschuhe eine Fläche von 44 × 78 cm² besitzen.

c) Eisen-Nickel-Kupfer-Legierungen.

Die Alni-Magnete und die von ihnen abgeleiteten Mehrstofflegierungen ohne oder mit Magnetfeldvergütung beherrschen heute trotz ihrer schlechten mechanischen Eigenschaften das Feld der Dauermagnete. Alle

[1] Sixtus, K. J.: Feinmechanik u. Präzision Bd. 49 (1941) S. 139/46, 153/60.
[2] Snoek, J. L.: Philips techn. Rdsch. Bd. 5 (1940) S. 196/99.
[3] Rosenblum, S., u. B. Tsai: C. R. hebd. Séances Acad. Sci. Bd. 224 (1947) S. 1278/80.

anderen technisch verwendeten Legierungen folgen ihnen in weitem Abstand. Von größerer technischer Bedeutung sind nur die Fe-Ni-Cu-Legierungen, die zwar in ihren magnetischen Werten gerade noch diejenigen der einfachen Alni-Magnete ohne weitere Zusätze erreichen, die sich aber durch eine ausgezeichnete Bearbeitbarkeit von den spröden Alni-Legierungen unterscheiden. Die ersten Veröffentlichungen erfolgten fast gleichzeitig von O. DAHL, J. PFAFFENBERGER und N. SCHWARTZ[1] und H. NEUMANN[2].

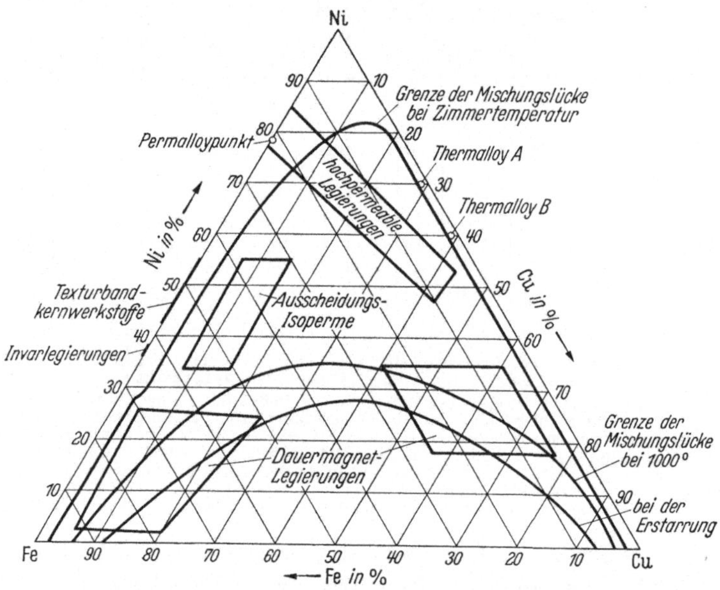

Abb. 62. Das Dreistoffsystem Fe-Ni-Cu. Mischungslücke und technisch wichtige Legierungen.

α) Zusammensetzung und Eigenschaften.

Die Grundlage für die Härtbarkeit der Fe-Ni-Cu-Legierungen bildet die zwischen Fe und Cu bestehende Mischungslücke, die erst durch hohe Nickelzusätze geschlossen wird, und deren Verlauf stark temperaturabhängig ist. Die Löslichkeitsgrenzen für verschiedene Temperaturen wurden sehr genau von W. KÖSTER und W. DANNÖHL[3] festgelegt. Die Bestimmung der Curiepunkte ermöglicht es, zwischen Widerstandsänderungen infolge der Überschreitung der Löslichkeitsgrenze und infolge des Auftretens einer geordneten Atomverteilung zu unterscheiden. Die von ihnen gefundenen Löslichkeitsgrenzen sind in Abb. 62 wiedergegeben,

---

[1] DAHL, O., J. PFAFFENBERGER u. N. SCHWARTZ: Metallwirtschaft Bd. 14 (1935) S. 665/70.

[2] NEUMANN, H.: Metallwirtschaft Bd. 14 (1935) S. 778/79.

[3] KÖSTER, W., u. W. DANNÖHL: Z. Metallkde. Bd. 27 (1935) S. 220/26.

sie unterscheiden sich von den von O. Dahl, J. Pfaffenberger und N. Schwartz[1] besonders bei tiefen Temperaturen erheblich, es ist ihnen aber der Vorzug zu geben. Die Dauermagnete, welche sich aus dem in Abb. 62 links eingezeichneten Gebiet ergeben, sind schon früher (S. 43) besprochen worden, weil ihre Härtung nur zum geringen Teil auf Ausscheidung und in der Hauptsache auf der Bildung von Austenit beruht. Hier interessiert nur das rechts abgegrenzte Gebiet, wo der Löslichkeitsunterschied zwischen hohen und tiefen Temperaturen ausgenutzt wird. Die Höhe der Koerzitivkraft hängt von dem Dispersionsgrad der Ausscheidungen und damit von der Wärmebehandlung ab; die Höhe der Remanenz und der Sättigung ist von der Zusammensetzung der ausgeschiedenen ferromagnetischen Phasen abhängig. Es war also notwendig, in einem größeren Konzentrationsintervall die beste Wärmebehandlung zu suchen. Sehr sorgfältige Untersuchungen in dieser Hinsicht wurden von H. Neumann, A. Büchner und H. Reinboth[2] durchgeführt; aus Abb. 63 ist der Einfluß der Anlaßtemperatur bei einstündiger Anlaßdauer auf Koerzitivkraft und Remanenz wiedergegeben. Das Maximum der Koerzitivkraft ist an Zusammensetzungen gebunden, die nur mehr eine relativ geringe Remanenz aufweisen, es nimmt mit steigender Anlaßtemperatur zu, verändert dabei Lage und Umfang, um bei Temperaturen über 700° wieder abzusinken. Als günstigste Anlaßdauer wurde 3 Stunden ermittelt. Die dabei erreichbaren Energiewerte sind in Abb. 64 im Dreistoffdiagramm angegeben. Der Höchstwert liegt bei 23% Ni, 18% Fe, 59% Cu mit $H_c = 390$ Oe, $B_r = 3400$ G, $(B \cdot H)_{max} = 0{,}53 \cdot 10^6$ G $\cdot$ Oe. Eine Legierung dieser Zusammensetzung weist nach Angaben von O. Dahl, J. Pfaffenberger und N. Schwartz[1] nach einer raschen Abkühlung von 1050°, also im praktisch homogenen Zustand, eine Koerzitivkraft von etwa 25 Oe auf, die Ausscheidungshärtung bewirkt eine magnetische Härtung um etwa das 15fache. Die mechanische Härte hingegen bleibt weit zurück und nimmt nach denselben Autoren nur um das 1,8fache zu.

β) Einfluß einer Verformungstextur.

Die Legierungen sind leicht verformbar und können auch im ausgehärteten Zustand noch um 95% kalt gewalzt oder gezogen werden. Es lag daher nahe, die Ausscheidungshärtung mit der mechanischen Härtung durch Kaltverformung zu koppeln, um eine weitere Steigerung der magnetischen Härte zu erreichen. Aber so wie die Überlagerung von Ausscheidungshärtung und Kaltverformung nur eine geringe Verbesse-

---

[1] Dahl, O., J. Pfaffenberger u. N. Schwartz: Metallwirtschaft Bd. 14 (1935) S. 665/70.

[2] Neumann, H., A. Büchner u. H. Reinboth: Z. Metallkde. Bd. 29 (1937) S. 173/85.

rung im mechanischen Verhalten brachte, so trat auch bei der magnetischen Härte nur eine Verbesserung bis zu einer Kaltverformung von 50% ein. H. NEUMANN, A. BÜCHNER und H. REINBOTH[1] haben ihre Unter-

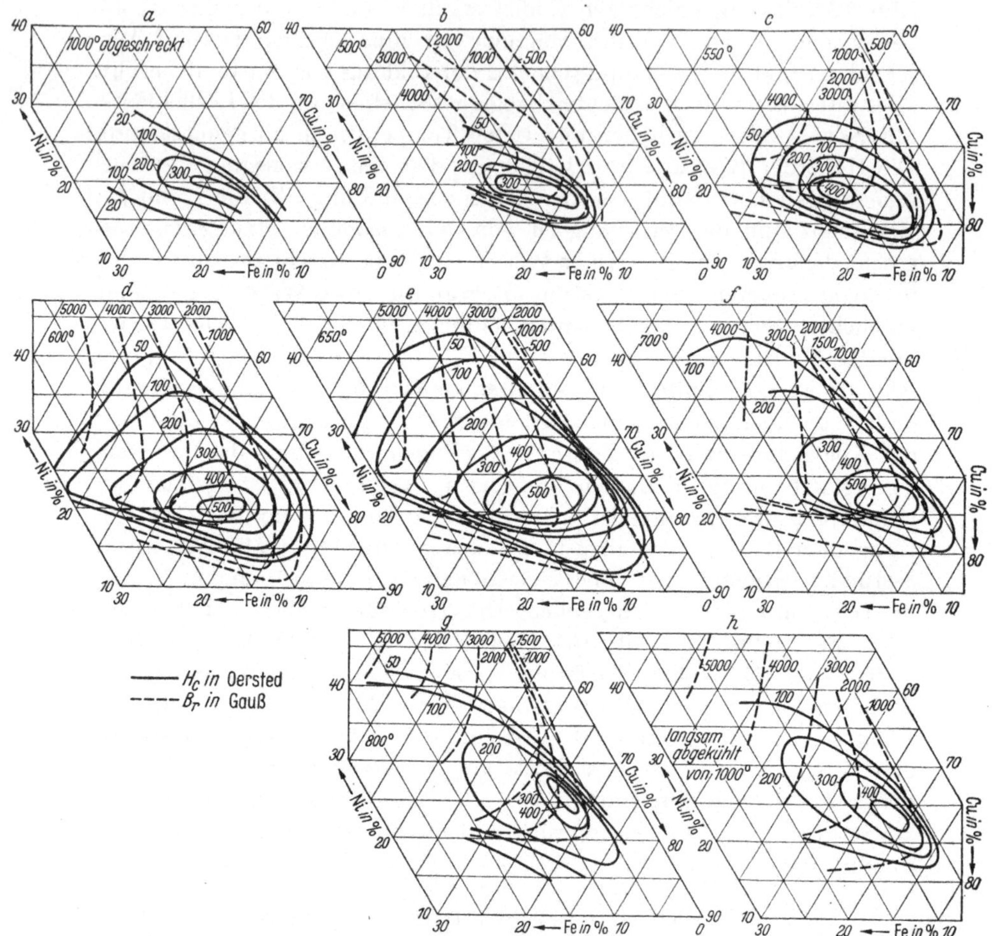

Abb. 63. Einfluß der Anlaßtemperatur auf Koerzitivkraft und Remanenz von Dauermagnetlegierungen im System Fe-Ni-Cu. (Nach H. NEUMANN, A. BÜCHNER u. H. REINBOTH.)

suchungen auch auf dieses Problem ausgedehnt. In Abb. 65 ist der Einfluß des Walzgrades auf eine Legierung mit 20% Ni, 20% Fe, 60% Cu zu sehen. Überraschenderweise erfolgte bei höheren Walzgraden eine sehr starke Abnahme der Koerzitivkraft, die durch eine nachfolgende Anlaßbehandlung nicht nur wieder aufgehoben werden konnte, sondern sogar

[1] NEUMANN, H., A. BÜCHNER u. H. REINBOTH: Z. Metallkde. Bd. 29 (1937) S. 173/85.

noch zu einer Erhöhung in bezug auf den Ausgangszustand führte. Durch die starke Kaltverformung bildet sich auch eine Walztextur aus, die eine Anisotropie der magnetischen Eigenschaften zur Folge hat. Abb. 66 zeigt die Richtungsbeständigkeit der magnetischen Werte für eine Legierung mit 60% Cu, 20% Fe, 20% Ni nach einer Kaltverformung um 85% und nachfolgendem Anlassen. Die wichtigsten magnetischen Größen zeigen eine etwa 40proz. Abnahme in der Richtung senkrecht zur Walzrichtung. Es kommt aber nicht nur auf die Größe des Verformungsgrades an, auch die Art der Verformung ist von Einfluß, die magnetischen Werte

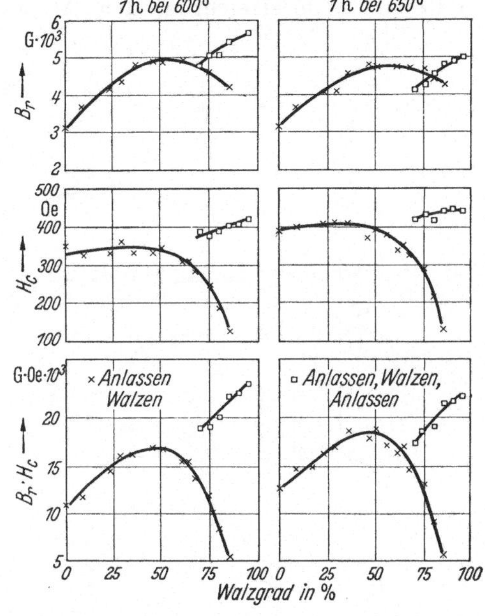

Abb. 65. Einfluß des Walzgrades auf die magnetischen Eigenschaften einer Legierung mit 20% Fe, 20% Ni, 60% Cu. (Nach H. Neumann, A. Büchner u. H. Reinboth.)

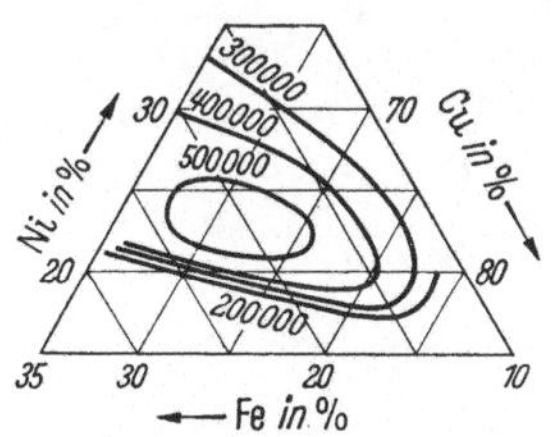

Abb. 64. Energiewerte von Dauermagnetlegierungen im System Fe-Ni-Cu nach jeweils bester Wärmebehandlung. (Nach H. Neumann, A. Büchner u. H. Reinboth.)

liegen bei gezogenen und angelassenen Drähten noch etwas besser als bei gewalzten Blechen. Eine Gegenüberstellung von Drähten und Blechen mit verschiedener Kaltverformung in Abb. 67 zeigt besonders für den dünnen Draht mit hohem Verformungsgrad eine beachtliche Leistungsverbesserung auf $1,46 \cdot 10^6$ G · Oe.

Während O. Dahl, J. Pfaffenberger und N. Schwartz[1] durch langsame Abkühlung und der damit verbundenen teilweisen Aushärtung bei einer Zusammensetzung von 40% Ni, 40% Cu, 20% Fe ein $H_c = 155$ Oe, $B_r = 4800$ G erzielten und diese Werte durch Kaltwalzen um 50% auf $H_c = 177$ Oe und $B_r = 5600$ G erhöhen konnten, gelang es H. Neumann, A. Büchner und H. Reinboth[2] bei der optimalen Zusammensetzung

---

[1] Dahl, O., J. Pfaffenberger u. N. Schwartz: Metallwirtschaft Bd. 14 (1935) S. 665/70.

[2] Neumann, H., A. Büchner u. H. Reinboth: Z. Metallkde. Bd. 29 (1937) S. 173/85.

von 59% Cu, 23% Ni, 18% Fe durch Abschrecken von 1150° und Anlassen bei 650° ein $H_c = 390$ Oe, $B_r = 3400$ G und $(B \cdot H)_{max} = 0,53 \cdot 10^6$ G·Oe zu erzielen. Durch Kaltverformung einer etwas abgeänderten Legierung mit 60% Cu, 20% Ni, 20% Fe konnte nach einer 95proz. Querschnittsverminderung und bester Anlaßbehandlung an Draht von 0,3 mm $\emptyset$ ein $H_c = 490$ Oe, $B_r = 6000$ G und $(B \cdot H)_{max} = 1,46 \cdot 10^6$ G·Oe erreicht werden. Ähnliche Werte finden sich in der

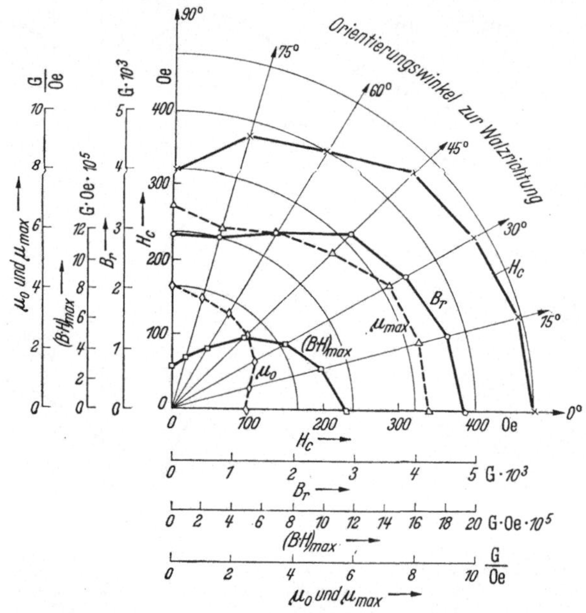

Abb. 66. Richtungsabhängigkeit der magnetischen Werte einer kaltgewalzten Legierung mit 20% Fe, 20% Ni, 60% Cu. (Nach H. NEUMANN, A. BÜCHNER u. H. REINBOTH.)

ausländischen Literatur: W. E. RUDER[1] gibt $H_c = 550$ Oe, $B_r = 5400$ G, $(B \cdot H)_{max} = 1,55 \cdot 10^6$ G·Oe an. A. O.[2] ist eine kurze Beschreibung des Herstellungsverfahrens angegeben mit folgenden Ergebnissen: $H_c = 400$ Oe, $B_r = 6000$ G, $(B \cdot H)_{max} = 1,3 \cdot 10^6$ G·Oe. F. BRAILSFORD, D. A. OLIVER, D. HADFIELD und G. R. POLGREEN[3] geben für $H_c = 590$ Oe, $B_r = 5700$ G und $(B \cdot H)_{max} = 1,85 \cdot 10^6$ G·Oe an, sowie für eine etwas modifizierte Zusammensetzung mit 50% Cu, 27,5% Fe, 20% Ni, 2,5% Co die Werte $H_c = 260$ Oe, $B_r = 7300$ G, $(B \cdot H)_{max} = 0,78 \cdot 10^6$ G·Oe.

Um eine höhere Koerzitivkraft zu erzielen, kann man den Eisengehalt auf 12% herabsetzen. Eine Legierung mit 12% Fe, 68% Cu, 20% Ni

[1] RUDER, W. E.: Iron Age Bd. 157 (1946) S. 65/70.
[2] —: Iron Coal Trades Rev. Bd. 154 (1947) S. 928.
[3] BRAILSFORD, F., D. A. OLIVER, D. HADFIELD u. G. R. POLGREEN: J. Inst. electr. Eng. Bd. 95 I (1949) S. 522/43.

zeigt im isotropen Zustand eine Koerzitivkraft von 470 Oe, eine Remanenz von 2200 G und einen Energiewert von $0{,}34 \cdot 10^6$ G·Oe. Mit Fasertextur nach bester Wärmebehandlung ergeben sich folgende Werte: Koerzitivkraft = 670 Oe, Remanenz = 3600 G und Energiewert = $1{,}11 \cdot 10^6$ G·Oe. Die Entmagnetisierungskurven für handelsübliche Bleche aus Legierungen mit 60% Cu, 20% Ni, 20% Fe und 68% Cu, 20% Ni und 12% Fe im isotropen und anisotropen Zustand, welche im Handel unter der Bezeichnung Magnetoflex 20 bzw. 12 erscheinen, sind in Abb. 68 wiedergegeben.

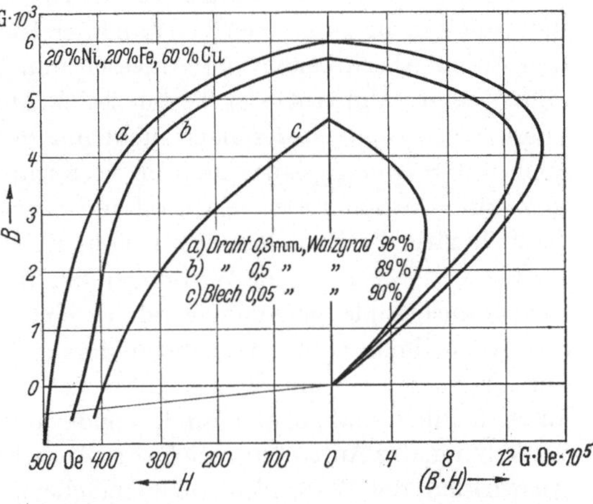

Abb. 67. Entmagnetisierungskurven einer Legierung mit 20%Fe, 20%Ni, 60%Cu in Abhängigkeit von der Verformung. (Nach H. Neumann, A. Büchner u. H. Reinboth.)

Die Deutung des magnetischen Verhaltens dieser Legierungen scheint bei oberflächlicher Betrachtung sehr einfach, in Wirklichkeit ist sie es aber keineswegs. O. Dahl[1] bemühte sich, die Verhältnisse bei der Überlagerung von Kaltverfestigung und Ausscheidungshärtung zu klären, seine Versuche bringen aber nur eine weitere Komplikation. Durch sehr hohe Verformungsgrade gelingt es, die Koerzitivkraft auf etwa $^1/_{10}$ des Wertes im bestgehärteten Zustand herabzusetzen. Nun kann man keineswegs behaupten, daß durch eine Kaltverformung die Ausscheidung rückgängig gemacht werden kann. Die von ihm aufgenommenen Widerstand-Anlaßtemperaturkurven lassen vielmehr darauf schließen, daß sich eine Überstrukturbildung vollzieht, die dann durch die Kaltverformung wieder zerstört wird, wie es bereits von O. Dahl[2] für Eisen-Nickel-Legie-

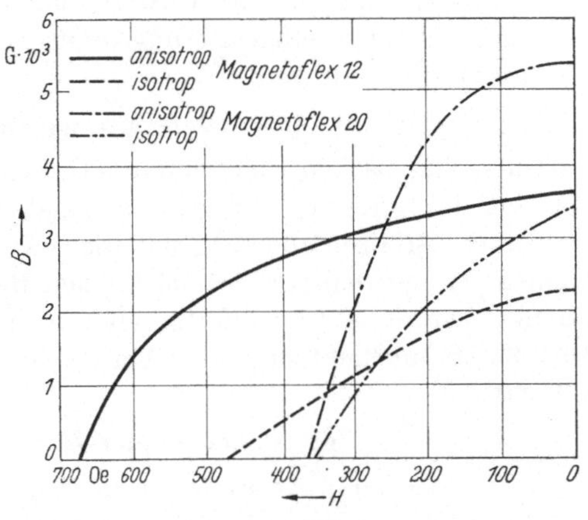

Abb. 68. Entmagnetisierungskurven von Dauermagnetlegierungen des Systems Fe-Ni-Cu.

---

[1] Dahl, O.: Z. Metallkde. Bd. 31 (1939) S. 192/203.
[2] Dahl, O.: Z. Metallkde. Bd. 28 (1936) S. 133/38.

rungen nachgewiesen wurde. H. G. Müller[1] konnte außerdem zeigen, daß die magnetische Vorzugslage kaltverformter Legierungen keineswegs nur der Ausbildung einer Textur zuzuschreiben ist, denn es gelingt ihm, die Textur auch nach vollständiger Rekristallisation beizubehalten und durch Abschrecken und Anlassen den Werkstoff erneut zu härten. Dieser zeigt dann trotz der Textur keine Anisotropie der Eigenschaften. Diese Anisotropie ist demnach nicht nur mit der Textur allein, sondern auch mit Spannungszuständen im verformten Zustande verknüpft. Ansätze zur Klärung dieser verwickelten Verhältnisse liegen in den Arbeiten über binäre Fe-Ni-Legierungen von H. W. Conradt, O. Dahl und K. J. Sixtus[2] vor, wo die Wirkungen der Walzanisotropie von denen der Texturanisotropie getrennt werden; eine endgültige Deutung gelang aber auch ihnen nicht. Es scheint demnach zu sein, daß die Ausscheidungsvorgänge für die Eigenschaften der Fe-Ni-Cu-Dauermagnete nicht ausschließlich maßgebend sind, sondern Ordnungsvorgänge bzw. ihre Aufhebung, das Auftreten gerichteter Ausscheidungen und die ungeklärte Auswirkung der Walzanisotropie eine ebenso wichtige Rolle spielen.

γ) Alterung.

Die Alterungsbeständigkeit dieser Dauermagnete wurde von H. Neumann, A. Büchner und H. Reinboth[3] untersucht, danach ist die magnetische Alterung durch Erschütterung nicht nachzuweisen, durch kurzzeitige Erwärmung auf 100° wird die scheinbare Remanenz um etwa 3% herabgesetzt. Eine Gefügealterung konnte naturgemäß bei dieser Temperatur nicht festgestellt werden.

δ) Verwendung.

Die mechanischen Eigenschaften der Legierungen sind so ausgezeichnet, daß die fertig gewalzten und angelassenen Magnetbänder ohne weiteres durch Stanzen und Biegen in die gewünschte Form gebracht werden können. Sie werden vorwiegend für den Bau von Meßinstrumenten verwendet. Die hohe Zerreißfestigkeit des kaltverformten Werkstoffs von etwa 85 kg/mm² gestattet seine Verwendung als Rotor in Motoren bis zu 100000 U/min.

d) Nickel-Kupfer-Kobalt-Legierungen.

α) Zusammensetzung und Eigenschaften.

Das System Cu-Ni-Co wurde von W. Dannöhl und H. Neumann[4] auf seine Konstitution untersucht. Da es völlig analog dem System Cu-Ni-Fe

---

[1] Müller, H. G.: Z. Elektrochem. Bd. 45 (1939) S. 674/78.

[2] Conradt, H.W., O.Dahl u. K.J.Sixtus: Z. Metallkde .Bd. 32 (1940)S. 231/38. — Conradt, H. W., u. K. J. Sixtus: Z. techn. Phys. Bd. 23 (1942) S. 39/49.

[3] Neumann, H., A. Büchner u. H. Reinboth: Z. Metallkde. Bd. 29 (1937) S. 173/85.

[4] Dannöhl, W., u. H. Neumann: Z. Metallkde. Bd. 30 (1938) S. 217/31.

aufgebaut ist, lag die Suche nach aushärtbaren Dauermagnetlegierungen nahe. Die günstigsten Bedingungen für die Härtung hinsichtlich Abschrecktemperatur, Anlaßtemperatur und Dauer wurden für ein großes Konzentrationsgebiet bestimmt, in Abb. 69 sind die nach bester Wärmebehandlung erreichbaren Energiewerte in Abhängigkeit von der Zusammensetzung wiedergegeben. Als besonders günstig wurden Legierungen mit 29% Co, 21% Ni, 50% Cu mit $H_c = 710$ Oe,

$B_r = 3200$ G, $(B \cdot H)_{max}$ $= 0{,}67 \cdot 10^6$ G $\cdot$ Oe und 41% Co, 24% Ni, 35% Cu mit $H_c = 540$ Oe, $B_r = 5300$ G, $(B \cdot H)_{max}$ $= 0{,}99 \cdot 10^6$ G $\cdot$ Oe angegeben. Dieselben Angaben finden sich bei W. E. Ruder[1], F. Brailsford, D. A. Oliver, D. Hadfield und G. R. Polgreen[2]. R. Steinitz[3] stellt eine Legierung mit 30% Co,

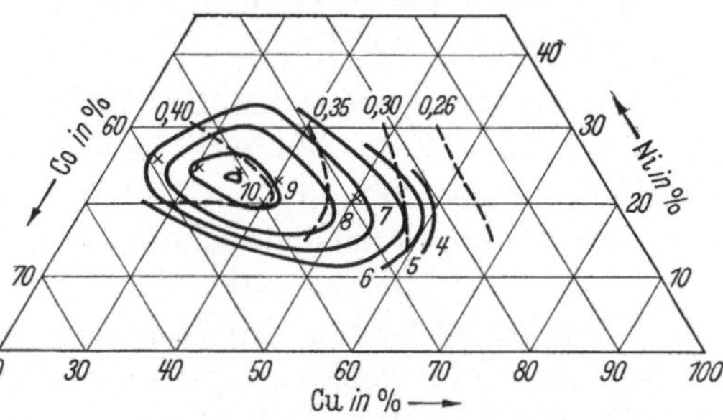

Abb. 69. Energiewerte von Dauermagnetlegierungen im System Co-Ni-Cu nach jeweils bester Wärmebehandlung. (Nach W. Dannöhl u. H. Neumann.)

45% Cu, 25% Ni auf pulvermetallurgischem Wege her und beobachtet dabei eine Koerzitivkraft von 800 Oe.

β) Einfluß einer Verformungstextur.

Die magnetischen Eigenschaften kaltgewalzter und angelassener Bleche liegen auch hier etwas höher als die des isotropen Werkstoffes. A. H. Geisler und J. B. Newkirk[4] geben für eine Legierung mit 29% Co, 21% Ni, 50% Cu nach dem Anlassen bei 600° eine Koerzitivkraft von 830 Oe, eine Remanenz von 3600 G und einen Energiewert von $1{,}1 \cdot 10^6$ G $\cdot$ Oe an. Sie haben auch sehr eingehende röntgenographische Untersuchungen über den Aushärtungsvorgang durchgeführt. Der kubische übersättigte Mischkristall zerfällt kohärent in zwei tetragonale Gitter, die sich am Ende der Entmischung wieder in zwei kubische Gitter zurückverwandeln. Die hohe Koerzitivkraft ist an das Vorhandensein des tetragonalen Gitters gebunden. Sie nehmen an, daß im tetragonalen Gitter die anisotropen Bindungsverhältnisse zwischen den einzelnen Atomen eine Festlegung des Magnetisierungsvektors bedingen und somit

---

[1] Ruder, W. E.: Iron Age Bd. 157 (1946) S. 65/70.

[2] Brailsford, F., D. A. Oliver, D. Hadfield u. G. R. Polgreen: J. Inst. electr. Eng. Bd. 95 I (1949) S. 522/43.

[3] Steinitz, R.: Powder Metall. Bull. Bd. 1 (1946) Nr. 3 S. 45/47.

[4] Geisler, A. H., u. J. B. Newkirk: Metals Technol. Bd. 15 (1948), Techn. Publ. Nr. 2444.

wesentlich wirksamer sind als die durch die verschiedenen Gitter bewirkten mechanischen Spannungen. Der Vorteil der Co-haltigen Werkstoffe gegenüber den Fe-haltigen ist in ihrer höheren Koerzitivkraft zu suchen, die ihnen die Verwendung in Sonderfällen, wo eine leichtverformbare Dauermagnetlegierung hoher Koerzitivkraft benötigt wird, trotz des höheren Preises sichern wird.

e) Eisen-Kobalt-Molybdän- und Eisen-Kobalt-Wolfram-Legierungen.

W. KÖSTER[1] war der erste, der die Ausscheidungshärtung zur Erzeugung von Dauermagnetwerkstoffen bewußt anwendete; er wählte hierzu die Systeme Fe-Co-Mo und Fe-Co-W. Gleichzeitig wurden auch von K. S. SELJESATER und B. A. ROGERS[2] dieselben Legierungen mit derselben Absicht untersucht und ebenfalls mit Erfolg für Dauermagnete eingesetzt. Beide Systeme sind vollkommen analog aufgebaut, jedoch werden im System mit Molybdän etwas höhere Koerzitivkräfte bei geringerem Aufwand an Legierungszusätzen erreicht. Die Legierung mit 12% Co, 17% Mo, Rest Fe wird in den verschiedenen Werkstofflisten aufgeführt; nach dem Abschrecken von 1300° und Anlassen bei 700° wird ein $H_c = 230$ Oe, $B_r = 10000$ G, $(B \cdot H)_{max} = 1,1 \cdot 10^6$ G·Oe erreicht. Die Anwendung dürfte sehr gering sein, da mit demselben Aufwand an Legierungskosten erheblich bessere Leistungen an anderen Legierungen erzielbar sind.

f) Kobalt-Mangan-Aluminium- und Eisen-Nickel-Zinn-Legierungen.

Abschließend seien noch folgende ausscheidungshärtende Systeme erwähnt. Co-Mn-Al wurde von W. KÖSTER und E. GEBHARDT[3] auf seine Dauermagneteigenschaften untersucht. Eine Legierung mit 76% Co, 11% Mn, 13% Al zeigte nach dem Anlassen auf 650° ein $H_c = 280$ Oe, $B_r = 5800$ G. Auch das von H. LEGAT[4] untersuchte System Fe-Ni-Sn zeigt schwache Dauermagneteigenschaften, beide Legierungsgruppen haben aber keine praktische Bedeutung erlangt.

4. Legierungen, deren Dauermagneteigenschaften mit der Ausbildung einer Überstruktur verknüpft sind.

Diese Gruppe von Dauermagneten zeichnet sich durch außergewöhnlich hohe Koerzitivkräfte aus, die mehrere Tausend Oerstedt erreichen. Das erste Mal wurde von H. H. POTTER[5] über solche Werkstoffe berichtet.

---

[1] KÖSTER, W.: Arch. Eisenhüttenw. Bd. 6 (1932/33) S. 17/23.

[2] SELJESATER, K. S., u. B. A. ROGERS: Trans. Am. Soc. Steel Treating Bd. 19 (1932) S. 553/76.

[3] KÖSTER, W., u. E. GEBHARDT: Z. Metallkde. Bd. 30 (1938) S. 286/90.

[4] LEGAT, H.: Metallwirtschaft Bd. 17 (1938) S. 277/78.

[5] POTTER, H. H.: Phil. Mag. (7) Bd. 12 (1931) S. 255/64.

Er fand an Ag-Mn-Al-Legierungen Koerzitivkräfte bis zu 6000 Oe. Bei allen Legierungen ist das Auftreten einer hohen Koerzitivkraft mit der Ausbildung einer Überstruktur verbunden; trotzdem empfiehlt es sich, die Werkstoffe in zwei Gruppen aufzuteilen, da wahrscheinlich die Ursache der hohen Koerzitivkraft trotz der Gleichheit der äußeren Begleitumstände in zwei verschiedenen Vorgängen zu suchen ist.

a) **Platin-Legierungen.**

α) Zusammensetzung und Eigenschaften.

Das erste Mal berichteten L. GRAF und A. KUSSMANN[1] über Fe-Pt-Legierungen mit sehr hohen Koerzitivkräften. Sie fanden neben der kubisch flächenzentrierten γ-Phase noch eine kubisch raumzentrierte α-Phase, welche gleichzeitig die Trägerin der Überstruktur sein soll. Sie führen die starke magnetische Härtung auf die Gitterverzerrungen zurück, die beim Übergang aus der kubisch flächenzentrierten in die kubisch raumzentrierte Phase auftreten. Ihre metallographischen und röntgenographischen Ergebnisse konnten aber weder von W. JELLINGHAUS[2] noch von H. LIPSON, D. SHOENBERG und G. V. STUPART[3] bestätigt werden. In beiden Arbeiten wird der Übergang aus einer kubisch flächenzentrierten in eine tetragonale Phase mit Überstruktur gefunden. D. SHOENBERG und seine Mitarbeiter zeigen, daß der Übergang der einen Kristallart in die andere durch einen Vorgang ähnlich einer Zwillingsbildung vor sich geht.

Nach einer neueren Arbeit von A. KUSSMANN und G. v. RITTBERG[4] werden die besten Eigenschaften nicht bei der Zusammensetzung FePt (78 Gew.% Pt), sondern bei einer eisenreicheren Legierung mit 70 Gew.% = 40 At% Pt erreicht, sie lauten: Koerzitivkraft 1900 Oe, Remanenz 6000 G, $(B \cdot H)_{max} = 3,3 \cdot 10^6$ G·Oe, während bei der stöchiometrisch zusammengesetzten Legierung eine Koerzitivkraft von 1800 Oe, eine Remanenz von 3700 G und ein Energieprodukt von $3,0 \cdot 10^6$ G·Oe erhalten werden. Die Legierungen finden Anwendung beim Bau von Vibrationsgalvanometern.

Die besten magnetischen Werte werden durch Glühen bei Temperaturen über 1350° und raschem Abkühlen oder Abschrecken erzielt. Eine langsame Abkühlung oder eine Anlaßbehandlung nach dem Abschrecken setzen die Koerzitivkraft stark herab.

W. JELLINGHAUS[2] untersuchte auch Co-Pt-Legierungen und konnte dabei noch höhere Koerzitivkräfte als bei den Fe-Pt-Legierungen finden.

---

[1] GRAF, L., u. A. KUSSMANN: Physik. Z. Bd. 36 (1935) S. 544/51.

[2] JELLINGHAUS, W.: Z. techn. Phys. Bd. 17 (1936) S. 33/36.

[3] LIPSON, H., D. SHOENBERG u. G. V. STUPART: J. Inst. Met. Bd. 67 (1941) S. 333/40.

[4] KUSSMANN, A., u. G. v. RITTBERG: Ann. Phys. Bd. 6 (1950) Nr. 7 S. 173/81.

Mit den metallographischen Vorgängen haben sich E. GEBHARDT und W. KÖSTER[1] eingehend beschäftigt. Aufbau des Systems Co-Pt, Ausbildung einer tetragonalen Phase mit Überstruktur im Bereich der Zusammensetzung CoPt und Übergang der beiden Phasen ineinander scheinen völlig analog den Vorgängen im System Fe-Pt abzulaufen. Die höchste Koerzitivkraft wird nach dem Abschrecken von 1200° und kurzzeitigem Anlassen bei 600···700° erreicht. Die magnetischen Werte lauten: $H_c = 2600$ Oe, $B_r = 4500$ G, $(B \cdot H)_{\max} = 4 \cdot 10^6$ G·Oe für eine Legierung mit 23% Co, 77% Pt (CoPt).

β) Härtungsmechanismus.

Man ist geneigt, die Bildung der tetragonalen Überstrukturphase mit den damit verknüpften Gitterverzerrungen für die Deutung der extrem hohen Koerzitivkräfte heranzuziehen. Nach neueren Feststellungen von A. KUSSMANN und G. V. RITTBERG[2] ist zumindest im Falle der Legierung Fe-Pt die Magnetostriktion sehr klein, bei der stöchiometrischen Zusammensetzung wahrscheinlich sogar Null. Damit entstehen aber bei der Anwendung der BECKERschen Spannungstheorie große Schwierigkeiten, denn es müßten so hohe innere Spannungen angenommen werden, daß sie mit unseren Vorstellungen über die Festigkeit der Metalle unvereinbar sind.

Die beste Deutung dürfte die NÉELsche Theorie der kleinsten Teilchen geben. Wie die Schliffbilder in beiden Fällen zeigen, verläuft die Umwandlung in die tetragonale Phase nach streng geometrischen Gesetzen, ähnlich einer Zwillingsbildung. Die wachsenden Lamellen der Überstrukturphase engen die regelmäßig begrenzten Teile des ungeordneten ferromagnetischen Ausgangsgefüges immer stärker ein, bis sie die Größe eines WEISSschen Bezirkes haben, dann treten die von L. NÉEL aufgestellten Gesetzmäßigkeiten in Wirksamkeit und bedingen die außerordentlich hohen Koerzitivkräfte.

b) Manganlegierungen.

Am bekanntesten unter den Legierungen aus nichtferromagnetischen Komponenten mit hoher Koerzitivkraft ist die von H. H. POTTER[3] gefundene Legierung mit 86% Ag, 5% Al, 9% Mn, die leicht verformbar ist. Nach der endgültigen Formgebung durch Ziehen oder Walzen wird die zunächst unmagnetische Legierung nach mehrstündigem Anlassen bei 250° ferromagnetisch und zeigt eine Koerzitivkraft von 6000 Oe. Da für technische Zwecke jedoch nicht $_IH_c$ sondern $_BH_c$ maßgebend ist,

[1] GEBHARDT, E., u. W. KÖSTER: Z. Metallkde. Bd. 32 (1940) S. 253/61.
[2] KUSSMANN, A., u. G. V. RITTBERG: Ann. Phys. Bd. 6 (1950) Nr. 7 S. 173/81.
[3] POTTER, H. H.: Phil. Mag. (7) Bd. 12 (1931) S. 255/64.

bleibt die Leistung dieser Magnete wegen der geringen Sättigung niedrig. Die technischen Daten lauten: $_BH_c = 540$ Oe, $B_r = 550$ G, $(B \cdot H)_{\max} = 0,08 \cdot 10^6$ G $\cdot$ Oe. Die Legierung soll wegen ihrer hohen Koerzitivkraft im Meßinstrumentenbau Verwendung finden.

Auch bei den Heuslerschen Legierungen auf der Basis Cu-Mn-Al werden im Verlaufe der Anlaßbehandlung relativ hohe Koerzitivkräfte bis zu 200 Oe beobachtet.

Während man bei den Platinlegierungen die Ausbildung einer geordneten unmagnetischen Phase zur Einengung der ferromagnetischen Bezirke bis zu einer kritischen Größe heranziehen kann, wird man im Falle der Manganlegierungen das Wachstum der geordneten Bezirke als Träger des Ferromagnetismus bis zu einer kritischen Größe als Ursache der hohen Koerzitivkraft im Sinne Néels ansehen können.

Ob die von V. Drozzina und R. Janus[1] beschriebene Legierung aus Eisen mit 7% Neodym mit einer Koerzitivkraft von 4300 Oe ebenfalls in diese Gruppe von Dauermagneten einzureihen ist, muß weiteren Untersuchungen vorbehalten bleiben.

5. Pulvermagnete.

Die letzte Entwicklung auf dem Gebiete der Dauermagnete stellen die Werkstoffe aus sehr feinen Metallpulvern dar. Es wurde verschiedentlich beobachtet, daß ferromagnetische Mineralien mit steigender Feinheit zunehmende Koerzitivkraft aufweisen. O. Sappa[2] findet bei feinen Magnetitteilchen eine Steigerung der Koerzitivkraft von 4 auf 260 Oe bei Körnern unter 10 μ. Im amerikanischen Patent 2132404 wird diese Tatsache für Aufbereitungszwecke benutzt. An Metallen beobachtete zuerst K. Honda[3] den Einfluß der Teilchengröße an pyrophorem Eisenpulver, welches eine Koerzitivkraft von 200 Oe aufwies.

a) Ursache der hohen Koerzitivkraft.

Die Deutung dieser Erscheinungen erfolgte etwa gleichzeitig durch L. Néel[4] und durch E. C. Stoner und E. P. Wohlfarth[5]. Eine bereits 1943 hinterlegte, aber erst jetzt freigegebene Arbeit von C. Guillaud[6] nähert sich inhaltlich sehr weitgehend der Arbeit von Néel. Schließlich veröffentlichte J. Kondorski[7] Berechnungen der Koerzitivkraft kleinster Teilchen.

---

[1] Drozzina, V., u. R. Janus: Nature Bd. 135 (1935) S. 36/37.

[2] Sappa, O.: Ric. Prog. Sci. tecn. Econ. naz. (2) Bd. 8 (1937) II S. 413/21.

[3] Honda, K.: Japan. Nickel Rev. Bd. 5 (1937) S. 517/26.

[4] Néel, L.: C. R. hebd. Séances Acad. Sci. Bd. 224 (1947) S. 1488/90 u. 1550/51.

[5] Stoner, E. C., u. E. P. Wohlfahrt: Nature Bd. 160 (1947) S. 650/51.

[6] Guillaud, C.: C. R. hebd. Séances Acad. Sci. Bd. 229 (1949) S. 992/93.

[7] Kondorski, J.: Ber. Akad. Wiss. UdSSR Bd. 70 (1950) S. 215/18.

Eine besonders übersichtliche Darstellung dieser Verhältnisse bringt R. M. Bozorth[1]. Sowohl die magnetostatische Energie eines einzelnen Weissschen Bezirkes als auch die Wandenergie zwischen den einzelnen Bezirken hängt von den Abmessungen ab. Die Wandenergie wird gleich der magnetostatischen Energie eines Einzelbezirks, wenn die Teilchengröße auf etwa 10^{-6} cm absinkt. Ist dies der Fall, dann kann die Ausrichtung der magnetischen Vektoren nicht mehr durch Wandverschiebungen erfolgen, sondern nur durch Drehprozesse entgegen der Kristallenergie.

Auf Grund von Untersuchungen an Legierungspulvern mit kleiner Kristallenergie, wie z. B. an Pulvern aus einer Legierung mit 68% Ni, 32% Fe, kommt J. K. Galt[2] zur Ansicht, daß die Theorie noch ergänzungsbedürftig ist.

b) Zusammensetzung und Eigenschaften.

Dauermagnete aus Pulvern von Eisen und Eisen-Kobalt-Legierungen wurden erstmalig von L. Néel, L. Weil und N. Félici[3] beschrieben. Durch Zersetzung von Formiaten und Oxalaten wurden bei reinem Eisen nach dem Pressen der Pulver folgende Werte erreicht: $H_c = 343$ Oe, $B_r = 7500$ G, $(B \cdot H)_{\max} = 1{,}16 \cdot 10^6$ G $\cdot$ Oe. Bei einer Legierung aus Fe $+$ 30% Co wurde erreicht $H_c = 486$ Oe, $B_r = 7130$ G, $(B \cdot H)_{\max} = 1{,}55 \cdot 10^6$ G $\cdot$ Oe.

c) Herstellungsverfahren.

Beim Pressen erfolgt unvermeidbar eine Vergrößerung der einzelnen Teilchen durch Kaltverschweißung, deshalb ist die erreichbare Koerzitivkraft in hohem Maße abhängig von der Dichte des Preßkörpers und gegenläufig zu der Remanenz, welche mit steigender Dichte natürlich zunimmt. In Abb. 70 ist auf Grund von Versuchen von L. Weil[4] die Abhängigkeit der Koerzitivkraft von der Dichte wiedergegeben.

Nach A. P. 2497268 kann das Verschweißen der Teilchen beim Pressen vermieden werden, indem den Salzen der Eisenmetalle Formiate, Oxalate oder Azetate der Metalle Ca, Mg, Al oder Cd zugefügt und mit diesen gemeinsam zersetzt werden.

Inzwischen sind noch mehrere Verfahren bekannt geworden, um Dauermagnete aus Metallpulvern bzw. um Pulver genügender Feinheit herzustellen. R. A. Hetzig[5] beschreibt die Fabrikation unter Anwendung

---

[1] Bozorth, R. M.: Electr. Eng. Bd. 68 (1949) S. 471/76.

[2] Galt, J. K.: Phys. Rev. Bd. 77 (1950) S. 845/46.

[3] Néel, L., L. Weil u. N. Félici: Ann. Univ. Grenoble Bd. 22 (1946) S. 71/75.

[4] Weil, L.: C. R. hebd. Séances Acad. Sci. Bd. 225 (1947) S. 229/30.

[5] Hetzig, R. A.: Iron Coal Trades Rev. Bd. 157 (1948) S. 1474; Bd. 158 (1949) S. 63.

des RANEY-Verfahrens, das in der Herstellung entsprechender Al-Legierungen besteht, die durch kochende Natronlauge zersetzt werden. Auch aus Eisenkarbonyl lassen sich sehr feine Pulver herstellen, entweder durch Einleiten von Wasserstoff in flüssiges Eisenkarbonyl oder durch Einleiten von Eisenkarbonyldampf in heiße neutrale Flüssigkeiten. Auch durch Abscheidung von Eisen und Kobalt an Quecksilberkathoden und Abdestillieren des Quecksilbers können nach A. P. 2 239 144 sehr feine Pulver gewonnen werden, was durch Versuche von F. PAWLEK[1] bestätigt

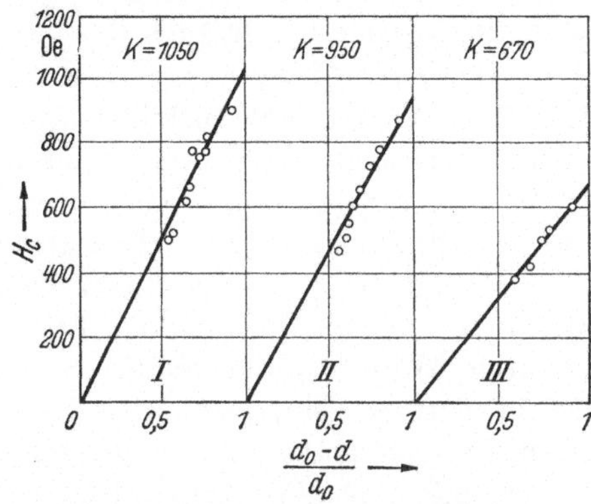

Abb. 70. Koerzitivkraft von Pulvermagneten in Abhängigkeit von der Dichte. (Nach L. WEIL.) I, II Fe-Co-Legierungen, III reines Eisen.

$$H_c = K \frac{d_0 - d}{d_0}$$ d_0 Dichte des massiven Körpers. d Dichte des Preßkörpers.

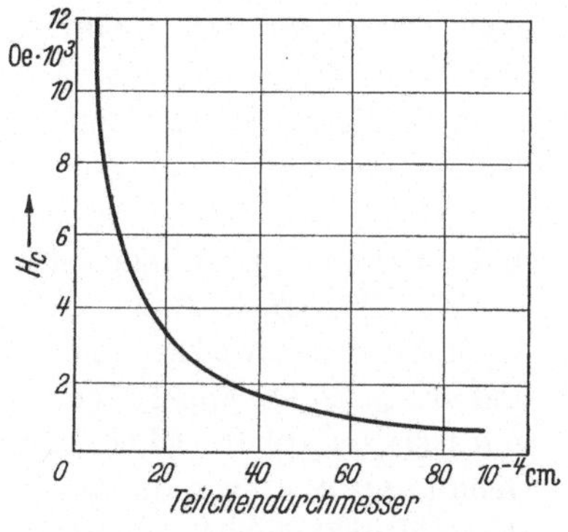

Abb. 71. Abhängigkeit der Koerzitivkraft eines Pulvers der Verbindung Mn-Bi von der Teilchengröße. (Nach C. GUILLAUD.)

wurde. Die Pulver müssen mit Öl vermischt werden, um sie vor dem Luftsauerstoff zu schützen, denn bei dem geforderten Feinheitsgrad sind alle diese Pulver pyrophor. Handelsübliche Fabrikate wiesen eine Koerzitivkraft von $240 \cdots 600$ Oe, eine Remanenz von $9000 \cdots 4000$ G bei einem Energiewert von etwa $1 \cdot 10^6$ G · Oe auf.

Die Koerzitivkraft hängt nach den theoretischen Ausführungen von R. M. BOZORTH[2] und der anderen Autoren von der Kristallenergie ab. Als Substanz mit außergewöhnlich großer Kristallenergie ist die Verbindung MnBi bekannt geworden. Dies bietet auch die Erklärung für die bereits vor einiger Zeit von C. GUILLAUD[3] an Pulvern dieser Legierung beobachteten außergewöhnlichen Koerzitivkräfte bis zu 12 000 Oe. Die Abhängigkeit der Koerzitivkraft der Verbindung MnBi von der Teilchengröße ist in Abb. 71 wiedergegeben.

[1] PAWLEK, F.: Z. Metallkde. Bd. 41 (1950) S. 451/53.
[2] BOZORTH, R. M.: Electr. Eng. Bd. 68 (1949) S. 471/76.
[3] GUILLAUD, C.: C. R. hebd. Séances Acad. Sci. Bd. 229 (1949) S. 992/93.

6. Oxydmagnete.

Das am längsten bekannte ferromagnetische Material, der Magnetit, weist nur eine geringe Koerzitivkraft auf. Durch Ersatz eines Teiles des Eisens durch Kobalt gelang es Y. Kato und T. Takei[1] durch Pressen und Sintern eines Gemisches etwa der Zusammensetzung $CoO + Fe_2O_3 + Fe_3O_4$ einen Dauermagneten mit $H_c = 400 \cdots 600$ Oe, $B_r = 3000 \cdots 5000$ G, $(B \cdot H)_{max} = 1,0 \cdot 10^6$ G·Oe herzustellen. W. Jellinghaus[2] konnte diese Werte nicht bestätigen. L. Lawler[3] hingegen konnte bei einem Oxydgemisch mit 35% Co_2O_3 eine Koerzitivkraft von 840 Oe bei einer Remanenz von 2500 G erzielen. Inzwischen wurde auch die verbessernde Wirkung einer Abkühlung im Magnetfeld bekannt, wobei merkwürdigerweise sich keine magnetische Vorzugslage ausbildet, sondern das gesamtmagnetische Verhalten verbessert wird. Ein Gemisch aus 26% Fe_2O_3, 46% Fe_3O_4 und 28% Co_3O_4 zeigt nach dem Sintern und Abkühlen im Magnetfeld nach H. Fahlenbrach[4] eine $H_c = 1000 \cdots 1300$ Oe, $B_r = 1500 \cdots 2000$ G und $(B \cdot H)_{max} = 0,6 \cdot 10^6$ G·Oe. Ähnliche Werte werden für eine Mischung aus 30% Fe_2O_3, 40% Fe_3O_4 und 30% Co_3O_4 angegeben. Die richtige Wahl von Sintertemperatur und Gasatmosphäre scheint ziemlich schwierig zu sein, der richtige FeO-Gehalt des Sinterproduktes hängt in starkem Maße vom Sauerstoff-Partialdruck der Gasphase ab. Daher sind auch die verhältnismäßig starken Schwankungen in den Angaben der magnetischen Werte verständlich. Wesentlich für alle Mischungen scheint die Anlaßbehandlung bei 300° im Magnetfeld zu sein.

Das Material wird für Dauermagnete und für Magnetophonbänder verwendet.

C. Magnetisch weiche Werkstoffe.

I. Allgemeines.

1. Charakterisierung der magnetisch weichen Werkstoffe.

In Abgrenzung gegen die Dauermagnetwerkstoffe wird man zweckmäßig alle diejenigen Stoffe zu den magnetisch weichen Legierungen zählen, deren Koerzitivkraft kleiner als 10 Oe ist. Die magnetisch weichen Werkstoffe werden hauptsächlich dort verwendet, wo der magnetische Kraftlinienfluß in stromdurchflossenen Wicklungen verstärkt werden soll, so in Transformatoren der Stark- und Schwachstromtechnik, in

---

[1] Kato, Y., u. T. Takei: J. Soc. chem. Ind. Bd. 36 (1933) S. 172/73.

[2] Jellinghaus, W.: Hochfrequenztechn. u. Elektroakustik Bd. 48 (1936) S. 58/59.

[3] Lawler, L.: Nowosti Techniki (russ.) Bd. 6 (1937) Nr. 30 S. 24/26.

[4] Fahlenbrach, H.: Arch. Eisenhüttenw. Bd. 20 (1949) S. 301/04.

Motoren und Generatoren und in den Relais. Neben dieser allgemeinen Forderung nach Verstärkung des magnetischen Flusses stellen aber die verschiedenen Gebiete der Elektrotechnik noch zusätzliche Anforderungen.

a) Werkstoffe der Starkstromtechnik.

In der Starkstromtechnik erstrebt der Transformatorenbau eine möglichst wirkungsvolle Verstärkung des Flusses bei größter Wirtschaftlichkeit. Die Höhe des Flusses ist begrenzt durch die Sättigung des Werkstoffes; Felder, bei denen die Sättigungsmagnetisierung überschritten wird, bringen keine zusätzliche Flußvermehrung mehr. Die Sättigung der wichtigsten ferromagnetischen Elemente kann durch Legierungszusätze nur in bescheidenen Grenzen erhöht werden, im allgemeinen muß man sie als Naturkonstante hinnehmen. Darüber hinaus soll die Flußverstärkung durch kleine Felder erreicht werden, die Maximalpermeabilität soll möglichst hoch sein und daher die damit gekoppelte Koerzitivkraft niedrig liegen. Und schließlich sollen die Ummagnetisierungsverluste gering sein. Sie setzen sich zusammen aus den wahren Hystereseverlusten und aus den Wirbelstromverlusten. Den letzteren kann man zu Leibe gehen durch konstruktive Maßnahmen, wie Herabsetzung der Blechdicke und Erhöhung des elektrischen Widerstandes durch Legierungszusätze. Zur Verminderung der reinen Hystereseverluste wird man eine schmale Schleife anstreben, die charakterisiert wird durch hohe Remanenz und kleine Koerzitivkraft. Das Bestreben, die Ummagnetisierungsverluste möglichst klein zu gestalten, ist darauf zurückzuführen, daß diese Verluste auch auftreten, wenn der Transformator unbelastet ist, also gar nicht seine Funktionen ausübt. Die sogenannten Leerlaufverluste in weitverzweigten Netzen mit vielen kleinen Umspannern sind sehr groß, sie wurden 1936 von T. D. YENSEN[1] für die USA. im Durchschnitt zu etwa $0,7 \cdot 10^6$ kW angegeben, während K. J. SIXTUS[2] die reinen Eisenverluste bei Vollast für Deutschland im Jahre 1940 mit 10^9 kWh/Jahr beziffert.

A. P. M. FLEMING[3] schätzt die Verluste für England auf laufend 360 000 kW, dies entspricht einem Jahresverlust von $1,8 \cdot 10^6$ t Kohle oder unter Berücksichtigung des Anlagenkapitaldienstes einem Verlust von etwa $300 \cdot 10^6$ DM/Jahr. Es ist verständlich, daß sich zahlreiche Kräfte bemühen, diese Verluste durch Ummagnetisierung zu verkleinern und daß auch Verbesserungen von nur wenigen Prozent bereits von großem Nutzen sind.

Für den Elektromaschinenbau stehen diese Überlegungen nicht in

---

[1] YENSEN, T. D.: Stahl u. Eisen Bd. 56 (1936) S. 1545/50.
[2] SIXTUS, K. J.: Feinmechanik u. Präzision Bd. 49 (1941) S. 139/46 u. 153/60.
[3] FLEMING, A. P. M.: Metropolitain Vickers Gazette Bd. 22 (1948) S. 370.

erster Reihe, denn die Maschinen sind kaum längere Zeit im Leerlauf. Hier spielt eigentlich nur die hohe Sättigung eine entscheidende Rolle, um einen sehr starken Fluß zwischen den Polen des rotierenden und ruhenden Teiles der Maschine zu erzeugen. Die Verminderung der Wirbelstromverluste erfolgt auch hier durch Begrenzung der Werkstoffdicke und durch Legierungszusätze zwecks Erhöhung des elektrischen Widerstandes.

In beiden Fällen spielt das wirtschaftliche Moment eine entscheidende Rolle. Bei dem mengenmäßig großen Verbrauch von mehreren 100000 t/Jahr kommen nur billige Werkstoffe, vor allem Eisen mit wohlfeilen Legierungssätzen in Frage.

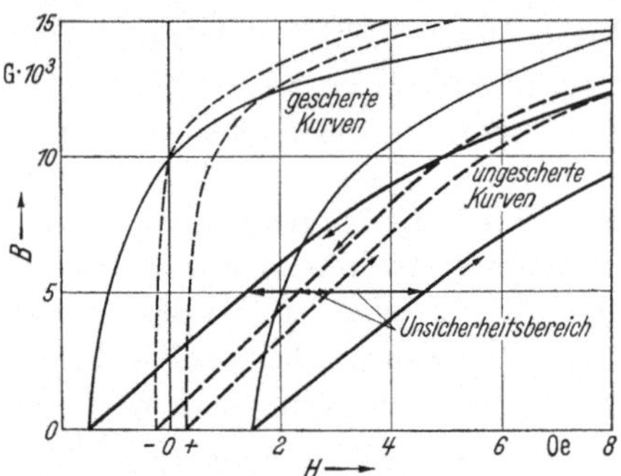

Abb. 72. Einfluß der Koerzitivkraft auf die Größe des Unsicherheitsbereiches bei zwei verschiedenen Relaiswerkstoffen. (Nach K. J. SIXTUS.)

b) Werkstoffe für Relais.

Ganz andere Verhältnisse herrschen bei den Relais. Die gegenseitige Anziehung zweier Polflächen wird zur Betätigung von Kontakten ausgenutzt. Die mit einer großen Anzugskraft verknüpfte möglichst große Luftspaltinduktion hängt nur zum geringsten Teil von der Permeabilität des Werkstoffes, aber weitgehend vom konstruktiven Aufbau des magnetischen Kreises ab. Hier ergeben sich nur wenig Möglichkeiten für den Werkstoffachmann. Die zweite, weitaus wichtigere Forderung besteht darin, daß der Relaisanker nach dem Abschalten des Erregerstromes mit Sicherheit abfällt und den Kontakt wieder löst, daß also die im magnetischen Kreis zurückbleibende Induktion nach dem Aufhören des erregenden Stromes so niedrig ist, daß ein Haften des Relaisankers unterbleibt. Man hatte früher irrtümlicherweise angenommen, daß die Remanenz des Werkstoffes sehr niedrig sein müßte. Technische Bezeichnungen wie „remanenzfreies" oder „antimagnetisches" Eisen deuten heute noch auf diesen Irrtum hin. In Wirklichkeit spielt die durch den Luftspalt im magnetischen Kreis stark gescherte Magnetisierungskurve und die daraus sich ergebende scheinbare Remanenz die entscheidende Rolle. In Abb. 72 sind die Verhältnisse für zwei verschiedene Werkstoffe graphisch wiedergegeben, die sich bei gleicher Remanenz durch die Koerzitivkraft unterscheiden. Die für das Funktionieren maßgebliche scheinbare Remanenz ist in Wirklichkeit von der Höhe der Koerzitivkraft abhängig, je kleiner die Koerzitivkraft, desto niedriger ist bei gleicher Scherung die scheinbare Remanenz. Darüber hinaus sollen Anziehen und Abfallen des Ankers bei der gleichen Feldstärke erfolgen. Nun wird aber beim Einschalten der aufsteigende, beim Abschalten der absteigende Ast der Hystereseschleife durchlaufen und eine bestimmte Induktion im Anker (in der Abb. 72 z. B. 5000 G) bei verschiedenen Feldstärken erreicht. Der „Unsicherheitsbereich" hängt von der Breite der Hystereseschleife und mithin ebenfalls von der Koerzitivkraft ab. Je empfindlicher ein Relais sein soll, desto niedriger muß die Koerzitivkraft des Ankerwerkstoffes gewählt werden. Ähnliche Überlegungen gelten für das Kernmaterial von Elektromagneten.

Bei Transformatoren für Meßzwecke kommt es vor allem auf kleine Verluste und eine möglichst große Konstanz der Permeabilität an, damit der Meßfehler klein ist und es auch unter veränderten Betriebsbedingungen bleibt.

c) Werkstoffe der Schwachstromtechnik.

Die magnetischen Spulenkerne der Schwachstromtechnik werden im Gegensatz zu den Starkstromtransformatoren nur bei niedrigen Feldern und kleinen Strömen beansprucht, es interessiert nur der unterste Teil der Magnetisierungskurve. Bei dem aus konstruktiven Gründen oft begrenzten Platz ist für die Kleinheit des Spulenkernes die Höhe der Permeabilität entscheidend, man wird Werkstoffe mit möglichst hoher Anfangspermeabilität wählen. Bei allen Spulenkernen ist die Induktivität von Bedeutung für Einsatz und Berechnung in Stromkreisen. Die Amplitudenabhängigkeit der Induktivität spielt dabei eine große Rolle, sie wird gemessen durch den Anstieg der Permeabilität mit der Feldstärke. Da im Interesse einer ungestörten Stromübertragung eine kleine Amplitudenabhängigkeit erwünscht ist, gesellt sich neben der Forderung nach hoher Anfangspermeabilität noch der Wunsch nach Konstanz der Permeabilität im Bereich kleiner Felder. Da sich diese beiden Forderungen widersprechen, ist ihre völlige Realisierung nicht möglich und man hat in der Technik mit Kompromißlösungen vorliebnehmen müssen. In der Fernmeldetechnik muß außerdem immer damit gerechnet werden, daß unerwünschte Gleichstromstöße, sei es als Folge von Blitzschlägen oder Schaltfehlern, den Zustand des Übertragers ändern; er arbeitet dann nicht mehr in der Nähe des Nullpunktes der Induktion, sondern im Remanenzpunkt, da infolge des Gleichstromstoßes eine Aufmagnetisierung erfolgt ist und nach dem Abklingen des Stromstoßes die Hystereseschleife rückwärts bis zum Remanenzpunkt durchlaufen wird. Das Verhältnis der Anfangspermeabilität zur Permeabilität im Remanenzpunkt wird als Instabilität bezeichnet und ist folgendermaßen definiert:

$$s = \frac{\mu_{\text{Rem}} - \mu_a}{\mu_a} \cdot 100 \text{ in } \%.$$

Eine geringe Instabilität ist im allgemeinen nur mit einem kleinen Remanenzwert zu erreichen, was auch wieder in Widerspruch zu der ursprünglichen Forderung nach hoher Anfangspermeabilität steht und ebenfalls zu Kompromißlösungen gezwungen hat.

Schließlich besteht noch ein Bedürfnis für magnetisch weiche Werkstoffe bei der Abschirmung magnetischer Felder. Mit dieser Frage haben sich in neuerer Zeit K. DORNSEIFER und K. J. SIXTUS[1] beschäftigt. Das Verhältnis des äußeren Feldes zu dem Feld innerhalb des abgeschirmten Raumes ist direkt proportional der Permeabilität und, da es sich im allgemeinen um schwache Felder handelt, proportional der Anfangspermeabilität. Aus konstruktiven Gründen und um Gewicht zu sparen wird man auch hier in vielen Fällen diejenigen Werkstoffe bevorzugen, welche die höchste Anfangspermeabilität aufweisen.

d) Definition der Permeabilität.

Die Permeabilität ist eine Verhältniszahl, die das Verhältnis von Induktion zu Feldstärke angibt. Je nach dem Meßverfahren mit Gleichstrom oder Wechselstrom verschiedener Frequenz und je nach der Lage der Meßpunkte können die verschiedensten Werte erhalten werden.

Um die infolge verschiedener Definitionen oft entstandenen Irrtümer zu vermeiden, wurden die Begriffsbestimmungen in dem Normblatt DIN 40130 festgelegt. Danach unterscheidet man fünf im folgenden definierte Größen:

a) die Scheinpermeabilität

$$\mu_s = \frac{B_{max}}{H_{max\ Grundschwingung}} \cdot \frac{1}{\mu_0}.$$

Hier ist B_{max} der Scheitelwert der sinusförmig vorausgesetzten Induktion, H_{max} der Scheitelwert der Grundschwingung der Feldstärke,

b) die Wirkpermeabilität

$$\mu_w = \mu_s \cos \vartheta,$$

wobei ϑ der Phasenwinkel zwischen der Schwingung der Induktion und der Grundschwingung der Feldstärke ist,

c) die Blindpermeabilität

$$\mu_b = \mu_s \cdot \sin \vartheta$$

d) die Größe

$$\frac{B_{max}}{H_{max}} \cdot \frac{1}{\mu_0}.$$

---

[1] DORNSEIFER, K., u. K. J. SIXTUS: Jahrb. d. AEG-Forschung Bd. 9 (1942) Lieferung 2···3.

Hier ist B_{max} der Scheitelwert der sinusförmig vorausgesetzten Induktion und H_{max} der Scheitelwert der wirklichen, verzerrten Schwingung der Feldstärke,

e) die Größe

$$\frac{B_{eff}}{H_{eff}} \cdot \frac{1}{\mu_0} .$$

Hierin ist B_{eff} der Effektivwert der sinusförmig vorausgesetzten Induktion und H_{eff} der Effektivwert der wirklichen verzerrten Schwingung der Feldstärke.

Die in der Praxis ebenfalls gebrauchte Maßzahl $\dfrac{B_{\mathrm{max}}}{H_{eff}}$ kann nicht als Permeabilität schlechthin bezeichnet werden, da sie in nicht zusammengehörigen Einheiten aus zwei verschiedenen Maßsystemen erhalten ist. Für nicht allzu hohe Induktionen gilt angenähert $\dfrac{B_{\mathrm{max}}}{H_{eff}} = 1{,}87 \cdot \mu_s$.

Im folgenden soll nur die Gleichstrompermeabilität oder bei Wechselstrommessungen die als $\mu_s = \dfrac{B_{\mathrm{max}}}{H_{\mathrm{max}}}$ definierte Permeabilität angegeben werden.

2. Theorie der Remanenz.

Wie aus dieser Übersicht über die Verwendung von magnetisch weichen Werkstoffen hervorgeht, spielen hier die magnetischen Kenngrößen: Sättigung, Remanenz, Koerzitivkraft, Anfangspermeabilität und Maximalpermeabilität eine entscheidende Rolle. Es soll zunächst versucht werden, mit Hilfe unserer theoretischen Vorstellungen über den Ferromagnetismus diejenigen Faktoren herauszuarbeiten, welche die genannten Kenngrößen beeinflussen werden.

Am wenigsten zu beeinflussen ist die Sättigung; sie ist eine Naturkonstante, die von der Elektronenanordnung und ihrer gegenseitigen Einwirkung abhängt und außer durch Legierungszusätze mit unseren Mitteln nicht verändert werden kann. Eng mit der Sättigung verknüpft ist die Remanenz; sie ist etwa die Hälfte der Sättigung bei einem unbeeinflußten Haufwerk der Kristallite im Werkstoff. Hier gibt es aber schon zwei Möglichkeiten, die Remanenz zu verändern. Während üblicherweise in einem Ferromagnetikum alle WEISSschen Bezirke im Remanenzpunkt nach der Richtung des vorher angelegten Feldes *statistisch* ausgerichtet sind, kann dieser Zustand durch besondere Kristallorientierung verändert werden. Fällt die Kristallrichtung leichtester Magnetisierbarkeit mit der Magnetisierungsrichtung zusammen, so erreicht die Remanenz fast den Sättigungswert, da alle Vektoren bereits in der Feldrichtung liegen und im Zustande der Sättigung nicht erst hineingedreht werden müssen, also beim Abnehmen des äußeren Feldes nicht in ihre ursprüngliche kristallographisch gegebene Vorzugslage zurückzudrehen brauchen. Unter besonderen Umständen kann man mittels einer Wärmebehandlung im Magnetfeld auch die magnetischen Vektoren in der Lage des angelegten Feldes sozusagen festfrieren, worauf bereits im Abschnitt Dauermagnete hingewiesen wurde. An entsprechender Stelle bei den Eisen-Nickel-Legierungen wird dieses Verfahren noch eingehend besprochen werden.

3. Theorie der Koerzitivkraft und Anfangspermeabilität.

a) Spannungstheorie nach BECKER.

Koerzitivkraft und Anfangspermeabilität sind seit langem Gegenstand theoretischer Überlegungen und Berechnungen. R. BECKER und seine Schüler haben mit großem Erfolg eine auf die inneren Spannungen des Werkstoffs aufbauende Theorie geschaffen. Die Deutung der Koerzitivkraft wurde bereits im Abschnitt Dauermagnete (S. 6) besprochen.

Es ergab sich unter Berücksichtigung der Dicke der BLOCHschen Wand zwischen zwei WEISSschen Bezirken ϑ und der durchschnittlichen Wirkungslänge der örtlichen Spannungsschwankungen l die Koerzitivkraft zu:

$$H_c = \frac{\lambda_s \, \sigma_i}{I_s} \cdot \frac{2 \, \vartheta/l}{1 + 2 \, (\vartheta/l)^2} \, .$$

Da das zweite Glied für einen weichen Werkstoff konstant bleiben wird, kann es in einen Proportionalitätsfaktor einbezogen werden, die Koerzitivkraft wird dann ungefähr $H_c \sim \dfrac{\lambda_s \, \sigma_i}{I_s}$, wobei λ_s die Sättigungsmagnetostriktion, σ_i die Eigenspannungen und I_s die Sättigungsmagnetisierung bedeuten. Da λ_s und I_s für einen bestimmten Werkstoff Naturkonstanten sind, erhebt sich die Frage, wie klein σ_i werden kann. In einem ferromagnetischen Material lassen sich trotz sorgfältigster Glühung und Abkühlung die inneren Spannungen nie ganz vermeiden, wegen der mit der spontanen Magnetisierung unterhalb des Curiepunktes auftretenden Magnetostriktion. Unterhalb der Rekristallisationstemperatur kann die Längenänderung sich nicht mehr durch eine plastische Verformung auswirken, sondern wird nur mehr elastisch aufgenommen. Das Mindestmaß an inneren Spannungen ist dabei $\sigma_i = \lambda_s \cdot E$, wobei E den Elastizitätsmodul und λ_s die Magnetostriktion bedeuten. Danach ergibt sich $H_c \sim \dfrac{\lambda_s^2 \cdot E}{I_s}$.

Analog läßt sich die der Koerzitivkraft umgekehrt proportionale Anfangspermeabilität berechnen. Nach M. KERSTEN[1] ergibt sie sich zu

$$\mu_0 \sim 4\pi \, \frac{2}{9} \, \frac{I_s^2}{\lambda_s \, \sigma_i} \, .$$

---

[1] KERSTEN, M.: Z. techn. Phys. Bd. 12 (1931) S. 665/69.

Setzt man wieder das Mindestmaß der inneren Spannungen $\sigma_i = E\,\lambda_s$, so ergibt sich als maximal zu erwartende Anfangspermeabilität

$$\mu_0^{\mathrm{max}} = \frac{8}{9}\,\pi\,\frac{I_s^2}{\lambda_s^2\,E}\;.$$

Es bedeutet einen großen Erfolg dieser Theorie, daß es gelang, mit diesem Ansatz die Anfangspermeabilitäten der gesamten Eisen-Nickel-Legierungsreihe, mit Ausnahme des Permalloys, in ausgezeichneter Übereinstimmung mit den gefundenen Werten zu berechnen (siehe S. 180 Abb. 150). Die gefundene Formel gestattet abzuschätzen, welche Werte maximal für die Anfangspermeabilität bzw. minimal für die Koerzitivkraft auf Grund der gefundenen Naturkonstanten überhaupt zu erwarten sind.

b) Fremdkörpertheorie nach Kersten.

Die Theorie befriedigte aber noch nicht, denn die Spitzenwerte wurden keineswegs erreicht, auch wenn der Werkstoff auf das sorgfältigste spannungsfrei geglüht wurde, erst eine extreme chemische Reinigung führte zu den erwarteten Ergebnissen. Eine Deutung dieses Verhaltens brachte die Fremdkörpertheorie M. Kerstens[1]. Er setzt den Vorgang der Wandverschiebung zwischen Weissschen Bezirken in Analogie zu der Verschiebung einer Seifenblase in einem Rohr mit örtlichen Querschnittsschwankungen, wobei im Falle des Ferromagnetikums die Querschnittsverengungen durch eingelagerte Fremdkörper gebildet werden. Die Schwäche der Theorie liegt in dem Zwang, ziemlich konkrete Angaben über Größe und Form der teilweise submikroskopischen Einlagerungen machen zu müssen, da natürlich deren Abmessungen im Verhältnis zur Wanddicke eine große Rolle spielen.

Ohne auf die genaue Ableitung einzugehen, die ausführlich von M. Kersten[2] gegeben wird, kann man für runde Teilchen und unter der Annahme, daß die Teilchengröße die Dicke der Blochschen Wand wesentlich übertrifft, folgende Formel für die Koerzitivkraft angeben:

$$H_c \sim 2\cdot 5\,\frac{\frac{3}{2}\,\lambda_s\,\sigma_i + b\,K}{I_s}\cdot\frac{2\,\vartheta/d}{1+(2\,\vartheta/d)^2}\cdot\left[\frac{\pi}{6}\cdot\left(\frac{d}{s}\right)^3\right]^{2/3}.$$

Es bedeutet K = Kristallenergie, I_s = Sättigungsmagnetisierung, ϑ = Dicke der Blochschen Wand, d = Durchmesser der Fremdkörper, s = Abstand der Fremdkörper voneinander. Das Glied $\dfrac{2\,\vartheta/d}{1+(2\,\vartheta/d)^2}$ stellt den Dispersionsgrad der Fremdkörper dar und ist in Analogie zu

---

[1] Kersten, M.: Physik. Z. Bd. 44 (1943) S. 63/77.

[2] Kersten, M.: Grundlagen einer Theorie der ferromagnetischen Hysterese und der Koerzitivkraft. Leipzig: S. Hirzel 1943.

setzen dem Verteilungsgrad der Spannungen im Rahmen der Spannungs-
theorie der Koerzitivkraft. Das Glied $\frac{\pi}{6} \cdot \left(\frac{d}{s}\right)^3$ wird in dem Koeffizienten $\varkappa$
zusammengefaßt und stellt den Raumanteil der Fremdkörper dar. Für
weiche Werkstoffe wird $\lambda_s \sigma_i$ oder $\lambda_s^2 E$ sehr klein, so daß nach verschiedenen Vereinfachungen die Koerzitivkraft durch folgenden Aus-
druck berechnet werden kann: $H_c \sim 5 \frac{K}{I_s} \cdot \frac{\vartheta}{d} \cdot \alpha^{2/3}$.

Je gröber die Fremdkörper sind und je geringer ihr Volumenanteil
ist, desto niedriger wird die Koerzitivkraft werden; damit wird aber auch
der starke Einfluß gerade der letzten Spuren von Verunreinigungen verständlich. Die Formel für die Anfangspermeabilität nach den Überlegungen M. KERSTENs lautet

$$\mu_\partial = \frac{1{,}6 \cdot \beta \cdot d \cdot \sqrt{a}}{\sqrt{kT_C}\,\sqrt[3]{a}} \cdot \frac{I_s^2}{\sqrt{K}}\,.$$

In Ergänzung der Zeichenerklärung bedeutet β das Verhältnis des
Abstandes der Fremdkörper zur Dicke der WEISSschen Bezirke, a die
Gitterkonstante und T_C die Curietemperatur. Faßt man alle durch die
Verunreinigungen bedingten Einflußgrößen in einer Konstanten C zu-
sammen, so wird die Anfangspermeabilität

$$\mu_0 = C \frac{I_s^2}{\sqrt{K\,T_C}}\,.$$

Aus dieser Formel ergibt sich der große Einfluß der Kristallenergie.
Unter Werkstoffen gleicher Reinheit wird derjenige die größte Anfangspermeabilität haben, dessen Kristallenergie am kleinsten ist.

Die Spannungstheorie und die Fremdkörpertheorie widersprechen
sich keineswegs, sondern ergänzen sich gegenseitig. Der Widerstand bei
der Ausrichtung der WEISSschen Bezirke sowohl gegen die Spannungs-
energie als auch gegen die Kristallenergie muß klein sein, d. h. beide
Größen beeinflussen die Anfangspermeabilität und es wird diejenige
Formel anzuwenden sein, deren Einflußgröße vorherrschend ist.

c) Streufeldtheorie nach NÉEL.

Unter Berücksichtigung des Streufeldes, welches durch Einschlüsse,
Poren oder ungleichmäßige Magnetisierung infolge innerer Spannung
entsteht, kam L. NÉEL zu anderen Gleichungen für die Koerzitivkraft,
die bereits auf S. 8 aufgeführt wurden. Die geringste Koerzitivkraft
wird auch hier bei Abwesenheit innerer Spannungen und Einschlüsse
erzielt. Wie sich die verschiedenen Werkstoffkonstanten nach dieser
Theorie auswirken, soll am Beispiel des Eisens und Nickels gezeigt werden. Bei einer inneren Spannung von 30 kg/mm², einem Anteil v der

durch diese Spannungen gestörten WEISSschen Bezirke und einem Anteil v' der Einschlüsse bzw. Poren beträgt die Koerzitivkraft bei Eisen: $H_c = 2,1\,v + 360\,v'$, bei Nickel $H_c = 330\,v + 97\,v'$. Eisen wird verhältnismäßig wenig durch innere Spannungen, stärker durch Einschlüsse gestört, umgekehrt ist dies bei Nickel der Fall.

Da die ferromagnetischen Grundeigenschaften: Sättigung, Kristallenergie und Magnetostriktion sich mit der Temperatur ändern, ist auch die Temperaturabhängigkeit der Anfangspermeabilität erklärt. In der Nähe des Curiepunktes nehmen Kristallenergie und Magnetostriktion rascher ab als die Sättigung, so daß aus diesem Grunde dort stets ein Ansteigen der Permeabilität zu erwarten ist.

II. Magnetisch weiche Werkstoffe.

Um die höchste Weichheit eines ferromagnetischen Stoffes zu erreichen, ist also Spannungsfreiheit und größte Reinheit erforderlich. Ein äußeres Kriterium für diese Eigenschaften wird die Ausbildung von Einkristallen sein. Es soll in den kommenden Abschnitten beschrieben werden, inwieweit die Technik in der Lage ist, diesen Forderungen zu entsprechen.

1. Geschichtlicher Überblick.

Bis etwa zur Jahrhundertwende stand als weicher magnetischer Werkstoff nur das Eisen zur Verfügung. Bereits 1889 hatte R. A. HADFIELD[1] auf die Vorzüge bei Eisen-Silizium-Legierungen hinsichtlich ihres hohen elektrischen Widerstandes und den damit verbundenen niedrigen Wirbelstromverlusten aufmerksam gemacht und um die Jahrhundertwende nochmals mit seinen Mitarbeitern darauf hingewiesen[2]. Während sich HADFIELD in England nicht durchsetzen konnte, griff E. GUMLICH in Deutschland den Gedanken auf und konnte die Firma Capito & Klein in Düsseldorf-Benrath für die Aufnahme technologischer Versuche gewinnen. Nach hervorragender Pionierarbeit in den Jahren 1903/05 gelang es, Bleche mit $2\cdots4\%$ Si herzustellen, die sich auch bald in der Praxis einführten und in rasch steigendem Maße Verwendung fanden im Gegensatz zu England, wo HADFIELD 1907 noch beklagte, daß der Verbrauch noch unter 1 t/Jahr liege. Seither hat das siliziumlegierte Transformatorenblech seinen Siegeszug angetreten und ist aus der Starkstromtechnik nicht mehr wegzudenken. Die folgenden drei Jahrzehnte

---

[1] HADFIELD, R. A.: J. Iron Steel Inst. (1889) S. 231; Stahl u. Eisen Bd. 9 (1889) S. 1000/05.

[2] HADFIELD, R. A.: J. Inst. electr. Eng. Bd. 31 (1901/02) S. 674, 698 u. 720.

brachten auf dem Gebiete der Transformatorenbleche keine großen Fortschritte, aber es wurden in unermüdlicher Kleinarbeit die Bedingungen und Faktoren festgelegt, mit denen Verbesserungen der Eigenschaften, wenn sie auch nur einige Prozente ausmachten, erreicht werden konnten. Im Jahre 1935 wurde in Amerika das kaltgewalzte Transformatorenblech mit kristallographischer Vorzugslage entdeckt. Es wurde dadurch im günstigsten Falle eine etwa 30proz. Verringerung der Verluste erzielt. Das kaltgewalzte Transformatorenblech ist trotz erheblich höheren Preises im Vordringen begriffen und wurde in seiner Einführung unterstützt durch eine wesentlich verbesserte Walzwerkstechnik, die es gestattet, auch Bänder bis zu 750 mm Breite kalt zu verformen.

Etwa gegen Ende des ersten Weltkrieges wurden von G. W. Elmen die hervorragenden magnetischen Eigenschaften reiner Eisen-Nickel-Legierungen entdeckt und systematisch untersucht. Er fand dann auch das Permalloy mit seiner außerordentlich hohen Anfangspermeabilität und kleinen Koerzitivkraft. Die in der Nachkriegszeit allerorten zur Blüte gelangende Metallkunde bemächtigte sich auch dieser Legierungen und es gelang der Legierungskunst, durch Zusätze zu den Eisen-Nickel-Legierungen deren Eigenschaften noch ganz wesentlich zu verbessern und vor allem komplizierte und technisch schwer realisierbare Wärmebehandlungen zu vermeiden. Unterstützt und gefördert durch die theoretischen Vorstellungen über das Wesen des Ferromagnetismus gelang es, durch systematische Legierungsentwicklung neue Werkstoffe mit Spitzenleistungen hinsichtlich ihrer magnetischen Eigenschaften zu entwickeln. Während vor 25 Jahren Elmen mit dem Permalloy Anfangspermeabilitäten von etwa 9000 G/Oe erreichte, gelang es etwa 10 Jahre später H. Masumoto, bei Ni-reichen Legierungen aus Eisen, Silizium und Aluminium Anfangspermeabilitäten von etwa 30000 G/Oe zu erreichen. Schließlich gelang es vor wenigen Jahren R. M. Bozorth und seinen Mitarbeitern, eine Legierung zu züchten mit einer Anfangspermeabilität von 100000 G/Oe.

Die fortschreitende Fernmeldetechnik forderte immer eindringlicher Werkstoffe mit möglichst konstanter Permeabilität. O. Dahl, J. Pfaffenberger und ihren Mitarbeitern gelang es 1933 das erste Mal, Werkstoffe mit einer konstanten Permeabilität aus Legierungen, welche ausscheidungsfähig sind, herzustellen. Zwei Jahre später gelang es denselben Forschern und unabhängig davon J. L. Snoek, aus Eisen-Nickel-Legierungen, welche mit einer Textur behaftet sind, ebenfalls Werkstoffe mit konstanter Permeabilität zu erzeugen.

Wenn auch auf dem Gebiet der magnetisch weichen Werkstoffe die Entwicklung keineswegs so stürmisch voranging wie auf dem Gebiet der Dauermagnete, so ist doch eine stetige, durch Theorie und Systematik getragene Entwicklung zu verzeichnen gewesen.

2. Reines Eisen.

a) Eigenschaften des reinen Eisens.

Das wichtigste ferromagnetische Element ist das Eisen. Schon die Bezeichnung Ferromagnetismus zeigt, daß das Eisen auf das innigste mit den Erscheinungen des Magnetismus verknüpft ist. Seine wichtige Stellung in der Technik verdankt es zwei Umständen. Das am stärksten ferromagnetische Element ist zwar das Gadolinium aus der Gruppe der seltenen Erden[1], es besitzt beim absoluten Nullpunkt eine das Eisen noch um etwa 15% übertreffende Sättigung von 25350 G, da aber sein Curiepunkt bei $+16°$ C liegt, kommt ihm nicht nur wegen seines seltenen Vorkommens keine technische Bedeutung zu. Sonst überragt das Eisen die beiden anderen technisch wichtigen magnetischen Elemente Kobalt und Nickel mit seiner Sättigung erheblich. Es bietet dadurch die Möglichkeit großer Flußverdichtung und hat damit der heutigen Elektrotechnik ihr Gepräge gegeben. Außerdem stellt das Eisen einen sehr billigen Werkstoff dar, der in beliebigen Mengen zur Verfügung steht. Im folgenden seien nun die wichtigsten magnetischen Eigenschaften angegeben: da auch sie teilweise von der Reinheit der Substanz abhängen, stellen sie keine endgültigen Werte dar, da das Eisen nur mit sehr großem Aufwand zu reinigen ist und ein Reinheitsgrad von über 99,99% im größeren Maßstab noch nicht erreicht worden ist.

α) Sättigungsmagnetisierung.

Eine der neueren exakten Bestimmungen der Sättigung von reinem Eisen bei Raumtemperatur erfolgte von R. L. SANFORD und E. G. BENNETT[2]. Sie legten größten Wert auf weitgehende chemische Reinheit und untersuchten außerdem den Einfluß kleiner Beimengungen auf die Höhe der Sättigung, so daß auf Grund der chemischen Analyse eine Korrektur möglich war. Sie fanden bei einer Dichte von 7,874 g/ccm eine Sättigung von 21580 ± 10 G bei $25°$ C. Dieser Wert wurde auch von W. STEINHAUS, A. KUSSMANN und E. SCHOEN[3] gefunden und dürfte einen Standardwert von großer Sicherheit darstellen. Gemäß dem CURIEschen Gesetz ist die Sättigung des Eisens temperaturabhängig, ihr Gang mit der Temperatur vom absoluten Nullpunkt bis zum Curiepunkt ist nach K. HONDA, H. MASUMOTO und S. KAYA[4], P. WEISS und R. FORRER[5] in Abb. 73 zusammengestellt. Der Curiepunkt liegt bei $768°$ C.

---

[1] URBAIN, G., P. WEISS u. F. TROMBE: C. R. hebd. Séances Acad. Sci. Bd. 200 (1935) S. 2132/34.

[2] SANFORD, R. L., u. E. G. BENNETT: J. Research nat. Bur. Stand. Bd. 26 (1941) S. 1/12.

[3] STEINHAUS, W., A. KUSSMANN u. E. SCHOEN: Physik. Z. Bd. 98 (1937) S. 777/85.

[4] HONDA, K., H. MASUMOTO u. S. KAYA: Sci. Rep. Tôhoku Univ. Bd. 17 (1928) S. 111/30.

[5] WEISS, P., u. R. FORRER: Ann. Physique (10) Bd. 12 (1929) S. 279/374.

β) Kristallenergie.

Die magnetische Vorzugsrichtung des Eisens fällt mit der [100]-Richtung zusammen, wie aus der Abb. 74 nach Untersuchungen von K. Honda, H. Masumoto und S. Kaya[1] hervorgeht. Nach R. M. Bozorth[2] setzt sich formal die Kristallenergie aus zwei Gliedern zusammen, die nach der Beziehung

$$K = \frac{K_1}{3} + \frac{K_2}{27}$$

zu addieren sind. Gewöhnlich wird nicht die Kristallenergie, sondern die beiden Konstanten angegeben; die Konstante K_2 wird oftmals weggelassen, da sie in den meisten Fällen sehr klein ist. Für Eisen beträgt $K_1 = 4,2 \cdot 10^5$ erg/ccm. Sie ist

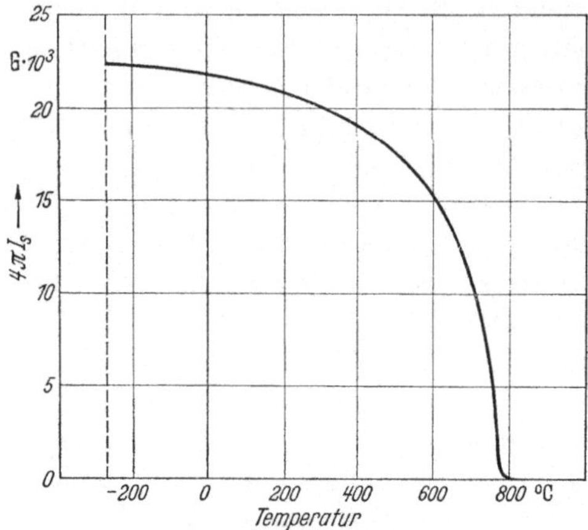
Abb. 73. Abhängigkeit der Sättigungsmagnetisierung des Eisens von der Temperatur.

außerdem temperaturabhängig, die aus derselben Arbeit entnommene Abb. 75 zeigt den Temperaturgang. Die Kristallenergie nimmt mit steigender Temperatur stetig ab, um bei etwa 600° zu verschwinden.

γ) Sättigungsmagnetostriktion.

Die letzte der drei vom Werkstoffzustand unabhängigen Konstanten ist die Magnetostriktion. Von Wert ist nur die Sättigungsmagnetostriktion, d. h. diejenige Längenänderung, welche im Zustande der Sättigung beobachtet wird. Man hat beim Eisen sowohl die Längenänderung des polykristallinen Werkstoffs als auch diejenige in den verschiedenen

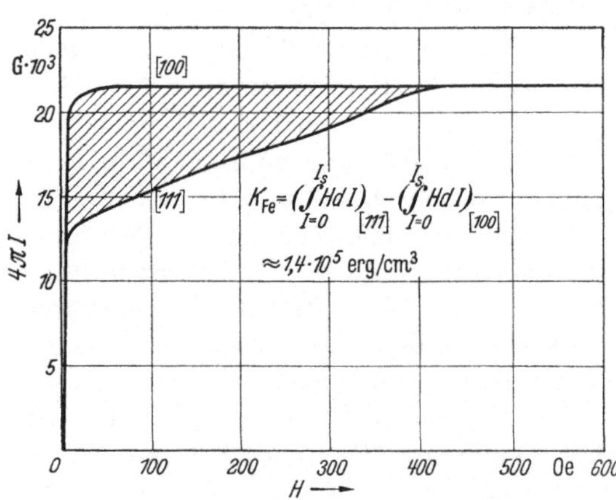
Abb. 74. Magnetisierungskurven eines Eiseneinkristalls in verschiedenen kristallographischen Richtungen. (Nach K. Honda, H. Masumoto u. S. Kaya.)

rung des polykristallinen Werkstoffs als auch diejenige in den verschiedenen

---

[1] Honda, K., H. Masumoto u. S. Kaya: Sci. Rep. Tôhoku Univ. Bd. 17 (1928) S. 111/30.

[2] Bozorth, R. M.: J. Applied Phys. Bd. 8 (1937) S. 575/88.

kristallographischen Richtungen des Einkristalls bestimmt und den Temperaturgang verfolgt. Die in Abb. 76 wiedergegebenen Kurven sind einer Arbeit von H. TAKAKI[1] entnommen. Es ergibt sich eine erstaunliche Temperaturabhängigkeit der Sättigungsmagnetostriktion des polykristallinen Eisens, die sich in der Richtungsabhängigkeit beim Einkristall wiederspiegelt.

Die Annäherung aller Kurven an Null oberhalb 600° ist mit der starken Abnahme der Sättigungsmagnetisierung verknüpft.

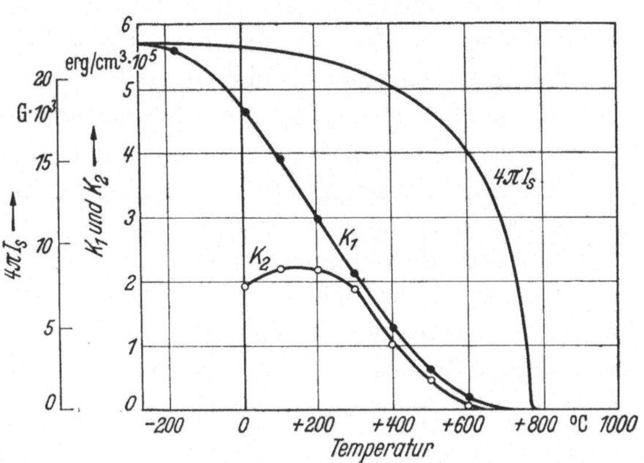

Abb. 75. Abhängigkeit der Anisotropiekonstanten des Eisens von der Temperatur. (Nach R. L. BOZORTH.)

Die von H. TAKAKI[1] gefundenen Werte für λ_s in der [100]-Richtung werden von BECKER und DÖRING[2] angezweifelt; auf Grund anderer Messungen an Poly- und Einkristallen glauben sie als wahrscheinlichsten Wert $+ 19 \cdot 10^{-6}$ annehmen zu müssen. Der für polykristallines Eisen von H. TAKAKI angegebene Wert zeigt eine leidliche Übereinstimmung mit Bestimmungen von Y. MASIYAMA[3] und M. KORNETZKI[4].

Der große Unterschied der Magnetostriktion in den verschiedenen Kristallrichtungen hat eine eigentümliche Abhängigkeit der Magnetostriktion von der Feldstärke zur

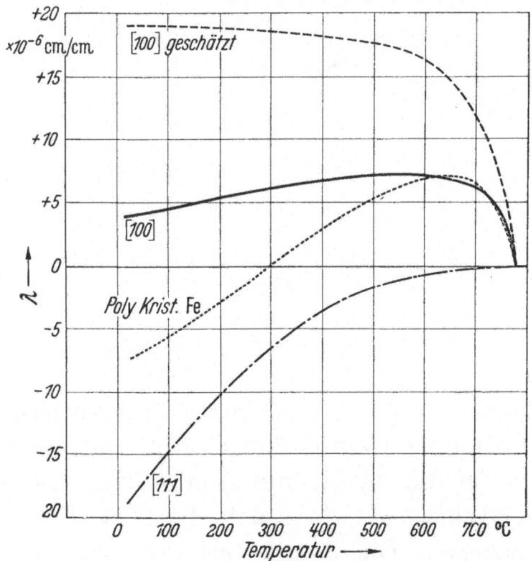

Abb. 76. Abhängigkeit der Sättigungsmagnetostriktion des Eisens in verschiedenen kristallographischen Richtungen von der Temperatur. (Nach H. TAKAKI.)

Folge, wie aus Abb. 77 zu ersehen ist. Bei kleinen Feldstärken tragen

---

[1] TAKAKI, H.: Z. Phys. Bd. 105 (1937) S. 92/103.
[2] BECKER, R., u. H. DÖRING: Ferromagnetismus, S. 280. Berlin: Springer 1939.
[3] MASIYAMA, Y.: Sci. Rep. Tôhoku Univ. Bd. 20 (1931) S. 574/93.
[4] KORNETZKI, M.: Z. Phys. Bd. 87 (1933) S. 560/79.

zunächst nur die 90°-Umklappungen der nach [100] orientierten Weissschen Bezirke bei; da die Magnetostriktion in dieser Richtung positiv
ist, zeigt die bei kleinen Induktionen auftretende Magnetostriktion
ebenfalls ein positives Vorzeichen. Bei hohen Feldstärken werden die
ungünstiger gelegenen Weissschen Bezirke ebenfalls zur Induktions-
steigerung herangezogen. Die Inanspruchnahme der [111]-Richtung
führt dann zu einer negativen Magnetostriktion.

　　Auch der Villari-Effekt findet seine
zwanglose Deutung in dem großen
Unterschied der Magnetostriktion in
den beiden Kristallrichtungen. Abb. 78
zeigt Neukurven von Eisen unter verschiedenen Zugspannungen. Die Neukurven unter Belastung steigen zunächst

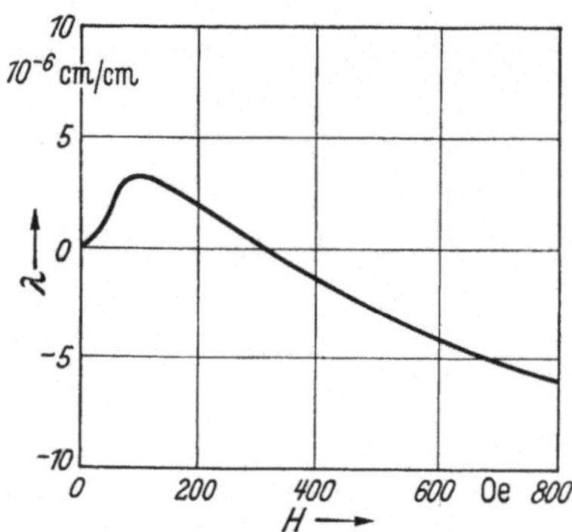

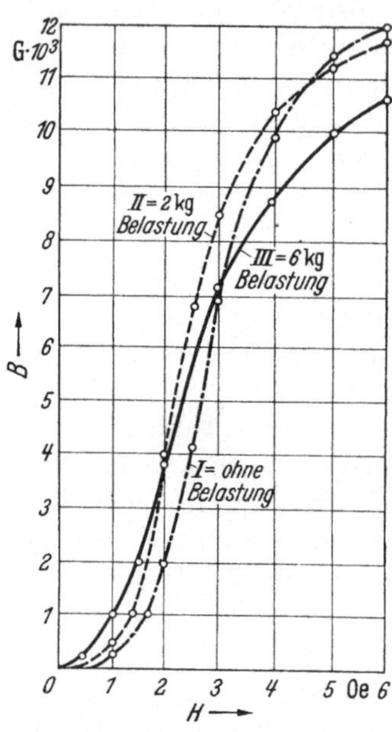

Abb. 77. Magnetostriktion von Eisen in
Abhängigkeit von der Feldstärke bei 8° C.

Abb. 78. Einfluß einer longitudinalen Zugspannung auf die Neukurve von Eisen.

steiler an als die Neukurve ohne Belastung. Unter dem Einfluß von Zugspannungen wird die Ausrichtung der Weissschen Bezirke erleichtert,
wenn die dabei eintretende Magnetostriktion positiv ist. Bei höheren
Induktionen wird auch die [111]-Richtung für Magnetisierung herangezogen. Die damit verbundene negative Magnetostriktion erschwert
aber unter denselben Bedingungen die Orientierung der Weissschen Bezirke nach der [111]-Richtung und die Neukurve unter Zugspannung
schneidet im Villaripunkt die Neukurve ohne Belastung.

　　Die nun folgenden Werkstoffkonstanten sind indirekt abhängig von den
drei vorangegangenen und werden außerdem noch mehr oder weniger stark
beeinflußt durch Werkstoffzustand und Reinheitsgrad. Es soll gezeigt werden, inwieweit es dem Werkstoffachmann im Labor geglückt ist, dem theoretisch errechneten Wert nahezukommen und welche Mittel der Technik zur
Verfügung stehen, um den theoretischen Forderungen gerecht zu werden.

δ) Koerzitivkraft.

Nach der Spannungstheorie BECKERS kann die Koerzitivkraft nicht unter den Wert des Ausdruckes $\dfrac{3}{2}\dfrac{\lambda_s^2 \cdot E}{I_s}$ sinken. Setzt man formal die bei Raumtemperatur gemessene Sättigungsmagnetostriktion ein, so erhält man für die Koerzitivkraft den Wert von 0,1 Oe. Der tatsächlich wirksame Betrag der Magnetostriktion ist aber schwer abzuschätzen, da oberhalb etwa 550°, das ist die Rekristallisationstemperatur, die Magnetostriktion sich plastisch ausgleichen kann. Nach der Spannungstheorie dürfte also die Koerzitivkraft kleiner als 0,1 Oe zu erwarten sein.

Mit Hilfe der Fremdkörpertheorie M. KERSTENS kann man unter der Annahme eines Reinheitsgrades von 99,99% und eines Dispersionsgrades von 0,1 (Verhältnis des Durchmessers der Fremdkörperchen zur Dicke der BLOCHschen Wand) einen Wert von etwa 0,03 Oe errechnen. Der beste bisher erzielte Wert von 0,025 Oe wird von P. P. CIOFFI[1] angegeben, die dabei angewandte Methode der Herstellung soll später beschrieben werden (siehe S. 120).

ε) Anfangspermeabilität.

Ähnlich wie die Koerzitivkraft läßt sich auch die Anfangspermeabilität nach den beiden Theorien berechnen. Aus Abschätzungen von M. KERSTEN[2] ergibt sich unter Anwendung der Spannungstheorie ein $\mu_a = 10000$ G / Oe. Nach der von demselben Autor entwickelten Fremdkörpertheorie ergeben sich wesentlich höhere Werte von etwa 16000 G / Oe. Auch hier hält P. P. CIOFFI[3] den Rekord mit 14000 G / Oe.

ζ) Maximalpermeabilität.

Die Maximalpermeabilität ist eingehenderen theoretischen Berechnungen bisher nicht zugänglich gewesen. In einem Einkristall, der in der [100]-Richtung, der Richtung der leichtesten Magnetisierbarkeit, aufmagnetisiert wird, ist auf Grund der gemessenen Konstanten $I_s = 21580$ G und $H_c = 0,025$ Oe zu erwarten, daß die Maximalpermeabilität den Wert $\dfrac{21580}{0,025} = 860000$ G / Oe noch überschreiten wird. P. P. CIOFFI und O. L. BOOTHBY[4] gelang es auch, an einem Eiseneinkristall in der oben angegebenen Richtung eine Maximalpermeabilität von 1450000 G / Oe bei einer Induktion von 17500 G zu erreichen.

Die aufgeführten magnetischen Kennwerte sind ausgesprochene Spitzenleistungen der Experimentierkunst, die in der Praxis an Massen-

---

[1] CIOFFI, P. P.: Phys. Rev. Bd. 39 (1932) S. 363/67.
[2] KERSTEN, M.: Z. Phys. Bd. 71 (1931) S. 553/92.
[3] CIOFFI, P. P.: Phys. Rev. Bd. 45 (1934) S. 742.
[4] CIOFFI, P. P., u. O. L. BOOTHBY: Phys. Rev. Bd. 55 (1939) S. 673.

produkten erreichten Werte liegen oft um Zehnerpotenzen von ihnen
entfernt. Die Gründe hierfür sind in dem Einfluß von Verunreinigungen
und in der Gestalt und Größe der Kristalle zu suchen.

b) Einfluß von Verunreinigungen.

Es soll der Einfluß der häufigsten Eisenbegleiter auf die magnetischen Eigenschaften beschrieben werden. Da die moderne Metallurgie
ohne weiteres in der Lage ist, die einzelnen Verunreinigungen unter

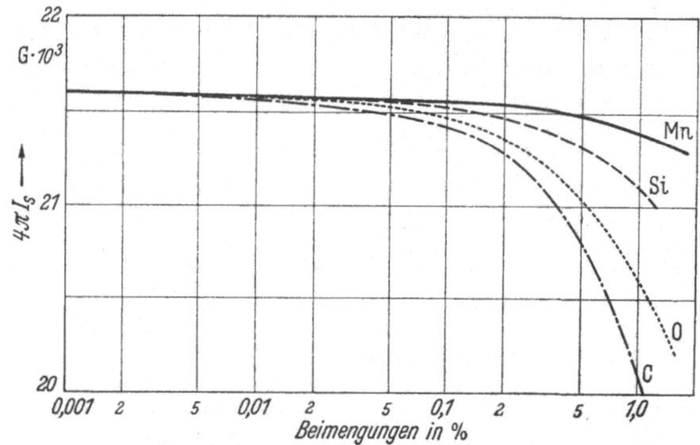

Abb. 79. Einfluß von Beimengungen auf die Sättigungsmagnetisierung von Eisen.

0,1% zu halten, soll der Einfluß der Beimengungen nur bis zu diesen
Gehalten angegeben werden.

α) Einfluß auf die Sättigung.

Da bei der Sättigungsinduktion die Unterschiede so klein sind, wurden
sie in Abb. 79 bis zu 1% verfolgt. Die Werte für Kohlenstoff, Silizium
und Mangan wurden Angaben von E. GUMLICH[1] entnommen, der Einfluß des Sauerstoffs ist aus dem Anteil an unmagnetischem FeO errechnet. Man erkennt, daß die Elemente, welche mit dem Eisen die unmagnetischen Verbindungen Fe_3C und FeO bilden, die Sättigungsmagnetisierung viel stärker erniedrigen, als die im Mischkristall aufgenommenen
Elemente Si und Mn.

E. GEROLD[2] untersuchte den Einfluß der häufigsten Eisenbegleit-
elemente auf die Induktion bei 300 AW/cm. Für 1% Gehalt ergaben
sich folgende Werte: Kohlenstoff erniedrigt die Induktion um 2600 G,
Aluminium um 650 G, Molybdän um 600 G, Mangan um 350 G, Silizium
um 250 G und Chrom um 200 G.

---

[1] GUMLICH, E.: Wiss. Abh. PTR Bd. 4 (1918) S. 348/50.
[2] GEROLD, E.: Stahl u. Eisen Bd. 51 (1931) S. 613/15.

β) Einfluß auf die Kristallenergie.

Die Kristallenergie ändert sich mit der Konzentration der Begleitelemente in dem hier gesteckten Rahmen, soweit Bestimmungen vorliegen, nur wenig; durch Si wird die Konstante K_1 bei Zusatz von 1% nach L. P. Tarasov[1] um etwa $1 \cdot 10^5$ Erg/ccm erniedrigt. Durch Mangan wird sie nur unbedeutend erhöht. Für die anderen Elemente liegen keine Angaben vor.

γ) Einfluß auf die Sättigungsmagnetostriktion.

Die Magnetostriktion soll nach alten Angaben durch C beträchtlich verändert werden. Da die diesbezüglichen Messungen aber bei Induktionen noch weit unterhalb der Sättigung durchgeführt wurden, sind diese Angaben praktisch wertlos. Für die Elemente Si und Mn wurden die Werte von J. L. Snoek[2] bestimmt. Durch Mangan wird die Magnetostriktion in der [100]-Richtung praktisch nicht verändert, Si erhöht sie von $+4 \cdot 10^{-6}$ bei reinem Eisen auf etwa $+4{,}7 \cdot 10^6$ in der [100]-Richtung.

Mithin ergibt sich, daß wahrscheinlich alle drei Konstanten durch geringfügige Verunreinigungen nur unwesentlich verändert werden. Um so stärker ist aber deren Einfluß auf Anfangs- und Maximalpermeabilität und die Koerzitivkraft.

δ) Einfluß auf die Koerzitivkraft.

Vielleicht am besten ist das Verhalten der Koerzitivkraft studiert. Hier leisteten T. D. Yensen und N. A. Ziegler durch Jahrzehnte hindurch mühselige Pionierarbeit. Nachdem sie zunächst einen Vakuumschmelzofen entwickelt hatten, erschmolzen sie zahlreiche Elektrolyteisenproben mit wechselnden Gehalten an O und C mit der Absicht, durch Anpassung der beiden Verunreinigungen zu einem sehr reinen Werkstoff zu kommen, da im Vakuum das Gleichgewicht der Reaktion: $FeO + C = Fe + CO$ sehr weit nach rechts verschoben wird. Sie konnten dabei sehr genau den Einfluß der beiden wichtigsten Verunreinigungen erfassen. Das Ergebnis ihrer jahrzehntelangen Bemühungen ist in Abb. 80 wiedergegeben. Der von T. D. Yensen und N. A. Ziegler[3] benutzte Maßstab der minimalen Reluktivität ist bei uns ungebräuchlich. Da aber von ihnen für Eisensorten dieser Reinheit eine lineare Beziehung zwischen dieser Größe und der Koerzitivkraft gefunden wurde,

---

[1] Tarasov, L. P.: Phys. Rev. Bd. 56 (1939) S. 1231/40.

[2] Snoek, J. L.: New Development in Ferromagnetic Materials, S. 15. New York — Amsterdam: Elsevier Publ. Co. 1947.

[3] Yensen, T. D., u. N. A. Ziegler: Trans. Am. Soc. Metals Bd. 23 (1935) S. 556/76.

$\left(\varrho = \dfrac{1}{\mu_{\max}} = \text{Reluktivität}; \ 5400 \cdot \varrho = H_c\right)$, wurde die Originalzeichnung mit dem Maßstab für die Koerzitivkraft in Oerstedt versehen. Gerade der Einfluß derjenigen Mengen an Verunreinigungen, die nach metallkundlichen Gesichtspunkten als gelöst zu betrachten sind, ist außerordentlich groß.

Wenn auch nach neueren Feststellungen von L. J. DIJKSTRA[1] und J. K. STANLEY[2] die Löslichkeit von Kohlenstoff in Eisen kleiner als

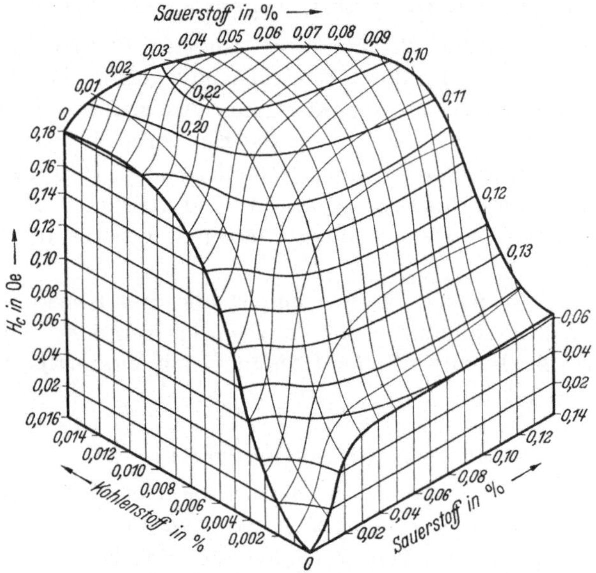

Abb. 80. Einfluß von Sauerstoff und Kohlenstoff auf die Koerzitivkraft des Eisens. (Nach T. D. YENSEN u. N. A. ZIEGLER.)

0,001 % ist, so wird bei technischen Vorgängen diese Grenze nicht erreicht und der von T. D. YENSEN angenommene Wert von 0,006 % behält seine Gültigkeit für die von ihm festgestellten Eigenschaften.

Wie später über die magnetische Nachwirkung noch eingehender auszuführen ist, scheinen diese geringen Spuren als einzelne, im Gitter vagabundierende Atome anwesend zu sein, die in mehr oder weniger starkem Maße die Verschiebung der BLOCHschen Wände behindern. Es muß dahingestellt bleiben, ob die beobachtete Koerzitivkraft nicht nur aus meßtechnischen Gründen so verhältnismäßig hohe Werte aufweist und in Wirklichkeit nur der Ausdruck einer starken Nachwirkung ist.

---

[1] DIJKSTRA, L. J.: J. Metals Trans. Bd. 185 (1949) S. 252/60.
[2] STANLEY, J. K.: J. Metals Bd. 1 (1949) S. 752/61.

T. D. YENSEN und N. A. ZIEGLER[1] haben neben dem Einfluß von C und O auch noch die Wirkung von geringen Mengen P, S und Mn untersucht und folgende lineare Abhängigkeiten gefunden:

$$\text{für S} \quad H_c = 600 \cdot \% \text{ S} \quad \text{bis } 0{,}06\% \text{ S}$$
$$\text{für Mn} \quad H_c = \ \ 33 \cdot \% \text{ Mn bis } 0{,}6\% \text{ Mn}$$
$$\text{für P} \quad H_c = 435 \cdot \% \text{ P} \quad \text{bis } 0{,}015\% \text{ P}$$

Mit der Wirkung des Stickstoffs hat sich W. KÖSTER[2] sehr eingehend befaßt. Aus seinen Messungen kann der Einfluß in gelöster Form nur geschätzt werden, weil die Proben neben Stickstoff noch die üblichen Stahlbegleiter enthielten und dadurch die Wirkung verdeckten, aber schätzungsweise werden 0,005% N die Koerzitivkraft um etwa 0,5 Oe erhöhen.

Wie bereits bei den Dauermagnetwerkstoffen ausgeführt wurde, kommt der Ausscheidung eines zweiten Bestandteiles aus einer übersättigten Lösung in den meisten Fällen eine magnetische Härtung zu. Dies trifft auch nach Messungen von W. KÖSTER[2] für Kohlenstoff und Stickstoff zu. Der Härtung durch Kohlenstoffausscheidung kommt nur eine geringe praktische Bedeutung zu, da magnetisch weiche Werkstoffe nach der Glühung im allgemeinen nicht abgeschreckt, sondern langsam abgekühlt werden. Dabei scheidet sich der Kohlenstoff bereits aus und bewirkt als Fremdkörper eine verhältnismäßig geringe Erhöhung der Koerzitivkraft.

Die Ausscheidung des Stickstoffs erfolgt aber bei dieser langsamen Abkühlung noch nicht, sondern erst nach einer längeren Anlaßbehandlung. Zwischen 100 und 300° findet seine Ausscheidung als Fe_4N in nadeliger Form statt. 0,005% N erhöhen dabei die Koerzitivkraft um etwa 1,4 Oe.

Bemerkenswert ist, daß nach Angaben von T. D. YENSEN und N. A. ZIEGLER[3] vielleicht auch dem Sauerstoff eine ähnliche Wirkung zukommt wie dem übersättigt gelösten N und C, welche durch Ausscheidung eine Härtung bewirken. Durch Abschrecken von 900° und Anlassen bei 400° C verschlechtert sich die Koerzitivkraft einer Probe mit 0,035% O_2 von 0,086 auf 0,15 Oe.

Der Einfluß der Elemente C, O, P, S, Mn und N ist in Abb. 81 nochmals zusammengestellt, der Knick in der C-Kurve ist auf die verschiedene Bindung des Kohlenstoffes zurückzuführen. Am gefährlichsten wirkt er

---

[1] YENSEN, T. D., u. N. A. ZIEGLER: Trans. Am. Soc. Metals Bd. 23 (1935) S. 556/76.

[2] KÖSTER, W.: Arch. Eisenhüttenw. Bd. 3 (1929/30) S. 553/58 u. 637/48; Bd. 4 (1930/31) S. 145/50.

[3] YENSEN, T. D., u. N. A. ZIEGLER: Trans. Am. Inst. Min. Met. Eng. Bd. 116 (1935) S. 397/404.

in gelöstem Zustande bis zur praktisch erreichbaren Löslichkeitsgrenze,
welche nach T. D. Yensen bei etwa 0,006% liegt; darüber hinaus wirkt
er bis etwa 0,02% als tertiärer Zementit, Fe_3C, bei noch höheren C-Gehalten tritt dann Perlit auf, der durch die eutektoide Bindung von Anteilen des reinen Eisens im Sinne der Fremdkörpertheorie wesentlich
größere Hindernisse den Wandverschiebungen entgegensetzt als die
kleinen Zementitpartikel, die Koerzitivkraft wird daher erwartungsgemäß oberhalb 0,04% C wieder stärker beeinflußt. Auf Grund des

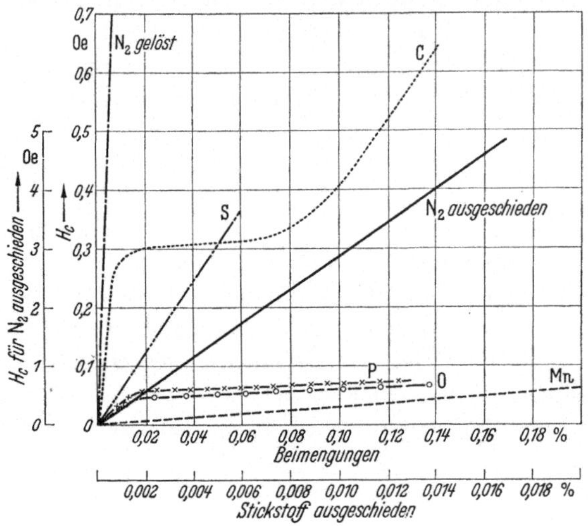

Abb. 81. Einfluß von Verunreinigungen auf die Koerzitivkraft des Eisens.

parallelen Verlaufs des oberen Teiles der C-Kurve und der S-Kurve kann
man schließen, daß Ausbildung und Wirkung der Einschlüsse von gleicher
Art sein werden. Der wesentlich stärkere Einfluß des Stickstoffs ist auf
die nadelförmige Gestalt der Ausscheidungen und auf ihren höheren
Dispersionsgrad zurückzuführen.

ε) Einfluß auf die Permeabilität.

Über den Einfluß von Verunreinigungen auf die Anfangspermeabilität
ist wenig bekannt. Dies ist vor allem auf Meßschwierigkeiten bei den
besonders reinen Substanzen zurückzuführen. Der Anstieg der Permeabilität erfolgt oft sehr steil, so daß eine Extrapolation auf die Feldstärke 0
nur mit großer Unsicherheit möglich ist.

Hingegen liegen ausgedehnte Untersuchungen von T. D. Yensen
und N. A. Ziegler über den Verlauf der Maximalpermeabilität vor. Auf
eine Wiedergabe der Ergebnisse kann verzichtet werden, da sich bei

diesen reinen Proben eine lineare Beziehung zwischen Koerzitivkraft und Maximalpermeabilität ergibt, so daß aus den in Abb. 80 und 81 angeführten Werten der Koerzitivkraft ohne weiteres die dazugehörigen Werte der Maximalpermeabilität errechnet werden können (siehe S. 108).

c) Einfluß der Korngröße auf die Koerzitivkraft.

Neben den Beimengungen kommt auch der Form des Kristallkorns ein großer Einfluß auf die magnetischen Werte zu. Qualitativ läßt sich der Einfluß der Korngröße damit erklären, daß mit zunehmendem Volumen des Kristallkorns der Einfluß der Korngrenzen bzw. die Wirkung verschieden orientierter Kristalle mit ihren verschieden gerichteten

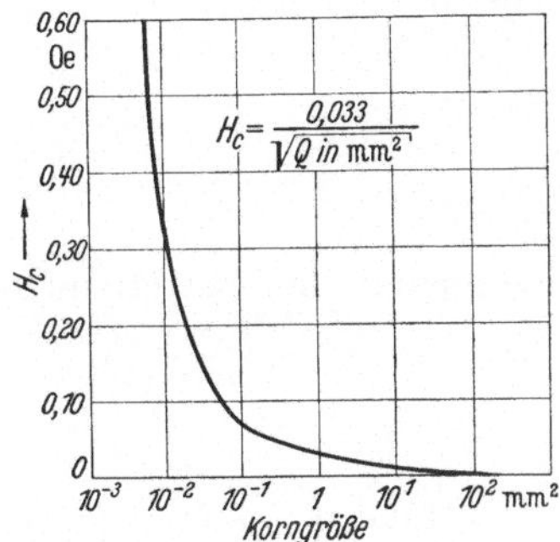

Abb. 82. Einfluß der Korngröße auf die Koerzitivkraft des reinen Eisens. (Nach T. D. Yensen u. N. A. Ziegler.)

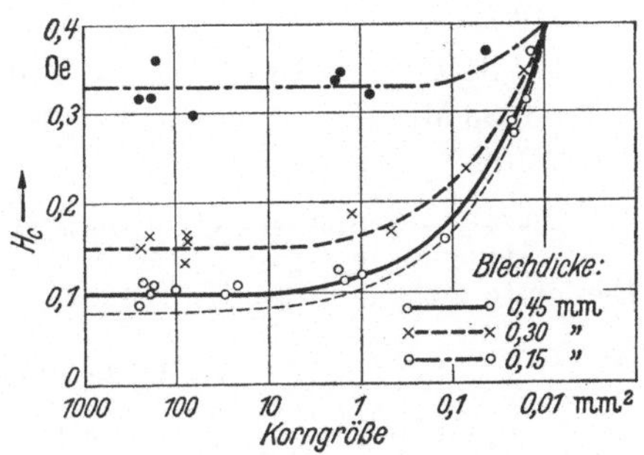

Abb. 83. Einfluß der Blechdicke auf die Koerzitivkraft von Elektrolyteisen. (Nach O. Dahl, F. Pawlek u. J. Pfaffenberger.)

Spannungsfeldern aufeinander vermindert wird. Der Einfluß der Blechdicke bei gleicher Korngröße könnte jedoch nur durch ein verschiedenes Verhalten durch Werkstoffe an der Oberfläche und im Inneren gedeutet werden. Ansätze für diese Erklärung finden sich in den Untersuchungen von R. Feldtkeller[1].

Mit derselben Gründlichkeit, mit der T. D. Yensen und N. A. Ziegler in jahrzehntelanger Arbeit den Einfluß von C und O auf die magnetischen Eigenschaften untersuchten, bestimmten sie auch den Einfluß der Korngröße, indem sie von Werkstoffen gleicher Zusammensetzung Ringproben verschiedener Korngröße für ihre Messungen herstellten. Die in den Abb. 80 und 81 wiedergegebenen Werte der Koerzitivkraft sind vom Einfluß der Korngröße befreit, umgekehrt ist die in Abb. 82 wiedergegebene Kurve über den Korngrenzeneinfluß auf die Koerzitivkraft unabhängig von der Zusammensetzung der Proben. W. E. Ruder[2] hat die von Yensen und Ziegler aufgestellte Beziehung: $H_c = \dfrac{0,033}{\sqrt{Q}}$,

---

[1] Feldtkeller, R.: Fernmeldetechn. Z. Bd. 2 (1949) S. 9/14.
[2] Ruder, W. E.: Trans. Am. Soc. Metals Bd. 22 (1934) S. 1120/41.

wobei die Korngröße Q in mm² angegeben wird, an Elektrolyteisen geprüft und eine gute Übereinstimmung gefunden. O. Dahl, F. Pawlek und J. Pfaffenberger[1] konnten für dicke Bleche aus Elektrolyteisen die von Yensen angegebene Regel ebenfalls sehr gut bestätigen, für dünne Bleche stimmt sie jedoch nicht, wie aus Abb. 83 hervorgeht. Eine Erklärung dieser Erscheinung steht noch aus.

Da alle bisher geschilderten Einflüsse additiv wirken, läßt sich die Koerzitivkraft auf Grund der chemischen Analyse und der Kornausbildung bei reinen und nicht zu dünnen Eisenproben nach folgender Formel berechnen:

$$H_c = 33\,\mathrm{C}\,(0\cdots0{,}008\%) + 0{,}75\,\mathrm{C}\,(0{,}008\cdots0{,}09\%) + 5{,}5\,\mathrm{C}\,(0{,}09\cdots0{,}3\%) +$$
$$+ 2{,}5\,\mathrm{O_2}\,(0\cdots0{,}02\%) + 0{,}2\,\mathrm{O_2}\,(0{,}02\cdots0{,}14\%) +$$
$$+ 6\,\mathrm{S}\,(0\cdots0{,}06\%) +$$
$$+ 4{,}35\,\mathrm{P}\,(0\cdots0{,}015\%) + 0{,}2\,\mathrm{P}\,(0{,}015\cdots0{,}10\%) +$$
$$+ 0{,}33\,\mathrm{Mn} +$$
$$+ 100\,\mathrm{N_2} +$$
$$+ \frac{0{,}1}{\sqrt{Q\,\mathrm{mm^2}}}$$

wobei für C, $\mathrm{O_2}$ usw. die Prozentgehalte der betreffenden Elemente zu setzen sind.

d) Nachwirkung.

Da einfache Beziehungen zwischen der Koerzitivkraft und den Hystereseverlusten bestehen, und außerdem alle Konstanten vorhanden sind, um die Wirbelstromverluste bei Wechselstrommagnetisierung, z. B. bei 50 Hz zu berechnen, müßte ohne weiteres der Gesamtverlust eines Eisenbleches im Wechselfeld festzustellen sein. Messungen haben dies aber keineswegs bestätigt, sondern teilweise recht beträchtliche Abweichungen zwischen den aus ballistischen Messungen ermittelten magnetischen Größen und den Wechselstrommessungen ergeben. Die Ursachen hierfür sind in den noch keineswegs geklärten Nachwirkungserscheinungen zu suchen. Es sei an dieser Stelle etwas über dieses Phänomen gesagt, weil teilweise recht gute Untersuchungen an reinem Eisen vorliegen.

Unter Nachwirkung versteht man das zeitliche Nachhinken der Magnetisierung hinter einer vorangegangenen Feldänderung. G. Richter[2] untersuchte an weichgeglühtem Karbonyleisen das zeitliche Absinken der Induktion nach dem Abschalten des erregenden Feldes in Abhängigkeit von der Temperatur. Das Abklingen der magnetischen Induktion dauert bei tiefen Temperaturen ($-15°$ C) mehrere Minuten, bei hohen Temperaturen ($+100°$ C) ist nach 10^{-2} Sekunden keine Induktionsänderung mehr wahrnehmbar. Die starke Temperaturabhängigkeit läßt

[1] Dahl, O., F. Pawlek u. J. Pfaffenberger: Arch. Eisenhüttenw. Bd. 9 (1935) S. 103/12.

[2] Richter, G.: Ann. Phys. (5) Bd. 29 (1937) S. 605/35.

schließen, daß die eine Nachwirkung hervorrufenden Einzelvorgänge dem BOLTZMANNschen Verteilungsgesetz gehorchen. Die für ihren Ablauf notwendige Mindestenergie (Aktivierungsenergie) hat eine für Diffusionsvorgänge charakteristische Größe. Die sich errechnende Aktivierungsenergie liegt bei etwa 20000 cal/Mol. Mit steigender Einschaltdauer nimmt die Nachwirkung merkwürdigerweise zu.

Neben RICHTER hat sich J. L. SNOEK[1] mit diesem Phänomen beschäftigt. An ganz reinen Eisenproben treten keine Nachwirkungserscheinungen auf, wenige Tausendstel Prozente C oder N genügen aber, um die Wechselstrompermeabilität im Bereich von 4 mOe von 1700 auf etwa 250 abfallen zu lassen.

Nachdem bereits G. RICHTER auf die Parallelität von magnetischer und elastischer Nachwirkung hingewiesen hatte und vermutet hatte, daß beide Vorgänge auf dieselbe Ursache zurückzuführen sind, versuchte J. L. SNOEK zunächst eine von W. S. GORSKI[2] für die elastische Nachwirkung entwickelte Theorie auf das magnetische Geschehen anzuwenden. Er nahm an, daß C und N unter dem Einfluß

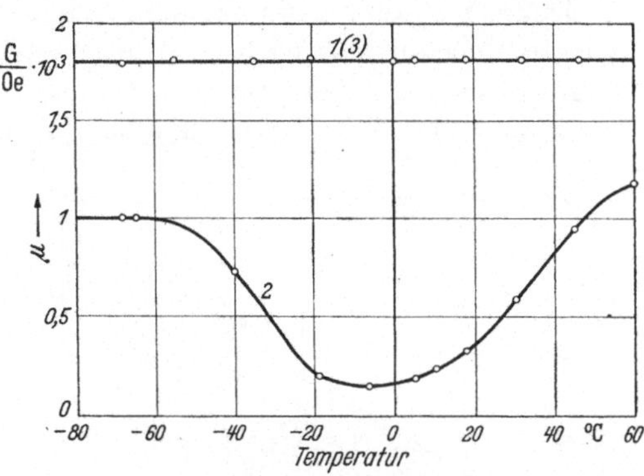

Abb. 84. Abhängigkeit der Permeabilität (bei $H = 0{,}004$ Oe) von der Temperatur bei Karbonyleisen. (Nach J.L. SNOEK.) *Kurve 1* nach Reinigung mit Wasserstoff. *Kurve 2* nach Verunreinigung mit 0,008% C. *Kurve 3* nach erneuter Reinigung mit Wasserstoff.

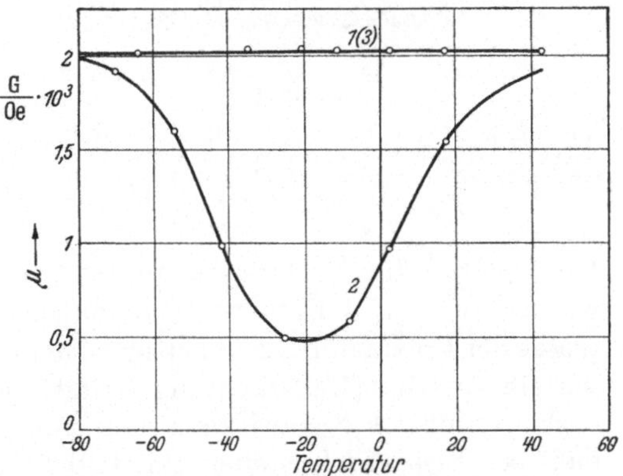

Abb. 85. Abhängigkeit der Permeabilität (bei $H = 0{,}004$ Oe) von der Temperatur bei Karbonyleisen. (Nach J.L. SNOEK.) *Kurve 1* nach Reinigung mit Wasserstoff. *Kurve 2* nach Verunreinigung mit 0,007% N_2. *Kurve 3* nach erneuter Reinigung mit Wasserstoff.

der magnetostriktiven Spannungen beim Ummagnetisieren in oder aus den Grenzwänden der WEISSschen Bezirke diffundieren können. Ist die Diffusionsgeschwindigkeit gleich oder größer der Wanderungsgeschwindigkeit der BLOCHschen Wände, so kommt es zu keiner Nachwirkung; sinkt mit abnehmender Temperatur die Diffusionsgeschwindigkeit, so verzögern

[1] SNOEK, J. L.: Physica Bd. 6 (1939) S. 161/70.
[2] GORSKI, W. S.: Physik. Z. Sowjetunion Bd. 8 (1935) S. 457/71.

die diffundierenden Atome die Umklappvorgänge; bei ganz tiefen Temperaturen wird die Wanderungsgeschwindigkeit der Atome so gering, daß die Umklappvorgänge durch sie überhaupt nicht mehr beeinflußt werden. Die Abb. 84 und 85 illustrieren die beschriebenen Vorgänge.

Diese Vorstellung mußte abgeändert werden, da der ihr zugrunde gelegte Mechanismus im Temperaturbereich der Nachwirkung zu große Diffusionswege voraussetzt. J. L. SNOEK[1] wies den eingelagerten Atomen bestimmte Plätze im Gitter, nämlich die oktaedrischen Lücken im Gitter des α-Eisens, an. Bei Gitterverzerrungen, wie sie durch die Änderung des magnetischen Zustandes und der damit verknüpften Magnetostriktion auftreten, werden diese Gitterplätze ungleichwertig und durch den thermisch bedingten Platzwechsel nicht mehr alle Gitterplätze gleichmäßig belegt, sondern nur diejenigen, welche infolge der tetragonalen Verzerrung mehr Platz bieten. Die magnetische Nachwirkung ist daher bedingt durch die Zeit, welche benötigt wird, um die statistisch verteilten Fremdatome auf diese bevorzugten Gitterplätze durch Diffusion zu transportieren. Diese Vorstellungen wurden durch L. J. DIJKSTRA[2] experimentell gestützt. Die Einlagerungsplätze der Fremdatome sind in bezug auf die [111]-Richtung symmetrisch verteilt, in der [100]-Richtung besteht jedoch eine starke Asymetrie, deshalb muß die Nachwirkung anisotrop sein. Es gelang nachzuweisen, daß bei Eisen-Einkristallen mit 0,01% C oder N die Nachwirkung in der [111]-Richtung nur etwa 6% von der in der [100]-Richtung beträgt. Eine gute Zusammenstellung dieser neueren Forschungsergebnisse findet sich auch bei W. KÖSTER[3].

Bei den Studien der magnetischen Nachwirkung bei höheren Feldern wurde beobachtet, daß kleine entmagnetisierende Felder gar nicht ausreichen, um den alten magnetischen Zustand restlos zu beseitigen; es sieht so aus, als ob die BLOCHschen Wände ein „Erinnerungsvermögen" für die Lage der C- bzw. N-Atome hätten.

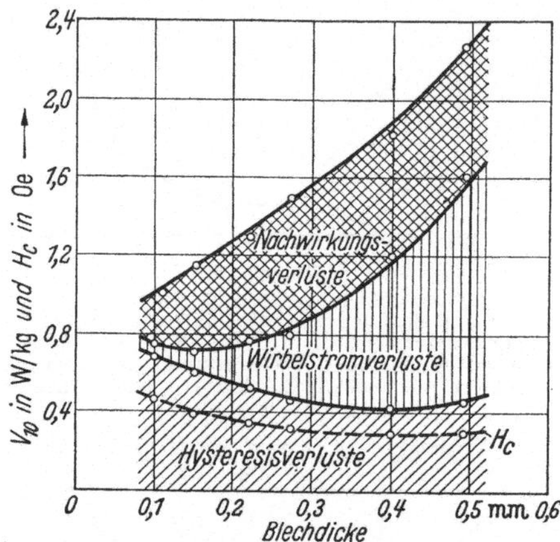

Abb. 86. Anteil von Hysterese-, Wirbelstrom- und Nachwirkungsverlust am Gesamtverlust von Elektrolyteisen verschiedener Dicke. (Nach O. DAHL, F. PAWLEK u. J. PFAFFENBERGER.)

[1] SNOEK, J. L.: Physica Bd. 8 (1941) S. 711/33.
[2] DIJKSTRA, L. J.: Philips Res. Rep. Bd. 2 (1947) S. 357/81.
[3] KÖSTER, W.: Arch. Eisenhüttenw. Bd. 21 (1950) S. 305/14.

Auch bei Induktionen bis 10000 G und Wechselfeldern von 50 Hz wurden von O. DAHL, F. PAWLEK und J. PFAFFENBERGER[1] an Elektrolyteisen und Armcoeisen sehr große Nachwirkungsverluste beobachtet, welche die eigentlichen Hystereseverluste bis zum 1,5fachen übertreffen. In Abb. 86 sind die Gesamtverluste von Elektrolyteisen in Hysterese-, Wirbelstrom- und Nachwirkungsverluste in Abhängigkeit von der Blechdicke aufgeteilt, die letzteren sind davon praktisch unabhängig, so daß die ganze Erscheinung offenbar nicht durch irgendwelche Wirbelstromeffekte vorgetäuscht erscheint.

3. Technische Eisensorten.

Bisher wurde der Einfluß von Beimengungen und Gefügeausbildung auf die wichtigsten magnetischen Konstanten beschrieben und versucht, die Effekte im einzelnen zu isolieren, ihre Größe zu bestimmen und ihre Wirkung auf Grund theoretischer Vorstellungen zu deuten. Für reines Eisen schälte sich dabei die Bedingung der größtmöglichen Reinheit und des grobkörnigen Gefüges heraus. Es ist nun eine Frage der Rentabilität, wie hoch man die Kosten der Reinigung wählen darf, bzw. welche zusätzlichen Kosten für einen bestimmten Verwendungszweck noch getragen werden können. Im folgenden sollen nun die Eigenschaften der technischen Werkstoffe und der Laboratoriumsprodukte beschrieben werden, wobei die technischen Werkstoffe in ihren Eigenschaften den heutigen Stand der Technik wiedergeben.

a) Eigenschaften und Zusammensetzung.

α) Dynamogußeisen.

Als billigste Eisensorte kommt das Dynamogußeisen in Frage, das hinsichtlich seiner Koerzitivkraft allerdings an der für magnetisch-weiche Werkstoffe gesetzten Grenze liegt. Die Koerzitivkraft wird vor allem durch den Kohlenstoffgehalt beeinflußt, wobei es weniger auf die Gesamthöhe als auf die Bindungsform ankommt. Graphitischer Kohlenstoff wird die Koerzitivkraft wenig heraufsetzen; als Karbid gebundener Kohlenstoff wird die Koerzitivkraft mehr oder weniger stark beeinflussen, je nachdem ob er als Perlit oder Tertiär-Zementit ausgeschieden ist oder als Martensit in Lösung vorliegt.

Man wird daher dem Gußeisen solche Zusätze beifügen, welche von vornherein die Karbide zersetzen und die Graphitbildung fördern, also vornehmlich Silizium. Eine weitere Verbesserung der magnetischen Eigenschaften ist nach einer Glühbehandlung zu erwarten, bei welcher ein weiterer Zerfall der Karbide in Graphit eintritt. Über den Einfluß

---

[1] DAHL, O., F. PAWLEK u. J. PFAFFENBERGER: Arch. Eisenhüttenw. Bd. 9 (1935) S. 103/12.

8*

von Legierungselementen auf die magnetischen Eigenschaften des Gußeisens hat E. Söhnchen[1] eingehende Untersuchungen angestellt. Zunächst sei einmal in Abb. 87 die Wirkung des Kohlenstoffs auf die wichtigsten magnetischen Größen gezeigt. Je höher der Anteil des Graphits
am Gesamtkohlenstoff ist, desto weicher ist das Gußeisen, unabhängig
von dem stark schwankenden Anteil der Begleitelemente.

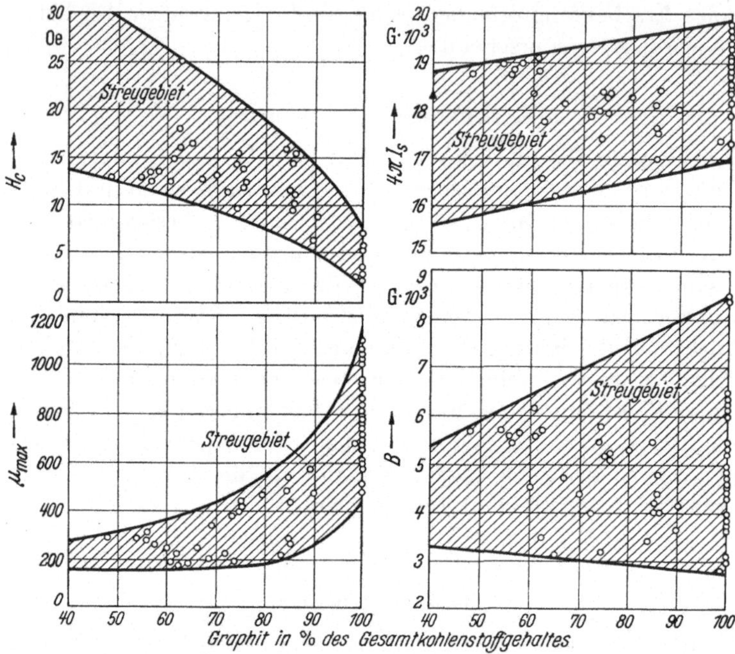

Abb. 87. Einfluß des Graphitgehaltes auf die magnetischen Eigenschaften von Gußeisen.
(Nach E. Söhnchen.)

In Abb. 88 ist der Einfluß des stark die Graphitbildung fördernden
Si auf die magnetischen Werte wiedergegeben. Die vollausgezogenen
Linien beziehen sich auf den Gußzustand, wo sich der Si-Zusatz noch
nicht sehr bemerkbar macht, solange man bei den üblichen Gehalten
an Si bleibt. Durch eine Glühbehandlung werden die Graphitanteile
erhöht und außerdem die Gußspannungen beseitigt mit dem Effekt, daß
die magnetische Weichheit vor allem bei niedrigen Si-Gehalten zunimmt;
bei den hohen Si-Gehalten ist die verbessernde Wirkung bereits im Gußzustand eingetreten.

Um die Entwicklung nicht zu hemmen, hat man ebenso wie bei dem
weiter unten besprochenen Dynamostahlguß auch beim Dynamoguß-

---

[1] Söhnchen, E.: Arch. Eisenhüttenw. Bd. 8 (1934) S. 29/36.

eisen in DIN 1691 nur die Induktionen bei mittleren Feldern genormt und von einer Festlegung der Zusammensetzung abgesehen.

Um die magnetischen Eigenschaften des Gußeisens abschätzen zu können, wurden einige empirische Formeln und Zusammenhänge aus der großen Zahl der Untersuchungen entwickelt.

Zunächst sei in Abb. 89 der Zusammenhang zwischen Koerzitivkraft und Härte gezeigt, besonders bei größerer mechanischer Härte nimmt die magnetische Härte sehr rasch zu. Für die Maximalpermeabilität gibt E. SÖHNCHEN folgende Beziehungen an:

$$\mu_{\max} = 0,5\,\frac{B_r}{H_c} + 40$$

$$B_{\mu\max} = 0,72\,B_r$$

$$H_{\mu\max} = 1,2\,H_c\,.$$

Temperguß, bei dem durch geeignete Zusammensetzung und

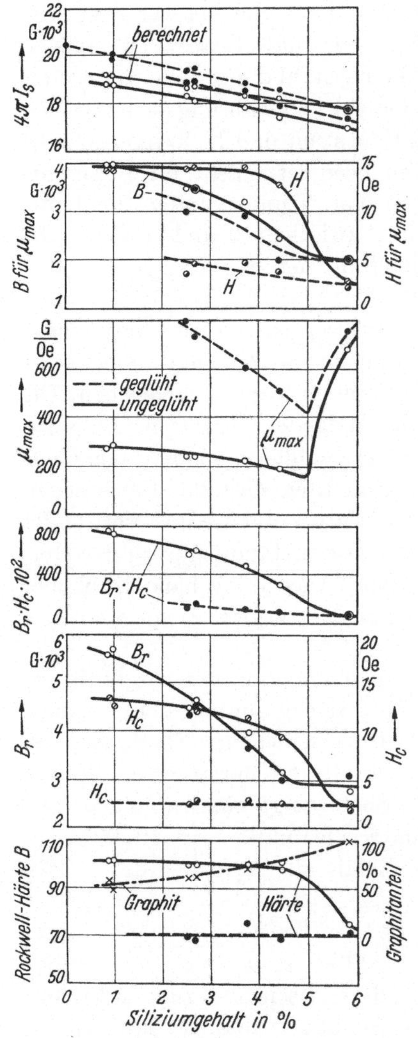

Abb. 88. Einfluß von Silizium auf die magnetischen Eigenschaften von Gußeisen (3% C). (Nach E. SÖHNCHEN.)

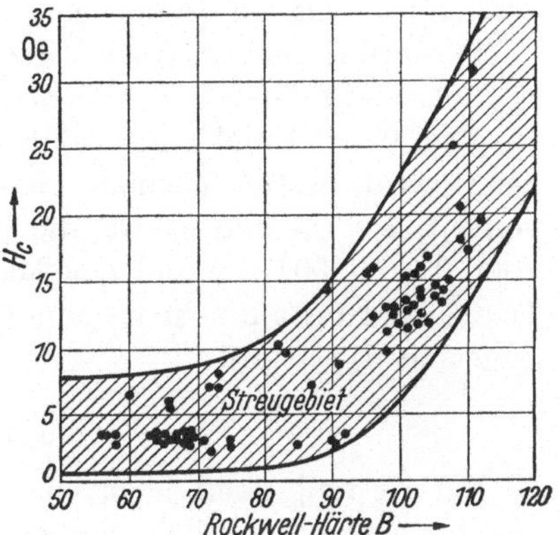

Abb. 89. Beziehung zwischen Härte und Koerzitivkraft von Gußeisen. (Nach E. SÖHNCHEN.)

durch die nachfolgende Wärmebehandlung der Kohlenstoffgehalt fast nur in graphitischer Form vorliegt, verhält sich magnetisch wesentlich weicher als Gußeisen und weist eine Koerzitivkraft von 1,5···2 Oe auf.

β) Flußstahl.

Für Maschinenteile wird auch Dynamogußstahl gern benutzt, dessen Kohlenstoffgehalt zwischen 0,1 und 0,25% liegt und der vor allem bei mittleren Feldern eine recht ansehnliche Induktion aufweist. Wegen seines hohen Stickstoffgehaltes kann Thomasstahl dafür nicht verwendet werden in Anbetracht der zu erwartenden starken Alterung (siehe S. 121).

Weicher Flußstahl, zeigt nach H. H. Meyer und H. Fahlenbrach[1] eine geringe Koerzitivkraft, welche ihn geeignet macht für Polschuhe von Meßinstrumenten oder für Kerne von Topfmagneten für Lautsprecher. Die Koerzitivkraft schwankt zwischen 3 und 1,5 Oe. Die Zusammensetzung eines weichen Flußstahls ist aus Tab. 14 zu entnehmen.

Noch weichere Eisensorten, wie Armcoeisen oder AME (Antimagnetisches Eisen), sind Stähle, die im Siemens-Martin-Ofen überfrischt werden. Ihre Zusammensetzung ist ebenfalls in Tab. 14 angegeben. Die magnetischen Werte schwanken zwischen folgenden Grenzen: Anfangspermeabilität 300$\cdots$500 G/Oe, Maximalpermeabilität 5000$\cdots$7000 G/Oe und Koerzitivkraft 1$\cdots$1,3 Oe für den geglühten Zustand. Bei bescheidenen Ansprüchen können diese Werkstoffe für Relaisanker verwendet werden. Die Pulvermetallurgie hat sich selbstverständlich auch der Herstellung von Relaisteilen bemächtigt. Bei Verwendung handelsüblicher Eisenpulver als Ausgangsmaterial gelang es R. Steinitz[2] nicht, die Werte des Armcoeisens zu erreichen.

Für etwas höhere Ansprüche wurde eine besonders sorgfältig erschmolzene Reineisensorte entwickelt, welche unter dem Namen Hyperm 0 im Handel erscheint und in verschiedenen Qualitäten geliefert wird, gestuft nach der Koerzitivkraft mit garantierten Werten von 1,4, 1,0, 0,7 und 0,5 Oe, die beste Sorte zeigt eine Anfangspermeabilität von 300 G/Oe und eine Maximalpermeabilität von 10000 G/Oe. Damit sind bis auf sehr empfindliche Relais alle Aufgaben des Relaisbaues zu bewältigen.

γ) Karbonyleisen.

Der Technik steht noch eine besondere Eisensorte zur Verfügung, das Karbonyleisen. F. Duftschmid, L. Schlecht und W. Schubardt[3] beschreiben die Herstellung und Verarbeitung. Das Karbonyleisen wird als feines Pulver durch Zersetzung von Eisenkarbonyldämpfen her-

---

[1] Meyer, H. H., u. H. Fahlenbrach: Techn. Mitt. Krupp, techn. Ber. Bd. 8 (1940) S. 29/32.

[2] Steinitz, R.: Metals Techn. Bd. 15 Nr. 2; Techn. Publ. Nr. 2335 S. 1/11 (1948).

[3] Duftschmid, F., L. Schlecht u. W. Schubardt: Stahl u. Eisen Bd. 52 (1932) S. 845/49.

gestellt. Durch die Wahl der Zersetzungsbedingungen hat man es in der Hand, Pulver mit Sauerstoff- und Kohlenstoffbeimengungen zu erhalten und ihre Mengen in gewissen Grenzen zu verändern. Sind die beiden Verunreinigungen im stöchiometrischen Verhältnis anwesend, so zehren sie sich während des Sinterprozesses unter Bildung von CO und CO_2 auf und es verbleibt ein sehr reines Eisen. Die dabei erzielbaren Spitzenwerte lauten: Koerzitivkraft 0,08 Oe, Anfangspermeabilität 3000 G/Oe, Maximalpermeabilität 20000 G/Oe. Fabrikatorisch lassen sich eine Koerzitivkraft von 0,1 Oe und eine Anfangspermeabilität von 1200 G/Oe garantiert erreichen. Der hohe Preis verhindert eine Anwendung in größerem Maßstabe.

Bemerkenswert sind noch die Veröffentlichungen von F. GIOLITTI[1] und A. REGÈ[2], welche von Verfahren berichten, die es gestatten sollen, aus reinen Magnetiten im Lichtbogenofen ein Eisen hoher Reinheit (0,008% C, 0,005% Si, 0,003% P, 0,01% S) mit Eigenschaften, die denen des Karbonyleisens entsprechen, herzustellen.

Durch Umschmelzen der technischen Weicheisen- bzw. weichen Flußstahlsorten im Vakuum läßt sich eine gewisse Reinigung erzielen, die sich in der Verbesserung der magnetischen Eigenschaften ausdrückt. Die Koerzitivkraft sinkt auf etwa 0,5 Oe, während Anfangs- und Maximalpermeabilität nicht erheblich erhöht werden.

δ) Elektrolyteisen.

Sehr vielversprechend zeigte sich zunächst das durch Elektrolyse raffinierte Eisen. Es gelang verhältnismäßig leicht, ein Eisen mit 99,95% Reinheit zu erlangen. Im Zustande der Abscheidung ist das Eisen durch den gleichzeitig abgeschiedenen Wasserstoff gehärtet, wobei nicht der Wasserstoff als solcher, sondern die durch seine Einlagerung bewirkten Gitterverspannungen härtend wirken. Durch Vergleich der Eigenschaften von frisch abgeschiedenem und weichgeglühtem, aber nachträglich kaltverformtem Elektrolyteisen konnten O. DAHL, F. PAWLEK und J. PFAFFENBERGER[3] zeigen, daß der Erholungs- und Rekristallisationsprozeß in beiden Fällen gleich verläuft, obwohl der mitabgeschiedene Wasserstoff bereits bei 200···300° C entweicht. Es ist ziemlich schwierig, dicke Platten aus Elektrolyteisen abzuscheiden, so daß es technisch nicht reizvoll war, unmittelbar Teile für Relais usw. herzustellen. Die Reinheit war ganz hervorragend, die Analyse ergab: 0,004% C, 0,02% Mn, 0,0001% P, 0,001% S, 0% Si, dementsprechend wurden auch folgende magnetische Werte erreicht: Koerzitivkraft 0,09 Oe, Anfangspermeabi-

---

[1] GIOLITTI, F.: Metal Progr. Bd. 36 (1939) S. 71/72.

[2] REGÈ, A.: Metallurgia ital. Bd. 33 (1941) S. 235/55.

[3] DAHL, O., F. PAWLEK u. J. PFAFFENBERGER: Arch. Eisenhüttenw. Bd. 9 (1935/36) S. 103/12.

Tabelle 14. *Zusammensetzung und magnetische*

Bezeichnung	Zusammensetzung					
	C	O	P	S	Mn	Si
Gußeisen G 1291 D Temperguß schw. .	2,3		0,06	0,055	0,30	1,25
Dynamostahlguß St. G. 3881 D ..	0,08···0,12		< 0,07	< 0,07	0,4···0,6	0,3···0,4
Dynamostahlguß St. G. 4581 D ..	0,15···0,25		< 0,07	< 0,07	0,4···0,6	0,3···0,4
Thomasstahl	0,04		0,07	0,04	0,4	0,01
Weicheisen WW ..	0,04	< 0,005	< 0,02	0,035	0,10	< 0,02
Armco..........	0,01	< 0,1	< 0,05	0,028	< 0,02	< 0,02
Hyperm 0						
Carbonyleisen	0,01		0,01	0,007	0,02	0,02
Elektrolyteisen ...	0,004		0,0001	0,001	0,02	
Cioffi u. Boothby .						

lität 1000 G/Oe, Maximalpermeabilität 26000 G/Oe. Der Vorteil des elektrolytischen Herstellungsverfahrens liegt in der Erzeugung dünner Bleche, wie sie für den Transformatorenbau benötigt werden. Zum Ausgleich des durch die größere elektrische Leitfähigkeit des reinen Eisens bedingten höheren Wirbelstromverlustes mußte die Blechdicke herabgesetzt werden, was aber bei der elektrolytischen Herstellung nur von Vorteil war. Wie bereits erwähnt (siehe S. 115), treten aber Zusatzverluste ungeklärter Natur auf, welche die Gesamtverluste so stark heraufsetzen, daß an eine technische Verwendung nicht gedacht werden kann. Diese Ergebnisse wurden von C. TSCHÄPPÄT[1] vollauf bestätigt. Schließlich liegen noch Untersuchungen über Elektrolyteisen von K. W. GRIGOROW[2] vor.

ε) Reinigung technischer Eisensorten nach CIOFFI.

Eine sehr elegante Methode der Reinigung von Metallen, insbesondere von Eisen, wurde von P. P. CIOFFI[3] beschrieben. Durch Erhitzung bis knapp an den Schmelzpunkt des Metalls wird die Diffusionsgeschwindigkeit der Verunreinigungen so stark erhöht, daß sie durch reinen Wasserstoff, welcher als Schutzgas verwendet wird, an der Oberfläche laufend entfernt werden können. Die Form des Metalls bleibt dabei erhalten und die Gefahr der Gasaufnahme im schmelzflüssigen Zustande mit ihren für den Guß unheilvollen Folgen bleibt vermieden. CIOFFI erreichte zunächst folgende Werte für Eisen: Anfangspermeabilität 4000 G/Oe,

---

[1] TSCHÄPPÄT, C.: Schweiz. Arch. angew. Wiss. Techn. Bd. 15 (1949) Nr. 8 S. 225/42.

[2] GRIGOROW, K. W.: Sow. Phys. Bd. 3 (1933) S. 418/20.

[3] CIOFFI, P. P.: Phys. Rev. Bd. 39 (1932) S. 363/67.

Eigenschaften verschiedener Eisensorten.

Magnetische Werte				Induktion i. Gauß bei AW/cm			I_s
H_c	B_r	μ_0	$\mu_{\max}$	25	50	100	
10	4000···5000	95	240	6000	8000		17500
1,26	6200			11500	12500	13500	
				14500	16000	17500	
				14500	16000	17500	
3							
1,83				16000	17200	18600	21500
1,0···1,3		300···500	5000···7000	16000		18000	21500
$<$ 1,4				16300	17200	18600	21500
$<$ 1,0							
$<$ 0,7							
$<$ 0,5							
0,08···0,1		1200/3000	20000				
0,09		1000	26000				
0,025		14000	1450000				

Maximalpermeabilität 180000 G/Oe, Koerzitivkraft 0,025 Oe. Inzwischen konnte diese Methode noch weiter vervollkommnet werden. Gemeinsam mit BOOTHBY[1] gelang es durch Schmelzen von Karbonyleisen in Sinterkorundtiegeln im Vakuum und einer ganz langsamen Abkühlung von 2°/Stunde, Einkristalle im Gewicht von 400 g herzustellen. Nach der Erstarrung wurde 25 Stunden lang knapp unterhalb des Schmelzpunktes im Wasserstoff homogenisiert. In einem Eiseneinkristall wurde in der [100]-Richtung, also der Richtung der leichtesten Magnetisierung eine Maximalpermeabilität von 1450000 G/Oe gemessen. Nach unveröffentlichten Versuchen gelang es F. PAWLEK im halbtechnischen Maßstabe, das Verfahren von CIOFFI für die Verbesserung von Armcoeisen einzusetzen. Durch Glühen in sehr reinem Wasserstoff bei 1400° war es möglich, die Koerzitivkraft von etwa 1,0 Oe auf 0,18 Oe herabzusetzen.

Die Werte der hier geschilderten Werkstoffe sind in Tab. 14 zusammengestellt. Der Verlauf ihrer Induktionskurven ist in Abb. 90 graphisch wiedergegeben.

b) Alterung.

Relaisanker zeigten früher oftmals eine Erhöhung der Koerzitivkraft im Betrieb, die eine Zunahme der scheinbaren Remanenz und damit ein Versagen des Relais zur Folge hatte (siehe S. 92). Man hat frühzeitig erkannt, daß diese Erhöhung der Koerzitivkraft auf Ausscheidungsvorgänge zurückzuführen ist. Wie aus Abb. 91 zu ersehen ist, zeigen sowohl Kohlenstoff als auch Stickstoff eine mit sinkender Temperatur abnehmende Löslichkeit in

---

[1] CIOFFI. P. P., u. O. L. BOOTHBY: Phys. Rev. Bd. 55 (1939) S. 673.

Eisen. Während aber der Kohlenstoff sich bei der langsamen Abkühlung
nach der Schlußglühung bereits als Tertiärzementit ausscheidet und keine

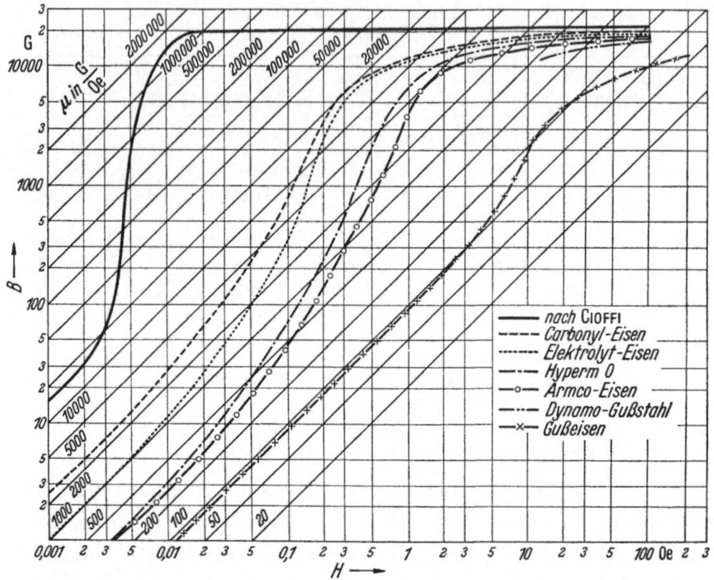

Abb. 90. Induktionskurven verschiedener Eisensorten.

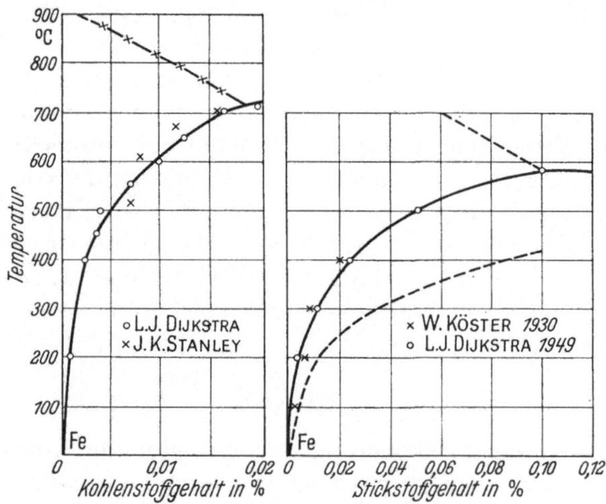

Abb. 91. Temperaturabhängigkeit der Löslichkeit von Kohlenstoff und Stickstoff im α-Eisen.

wesentliche Härtung verursacht, benötigt der Stickstoff zu seiner Ausscheidung als Fe_4N eine längere Anlaßbehandlung, wie sie durch erhöhte
Betriebstemperaturen ohne weiteres geboten werden kann. Tatsächlich

gelang es W. KÖSTER[1], zu zeigen, daß Stickstoff beim Anlassen durch
Ausscheidung die Koerzitivkraft erhöht, wie aus Abb. 92 zu entnehmen
ist. Als Kriterium für die Alterungsbeständigkeit dient das Verhalten
der Koerzitivkraft nach einer 600stündigen Anlaßbehandlung bei 100°C.
Bei stickstoffhaltigen Eisensorten kann die Koerzitivkraft durch Alterung auf das Doppelte ansteigen. Die meisten Relaiswerkstoffe, besonders Hyperm 0, sind durch Zusatz von Aluminium, welches den im Eisen
gelösten Stickstoff bereits in der Schmelze als unlösliches Aluminium-
nitrid bindet, alterungsfest gemacht.

c) Herstellung.

Wenn auch die Herstellung der verschiedenen Weicheisensorten eine
Angelegenheit der Edelstahlwerke ist, so sei doch an dieser Stelle auf
die Sonderheiten bei der Ab-
schlußglühung hingewiesen. Die
Weicheisensorten werden oftmals im hartgezogenen oder gewalzten Zustande geliefert, da
dann ihre Bearbeitbarkeit durch
spanabhebende Werkzeuge besser ist. Im Zuge der Ankerher-
stellung werden andererseits
weichgeglühte Eisenteile durch
Biegen, Stauchen oder Ziehen in

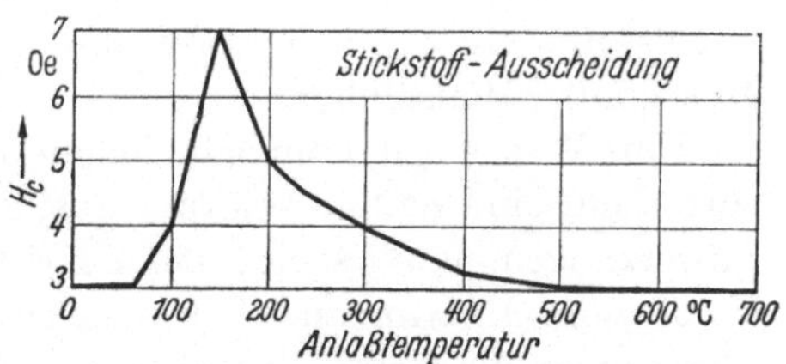

Abb. 92. Einfluß des Anlassens bei einstündiger
Anlaßdauer auf die Koerzitivkraft von stickstoff-
haltigem Eisen. (Nach W. KÖSTER.)

der Kälte verfestigt. In beiden Fällen, also praktisch fast immer nach Fertig-
stellung des Relaisteiles, muß durch eine Glühung der magnetisch weiche
Zustand wiederhergestellt werden. Wir haben gesehen, daß die Korngröße
einen großen Einfluß auf die Koerzitivkraft ausübt. Das Eisen erleidet
beim Erwärmen bei 906° C eine Gitterumwandlung, die beim sogenannten
Normalisieren des Stahles eine Gefügeverfeinerung bewirkt. Hier ist die
Kornverfeinerung unbedingt zu vermeiden, deshalb soll die Glühtemperatur auf keinen Fall den A_3-Punkt überschreiten; zweckmäßig glüht
man bei 850···880° C unter Schutzgas mehrere Stunden und läßt ganz
langsam im Ofen erkalten, um eine nachträgliche Alterung durch Kohlenstoffausscheidung zu verhüten.

Die Ausbildung eines groben Kornes soll nach G. WASSERMANN[2] durch
die Lösung von Wasserstoff oder Stickstoff, insbesondere bei Elektrolyteisen, verhindert werden. Nach Versuchen des Verfassers ist es nicht der
Wasserstoff, sondern die im technischen Wasserstoff enthaltenen Verunreinigungen, welche die Kornverfeinerung bewirken; bei Benutzung

[1] KÖSTER, W.: Arch. Eisenhüttenw. Bd. 3 (1929/30) S. 637/58.
[2] WASSERMANN, G.: Arch. Eisenhüttenw. Bd. 11 (1937) S. 55/58.

von ganz reinem Elektrolytwasserstoff fällt der kornverfeinernde Effekt weg.

Beim Weichglühen von Relaisteilen beobachtete A. Brookes[1] eine unerwartete Versprödung bei der erwünschten Kornvergröberung. Diese Versprödung ist auf eine Entkohlung und damit Entfernung der Korngrenzensubstanz zurückzuführen, die Beimengung von geringen Mengen von Kohlenwasserstoffen oder Kohlenoxyd zum Wasserstoff soll diese für die Weiterverarbeitung höchst unerwünschte Erscheinung vollkommen beheben. Bei Verwendung von gespaltenem Ammoniak als Schutzgas soll der Gehalt an freiem Ammoniak 0,03% nicht übersteigen, um eine Nitrierung zu vermeiden.

Über dieselben Fragen des Einflusses von Beimengungen, Kornausbildung und Glühbehandlung von Weicheisen berichten A. S. Saimowski[2] und L. S. Kasarnowski[3] und bestätigen den schlechten Einfluß des Stickstoffs im Schutzgas auf die magnetischen Eigenschaften beim Rekristallisationsglühen.

Eine Wärmebehandlung im Magnetfeld übt bei den technischen Eisensorten nur eine geringe Wirkung aus, da eine der dazu notwendigen Voraussetzungen, nämlich eine kleine Kristallenergie, nicht gegeben ist. Versuche von O. Dahl und F. Pawlek[4] zeigten auch, daß bei einer Abkühlung im Magnetfeld parallel zur Meßrichtung kein Effekt zu beobachten war; wirkte aber das Magnetfeld senkrecht zur Meßrichtung, so wurde eine bemerkenswert schrägliegende Hystereseschleife erhalten. Bei dem außerordentlich reinen Eisen von Cioffi macht sich die Abkühlung im Magnetfeld in der [100]-Richtung noch etwas bemerkbar, der numerische Effekt bei der Maximalpermeabilität ist wegen der großen Weichheit des Ausgangsmaterials beachtlich.

4. Eisenlegierungen.

a) Charakterisierung der Werkstoffe der Starkstromtechnik.

Das reine Eisen wird in der Hauptsache zur Verstärkung von Gleichstromfeldern verwendet, die Elektrotechnik wird aber beherrscht durch die Anwendung des Wechselstroms verschiedenster Frequenz. Auch hier wird der Fluß durch magnetische Kerne verstärkt, aber neben der für die Gleichstrom- und Wechselstromtechnik gemeinsamen Forderung nach hoher Induktion bzw. Sättigung kommt noch das Verlangen der Wechselstromtechnik nach kleinen Ummagnetisierungsverlusten hinzu. Diese

---

[1] Brookes, A.: Iron Steel Bd. 16 (1943) S. 527/30.

[2] Saimowski, A. S.: Katschestwennaja Stal Bd. 3 (1935) Nr. 9 S. 37/40.

[3] Saimowski, A. S., u. L. S. Kasarnowski: Katschestwennaja Stal Bd. 4 (1936) Nr. 7 S. 41/45.

[4] Dahl, O., u. F. Pawlek: Z. Phys. Bd. 94 (1935) S. 504/22.

setzen sich aus drei Anteilen zusammen: den wahren Ummagnetisierungsverlusten in Form der Hystereseverluste, den Wirbelstromverlusten und den Nachwirkungsverlusten. Die Hystereseverluste sind gegeben durch die Breite der Ummagnetisierungsschleife und mithin durch die Koerzitivkraft. Eine kleine Koerzitivkraft bzw. hohe Anfangspermeabilität wird dieser Forderung gerecht. Die Hystereseverluste in Watt/kg bei einer bestimmten Induktion und Frequenz sind gegeben durch

$$V_H = \frac{A \cdot 1000 \cdot p}{\gamma} \cdot 10^{-7} \text{ W/kg},$$ wobei A der in Erg/cm³ für einen einzigen Zyklus gemessene Ummagnetisierungsverlust, p die Periodenzahl des Wechselstroms und γ das spezifische Gewicht des Werkstoffs bedeuten.

Die Wirbelstromverluste, die in jedem elektrischen Leiter und daher auch in den Eisenkernen der vom Wechselstrom durchflossenen Spulen und Maschinen auftreten, werden etwa durch folgende Beziehung bestimmt:

$$V_w = \frac{1{,}643}{\gamma} \cdot \frac{1}{\varrho} \cdot d^2 \cdot p^2 \cdot \left(\frac{B_{\max}}{1000}\right)^2 \cdot 10^{-7} \text{ W/kg} .$$

Hierbei bedeuten γ das spez. Gewicht, ϱ den spez. elektr. Widerstand, d die Blechdicke, p die Periodenzahl des Wechselstroms und $B_{\max}$ die Scheitelwertsinduktion im Kern. Die Größen p und $B_{\max}$ sind durch den Verwendungszweck gegeben, dem Werkstoffachmann sind die Größen d und ϱ zugänglich. Die Blechdicke d wird durch technologische Eigenschaften und indirekt durch wirtschaftliche Überlegungen bestimmt. Der spez. elektr. Widerstand kann durch Legierungszusätze beeinflußt werden.

Da noch nicht einmal Klarheit über die Natur der Nachwirkungsverluste bei starken Feldern besteht, ist erst recht nichts über ihre Beeinflussung bekannt.

Die Forderungen der Wechselstromtechnik können folgendermaßen zusammengefaßt werden: Hohe Sättigung, kleine Koerzitivkraft, oder, weil diese nach den Theorien von Becker oder Kersten von der Magnetostriktion oder der Kristallenergie abhängen, Verkleinerung dieser beiden Werkstoffkonstanten durch Legierungszusätze und Vergrößerung des spezifischen elektrischen Widerstandes durch dieselbe Maßnahme.

b) Einfluß von Legierungszusätzen auf die Eigenschaften des Eisens.

α) Sättigungsmagnetisierung.

Die Veränderung der Sättigung ist von zahlreichen Forschern untersucht worden, eine Zusammenstellung dieser Ergebnisse sei einer Arbeit von T. D. Yensen[1] entnommen und in Abb. 93 wiedergegeben. Daraus

---

[1] Yensen, T. D.: Trans. Am. Soc. Metals Bd. 27 (1939) S. 797/820.

ist zu ersehen, daß nur Kobalt die Sättigung erhöht, während alle anderen Elemente eine mehr oder weniger starke Herabsetzung bewirkten. Für einzelne Zusätze läßt sich die Herabsetzung der Sättigung bei mäßigen Gehalten in folgende Formel kleiden:

$$\text{für Si} \quad 4\,\pi\,I_s = 21\,580 \quad -480\,p \quad \text{Gauß}$$
$$\text{,, As} \quad 4\,\pi\,I_s = 21\,580 \quad -570\,p \quad \text{,,}$$
$$\text{,, Mn} \quad 4\,\pi\,I_s = 21\,580 \quad -210\,p \quad \text{,,}$$

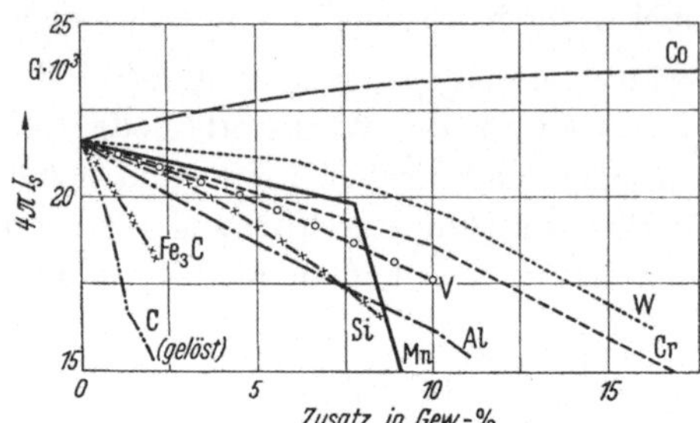

Abb. 93. Einfluß von Legierungszusätzen auf die Sättigungsmagnetisierung von Eisen. (Nach T. D. YENSEN.)

wobei p die Prozente Zusatzmetall bedeuten.

β) Kristallenergie.

Die Änderung der Kristallenergie (Anisotropie-Konstante K_1) mit der Zusammensetzung wurde von L. WENT sehr eingehend untersucht. Seine Ergebnisse sind in dem Buche von J. L. SNOEK[1] wiedergegeben und hier in Abb. 94 zusammengestellt. Er benutzt den für reines Eisen von L. P. TARASOV[2] gefundenen Wert von $5,2 \cdot 10^5$ Erg/cm³. Von den gebräuchlichen Legierungselementen bewirken nur Al und Si eine Herabsetzung der Kristallenergie auf 0. Dies tritt allerdings bei Konzentrationen ein, welche die technologischen Eigenschaften bereits erheblich beeinträchtigen. Cr, Co und W verändern die Kristallenergie nicht sehr stark, während Mn sie beträchtlich erhöht. Für Eisen-Nickel-Legierungen mit Gehalten bis 16% wurden die Werte von L. P. TARASOV[3] benutzt.

γ) Magnetostriktion.

Als dritte wichtige Werkstoffkonstante soll die Magnetostriktion in ihrer Abhängigkeit von Legierungszusätzen beschrieben werden. Auch hier sind die Ergebnisse von L. WENT aus dem Buche von J. L. SNOEK benutzt worden. Seine Werte sind größtenteils durch Extrapolation aus Messungen an polykristallinen Gußstäben mit ziemlich einheitlicher Gußtextur gewonnen und beziehen sich auf die Magnetostriktion in der magnetischen Vorzugsrichtung. Sie stellen keine Absolutwerte dar, insbesondere ist der Ausgangswert für reines Eisen zu niedrig, er liegt noch unter dem Wert von TAKAKI, der bereits von BECKER angezweifelt wurde.

---

[1] SNOEK, J. L.: New Development in Ferromagnetic Materials, S. 16. New York—Amsterdam: Elsevier Publ. Co. 1947.

[2] TARASOV, L. P.: Phys. Rev. Bd. 56 (1939) S. 2131/40.

[3] TARASOV, L. P.: Phys. Rev. Bd. 56 (1939) S. 1245/46.

Da aber fast alle anderen Angaben in der Literatur über Magnetostriktion sich auf polykristallines Material beziehen und bei Feldern gemessen wurden, die vielfach von der Sättigung des Werkstoffes noch weit ent-

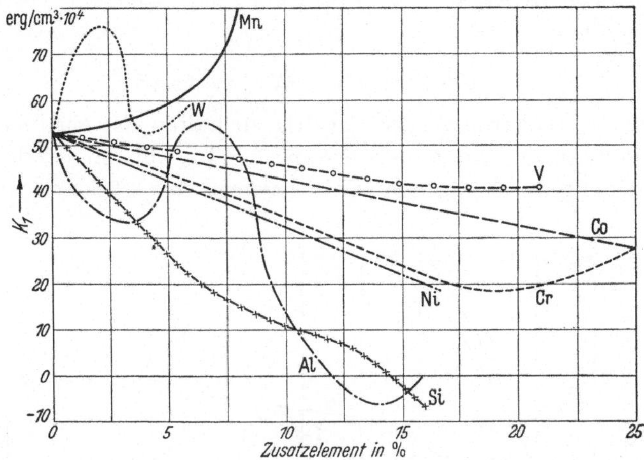

Abb. 94. Einfluß von Legierungsbestandteilen auf die Kristallanisotropie des Eisens. (Nach L. WENT.)

fernt lagen, so ist diesen Messungen der Vorzug zu geben, da sie unter einhéitlichen Bedingungen zustande gekommen sind und die Tendenz der Änderung sicher wiedergeben. In Abb. 95 sind die Werte für die

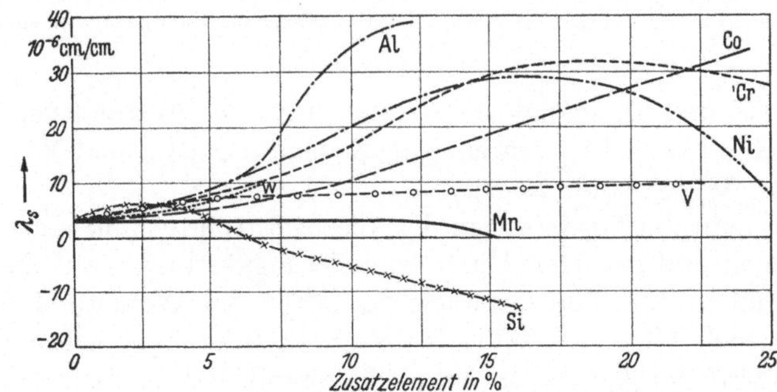

Abb. 95. Einfluß von Legierungsbestandteilen auf die Sättigungsmagnetostriktion des Eisens in Richtung der magnetischen Vorzugslage. (Nach L. WENT.)

wichtigsten Zusätze gezeigt, danach wird nur bei Zusatz von Si die Magnetostriktion bei etwa 6% Si Null, das Absinken bei Mangan in der Nähe von 15% ist darauf zurückzuführen, daß hier die Curietemperatur unter 0° C sinkt, die Legierung bei Raumtemperatur also unmagnetisch wird. In allen anderen Fällen nimmt die Magnetostriktion zu, im Falle des Al sogar sehr beträchtlich. Die während des Krieges erfolgten Messungen der Magnetostriktion an Eisen-Silizium-Legierungen von W. ALEXANDER[1], F. BRAILSFORD u. R. G. MARTINDALE[2], H. NAKAE[3], W. S. MESSKIN, B. E. SOMIN und A. S. NECHAMKIN[4] sind nur in Form von Referaten zugänglich gewesen. Sie scheinen den wiedergegebenen Werten nicht zu widersprechen.

δ) Elektrischer Widerstand.

Um die Wirbelstromverluste niedrig zu halten, ist ein hoher spezifischer elektrischer Widerstand erwünscht. In Abb. 96 ist die Widerstandserhöhung durch Zusätze wiedergegeben. Am stärksten wirken die

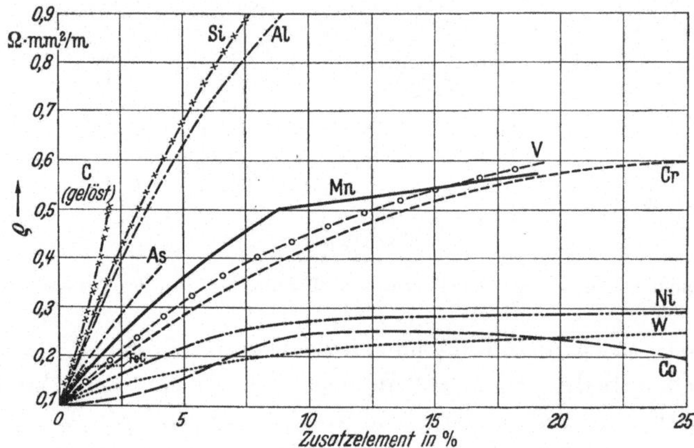

Abb. 96. Einfluß von Legierungsbestandteilen auf den spezifischen elektrischen Widerstand des Eisens.

Elemente Si und Al, gefolgt von As und im weiten Abstand von den Elementen Mn, V und Cr, während die Elemente Ni, Co und W nur recht wenig den Widerstand steigern.

Wenn man die Forderungen der Wechselstromtechnik nach höheren Induktionen und geringen Ummagnetisierungsverlusten auf die magnetischen und elektrischen Grundeigenschaften der Werkstoffe reduziert, so ergibt sich folgendes Bild: Hohe Sättigungsmagnetisierung, kleine Koerzitivkraft, großer elektrischer Widerstand. Reines Eisen genügt den beiden ersten Forderungen, entspricht aber keineswegs der dritten Bedingung. Eine Verbesserung der Koerzitivkraft wäre den theoretischen Ansichten von BECKER und KERSTEN entsprechend zu erwarten, wenn

---

[1] ALEXANDER, W.: Beama J. Bd. 48 (1941) S. 20/22 u. 37/39.

[2] BRAILSFORD, F., u. R. G. MARTINDALE: J. Inst. electr. Eng. Part. I Bd. 89 (1942) S. 225/31.

[3] NAKAE, H.: J. Inst. electr. Eng. Japan Bd. 63 (1943) S. 202.

[4] MESSKIN, W. S., B. E. SOMIN u. A. S. NECHAMKIN: J. techn. Physik (russ.) Bd. 11 (1941) S. 918/35.

die Kristallenergie und die Magnetostriktion bei der gleichen Konzentration der Legierungsbestandteile klein, wenn möglich Null würden. Ein Blick auf die Abb. 94 und 95 lehrt, daß mit Ausnahme des sehr teuren Kobalts alle Zusätze die Sättigung herabsetzen, so daß man die Legierungszusätze im Hinblick auf die erste Forderung niedrighalten wird. Außerdem tritt nur bei den Elementen Al und Si eine Verminderung der Kristallenergie auf Null ein. Während die Magnetostriktion durch steigenden Si-Zusatz von positiven Werten durch Null zu negativen Werten verändert wird, erhöhen sie sich durch Al stetig bis zu beträchtlicher Höhe. Nur durch Si werden also Kristallenergie und Magnetostriktion gegen Null verändert, aber der Null-Durchgang erfolgt bei hoher und keineswegs bei derselben Konzentration, ist also im Sinne der theoretischen Vorstellungen unwirksam. Eine starke Beeinflussung der Koerzitivkraft durch geringe Legierungszusätze ist daher nicht zu erwarten. Es bleibt noch die dritte Bedingung durch Legierungszusätze zu erfüllen. Am wirksamsten sind die Elemente Si und Al, so daß durch geringe Zusätze eine erhebliche Widerstandserhöhung ohne allzu starke Herabsetzung der Sättigung erzielt wird: Nach unseren derzeitigen theoretischen Vorstellungen entsprechen also die Elemente Al und Si am besten den Bedingungen für einen guten Werkstoff der Wechselstromtechnik. Die Praxis hat diese theoretischen Erkenntnisse bereits vor 50 Jahren vorweggenommen, für Transformatorenbleche werden fast ausschließlich Eisen-Silizium-Legierungen benutzt.

c) Eisen-Silizium-Legierungen.

Der Zusatz von Silizium zu Eisen erhöht dessen elektrischen Widerstand, setzt aber gleichzeitig die Sättigung herab. Die unmittelbare Wirkung des Si ist also magnetisch verschlechternd. Das Si hat auch die Fähigkeit, in Eisenlegierungen die Karbidbildung zu unterbinden und den C als Graphit zur Ausscheidung zu bringen. Aus den Abb. 80 (S. 108) und 81 (S. 110) ist aber bekannt, wie sehr der gelöste Kohlenstoff die magnetischen Eigenschaften verschlechtert; deshalb ist der Zusatz von Si indirekt sehr förderlich, weil er die Schädlichkeit eines praktisch unvermeidbaren Eisenbegleiters, nämlich des Kohlenstoffs, erheblich vermindert. Die Höhe des Si-Zusatzes wird vor allem durch eine starke Verschlechterung der technologischen Eigenschaften begrenzt, die Walzbarkeit wird stark vermindert, Kaltwalzen ist nur bis 3,3% Si-Zusatz, Stanzen und Schneiden nur bis etwa 4,5% Si-Zusatz möglich, bei höheren Si-Gehalten muß nicht nur das Walzen, sondern auch die Anfertigung der einzelnen Trafoteile bei erhöhter Temperatur durchgeführt werden; man bemißt daher den Si-Gehalt mit max. 4,5%. Da die Anforderungen an die Bearbeitbarkeit recht bescheidene sind, ist in dieser Hinsicht keine Abstufung des Si-Gehaltes erforderlich. In magnetischer Hinsicht besteht jedoch der Wunsch nach Abstufung des erreichbaren Sättigungswertes, besonders im Elektromaschinenbau spielt die Sättigung in den Segmenten und Zähnen der Rotoren und Statoren eine große Rolle, man nimmt die erhöhten Wirbelstromverluste dafür gern in Kauf. Deshalb gibt es Werkstoffe mit verschiedenem Si-Gehalt, bei dem höchsten Si-Gehalt wird außerdem eine Unterteilung nach dem erzielbaren Verlust auf Grund des verschiedenen Reinheitsgrades des Werkstoffes vorgenommen.

α) Eigenschaften des Einkristalls.

Der Beschreibung der technischen Eisen-Silizium-Legierungen soll die Betrachtung der Eigenschaften eines Einkristalls höchster Reinheit

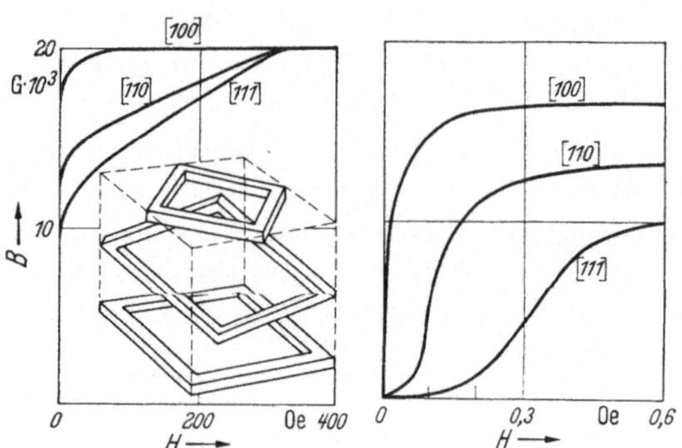

Abb. 97. Kristallographische Orientierung der Proben und dazugehörige Induktionskurven aus einem Einkristall von Eisen mit 3,85% Si. (Nach H. J. WILLIAMS.)

vorangestellt werden. H. J. WILLIAMS[1] hat in mehreren Veröffentlichungen über die Eigenschaften großer Einkristalle berichtet. Es gelang ihm, Kristalle von mehreren Kubikzentimetern Größe herzustellen; aus ihnen wurden kleine Rahmen herausgesägt, die entsprechend der Abb. 97 nur jeweils eine kristallographische Richtung enthielten, der unterste Rahmen nur die [100]-Richtung, der senkrecht stehende Rahmen nur die [111]-Richtung und der oberste Rahmen die [110]-Richtung. Nach dem Sägen wurden die Rähmchen mit einer Seitenlänge von etwa 1···1,7 cm abgeätzt, und um die verformten Zonen zu entfernen nach der Methode von CIOFFI bei 1300° in reinstem Wasserstoff geglüht. Die Messungen an geschlossenen magnetischen Kreisen erlaubten eine hohe Genauigkeit, die Ergebnisse sind in Abb. 98 gezeigt. Da die [100]-Richtung mit der Richtung der leichtesten Magnetisierbarkeit zusammenfällt, zeigen hier die magnetischen Eigenschaften Höchstwerte. In den beiden anderen Richtungen ist die Magnetisierbarkeit wesentlich schlechter, was besonders aus Abb. 97 zu ersehen ist. Überraschend ist der Unterschied der Koerzitivkraft und der Anfangspermeabilität in den verschiedenen Rich-

---

[1] WILLIAMS, H. J.: Phys. Rev. Bd. 51 (1937) S. 1009; Bd. 52 (1937) S. 747/51; Bd. 52 (1937) S. 1004/05.

tungen. Man war immer der Ansicht, daß Einkristalle in kleinsten Feldern sich magnetisch isotrop verhalten würden. In Wirklichkeit verhalten sich die Anfangspermeabilitäten so wie 6 : 3 : 2. R. M. Bozorth[1] glaubt dieses Ergebnis auch theoretisch begründen zu können, während R. Becker diese Berechnungen anzweifelt, ohne eine neue Erklärung dafür bieten zu können. Die Richtungsabhängigkeit der Koerzitivkraft wurde von K. J. Sixtus[2] auch an anderen Einkristallen beobachtet.

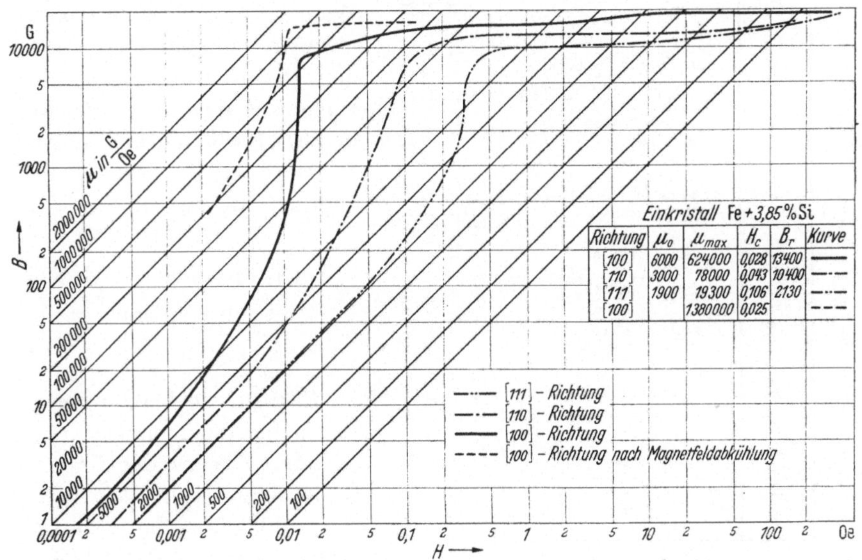

Einkristall Fe + 3,85 % Si					
Richtung	μ_0	μ_{max}	H_c	B_r	Kurve
[100]	6000	624000	0,028	13400	——
[110]	3000	78000	0,043	10400	— — —
[111]	1900	19300	0,106	2130	—·—·—
[100]		1380000	0,025		– – –

Abb. 98. Induktionskurven eines Einkristalls aus Eisen mit 3,85% Si in verschiedenen kristallographischen Richtungen.

H. J. Williams[3] verlängerte die Glühdauer bei hohen Temperaturen und konnte dadurch die Maximalpermeabilität auf 1 180 000 G/Oe erhöhen. Eine Anlaßbehandlung bei 600° C in einem Magnetfeld von 10 Oe und die nachfolgende Abätzung einer dünnen Oxydhaut bewirkten eine Erhöhung der Maximalpermeabilität auf 1 380 000 G/Oe, dem auch heute noch nicht überbotenen Höchstwert für Fe-Si-Legierungen.

H. J. Williams benutzte auch sein ausgezeichnetes Versuchsmaterial zur Bestimmung der Anisotropiekonstanten; nach drei verschiedenen Methoden erhält er für eine Legierung 2,8% Si in vorzüglicher Übereinstimmung für die Konstante K_1 den Wert von $3,8 \cdot 10^5$ Erg/cm³.

---

[1] Bozorth, R. M.: J. Applied Phys. Bd. 8 (1937) S. 575/88.
[2] Sixtus, K. J.: Phys. Rev. Bd. 52 (1937) S. 347/52.
[3] Williams, H. J.: Phys. Rev. Bd. 52 (1937) S. 747/51.

Tabelle 15. *Magnetische Eigenschaften technischer Eisen-Silizium-Legierungen.*

Bezeichnung		Zusammensetzung			Dichte	Dicke	μ_0	μ_{max}	H_c	V_{10}	V_{15}	B_5	B_{10}	B_{25}	B_{100}	B_{300}
Deutsch	Amerikanisch	C	Mn	Si												
I	Armature	<0,1	<0,3	0,5···0,8	7,80	0,5		5500	0,9	3,6	8,6			15300	17300	19800
II	Electrical	<0,1	<0,3	0,8···1,2	7,75	0,5		6100	0,85	3,0	7,2			15000	17100	19500
IIIa	Motor	<0,08	<0,3	2,4···3,0	7,70	0,5	500	5800	0,75	2,3	5,6	12600	13600	14700	16900	19300
b						0,5				2,0	4,9			15500	16700	19000
	Dynamo			3,25	7,65	0,35		5800	0,65							
IVa	Transformer 1	<0,08	<0,3	3,6···4,2	7,60	0,35	400	7000	0,5	1,5	3,8	12000	13200	14300	16500	
b						0,35				1,3	3,3	12300	13400	14300	16500	
Va	Transformer 2	<0,08	<0,3	3,8···4,4	7,55	0,35		9000	0,3	1,1	2,8	12500	13500	14300	16500	
b						0,35				1,0	2,6	12900	13700	14300	16500	
Trafoperm 25 N 2				~4%	7,6	0,35	600	20000	0,25	0,7						19000
Hyperm IV				~4%	7,61	0,35	500	14000	0,3	0,8		13400	14000	14800	17000	20000
Hyperm VII ...				~4%	7,69	0,35	1000	22500	0,15	0,6		16700	17000	17500	19000	20000
Goss-Blech				~3,25%	7,65	0,35	550	60000	0,15	0,7	1,4	16500	17000	18000	19500	20000

A. J. C. WILSON[1] untersuchte die Wechselstromverluste an Einkristallen mit 2,1% Si. Durch Anwendung verschiedener Frequenzen konnte er die Hysterese- und Wirbelstromverluste getrennt bestimmen. Während die Wirbelstromverluste unabhängig von der Orientierung sind, betragen die Hystereseverluste in der [100]-Richtung etwa $\frac{1}{3}$ von denen in den beiden anderen Richtungen.

β) Eigenschaften der technischen Legierungen.

Ebenso wie beim reinen Eisen sind die technisch erreichbaren Werte der Fe-Si-Legierungen recht weit von den Spitzenwerten WILLIAMS entfernt. Tab. 15 bzw. Abb. 99 und 100 geben eine Zusammenstellung der Eigenschaften der wichtigsten technischen Fe-Si-Legierungen. Die in Tab. 15 angegebenen Bezeichnungen stellen bei den technischen Werkstoffen die Normenbezeichnung nach DIN 6400 dar, die durch besondere Herstellung und Bearbeitungsverfahren gewonnenen hochwertigen Bleche sind nach Firmenbezeichnungen

<hr>

[1] WILSON, A. J. C.: Proc. Phys. Soc. Bd. 58 (1946) S. 21/29.

benannt. Eine Neufassung des seit 1926 bestehenden Normblattes DIN 6400 war erforderlich, da die in der alten Fassung angegebenen Garantiewerte längst überholt waren, worauf schon A. Heitmeier[1] hinwies.

Induktion. Der deutschen Unterteilung schließt sich die amerikanische eng an, während die Engländer nach E. Marks[2] eine noch feinere Abstufung des Si-Gehaltes vornehmen. Die Angaben für Anfangs- und

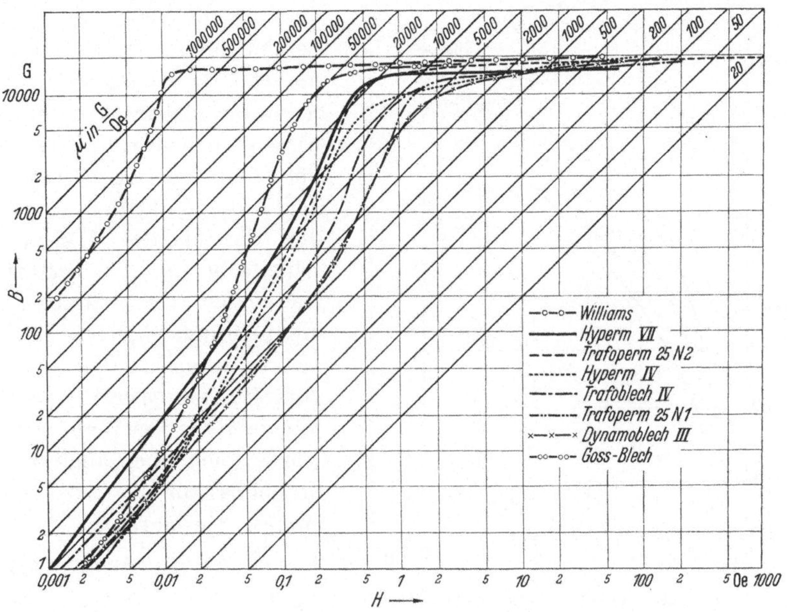

Abb. 99. Induktionskurven technischer Eisen-Silizium-Legierungen.

Maximalpermeabilität beziehen sich auf eine Wechselfeldmagnetisierung und sind durch $\dfrac{B_{max}}{H_{max}}$ definiert, während die Induktionswerte B_5, B_{10} usw. die Induktion bei einer Gleichfeldstärke von 5, 10 usw. Gauß bedeuten, die Verluste V_{10} und V_{15} stellen die Verluste in Watt/kg dar für eine Induktion von 10000 bzw. 15000 G und 50 Hz. In den angelsächsischen Ländern werden die Verluste häufig in Watt/lb. und 60 Hz angegeben. Da der Wirbelstromanteil nicht bekannt ist, kann eine Umrechnung auf Watt/kg und 50 Hz nicht ohne weiteres durchgeführt werden, deshalb muß ein Vergleich der Werte unterbleiben.

---

[1] Heitmeier, A.: VDE-Fachber. Bd. 8 (1936) S. 100/02.
[2] Marks, E.: Sheet Metal Ind. Bd. 14 (1940) Nr. 155 S. 265/68.

Verluste. In Abb. 100 ist der Gang der Gesamtverluste in Abhängigkeit von der Induktion an einigen Werkstoffen gezeigt. Die Werte für das Transformatorenblech Qualität Va und das Dynamoblech Qualität IIIb unterbieten die Normengrenzen nicht unerheblich. Im allgemeinen ist die Wahrung der Werte für V_{10} schwieriger als für V_{15}. Das sehr reine Hyperm IV zeigt nicht nur in der Induktion, sondern auch hinsichtlich der Verluste ein sehr gutes Verhalten.

Man hat sich früher sehr eingehend mit der Errechnung der Verluste aus irgendwelchen Meßdaten beschäftigt. Wenn auch manche dieser Formeln sich recht brauchbar erwiesen, so wissen wir heute, daß es sich um Zufallsergebnisse handelt. denn die Faktoren, welche die Gestalt der Hystereseschleife bestimmen, gestatten eine früher nie geahnte Formenmannigfaltigkeit. Am bekanntesten ist die Formel von C. STEINMETZ[1], welche seinerzeit für Eisen aufgestellt wurde, sich aber auch recht brauchbar für silizierte Bleche erwies. Sie lautet:

$$V_f = \eta \cdot f \cdot B_{\max}^{a} + \varepsilon \cdot f^2 \cdot B_{\max}^2 .$$

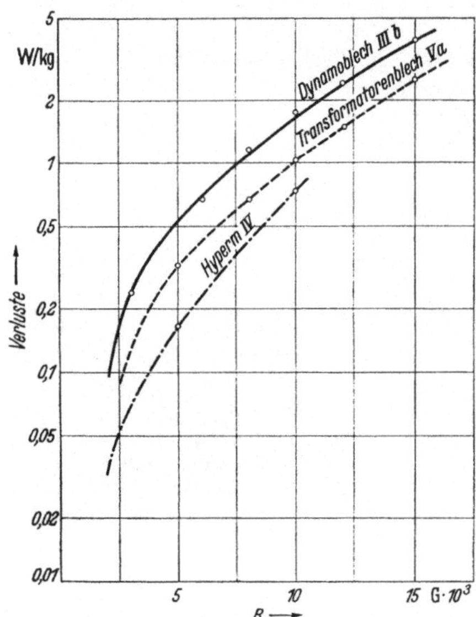

Abb. 100. Wattverluste technischer Eisen-Silizium-Legierungen in Abhänigkeit von der Induktion bei 50 Hertz.

Es bedeuten: $\dot{V}_f$ Gesamtverluste bei der Frequenz f, α den STEINMETZ-Exponenten, η den Hysteresekoeffizienten, ε den Wirbelstromkoeffizienten und f die Frequenz des Wechselstroms. Für die Verknüpfung der Hystereseverluste mit der maximalen Induktion nimmt die Formel folgende Gestalt an: $V_H = \eta \cdot B^{a}$.

Der Hysteresekoeffizient hängt in erster Linie von der chemischen Zusammensetzung, der STEINMETZ-Koeffizient von der Aussteuerung ab. In Abb. 101 ist die Abhängigkeit des Hysteresekoeffizienten vom Si-Gehalt wiedergegeben. Der STEINMETZ-Koeffizient ist für reines Eisen etwa 1,6, für Dynamoblech 1,66 und für Transformatorenblech 1,7 und gilt für Induktionen zwischen 1000 und 17000 G.

Die Sorten I und II werden in Stärken von 1,0···0,5 mm hergestellt und zeigen recht hohe Verluste, sie werden nur für untergeordnete Zwecke

---

[1] STEINMETZ, C.: Elektrotechn. Z. Bd. 12 (1891) S. 62.

benutzt. Die Sorten IIIa und b stellen den hauptsächlichen Werkstoff für den Dynamo- und Motorenbau dar, die Amerikaner haben sogar diese Klasse in zwei Gruppen aufgespalten, die Blechdicke wird auf 0,5 mm herabgesetzt, infolge des mittleren Si-Gehaltes sind die Verluste schon verhältnismäßig klein, während bei nicht allzu hohen Feldern recht beachtliche Induktionen erreichbar sind. Die Gruppe der Transformatorenbleche ist in vier Sorten nach den garantierten V_{10}-Werten von 1,5, 1,3, 1,1 und 1,0 Watt/kg aufgeteilt. Um diese niedrigen Gesamtverluste auch einhalten zu können, ist die Blechdicke auf 0,35 mm herabgesetzt. Die erreichbaren Induktionen sind noch

beachtlich hoch. Die Anfangspermeabilität liegt bei allen technischen Eisen-Silizium-Legierungen sehr niedrig, nämlich zwischen 400 und 500 G/Oe. Da aber für den Transformatorenbau nur die Verluste und die Induktion bei stärkeren Feldern interessant sind, spielt die Anfangspermeabilität eine untergeordnete Rolle.

Neben dieser Anwendung im Starkstromgebiet werden die Transformatorenbleche noch für den Bau von Übertragern in der Schwachstromtechnik sowie für den Bau von Meßwandlern benutzt. Für den

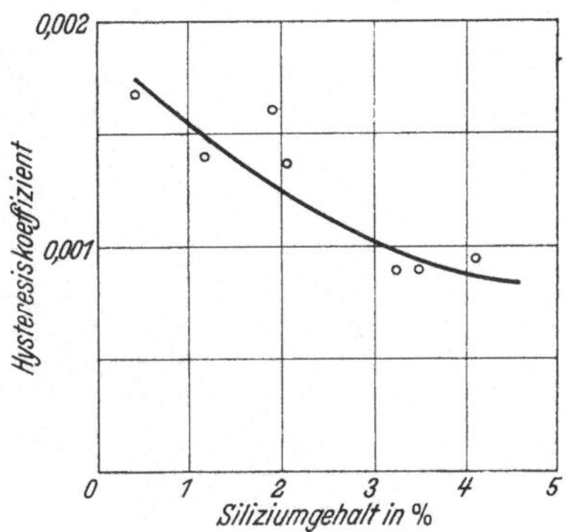

Abb. 101. Abhängigkeit des Hysteresekoeffizienten (Formel nach Steinmetz) vom Siliziumgehalt der Transformatorenbleche.

ersten Zweck ist eine höhere Anfangspermeabilität und ein geringer Anstieg der Permeabilität erwünscht, für den zweiten Zweck wird eine möglichst hohe Induktion bei kleinen Feldern verlangt. Beide Forderungen werden teilweise durch eine höhere Reinheit des Werkstoffs erfüllt. Durch besondere Schmelzführung, u. U. im Vakuum, durch sehr sorgfältige Walz- und Glühbehandlung gelang es tatsächlich, natürlich bei erhöhten Gestehungskosten, Werkstoffe großer Reinheit herzustellen. Da auch die Schlußglühung besondere Sorgfalt erfordert, werden vielfach die fertigen Stanzteile an Stelle der Bleche geliefert. Eine Nachglühung von seiten des Verbrauchers führt dann u. U. zu einer Verschlechterung der magnetischen Werte. Durch eine nicht näher bekannte Behandlung gelingt es auch, Werkstoffe mit geringem Anstieg der Permeabilität herzustellen. In Abb. 99 ist die Induktionskurve dieses unter der Bezeichnung Trafoperm 25 N1 in den Handel kommenden Materials wiedergegeben. Die reinste Sorte, Hyperm VII bezeichnet, erreicht die beachtliche Anfangspermeabilität von etwa 1000 G/Oe.

Das Geräusch der Transformatoren ist zum größten Teil auf die

Magnetostriktionsschwingungen zurückzuführen. Da die Magnetostriktion bei etwa $6 \cdots 7\%$ Si Null wird (siehe Abb. 95), hat man versuchsweise Bleche mit diesem hohen Si-Gehalt hergestellt und damit tatsächlich geräuschlose Trafos bauen können. Die Herstellungs- und Verarbeitungsschwierigkeiten sind jedoch so groß, daß trotz sehr guter magnetischer und elektrischer Eigenschaften die Anwendung in der Praxis unterblieb.

Stabilität. Durch die Rohstoffknappheit des Weltkrieges angeregt, wurden Fe-Si-Legierungen in steigendem Maße auch für die Zwecke der

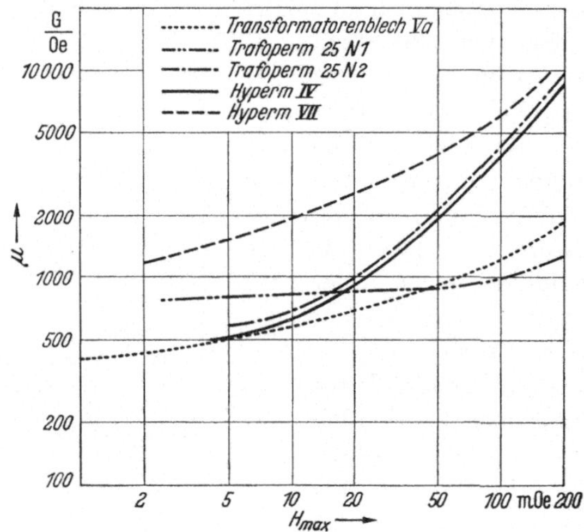

Abb. 102. Änderung der Permeabilität mit der Feldstärke bei verschiedenen Eisen-Silizium-Legierungen (50 Hertz).

Schwachstromtechnik, vorzugsweise für Übertrager verwendet. Hierbei spielen die Verluste und die Induktionen bei starken Feldern keine Rolle, sondern nur das Verhalten bei schwachen Feldern und die Wechselstrompermeabilität bei Überlagerung von Gleichfeldern oder nach vorübergehenden Gleichstromstößen. Es sollen daher der Anstieg der Permeabilität bei kleinen Feldern und die reversible Permeabilität in Abhängigkeit von der Stärke der Vormagnetisierung wiedergegeben werden. In Abb. 102 ist die Permeabilitätskurve von Transformatorenblech Qualität Va und im Vergleich dazu die Kurven verschiedener Sonderwerkstoffe auf der Basis Fe-Si gezeigt. Während dem Transformatorenblech ein mittlerer Anstieg zukommt, zeigt das Trafoperm 25 N1 über eine Feldstärke von etwa 50 mOe eine fast konstante Permeabilität, während die anderen Sorten einen recht steilen Anstieg aufweisen. In Abb. 103 ist die Änderung der Permeabilität mit wachsender Gleichstromvormagnetisierung bei einer Wechselfeldaussteuerung von 100 mOe und 50 Hz für Bleche von 0,35 mm Dicke wiedergegeben. Für die Empfindlichkeit gegen starke Gleichstromstöße wird als Maß die Instabilität der Permeabilität, gekennzeichnet durch $s = \dfrac{\mu_{\mathrm{Rem}} - \mu_0}{\mu_0} \cdot 100\%$ angegeben. Für gewöhnliches Transformatorenblech beträgt die Instabilität $- 15\%$.

Im Zusammenhang mit den Eigenschaften soll auch an dieser Stelle auf die Druckempfindlichkeit der Transformatorenbleche hingewiesen werden. Da die Magnetostriktion bei Eisen und auch bei den Fe-Si-Legierungen in den verschiedenen kristallographischen Richtungen verschiedene Vorzeichen aufweist, ändert sich mit steigender Induktion entsprechend den Vorstellungen über den Magnetisierungsvorgang auch die Magnetostriktion, sie zeigt bei kleinen Feldern positive, bei starken Feldern negative Werte. Elastische Druck- oder Zugspannungen können daher durch Aufhebung oder Verstärkung der magnetostriktiv bewirkten Eigenspannungen die magnetischen Eigenschaften verbessern oder verschlechtern.

In neuerer Zeit hat sich J. PFAFFENBERGER[1] mit dem Einfluß von Querpressungen befaßt, wie sie beim Verschrauben der Blechpakete im Transformator auftreten können. Bei Drucken von 15 kg/cm² tritt eine

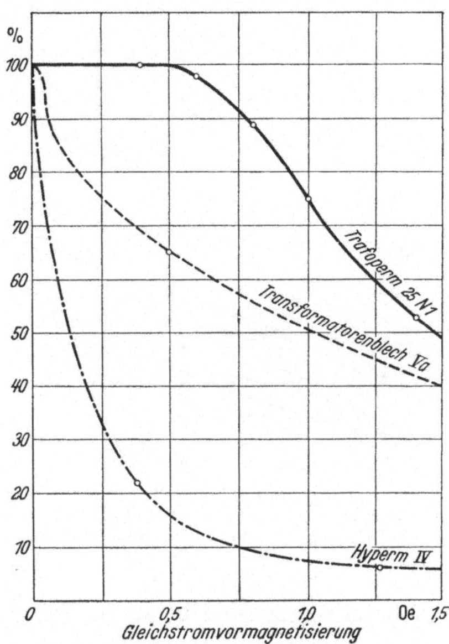

Abb. 103. Abhängigkeit der Permeabilität von der Gleichstromvormagnetisierung bei verschiedenen Eisen-Silizium-Legierungen ($H_{\mathrm{max}}=100\,\mathrm{mOe}$, 50 Hz, 0,35 mm Blechstärke).

Erhöhung des Hysterese- und damit des Gesamtverlustes um etwa 10% ein. Ein zu festes Verschrauben der Blechpakete ist also zu vermeiden.

Alterung. Die Alterung durch Ausscheidungsvorgänge, vorzugsweise durch Ausscheidung von Stickstoff, spielt bei Transformatorenblechen nur eine untergeordnete Rolle. Zwar ist das Transformatorenblech in der Lage, Stickstoff aufzunehmen und dadurch die magnetischen Eigenschaften zu verschlechtern, wie F. PAWLEK[2] nach später zu besprechenden Versuchen beweisen konnte, jedoch scheint sowohl die Absolutmenge als auch die Temperaturabhängigkeit der Löslichkeit durch den Si-Zusatz stark beschränkt zu sein.

---

[1] PFAFFENBERGER, J.: Elektrotechn. Bd. 1 (1947) S. 126/28.
[2] PAWLEK, F.: Arch. Eisenhüttenw. Bd. 16 (1943) S. 363/66.

Die Alterungsprüfung besteht in einer Anlaßbehandlung bei 100° C
über 600 Stunden; die Koerzitivkraft soll dabei beim niedrigsten Si-Gehalt
um nicht mehr als 9%, beim höchsten Si-Gehalt nicht mehr als 5% des
Ausgangswertes zunehmen. Während bei Gehalten unter 0,5% noch mit
einer Alterung zu rechnen ist, wird eine solche bei Si-Gehalten über 1%
fast niemals beobachtet.

Nachwirkung. Untersuchungen über Nachwirkungserscheinungen an
Eisen-Silizium-Legierungen sind von H. WILDE[1] durchgeführt worden. Es
gelang ihm durch sorgfältige Messungen die Nachwirkungserscheinungen in
zwei Komponenten aufzuspalten. Neben einem stark temperatur- und frequenzabhängigen Anteil konnte auch ein von der Temperatur unabhängiger Anteil festgestellt werden, über dessen Natur allerdings noch gar keine Anhaltspunkte vorliegen. Der erstgenannte Anteil der Nachwirkung läßt sich in seiner Temperaturabhängigkeit durch das BOLTZMANNsche

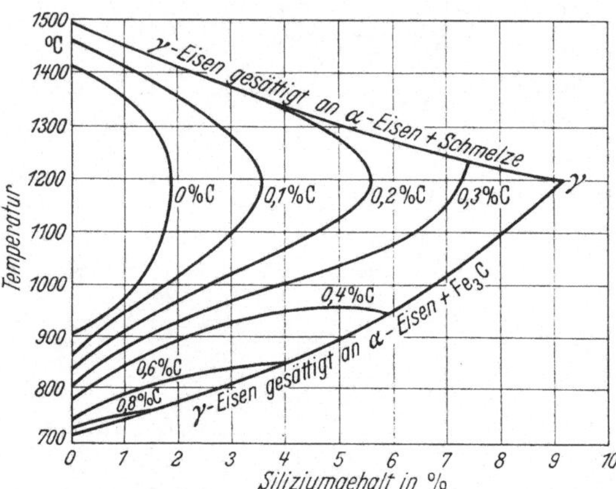

Abb. 104. Verschiebung der Umwandlungslinien im System
Fe-Si durch Kohlenstoff. (Nach A. KRIZ u. F. POBORIL.)

Verteilungsgesetz erfassen, seine Verknüpfung mit Diffusionsvorgängen
von Verunreinigungen (Kohlenstoff und Stickstoff) ist daher sehr wahrscheinlich (siehe S. 113). Gestützt wird diese Annahme durch die Abwesenheit einer Nachwirkung bei sehr reinen, praktisch kohlenstofffreien Legierungen wie z. B. Trafoperm 25 N 1.

γ) Einfluß von Verunreinigungen.

Wie bereits aus den Abb. 98 und 99 zu ersehen war, liegen die technisch erreichbaren Werte für Fe-Si-Legierungen weit unter denjenigen
für den reinen Einkristall. Die Gründe für dieses Abweichen sind ebenso
wie beim unlegierten Eisen in den fast nie zu vermeidenden Verunreinigungen zu suchen. Der häufigste Eisenbegleiter, der Kohlenstoff, wirkt
sich auch hier störend aus. Durch Si-Zusatz allein wird das γ-Gebiet eingeschnürt und Legierungen mit mehr als 2% Si sind durchwegs ferritisch,
aber schon kleine Mengen an Kohlenstoff erweitern wieder das γ-Gebiet,

---

[1] WILDE, H.: Frequenz Bd. 3 (1949) Nr. 11 S. 309/19; Nr. 12 S. 348/53.

wie nach A. Kriz und F. Poboril[1] aus Abb. 104 hervorgeht. Geringe Mengen C können gelöst vorliegen oder als Perlit ausgeschieden sein. Darüber hinaus besteht die durch Si bewirkte Neigung, den C als Graphit auszuscheiden. Man muß also eine verschiedene Wirkung des C erwarten, je nachdem in welcher Form er vorliegt. T. D. Yensen und N. A. Ziegler[2] haben ihre vorbildlichen Untersuchungen über den Einfluß von C, O und S auch auf die magnetischen Eigenschaften von Fe-Si-Legierungen ausgedehnt. In Abb. 105 ist zunächst der Einfluß von C und S auf die Koerzitivkraft von Legierungen mit 0, 2, 4 und 6 % Si gezeigt. Am gefährlichsten wirkt der C in gelöster Form, als Zementit ist er relativ harmlos, als Perlit ist sein Einfluß wieder recht bedeutend. Hohe Si-Gehalte bewirken die Ausscheidung des C als Graphit, was die ungefährlichste Form darstellt. Der Schwefel ist nicht so schädlich. Der Sauerstoff wirkt sich nach Ansicht von Yensen auf die Koerzitivkraft bzw. Anfangspermeabilität überhaupt nicht aus, da er an Si als SiO_2 gebunden vorliegt. Das eingelagerte SiO_2 bewirkt aber bei hohen Feldern eine Abnahme der Permeabilität. Bei einem Feld von 100 Oe, das entspricht

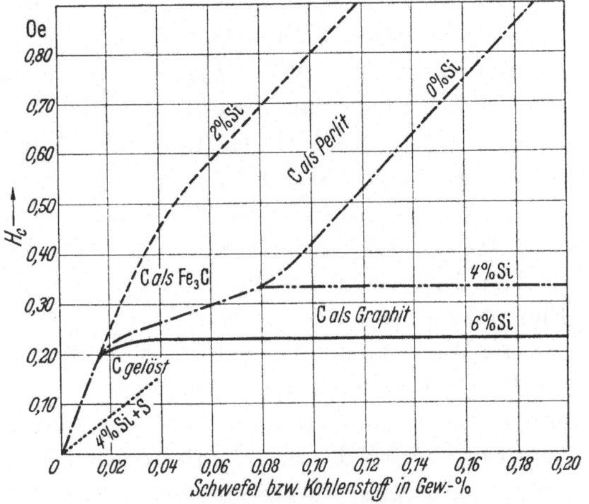

Abb. 105. Einfluß von Kohlenstoff und Schwefel auf die Koerzitivkraft von Eisen-Silizium-Legierungen. (Nach T. D. Yensen u. N. A. Ziegler.)

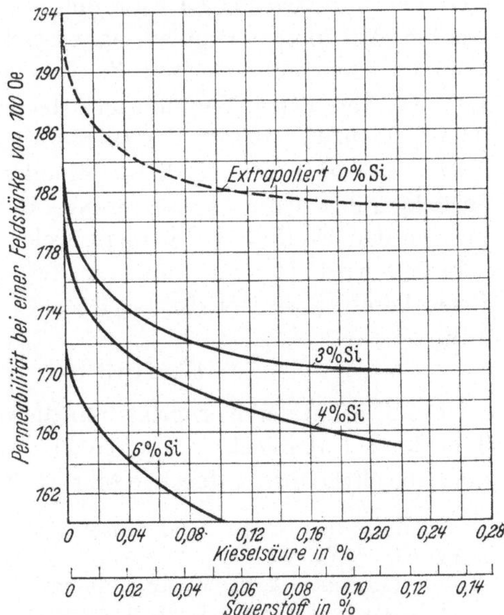

Abb. 106. Einfluß des Sauerstoffgehaltes auf die Permeabilität von Eisen-Silizium-Legierungen ($H = 100$ Oe). (Nach T. D. Yensen u. N. A. Ziegler.)

[1] Kriz, A., u. F. Poboril: Stahl u. Eisen Bd. 50 (1930) S. 1725/27.
[2] Yensen, T. D., u. N. A. Ziegler: Trans. Am. Soc. Metals Bd. 24 (1936) S. 337/58. — Yensen, T. D.: Stahl u. Eisen Bd. 56 (1936) S. 1545/50.

einer Induktion von 17000 bis 19000 G, zeigt dies Abb. 106. Je höher der Si-Gehalt, einen desto stärkeren Einfluß übt die gleiche Menge an gebundenem O aus. Im Gegensatz zu T. D. YENSEN findet G. M. KOROWIN[1], daß oxydische Einschlüsse von 0,02···0,06% O eine Erhöhung der Koerzitivkraft um 0,25···0,45 Oe bewirken. Nach der Fremdkörpertheorie ist auch ein Einfluß der Schlackeneinschlüsse zu erwarten gewesen. Über die Wirkung des C und O liegen außerdem noch Angaben von A. S. SAIMOWSKI[2] vor.

Über den Einfluß des Phosphors berichten W. S. MESSKIN und J. M. MARGOLIN[3], danach entsteht keine Verschlechterung der magnetischen Eigenschaften durch die in den Stählen üblichen Mengen an Phosphor.

Die Wirkung des Stickstoffs ist nach Versuchen von F. PAWLEK[4] sehr stark. Da ihm aber die Möglichkeit fehlte, Stickstoffbestimmungen in den Legierungen durchzuführen, sind quantitative Angaben nicht möglich. Der Einfluß des Stickstoffs auf die magnetischen Werte beim Glühen unter Schutzgas soll später noch geschildert werden (siehe S. 156).

Eine große Rolle spielt noch die Frage nach dem Einfluß kleiner Mengen von Metallen, die in immer größerem Umfange durch die Verwendung legierten Schrottes in den Transformatorenstahl eingeschleppt werden. Mit diesem Problem haben sich W. S. MESSKIN und J. M. MARGOLIN[5] eingehend beschäftigt. Zusätze von 0,005···0,012% Al oder 0,03% Be bewirken keine Veränderung der Koerzitivkraft, jedoch brachten 0,05% Ti bzw. 0,055% V eine merkliche Erniedrigung der Koerzitivkraft, was auf die desoxydierende und entgasende Wirkung der Zusätze zurückgeführt wird. A. KUSSMANN, B. SCHARNOW und W. S. MESSKIN[6] prüften den Einfluß des Kupfers, welches durch gekupferten Stahl eingebracht wird. Das Silizium setzt zwar die Löslichkeit des Kupfers im Eisen herab, aber Gehalte bis 0,7% Cu beeinflussen die Koerzitivkraft kaum.

δ) Einfluß der Korngröße.

Der Einfluß der Korngröße auf die magnetischen Eigenschaften von Transformatorenblech war lange Zeit umstritten. Schließlich hat sich aber die Erkenntnis durchgesetzt, daß mit steigender Korngröße die

---

[1] KOROWIN, G. M.: Ural. wiss. Forsch.-Inst. Schwarzmet. Bd. 2 (1938) S. 137/54.

[2] SAIMOWSKI, A. S.: Westnik Elektrotechn. Bd. 3 (1931) S. 28/49.

[3] MESSKIN, W. S., u. J. M. MARGOLIN: Katschestwennaja Stal Bd. 6 (1938) Nr. 2 S. 23/30.

[4] PAWLEK, F.: Arch. Eisenhüttenw. Bd. 16 (1943) S. 363/66.

[5] MESSKIN, W. S., u. J. M. MARGOLIN: Katschestwennaja Stal Bd. 5 (1937) Nr. 2 S. 22/25; Metals and Alloys Bd. 10 (1939) S. 26/31.

[6] KUSSMANN, A., B. SCHARNOW u. W. S. MESSKIN: Stahl u. Eisen Bd. 50 (1930) S. 1194/97.

Eigenschaften stets verbessert werden, daß aber der Einfluß der Korngröße durch viele andere Einflüsse abgeschwächt oder sogar unterdrückt werden kann. Als Verfechter eines günstigen Korngrößeneinflusses kommen vorerst wieder T. D. Yensen und N. A. Ziegler[1] in Betracht. An zahlreichen Schmelzen großer Reinheit und mit wachsendem C-Gehalt untersuchten sie den Einfluß der Korngröße. In der von ihnen aufgestellten allgemeinen Beziehung für die Koerzitivkraft $H_c = a N + b$ bedeutet a den Korngrößenfaktor, b den Kohlenstoffaktor und N die Anzahl Körner/mm². In Abb. 107 ist der Einfluß des Kohlenstoffs auf

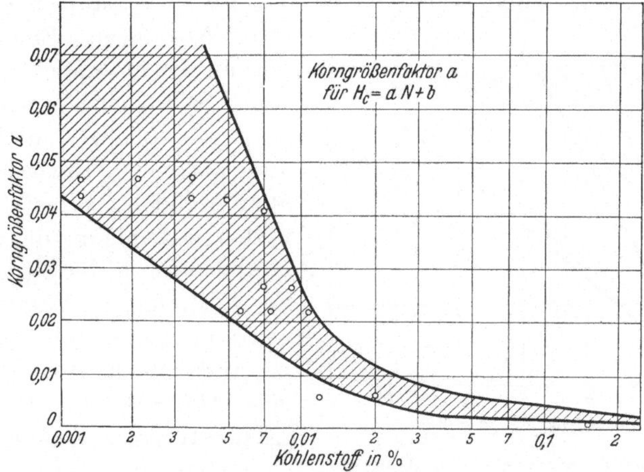

Abb. 107. Einfluß des Kohlenstoffgehaltes von Eisen-Silizium-Legierungen auf den Korngrößenfaktor a der Koerzitivkraft. (Nach T. D. Yensen u. N. A. Ziegler.)

den Korngrößenfaktor gezeigt, bei sehr kleinen C-Werten ist der Einfluß der Korngröße recht groß, aber bereits bei 0,015% C ist der Einfluß auf $^1/_7$ dessen bei 0,001% C herabgesunken, um dann auch bis 0,2% C nicht mehr wesentlich abzunehmen. Im Lichte der Fremdkörpertheorie ist dieses Verhalten auch durchaus verständlich, im Bereich des gelösten C überwiegt die Größe des durch keine Korngrenzen beeinflußten Kristalls, bei Anwesenheit von C als Zementit oder Graphit wird der Einfluß der Fremdkörper maßgebend. Yensen ist der Ansicht, daß die Korngröße (von ihm wird die reziproke Größe N = Kornzahl/mm² benutzt) bei C-Gehalten unter 0,01% die magnetischen Eigenschaften nach $\sqrt{N}$ beeinflußt, während über 0,01% eine lineare Abhängigkeit besteht. In Abb. 108 sind die beiden Arten der Abhängigkeit für die verschiedenen Si-Gehalte wiedergegeben, die dabei benutzte Skala für den Hystereseverlust in Erg/cm³ und Periode kann durch Multiplikation mit dem Faktor 0,000668 in die bei uns übliche Einheit V_{H10} in Watt/kg um

---

[1] Yensen, T. D., u. N. A. Ziegler: Trans. Am. Soc. Metals Bd. 24 (1936) S. 337/58.

gerechnet werden. Auch W. S. MESSKIN und E. I. PELZ[1] finden eine Herabsetzung der Koerzitivkraft bzw. der Verluste mit steigender Korngröße. Sie bringen aber die Verbesserung mit einer größeren Reinheit der Kristalle in Zusammenhang. Bei der Rekristallisation nach einer kritischen Verformung bleiben die Einschlüsse und unlöslichen Verunreinigungen nicht an ihrem Platze, sondern werden beim Kornwachstum durch die sich verschiebende Korngrenze mitgenommen und häufen sich schließlich dort an. Das Kornwachstum hat demnach zwei Wirkungen: Eine Verminderung der störenden Korngrenzen, die eine mechanische Spannungsquelle infolge der andersartigen Orientierung der angrenzenden Körner darstellen, und eine Reinigung des einzelnen Kornes, obwohl der Gesamtbetrag der Legierung an Verunreinigungen konstant bleibt.

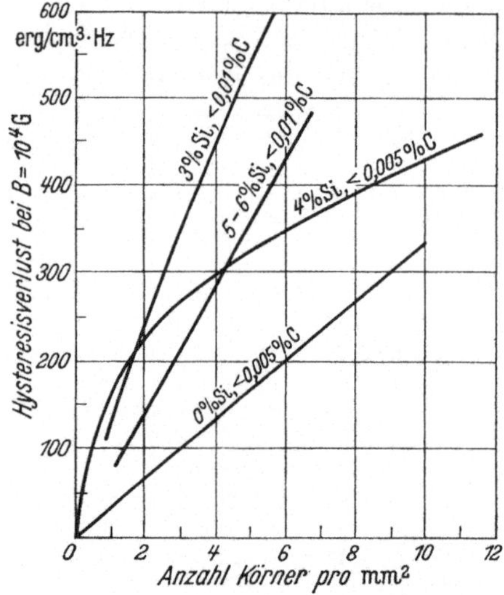

Abb. 108. Einfluß der Korngröße auf die Hystereseverluste von Eisen-Silizium-Legierungen in Abhängigkeit vom Silizium- und Kohlenstoffgehalt. (Nach T. D. YENSEN u. N. A. ZIEGLER.)

Auch W. E. RUDER[2] glaubt eine Abhängigkeit der magnetischen Werte von der Korngröße nachweisen zu können. In Abb. 109 sind neben Kurven für reines Eisen auch die Werte für eine Legierung mit 5% Si unter Berücksichtigung des Kornvolumens angegeben. Bei den sehr großen Körnern bis abwärts zu 10 mm³ ist praktisch kein Einfluß bemerkbar, darunter aber steigen die Verluste recht rasch an. RUDER gibt gleichzeitig an, daß der Einfluß der Korngröße durch die Richtungsabhängigkeit der Verluste von der Kristallorientierung vollständig überdeckt werden kann.

Nicht nur die Größe, auch die Kornform soll von Einfluß sein. Im allgemeinen wird ein gut ausgebildetes, mit glatten Grenzen ausgestattetes Korn als günstig bezeichnet. Nach J. S. VATCHAGANDHY und G. P. CONTRACTOR[3] sollen länglich gestreckte Körner sich günstiger auswirken als runde; wahrscheinlich überwiegt dabei der Einfluß einer günstigen Orientierung den der kürzesten Korngrenze.

---

[1] MESSKIN, W. S., u. E. I. PELZ: UdSSR Scient. techn. Dpt. Supreme Council National Economy Nr. 385 Transact. Inst. Metals (1930) Nr. 11 S. 1/39.

[2] RUDER, W. E.: Trans. Am. Soc. Metals Bd. 22 (1934) S. 1120/41.

[3] VATCHAGANDHY, J. S., u. G. P. CONTRACTOR: Iron Steel Bd. 19 (1946) S. 591/97 u. 798/800.

Nach W. Eilender und W. Oertel[1] ist der Einfluß der Korngröße nicht überragend. Sie schließen sich der Anschauung an, daß durch eine Kornneubildung alle Spannungen beseitigt, die Kristallbaufehler weitgehend ausgeheilt und die Verunreinigungen an den Korngrenzen zusammengeballt werden.

Der nicht zu leugnende Einfluß der Korngröße, sei es direkt oder indirekt, hat zahlreiche Versuche angeregt, um ein grobes Kristallgefüge zu erhalten. Der dahinführende Weg geht über die kritische Verformung mit anschließender Rekristallisation, wie er durch die klassischen Untersuchungen von J. Czochralski gezeigt wurde. Es wurden daher Rekristallisationsdiagramme für die verschiedenen Sorten von Fe-Si-Legierungen aufgestellt. A. Wimmer und P. Werthebach[2] haben darüber sehr eingehende Studien angestellt. In Abb. 110 sind die Rekristallisationsdiagramme für zwei Legierungen mit 1 und 4,3% Si wiedergegeben. Der kritische Verformungsgrad liegt bei dem niedrig legierten Blech bei etwa

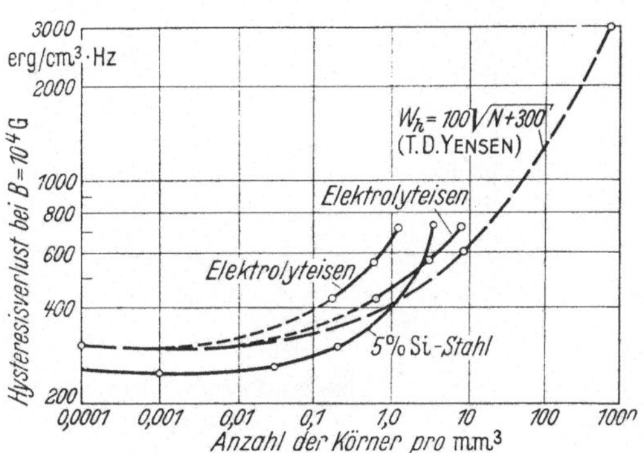

Abb. 109. Einfluß der Korngröße auf die Hystereseverluste von Elektrolyteisen und einer Eisenlegierung mit 5% Si. (Nach W. E. Ruder.)

4%, bei dem hochlegierten Blech etwas darunter. Ein sehr anschauliches Bild über den Einfluß der Korngröße auf die Verluste gibt Abb. 111, wo besonders bei dem hochlegierten Blech mit 3,35% Si eine Herabsetzung der Verluste von 1,91 W/kg auf 1,05 W/kg erreicht wurde. W. S. Messkin und J. M. Margolin[3] kamen bei Legierungen von 3,2···4,7% Si ebenfalls zu dem Ergebnis, daß durch Kaltverformung und Rekristallisation Koerzitivkraft und Gesamtverluste beträchtlich verringert werden.

Der kritische Reckgrad zur Erzielung eines großen Rekristallisationskornes liegt sehr niedrig und ist außerdem recht genau einzuhalten. Diese Bedingungen sind in der Praxis nicht zu gewährleisten, so daß sich dieses aussichtsreiche Verfahren zur Verbesserung der Wattverluste nicht durchsetzen konnte. Bemerkenswert ist in diesem Zusammenhang ein Verfahren, welches nach DRP. 638444 die kritische Verformung durch Abschrecken der Bleche von 1100° in kaltem Wasser erreichen will.

[1] Eilender, W., u. W. Oertel: Stahl u. Eisen Bd. 54 (1934) S. 409/14.
[2] Wimmer, A., u. P. Werthebach: Stahl u. Eisen Bd. 54 (1934) 385/92.
[3] Messkin, W. S., u. J. M. Margolin: Katschestwennaja Stal Bd. 5 (1937) Nr. 5/6 S. 18/23.

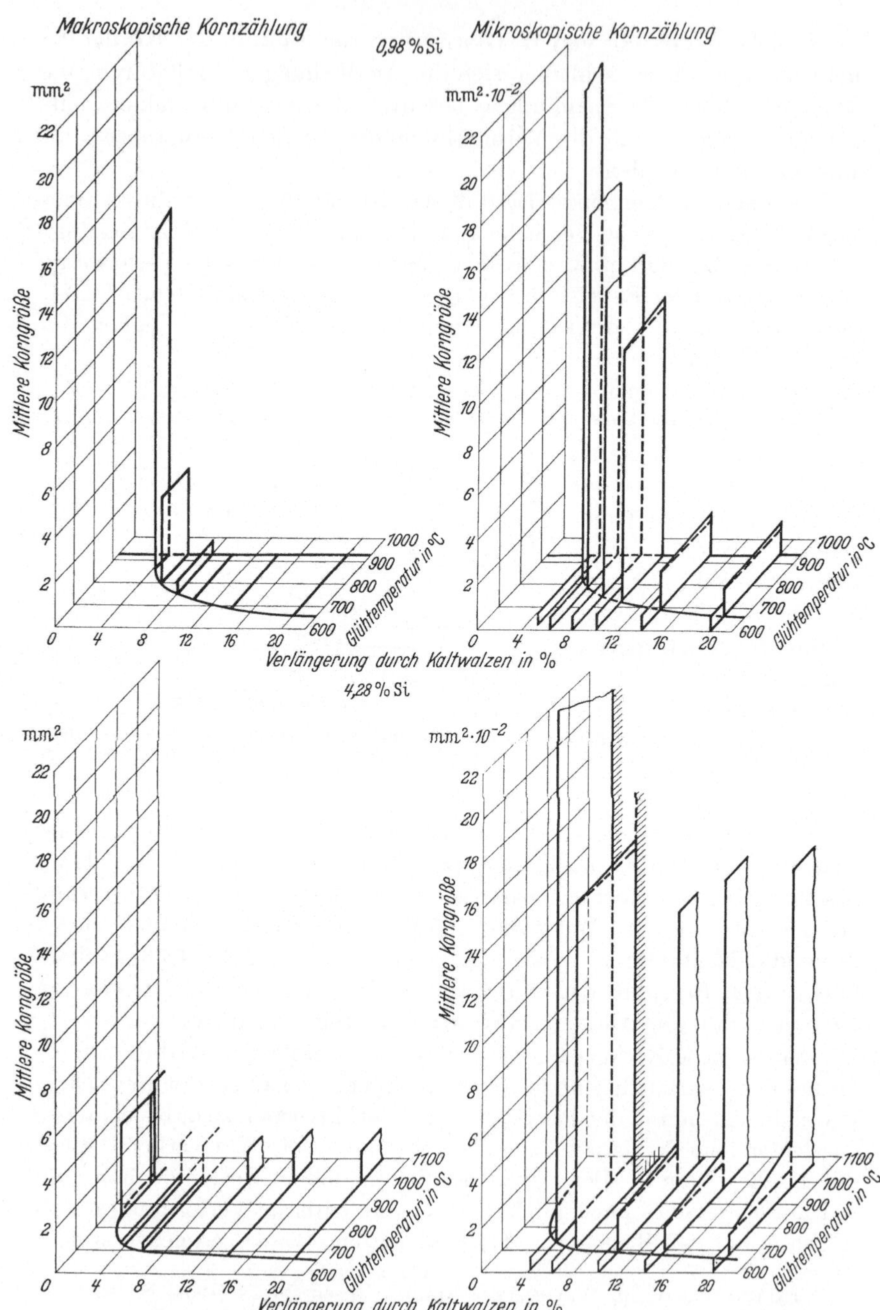

Abb. 110. Abhängigkeit der Korngröße von der Kaltverformung und der Glühtemperatur bei zwei Eisen-Silizium-Legierungen. (Nach A. WIMMER u. P. WERTHEBACH.)

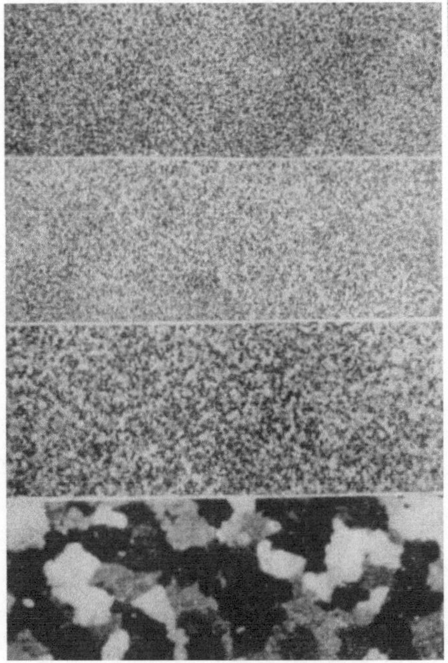

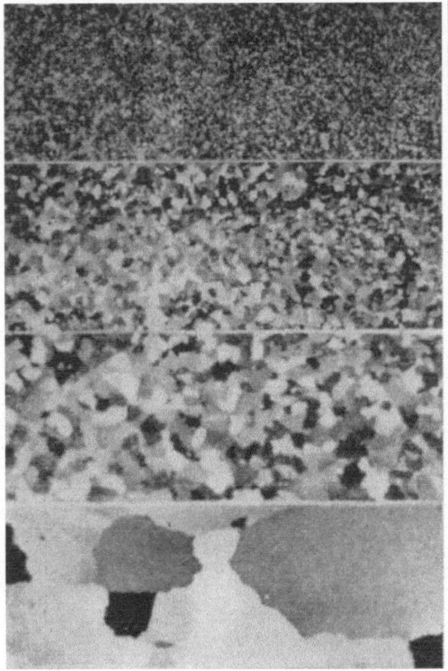

Elektrostahl mit 0,015 % C, 3,35 % Si, 0,17 % Mn, 0,015 % P, 0,028 % S; 0,35-mm-Blech	Korngröße 1000 μ^2	Wattverluste V 10 W/kg
	25	1,91
	1000	1,88
	10 000	1,50
	100 000	1,05

Siemens-Martin-Stahl mit 0,035 % C, 0,75 % Si, 0,55 % Mn, 0,031 % P, 0,034 % S; 0,5-mm-Blech	Korngröße 1000 μ^2	Wattverluste V 10 W/kg
	3	3,91
	8	3,41
	50	3,26
	3000	3,05

Abb. 111. Zusammenhang zwischen Korngröße und Wattverlusten bei zwei verschiedenen Dynamostählen. (Nach A. WIMMER u. P. WERTHEBACH.)

Zusammenfassend läßt sich sagen, daß der Einfluß der Korngröße reell ist, aber durch viele Faktoren, wie z. B. Verunreinigung und Kristallorientierung verdeckt wird. Es hat sich bis jetzt kein technisch gangbarer Weg gezeigt, um über die kritische Verformung mit anschließender Rekristallisation zu einem groben Korn zu gelangen. Die durch die übliche Schlußglühung der Bleche erzielte Kornvergröberung liegt im allgemeinen unterhalb der Grenze, wo die Korngröße noch von wesentlichem Einfluß ist (nicht die Korngröße, sondern die Kornzahl = Anzahl der Körner/mm² geht in die Formel ein).

ε) Einfluß der Kornorientierung.

Da aus den Untersuchungen von H. J. WILLIAMS (siehe Abb. 97 und 98) die starke Abhängigkeit der magnetischen Eigenschaften von der Kristallrichtung hervorgeht, ist es eigentlich selbstverständlich, daß sich auch im polykristallinen Werkstoff eine zufällige oder beabsichtigte Orientierung der Kristallkörner auswirken muß. Es sollen beide Möglichkeiten besprochen werden; die zufällige Orientierung entsteht bei der Herstellung der Transformatorenbleche durch Warmwalzen. Das Studium der Verformungsvorgänge bei Metallen führte dann zur Ausbildung von Verfahren, welche absichtlich eine Kristallorientierung herbeiführen. Erstrebt ist natürlich die Anwesenheit einer [100]-Richtung in der Blechebene parallel zur später benutzten Flußrichtung. Inwieweit sich dieser Wunsch technisch realisieren läßt, werden wir im folgenden sehen.

Kornorientierung in warmgewalzten Blechen. Da der Verformungsvorgang sowohl in der Wärme als auch in der Kälte durch Gleitung des Werkstoffes entlang bevorzugter Gitterebenen im Kristall erfolgt, kann es dabei zu einer mehr oder weniger stark ausgeprägten Gleichrichtung der Kristalle kommen. Bei der Warmverformung wird diese Gleichrichtung der Kristalle nur gering sein, da durch fortwährende Kornneubildung dieser Vorgang unterbrochen wird, und weil außerdem mit steigender Temperatur die Zahl der Gleitebenen stark heraufgesetzt wird. (Dies ist ja einer der Gründe für die leichtere Verformbarkeit bei erhöhter Temperatur.) S. FRANCK und A. RUDOLPHI[1] machen darauf aufmerksam, daß infolge einer bevorzugten Kristallorientierung zwischen dem tatsächlichen Mittelwert der magnetischen Induktion über alle Richtungen und dem aus den Längs- und Querstreifen der Epsteinprobe ermittelten Wert ein Unterschied auftreten kann, da die Richtung der besten oder schlechtesten Magnetisierbarkeit nicht mit einer der beiden Richtungen der Epsteinprobe zusammenfallen muß. Im allgemeinen ist die Magnetisierbarkeit in der Walzrichtung am besten, das Minimum der Magnetisierbarkeit liegt jedoch oftmals bei 45° zur Walzrichtung, oder der Ab-

---

[1] FRANCK, S., u. A. RUDOLPHI: Elektrotechn. Z. Bd. 60 (1939) S. 503/05.

fall der Magnetisierbarkeit erfolgt ungleichmäßig von 0° bis 90° zur Walzrichtung. Die Werte der Epsteinprobe können gegenüber den tatsächlichen Mittelwerten um $+18,0$ bis $-4,6\%$ abweichen.

Dies gilt nur, wenn bei der Herstellung die Bleche sich stets weit
oberhalb der Rekristallisationstemperatur befunden haben, so daß die
Orientierungsmöglichkeit der Kristallite beschränkt war. Nun kann aber
bei den letzten Stichen die Temperatur erheblich absinken; außerdem
wird bei hochwertigen Blechen nach dem Trennen der Pakete oftmals
noch ein sogenannter Egalisierungsstich angewandt, um einen höheren
Füllfaktor bzw. Stapelfaktor (siehe Normblatt DIN 6400) zu erzielen.

Bei dieser Behandlung tritt eine
Kaltverformung ein, der keine
Kristallneubildung folgt, außerdem ist die Zahl der Gleit-
möglichkeiten eingeschränkt, so
daß aus diesen beiden Gründen
eine bessere Ausrichtung der
Kristalle erfolgt als bei der
Warmverformung. Der Einfluß
der Kaltverformung auf die
magnetischen Eigenschaften ist
verschlechternd und muß durch
eine nachfolgende Schluß-
glühung aufgehoben werden.
Dabei tritt wohl eine Änderung
der Kristallage ein, jedoch wird
der Grad der Ausrichtung nur
wenig beeinflußt. O. Dahl und

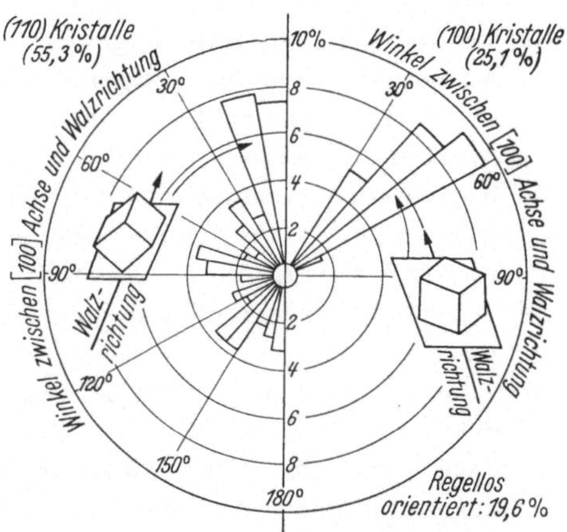

Abb. 112. Kristallorientierung in einem heißgewalzten
Transformatorenblech (der Radius eines jeden 10°-
Abschnittes gibt den prozentualen Anteil der [100]-
Richtung in diesem Sektor an). (Nach K. J. Sixtus.)

J. Pfaffenberger[1] haben eine sehr einfache Methode zur Ermittlung einer
magnetischen Vorzugslage gegeben. Eine kreisrunde Scheibe ist in ihrem
Mittelpunkt gelagert, sie wird sich in einem Magnetfeld so einstellen, daß
die Richtung der leichtesten Magnetisierung mit der Feldrichtung übereinstimmt. Durch Herausdrehen der Scheibe aus der günstigen Lage und
Messung des dabei auftretenden Drehmomentes läßt sich die Methode leicht
für quantitative Messungen erweitern. K. J. Sixtus[2] hat diese und eine
noch später zu beschreibende metallographische Methode angewandt, um
die Lage der Kristalle in einem heißgewalzten Blech mit entsprechender
Schlußbehandlung festzustellen. Das Ergebnis ist in Abb. 112 wiedergegeben. Danach kann man zwei Sorten von Kristallen unterscheiden.
Etwa die Hälfte aller Kristalle zeigt die Lage eines auf einer Kante
liegenden Würfels, jedoch sind nur etwa 10% dieser Kristalle so zur

---

[1] Dahl, O., u. J. Pfaffenberger: Z. Phys. Bd. 71 (1931) S. 93/105.
[2] Sixtus, K. J.: Physics Bd. 6 (1935) S. 105/11.

10*

Walzrichtung orientiert, daß die [100]-Richtung mit ihr zusammenfällt. Etwa 25% aller Kristalle sind so ausgerichtet, daß eine Würfelebene in der Blechebene liegt, jedoch so, daß die [100]-Richtung einen Winkel von etwa 45° zur Walzrichtung einnimmt. Der Rest der Kristalle ist ganz willkürlich gelagert. Diese Verteilung der Kristallagen führt dazu, daß eine magnetische Vorzugslage unter $\pm$ 42° zur Walzrichtung zustande kommt. In dieser Richtung zeigen Maximalpermeabilität und Induktion einen Höchstwert, Koerzitivkraft und Verluste ein Minimum. Soweit es aus konstruktiven Gründen zulässig ist, schneidet man daher die Streifen aus den Blechtafeln unter 45° heraus, um daraus die Blechpakete bzw. Stanzkerne zu schneiden, damit im fertigen Gerät die Flußrichtung in die magnetisch günstigste Lage fällt.

Kornorientierung bei kaltgewalzten Blechen. Der technische Fortschritt in der Konstruktion und dem Bau von kontinuierlichen Kaltwalzwerken führte nicht nur auf dem Gebiete der unlegierten Eisenbleche für Karrosserien, sondern auch bei den Transformatorenblechen zu einer Umwälzung. N. P. Goss[1] gelang es zum erstenmal durch eine mehrmalige Folge von Kaltverformung und rekristallisierender Glühung ein Blech mit einer stark ausgeprägten magnetischen Vorzugslage in der Walzrichtung zu erzeugen. Er selbst erkannte offenbar noch nicht die dazu führenden Vorgänge. Er zeigte zwar bei Untersuchungen an Blechscheiben im Magnetfeld, daß eine ausgeprägte magnetische Vorzugslage vorhanden war, gleichzeitig behauptete er aber an Hand von Röntgenaufnahmen, daß die sehr kleinen Kristallite regellos orientiert seien. Diese Behauptung löste eine Fülle von Untersuchungen aus, denen es auch bald auf den verschiedensten Wegen gelang, das Gegenteil zu beweisen.

Ausgehend von den Arbeiten von N. Akulov und N. Brüchatov[2], welche die Messung des Drehmomentes einer runden Scheibe im Magnetfeld zur Bestimmung der quantitativen Kristallorientierung entwickelten, wurde von L. P. Tarasov die Textur von Fe-Si-Legierungen nach verschiedener Kaltverformung und Rekristallisation bestimmt. Er gab zunächst die allgemeinen Grundlagen[3] und etwas später die quantitative Untersuchung an Fe-Si-Blechen[4]. Er konnte auf Grund der genauen Analyse der Drehmomentkurven beweisen, daß nur eine Kristallordnung nach [100] in der Walzrichtung die gefundenen magnetischen Eigenschaften erklären kann. Es sei aber hier eindringlich davor gewarnt, die von L. P. Tarasov bei hartgewalzten Fe-Si-Blechen angewandte Methode auf jeden beliebigen magnetischen Werkstoff anzuwenden, denn

[1] Goss, N. P.: Trans. Am. Soc. Metals Bd. 23 (1935) S. 511/44.
[2] Akulov, N., u. N. Brüchatov: Ann. Physik (5) Bd. 15 (1932) S. 741/49.
[3] Tarasov, L. P.: J. Applied Phys. Bd. 9 (1938) S. 192/96.
[4] Tarasov, L. P.: Metals Techn. Bd. 6 (1939) Techn. Publ. Nr. 1012.

H. W. Conradt, O. Dahl und K. J. Sixtus[1] konnten an gewalzten Fe-Ni-Blechen zeigen, daß neben der die Einstellung der Scheibe beeinflussenden Kristallenergie noch ein anderer, von ihnen Walzanisotropie genannter Faktor die Scheibeneinstellung beeinflußt. Eine Deutung der Walzanisotropie liegt noch nicht vor, ihre Größe kann aber die Kristallanisotropie weit überwiegen und daher deren Einfluß vollkommen überdecken, so daß u. U. ganz andere Drehmomentkurven beobachtet werden, als sie der röntgenographisch ermittelten Textur zukommen.

Die Anisotropie der elastischen Eigenschaften wurde von A. J. Brüchanow[2] zur Bestimmung der Textur herangezogen.

Von K. J. Sixtus[3] wurde die von G. Tammann erstmalig angegebene Methode des maximalen Schimmers geätzter Kristalloberflächen erfolgreich angewandt. Der Angriff eines Ätzmittels erfolgt in vielen Fällen nicht gleichmäßig, sondern in den einzelnen kristallographischen Richtungen verschieden stark. Dies hat zur Folge, daß regelmäßig begrenzte Figuren, sogenannte Ätzfiguren, herausgelöst werden, deren Seiten bei schräg auffallendem Licht nur unter bestimmten Winkeln auf-

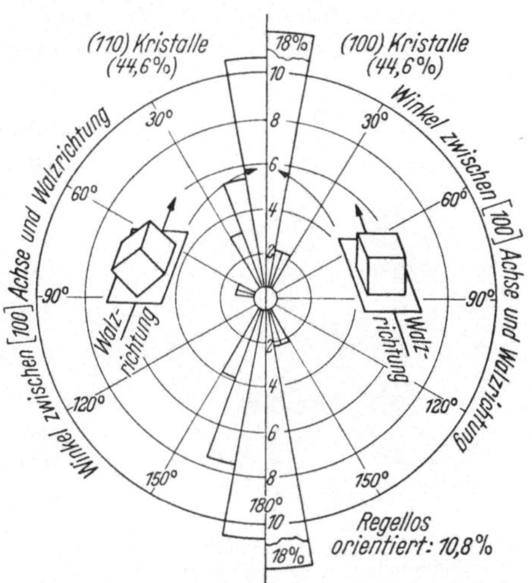

Abb. 113. Kristallorientierung in einem kaltgewalzten rekristallisierten Transformatorenblech (der Radius eines jeden 10°-Abschnittes gibt den prozentualen Anteil der [100]-Richtung in diesem Sektor an). (Nach K. J. Sixtus.)

leuchten. Da bei Eisen und seinen Legierungen die bevorzugte Auflösung in der [100]-Richtung erfolgt, die Ätzgrübchen also kleine würfelförmige Vertiefungen darstellen, kann man nach der Anzahl der Aufhellungen bei der Drehung der Kristalloberfläche auf die Orientierung der Oberfläche und damit auf die Orientierung des Kristalls zur Walzrichtung schließen. Das Ergebnis seiner Untersuchungen ist in Abb. 113 wiedergegeben. Etwa die Hälfte der Kristalle zeigt die auch bei den heißgewalzten Blechen gefundene Lage mit einer (110)-Ebene in der Walzebene und einer [100]-Richtung als Walzrichtung, ihre Ausrichtung ist aber wesentlich schärfer als bei den heißgewalzten Blechen. Die andere Hälfte der Kristalle

---

[1] Conradt, H. W., O. Dahl u. K. J. Sixtus: Z. Metallkde. Bd. 32 (1940) S. 231/38.

[2] Brüchanow, A. J.: Techn. Physik USSR Bd. 3 (1936) S. 209/19; J. techn. Physik (russ.) Bd. 11 (1941) S. 519/24.

[3] Sixtus, K. J.: Physics Bd. 6 (1935) S. 105/11.

zeigt eine reine Würfellage, d. h. [100]-Richtung parallel zur Walzrichtung, (100)-Ebene parallel zur Walzebene. In beiden Fällen liegt die magnetische Vorzugsrichtung in der Walzrichtung. A. S. Saimowski und L. S. Kasarnowski[1] schließen sich diesem Ergebnis an. Spätere Untersuchungen konnten aber zeigen, daß der Würfellage nicht der Anteil zukommt, den ihr Sixtus zuwies. G. M. Korowin[2] kann die Ergebnisse der Ätzmethode in großen Zügen bestätigen, E. Jakowlewa[3] verwendet bei der Ätzung eine elektrolytische Methode.

Die röntgenographische Methode der Texturbestimmung hat bei Goss zunächst versagt, weil bei dem relativ grobkörnigen Kristallgefüge eine zu geringe Anzahl von Körnern bei einer einfachen Durchstrahlung des Bleches getroffen wurden. R. M. Bozorth[4] konnte aber an bewegten Proben, wo eine große Anzahl von Kristallen zur Reflexion herangezogen wurden, einwandfrei die Anordnung der Kristalle in der [100]-Richtung parallel zur Walzrichtung feststellen. Später hat dann J. T. Burwell[5] die genaue Textur angegeben. In Abb. 114 sei die für die Wiedergabe von Texturen übliche Darstellung der Polfigur einer einfachen kristallographischen Ebene, hier der (110)-Ebene gezeigt[6].

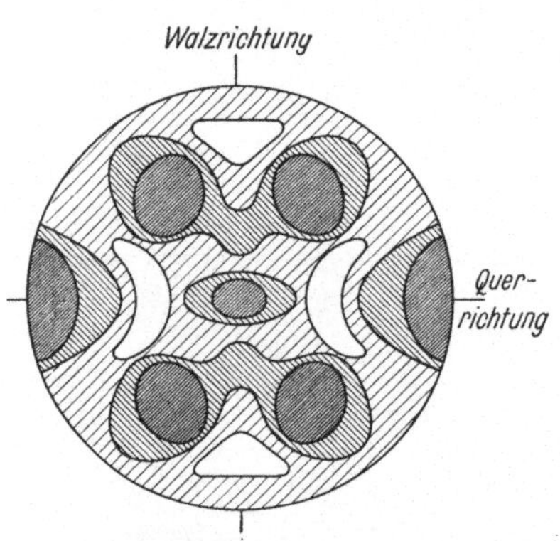

Abb. 114. Polfiguren der Dodekaederflächen von kaltgewalztem, nach Goss behandeltem Transformatorenblech. (Nach J. T. Burwell.)

Danach ist der Hauptanteil der Kristalle so gelagert, daß eine [100]-Richtung parallel zur Walzrichtung und eine (110)-Ebene parallel zur Walzebene liegt. Die zweite von Sixtus angegebene Lage konnte zwar in den Diagrammen beobachtet werden, jedoch ist ihr Anteil an der Kristallordnung nur sehr gering.

Die Textur der Goss-Bleche weicht von der üblichen Walz- und Rekristallisationtextur von Fe-Si-Legierungen grundsätzlich ab. Die beiden wurden von C. S. Barrett, G. Ansel und R. F. Mehl[7] an einer

[1] Saimowski, A. S., u. L. S. Kasarnowski: Katschestwennaja Stal Bd. 4 (1936) Nr. 8/9 S. 19/22.

[2] Korowin, G. M.: Uralskaja Metallurgija (1937) Nr. 6 S. 48/49.

[3] Jakowlewa, E. S.: J. techn. Physik (russ.) Bd. 9 (1939) S. 1280/85.

[4] Bozorth, R. M.: Trans. Am. Soc. Metals Bd. 23 (1935) S. 1107/1111.

[5] Burwell, J. T.: Metals Techn. Bd. 7 (1940) Nr. 2 Techn. Publ. Nr. 1178.

[6] Über die Darstellung von Fasertexturen mit Hilfe der stereographischen Projektion siehe G. Wassermann: Texturen metallischer Werkstoffe. Berlin: Springer 1939.

[7] Barrett, C. S., G. Ansel u. R. F. Mehl: Trans. Am. Inst. Min. Met. Eng. Bd. 125 (1937) S. 516/30.

Legierung mit 4,6% Si bestimmt. Wie aus Abb. 115a hervorgeht, entspricht die Anordnung des verformten Zustandes der von Sixtus in

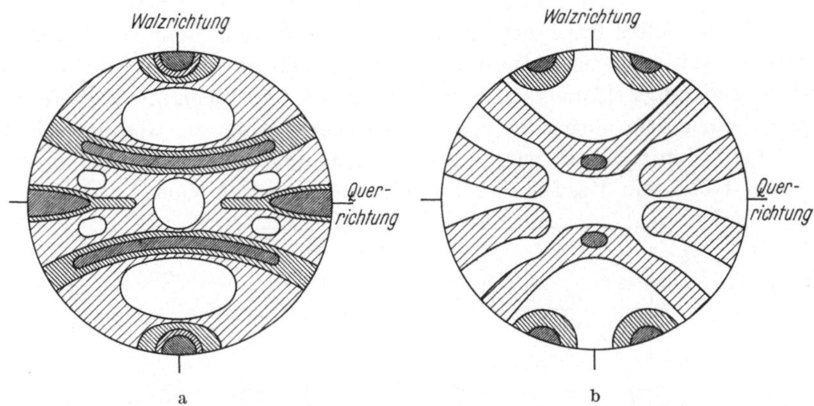

Abb. 115a u. b. Polfiguren der Dodekaederflächen von kaltgewalztem (a) und rekristallisiertem (b) Transformatorenblech. (Nach Barrett, Ansel u. Mehl.)

Abb. 112 rechts gezeigten Lage für ein heißgewalztes Blech, wo eine (100)-Fläche parallel zur Walzebene und eine [110]-Richtung parallel zur Walzrichtung liegt. Durch eine rekristallisierende Wärmebehandlung bei 860° C erfolgte eine Drehung der Würfel um etwa 17° aus der Walzrichtung, wie Abb. 115b zeigt. Diese Texturbilder sind nach einer sehr starken Kaltverformung von 95% gewonnen, die Kristallanordnung bei niedrigeren Reckgraden unterscheidet sich nur durch die Schärfe der Ausrichtung, keineswegs aber durch eine prinzipiell andere Lage; sie weicht auch nicht erheblich von der Textur des reinen unlegierten Eisens ab.

Schließlich spricht auch der Verlauf der Magnetisierungskurve in den verschiedenen Blechrichtungen für den röntgenographischen Befund. Abb. 116 zeigt diese Kurven, ihre gegenseitige

Abb. 116. Magnetisierungskurven einer Eisen-Silizium-Legierung (3% Si, Behandlung nach Goss) in verschiedener Lage zur Walzrichtung. (Nach H. J. Williams.)

Lage gleicht vollkommen den an Einkristallen von H. J. Williams gefundenen Werten.

Diese gut ausgerichtete Kristallanordnung, welche eine [100]-Richtung in der Walzrichtung aufweist, führte zu ausgezeichneten magnetischen Werten, ein Vergleich ist bereits früher in Abb. 99 und Tab. 15 gegeben, er soll an dieser Stelle nochmals wiederholt werden. In Abb. 117 sind ein Transformatorenblech Qualität Vb und ein nach Goss behandeltes Blech gegenübergestellt. Gerade in dem für die Starkstromtechnik wichtigen Induktionsbereich von 12000 G ist die hierfür anzuwendende Feldstärke nur ein Zehntel bei dem Blech mit Fasertextur gegenüber einem normal heißgewalzten Blech. Auch die Gesamtverluste V_{15} verhalten sich fast wie 1 : 2 und liegen für das Texturblech in derselben Höhe wie V_{10} für das Transformatorenblech Qualität IVa.

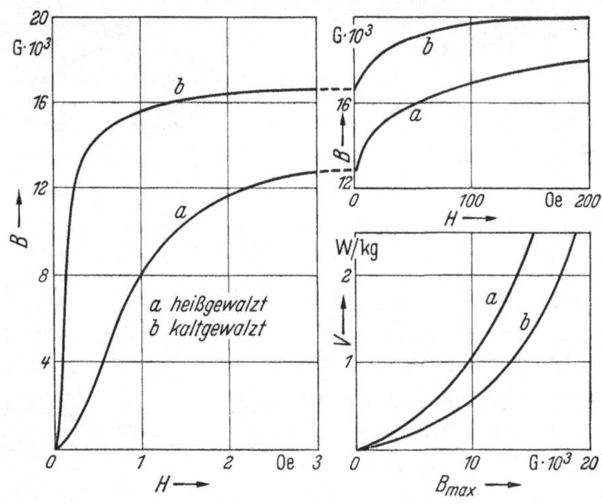

Abb. 117. Vergleich von heißgewalztem Transformatorenblech (4,25% Si) und kaltgewalztem Bandstahl (3,25% Si, Goss-Behandlung) in bezug auf die Induktionskurven bei kleinen und großen Feldstärken und auf die Gesamtverluste. (50 Hz) a — heißgewalzt, b — kaltgewalzt.

Da das nach Goss hergestellte Blech nur in der Walzrichtung eine magnetische Vorzugslage aufweist, kommt es z. B. für die Herstellung von rechteckigen Stanzteilen nicht in Frage, da in der Richtung senkrecht zur Walzrichtung die magnetischen Eigenschaften erheblich schlechter und sogar noch schlechter als die der warmgewalzten Bleche sind. T. W. Lippert führt folgende Werte für ein Texturblech an:

$$V_{10} \parallel WR = 0{,}88 \text{ W/kg}, \quad V_{10} \perp WR = 1{,}55 \text{ W/kg}.$$

B_{15} wird erreicht parallel zur Walzrichtung bei 3,75 Oe, senkrecht zur Walzrichtung bei 38,0 Oe.

Die nach dem Goss-Verfahren erzielten Verbesserungen sind in zahlreichen Notizen und Veröffentlichungen beschrieben. Erwähnt seien die Arbeiten von A. S. Saimowski[1], D. Edmundson[2] und K. J. Sixtus[3].

[1] Saimowski, A. S.: Katschestwennaja Stal (1935) Nr. 8 S. 19/27.
[2] Edmundson, D.: Sheet Met. Ind. Bd. 26 (1949) S. 1199/1204.
[3] Sixtus, K. J.: Feinwerktechnik Bd. 54 (1950) Nr. 4 S. 88/91.

ξ) Herstellung und Schlußglühung warmgewalzter Bleche.

Bei der Bedeutung einer auch nur geringen Verbesserung der Verluste der Transformatorenbleche für die Wirtschaft ist es klar, daß das Herstellungsverfahren sehr genau überwacht wird und jede Phase der Fabrikation auf die Beeinflussung des Endergebnisses untersucht wurde. Wie bei allen anderen Werkstoffgruppen, soll auch hier der im Stahlwerk liegende Teil der Herstellung nur gestreift, aber nicht eingehend besprochen werden. Zweckmäßigerweise werden die Herstellungsbedingungen für die normalen heißgewalzten Bleche und für die Texturwerkstoffe getrennt behandelt.

Das Schmelzen erfolgt im Siemens-Martin-Ofen oder im Elektroofen, der eine besonders hohe Reinheit des Eisens zu erzielen erlaubt. Das Legieren mit Ferrosilizium erfolgt im Ofen, vielfach aber erst in der Pfanne. Bereits die Art des Desoxydierens übt nach P. BARDENHEUER und G. THANHEISER[1] einen entscheidenden Einfluß auf die magnetische Güte des Endproduktes aus, indem nicht gut abgesonderte Desoxydationsprodukte als Fremdkörper im Sinne KERSTENs wirken. Darüber hinaus besteht nach F. KÖRBER und W. OELSEN[2] die Möglichkeit der Bildung fester Kieselsäure, die in feinster Verteilung im Stahlbade suspendiert bleibt und nachher ebenfalls im obigen Sinne wirken kann. Das Gewicht der Gußblöcke soll nach W. EILENDER und W. OERTEL[3] nicht zu groß sein, weil sonst leicht eine die weitere Verarbeitung störende Transkristallisation eintritt. Über den Einfluß der weiteren Verarbeitungsschritte, wie Form der Barren, Brammen und Platinen, Walztemperatur, Anzahl und Größe der Stiche, Dauer und Höhe der Zwischenglühungen wird ausführlich von J. S. VATCHAGANDHY und G. P. CONTRACTOR[4], G. DELBART, R. POTASZKIN und M. SAGE[5] berichtet.

Für den Verbraucher von Wichtigkeit ist die Schlußglühung, weil sie die bei der Verarbeitung entstandenen Verformungen beseitigt, das Kristallgefüge verbessern kann und u. U. sogar eine chemische Reinigung bewirkt. Alle diese Faktoren aber verbessern die magnetischen Eigenschaften, ihr Einfluß ist wesentlich für die Qualität des Erzeugnisses.

Beim Walzen der Blechpakete liegt gegen Ende des Verformungsprozesses ein undefinierter Verformungszustand vor, der durch eine Schlußglühung beseitigt werden muß. Aus dem Rekristallisationsdia-

---

[1] BARDENHEUER, P., u. G. THANHEISER: Mitt. KWI Eisenforsch. Bd. 14 (1932) S. 221/27.

[2] KÖRBER, F., u. W. OELSEN: Mitt. KWI Eisenforsch. Bd. 15 (1933) S. 271/309.

[3] EILENDER, W., u. W. OERTEL: Stahl u. Eisen Bd. 54 (1934) S. 409/14.

[4] VATCHAGANDHY, J. S., u. G. P. CONTRACTOR: Iron and Steel Bd. 19 (1946) S. 591/97 u. 798/800.

[5] DELBART, G., R. POTASZKIN u. M. SAGE: Sheet Met. Ind. Bd. 25 (1948) S. 503/08, 905/10, 1127/34 u. 1142.

gramm ist bekannt, daß eine gewisse Mindestverformung vorliegen muß, um eine Kornneubildung bei der nachfolgenden Glühung zu erreichen. Ist nun bei sehr hohen, stets über der Rekristallisationstemperatur liegenden Temperaturen gewalzt worden, so wirken als Kaltverformung nur das Auseinanderreißen der Blechpakete, ihr Geradebiegen und das Schneiden und Stanzen. Bleibt die Summe dieser Verformungen unterhalb des kritischen Reckgrades, so erfolgt keine Kornneubildung. Da die Ausheilung der trotzdem dabei entstandenen Kristallbaufehler aber erfahrungsgemäß auch bei hohen Glühtemperaturen nie vollständig erfolgt, so wird in einem solchen Falle der Effekt einer Schlußglühung nur gering sein. Liegt die Temperatur gegen Ende des Walzens aber niedrig, so erfolgt dabei zweifellos eine Kaltverformung, deren Wirkung durch eine nachfolgende Glühbehandlung unter Kornneubildung restlos beseitigt werden kann. In diesem Zusammenhang wurde vielfach schon vorgeschlagen, die Schlußglühung der Bleche erst dann vorzunehmen, wenn alle Schritte der Verformung und Verarbeitung zu fertigen Kernen erfolgt sind. W. I. Droshshina, M. G. Lushinskaja und J. S. Schur[1] konnten durch eine solche Verlegung der Schlußglühung eine Verbesserung der Leerlaufverluste um 35% und der Vollastverluste um 18% erreichen. Eine Glühung der fertigen Stanzteile wurde auch bei einzelnen großen Transformatorenfabriken in Deutschland vorgenommen, allgemein eingeführt hat sich das Glühen aber nicht.

Einfluß der Temperatur. Als Schlußglühtemperatur wird im allgemeinen der Bereich von 800···850° C gewählt. Bei niedrigeren Temperaturen ist die Verbesserung nicht wesentlich, bei höheren Temperaturen tritt oftmals eine Verschlechterung der mechanischen und magnetischen Werte ein. Die Ursache für diese Erscheinung (in der Praxis als verbrannt oder überglüht bezeichnet) ist noch nicht klar. Wahrscheinlich spielen mehrere Faktoren eine Rolle. Bei hohen Temperaturen tritt eine Sammelkristallisation auf, welche unter Kornvergröberung die Verunreinigungen an den Korngrenzen anhäuft und so zu einer größeren Korngrenzensprödigkeit führt. Solche Bleche lassen sich dann schlecht stanzen und schneiden, weil die einzelnen Kristalle ausbrechen, unscharfe Kanten ergeben und durch Dazwischenklemmen die Stanzwerkzeuge frühzeitig verschleißen. Die an den Korngrenzen angehäuften Verunreinigungen werden bei der höheren Temperatur vom Fe-Si-Mischkristall gelöst und später wieder ausgeschieden. Dabei kann es u. U. zur Bildung von Korngrenzenzementit kommen, der ebenfalls versprödend wirkt, worauf W. Eilender und W. Oertel[2] hinweisen. Gelöst gebliebener Kohlenstoff verschlechtert außerdem die magnetischen Eigenschaften. Auch bei

<hr>

[1] Droshshina, W. I., M. G. Lushinskaja u. J. S. Schur: Shurnal technitscheskoi Fisiki Bd. 18 (1948) Nr. 2 S. 167/74.

[2] Eilender, W., u. W. Oertel: Stahl u. Eisen Bd. 54 (1934) S. 409/14.

der günstigsten Glühtemperatur hat die Abkühlungsgeschwindigkeit einen großen Einfluß. W. S. Messkin und J. M. Margolin[1] fanden, daß nach schneller Abkühlung von 700···800° eine starke Verschlechterung aller magnetischen Eigenschaften eintritt, während eine Abschreckung von 600° praktisch ohne Wirkung bleibt. Bei einer langsamen Abkühlung scheidet sich der Kohlenstoff als fast unschädlicher Graphit ab (siehe Abb. 104). Um die Graphitbildung zu beschleunigen, schlägt D. T. Yensen[2] eine Glühung von 12···24 Stunden Dauer bei 600° vor. Laboratoriumsversuche haben dabei eine Verbesserung der Verluste um 10···20% ergeben, in der Praxis wird derselbe Zweck bei der Schlußglühung automatisch erreicht, da bei den üblichen Kistenglühungen bis zu mehreren Tonnen Inhalt die Abkühlung 2···3 Tage dauert.

Im Gegensatz zu diesen Überlegungen und Erfahrungen stehen die Ergebnisse von A. Pomp und H. Wübbenhorst[3], die in kleinem Maßstabe bei einer Glühung im Durchlaufofen bei einer Glühdauer von nur wenigen Minuten und rascher Abkühlung bessere Werte erzielten als bei der üblichen Kistenglühung.

Einfluß der Glühatmosphäre. Bei der Kistenglühung unter Luftabschluß erfolgt auch eine chemische Reinigung. N. A. Ziegler[4] nimmt an, daß unter Einfluß von kleinen Sauerstoffmengen eine gelinde Oxydation unter Bildung einer Kieselsäurehaut erfolgt. Diese Haut sperrt den weiteren Zutritt des Sauerstoffs zum Blech und verhindert dessen Oxydation, erlaubt aber dem Kohlenstoff, an die Oberfläche zu diffundieren, um dort unter CO- bzw. CO_2-Bildung entfernt zu werden. Der Zunder besteht aber nicht nur aus Kieselsäure, sondern auch aus Eisenoxyden, welche wahrscheinlich den Hauptanteil des Sauerstoffträgers der Entkohlungsreaktion stellen. G. M. Korowin[5] hat die Zusammensetzung und Menge der bei einer Vakuumglühung entweichenden Gase bestimmt und konnte zeigen, daß verzunderte Bleche größere Gasmengen, aber auch bessere Verlustwerte ergaben, als vor dem Glühen gebeizte, blanke Bleche. Noch nicht geklärt ist das Auftreten eines besonderen, als Siliziumpelz bezeichneten Zunders. H. Fromm[6] gibt an, daß sich diese, den Füllfaktor vermindernde Zunderart durch Beizen der Bleche vor der Schlußglühung weitgehend vermeiden läßt.

Einen stärkeren Reinigungseffekt hat man von der Anwendung wasserstoffhaltiger Schutzgase bei der Schlußglühung zu erwarten.

[1] Messkin, W. S., u. J. M. Margolin: Katschestwennaja Stal Bd. 5 (1937) Nr. 7 S. 57.

[2] Yensen, T. D.: A. P. 2140374.

[3] Pomp, A., u. H. Wübbenhorst: Mitt. KWI Eisenforsch. Bd. 23 (1941) S. 279/92.

[4] Ziegler, N. A.: Trans. Am. Inst. Min. Met. Eng. Bd. 113 (1934).

[5] Korowin, G. M.: Katschestwennaja Stal Bd. 4 (1936) Nr. 8/9 S. 36/38.

[6] Fromm, H.: Stahl u. Eisen Bd. 53 (1933) S. 326/28.

W. S. Messkin und J. M. Margolin[1] fanden, daß in Fe-Si-Legierungen gelöster Wasserstoff die magnetischen Eigenschaften zwar verschlechtert, die Reinigung durch Entkohlung aber stark föidert. Da unter normalen Bedingungen die Menge des gelösten Wasserstoffes äußerst gering ist, bleibt als Endergebnis eine Verbesserung der Verluste bestehen. B. D. Awerbuch und G. I. Tschufarow[2] haben gefunden, daß im Gegensatz zu reinem Kohlenstoffstahl die Entkohlung durch Zusatz von Wasserdampf zu Wasserstoff nicht gefördert, sondern gehemmt wird, da der dabei entstehende Zunder das Eindringen der Gase verhindert. Es

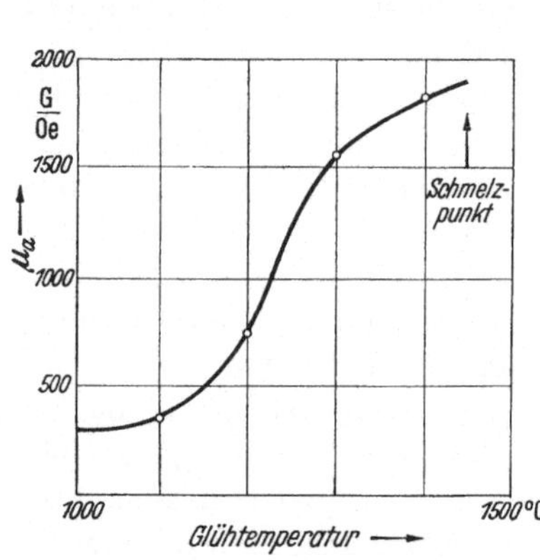

Abb. 118. Einfluß der Glühtemperatur auf die Anfangspermeabilität von Eisen mit 3% Si (Schutzgas: Elektrolytwasserstoff, gereinigt). (Nach F. Pawlek.)

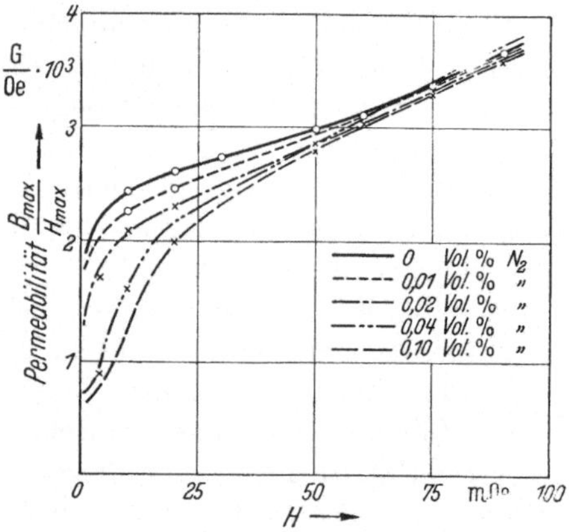

Abb. 119. Einfluß des Stickstoffs in Wasserstoff auf den Permeabilitätsverlauf einer Eisenlegierung mit 3% Si. (Nach F. Pawlek.)

empfiehlt sich, auf die übliche Entkohlungsreaktion $C + H_2O = CO + H_2$ zugunsten der Reaktion $C + 2 H_2 = CH_4$ zu verzichten und reinen Wasserstoff mit großer Geschwindigkeit durch den Ofen zu schicken, um das bei der üblichen Glühtemperatur weit nach links verschobene Gleichgewicht durch stetige Störung trotzdem noch wirksam werden zu lassen. Ähnlich wie Wasserdampf wirkt nach B. D. Awerbuch, S. S. Nossyrewa und G. I. Tschufarow[3] auch Kohlensäure, die ebenfalls eine starke Kieselsäurezunderbildung veranlaßt. Es wird darauf hingewiesen, daß durch die oxydierenden Gase Wasserdampf und Kohlensäure nicht nur die Oberfläche verzundert, sondern auch eine Oxydation längs der Korngrenzen eintreten kann und zur Versprödung führt. Die günstige Wirkung einer

[1] Messkin, W. S., u. J. M. Margolin: Arch. Eisenhüttenw. Bd. 6 (1933) S. 399/405.

[2] Awerbuch, B. D., u. G. I. Tschufarow: Metallurgist Bd. 14 (1939) Nr. 7 S. 48/61.

[3] Awerbuch, B. D., S. S. Nossyrewa u. G. I. Tschufarow: Ural-Metallurg. Bd. 9 (1940) Nr. 5/6 S. 25/28.

Glühung im Wasserstoff bei 1100° C wird auch von A. L. Goldmann und O. W. Grechow[1] bestätigt, die dadurch eine Erhöhung der Anfangspermeabilität auf 800 G/Oe erreichen konnten. Die im Handel befindlichen hochwertigen Legierungen, wie Hyperm IV oder Trafoperm 25 N 2 werden wahrscheinlich ebenfalls durch eine reinigende Glühung bei 1100° C in diesen Zustand gebracht.

Glühungen bei sehr hoher Temperatur. Während die bisher beschriebenen Glühverfahren sich auf Temperaturen bis 1100° und die Verwendung von technisch reinem Wasserstoff beschränkten, untersuchte F. Pawlek[2] den Einfluß höchster Glühtemperaturen und reinster Gase in Anlehnung an die Versuche von Cioffi, aber im Hinblick auf eine technische Anwendungsmöglichkeit solcher Glühprozesse unter extremen Bedingungen. Die Wirkung erhöhter Glühtemperatur auf die Anfangspermeabilität ist in Abb. 118 zu ersehen. Als Atmosphäre wurde Wasserstoff verwendet, der weniger als 0,1 g/m³ Sauerstoff — frei oder gebunden — enthielt. Es wurde eine Erhöhung der Anfangspermeabilität bis auf 1800 G/Oe erreicht. Nicht nur die

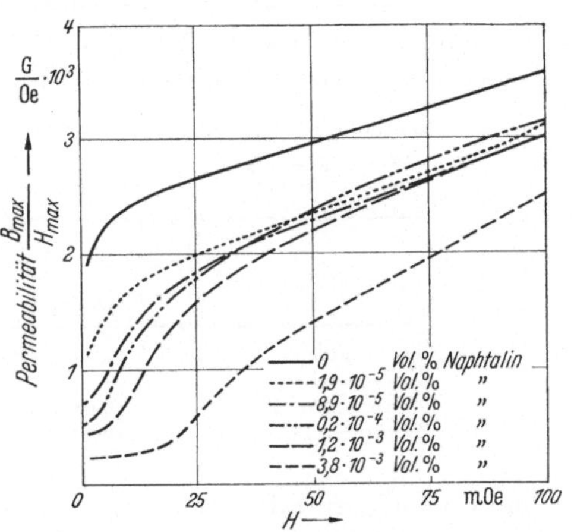

Abb. 120. Einfluß des Kohlenstoffs in Wasserstoff auf den Permeabilitätsverlauf einer Eisenlegierung mit 3% Si. (Nach F. Pawlek.)

Entfernung der Verunreinigungen C, O, P und S in Form ihrer Wasserstoffverbindungen muß erfolgen, sondern auch ihr Transport im Blech bis zur Oberfläche. Erst sehr hohe Temperaturen bieten eine so große Diffusionsgeschwindigkeit, daß der Reinigungsprozeß in wenigen Stunden abläuft. Bemerkenswert ist der Einfluß kleinster Verunreinigungen im Schutzgas auf die Anfangspermeabilität. Vorher auf höchste Permeabilität geglühte Bleche wurden mit Wasserstoff, welcher genau dosierte Mengen an Stickstoff bzw. Naphthalindampf als Kohlenstoffträger enthielt, bei 1350° C behandelt. In den Abb. 119 und 120 ist der Einfluß des Stickstoffs bzw. Kohlenstoffs auf die Anfangspermeabilität gezeigt. Ein Gehalt von 0,01 Vol.-% Stickstoff bewirkt bereits eine Herabsetzung der Anfangspermeabilität, während 0,1 Vol.-% ihren Wert auf das Niveau des technischen Transformatorenbleches herabdrückt. Ein Gehalt von 10⁻⁵ Vol.-% Naphthalin

[1] Goldmann, A. L., u. O. W. Grechow: Ural-Metallurg. Bd. 9 (1940) Nr. 11/12 S. 24/26.
[2] Pawlek, F.: Arch. Eisenhüttenw. Bd. 16 (1942/43) S. 363/66.

verschlechtert bereits merklich, ein Gehalt von $4 \cdot 10^{-4}$ Vol.-% Naphthalin senkt die Anfangspermeabilität auf 400 G/Oe herab. Demnach tritt eine ähnliche Verschlechterung der Anfangspermeabilität auf, wie sie J. L. SNOEK[1] für das reine Eisen gefunden hatte. Nachwirkungserscheinungen sind bisher nicht untersucht worden. Der sehr steile Abfall der Permeabilitätskurve bei Feldern unter 5 mOe ist nach einer Hypothese von K. J. SIXTUS[2] auf einen vermehrten Anteil der irreversiblen Wandverschiebungen beim Magnetisierungsprozeß von Werkstoffen mit hoher Kristallenergie (z. B. Eisen) zurückzuführen. Bei Werkstoffen mit kleiner Kristallenergie hingegen überwiegen die reversiblen Wandverschiebungen, der Anstieg der Permeabilität ist nur gering (Eisen-Nickel-Legierungen). Der schädliche Einfluß verunreinigten Wasserstoffs auf

Tabelle 16. *Anfangspermeabilität handelsüblicher Eisen-Silizium-Legierungen nach dem Glühen bei 1350° im Vakuum und Wasserstoff.*

	Anfangspermeabilität μ_1	
	Wasserstoffglühung	Vakuumglühung
Dynamoblech IV .	$1570 \pm 7\%$	$1820 \pm 10\%$
Kabelband	$1730 \pm 4\%$	$1970 \pm 4\%$
Trafoperm 35 ...	$1670 \pm 4\%$	$2060 \pm 4\%$
Hyperm IV	$1600 \pm 3\%$	$1920 \pm 3\%$

die Maximalpermeabilität wurde von W. ROSTOKER[3] bestimmt. Er ist jedoch bei weitem nicht so groß wie der auf die Anfangspermeabilität.

Glühungen im Vakuum brachten ebenfalls eine beachtliche Verbesserung. Da in den Blechen nicht genügend Sauerstoff zum Vergasen des Kohlenstoffs vorhanden ist, erweist sich eine gelinde Oxydation der Oberfläche, wie sie eine Abkühlung an Luft nach einer Glühung bei 700 bis 850° C unter Wasserstoff darstellt, sehr günstig. Die Anfangspermeabilität konnte um weitere 30% verbessert werden. Der Reinigungsprozeß umfaßt alle in den Legierungen vorhandenen Verunreinigungen, denn unabhängig von der Güte des Ausgangsmaterials wird insbesondere nach einer Vakuumglühung praktisch derselbe Endzustand erreicht, wie Tab. 16 beweist.

Der Einfluß einer Abkühlung im Magnetfeld wurde von O. DAHL und F. PAWLEK[4] untersucht. Ihre Ergebnisse sind in Tab. 17 zusammengestellt. Danach werden Anfangs- und Maximalpermeabilität um etwa das 1,5fache erhöht, während die Koerzitivkraft um $20 \cdots 30\%$ erniedrigt

---

[1] SNOEK, J. L.: Physica Bd. 6 (1939) S. 161/70.

[2] SIXTUS, K. J.: Z. Phys. Bd. 121 (1943) S. 100/17.

[3] ROSTOKER, W.: Am. Inst. Min. Met. Eng. Met. Techn. (1948) Techn. Publ. Nr. 2437.

[4] DAHL, O., u. F. PAWLEK: Z. Phys. Bd. 94 (1935) S. 504/22.

wird. Ihre Ergebnisse werden von I. GRIGOLJUK[1], A. S. MILNER, A. P.
KLJUTSCHAREW[2], O. GRECHOW und P. GLUSCHKOWA[3] im allgemeinen bestätigt. Trotz der nicht unbeträchtlichen Verbesserung hat sich dieses
Verfahren wegen der Schwierigkeiten, die sich der technischen Durchführung entgegenstellen, in der Praxis nicht eingeführt.

Tabelle 17. *Magnetische Eigenschaften von Eisen-Silizium-Legierungen nach einer Glühung mit und ohne Magnetfeld.*

Zusammensetzung	Kornorientierung	Magnetfeld	μ_0	μ (für $H = 0{,}03$ Oe)	μ_{max}	H_c
97% Fe 3% Si	regellose Verteilung	ohne Feld	1150	1200	9400	0,51
		long. ,,	1750	1800	15400	0,41
		trans. ,,	600	750	7800	0,52
94% Fe 6% Si	regellose Verteilung	ohne Feld	900	1050	6900	0,45
		long. ,,	1500	1650	12500	0,31
		trans. ,,	—	—	—	—

Zum Schluß sei noch darauf hingewiesen, daß schmale Bänder aus
Transformatorenstahl durch Kaltwalzen hergestellt werden. Bänder bis
550 m Länge bieten nach B. LONGWELL[4] den Vorteil, daß kleinere Stanzteile in kontinuierlich arbeitenden Maschinen erzeugt werden können und
infolge ihrer glatten Oberfläche einen guten Füllfaktor ergeben.

Tabelle 18. *Magnetische Eigenschaften gesinterter Fe-Si-Legierungen.*

Sinterdaten					für $B = 10\,000\ G$			
% Si	St	t° C	μ_0	μ_{max}	H_c	B_r	V_H Watt/kg	Ω cm10⁻
6	24	1300	1000	9900	0,295	7760	0,73	83,1
7	24	1300	1000	17500	0,19	8410	0,52	91,0
8	24	1300	1400	14500	0,20	6700	0,52	94,6
9	24	1300	1130	10800	0,215	6000	0,41	98,6

Schließlich beginnt auch die Pulvermetallurgie sich der Fertigung
von Fe-Si-Legierungen anzunehmen. W. ROSTOKER[5] stellte neben den
üblichen 4 proz. Legierungen noch Proben mit 6···9% Si her, die wegen
ihrer Sprödigkeit sonst nur durch Gießen herzustellen sind. Durch Sintern während 24 Stunden bei 1300° erreichte er die in Tab. 18 gezeigten
Werte. Die Koerzitivkraft und der Hystereseverlust sind nicht sonderlich niedrig, jedoch stellen diese Versuche erst einen Anfang dar.

[1] GRIGOLJUK, I.: Nowosti Techniki Bd. 6 (1937) Nr. 30 S. 29/30.
[2] MILNER, A. S., u. A. P. KLJUTSCHAREW: J. techn. Physik (russ.) Bd. 7 (1937) S. 371/76.
[3] GRECHOW, O., u. P. GLUSCHKOWA: Stal Bd. 8 (1939) Nr. 10 S. 40/46.
[4] LONGWELL, B.: Iron Age Bd. 142 (1938) S. 52/53 u. 82.
[5] ROSTOKER, W.: Am. Inst. Min. Met. Eng. Met. Techn. (1948) Techn. Publ. Nr. 2437.

η) Herstellung und Schlußglühung texturbehafteter Bleche.

Während eine einfache Kaltwalzung von Transformatorenblech die bereits in Abb. 115a beschriebene Textur ergibt, die sich nach der Rekristallisation in die in Abb. 115b wiedergegebene Textur umwandelt, bringt eine mehrmalige Folge von Kaltverformung und Rekristallisation die in Abb. 114 gezeigte Kristallanordnung. Die Verfolgung der Änderung des Drehmoments einer Scheibe im Magnetfeld zeigt, wie aus Abb. 121 hervorgeht, daß die magnetische Vorzugslage während des Rekristallisationsvorganges bei ihrem Übergang aus einer Richtung 45° zur Walzrichtung selbst einen isotropen Zustand durchschreitet. Während die Anisotropie mit zunehmender Kaltverformung steigt, zeigt die Anisotropie des rekristallisierten Zustandes nach einer 60proz. Kaltverformung ein Maximum, welches mit steigender Anlaßtemperatur noch zunimmt. Diese Anomalie zeigt sich aber nicht bei reinem oder niedriglegiertem Eisen. Während bei diesem die Gleitung längs einer (110)-,(112)-oder(123)-Ebene stattfinden kann, erfolgt bei Fe-Si-Legierungen die Gleitung nur nach der (110)-Ebene, außerdem spielt in steigendem Maße die Verformung durch Zwillingsbildung mit (112) als Zwillingsebene eine Rolle. Möglicherweise stellen die Zwillinge die Keime dar, nach welchen mit bevorzugter Wachstumsgeschwindigkeit sich neue Rekristallisationskristalle orientieren. Steigender Legierungsgehalt und sinkende Walztemperatur erzwingen bei abnehmender Gleitmöglichkeit in steigendem Maße die Verformung durch Zwillingsbildung und damit eine bessere Orientierung des Rekristallisationsgefüges.

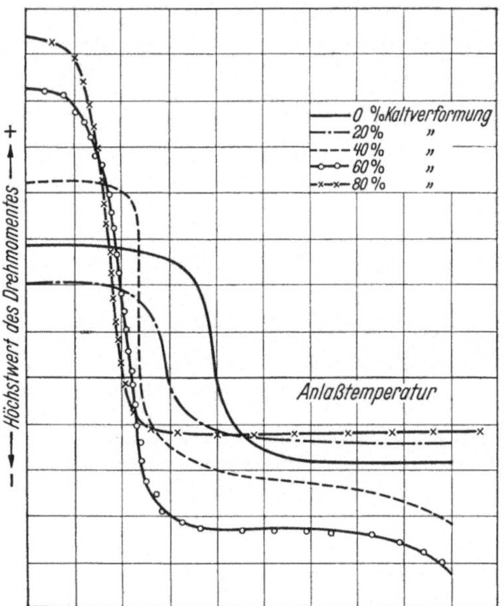

Abb. 121. Veränderung der Höchstwerte des Drehmomentes einer Scheibe aus einer Eisen-Silizium-Legierung mit 3,2% Si in Abhängigkeit von der Anlaßtemperatur. (Nach E. HOUDREMONT.)

Es haben sich im Verlaufe der Zeit verschiedene Verfahren entwickelt, welche eine ausgeprägte Vorzugslage des Endproduktes gewährleisten. Das älteste stammt von N. P. Goss[1] und sieht nach M. NAKA-

---

[1] Goss, N. P.: Trans. Am. Soc. Met. Bd. 23 (1935) S. 511/44.

JIMA[1] folgende Verfahrensschritte vor: Warmwalzen auf 2,5 mm, Kaltwalzen auf 1,3 mm (50%), Glühen bei 870°, Kaltwalzen auf 0,6 mm (54%), Glühen bei 815···890° C, Kaltwalzen auf 0,3 mm (50%), lange Zeit Glühen bei 1100···1150° C.

Das von T. D. YENSEN angegebene Verfahren für die Herstellung des Werkstoffes Hipersil lautet: Warmwalzen mit Endtemperatur 815° auf 2,6 mm, 24···36 Stunden Glühen bei 760°, Kaltwalzen auf 0,73 mm (72%) in wenigen Stichen, wobei aber das Blech niemals heißer als 100° werden darf, Glühen bei 1000°, Kaltwalzen auf 0,35 mm (52%), Glühen lange Zeit bei 1200° C in reinem Wasserstoff[2].

Es sei noch darauf hingewiesen, daß die Goss-Textur nur bei Blechstärken bis 0,25 mm erzielt werden kann, während diese Verfahren bei dünneren Endstärken aus unbekannten Gründen versagen. Ebenso ist es erforderlich, daß der C-Gehalt unter 0,005% liegt, worauf F. BRAILSFORD[3] aufmerksam macht.

Von F. BITTER liegt im A. P. 2046717 ein weiterer Vorschlag vor. Nach nicht näher beschriebener Vorbehandlung sollen die letzten Kaltwalzstiche senkrecht zueinander ausgeführt werden. Eine Rekristallisationsglühung bei nur 600° soll einen steilen Anstieg der Induktionskurve bewirken. Ähnlich lautet der Vorschlag von G. WASSERMANN (DRP. 689986), nach dem zunächst um 80···90% kaltgewalzt, bei 800 bis 900° rekristallisiert wird und die letzte 50proz. Kaltwalzung senkrecht zur ursprünglichen Richtung erfolgen soll. Und schließlich wird von H. SCHLECHTWEG und H. MUSSMANN nach DRP. 741077 so verfahren, daß die letzten Kaltwalzstiche unter einem Winkel von 50···70° zur ursprünglichen Walzrichtung vorgenommen werden sollen. Im Gegensatz zu dem anderen Verfahren soll nach dem letztgenannten das Endprodukt nicht nur parallel, sondern auch senkrecht zur Walzrichtung eine magnetische Vorzugslage aufweisen. Nach I. P. 380379 soll durch Walzen bei − 30° C die Zwillingsbildung und damit die Schärfe der Textur gefördert werden.

Während die beiden ersten Verfahren nach Goss und YENSEN im großen Maßstab ausgeübt werden, sind die technischen Schwierigkeiten des Kreuz- und Schrägwalzens noch nicht überwunden.

Ein bemerkenswerter Vorschlag zur Herstellung texturbehafteter Werkstoffe befindet sich im I. P. 388838. Danach sollen die Guß- und Erstarrungsbedingungen so gewählt werden, daß große Stengelkristalle entstehen. Die Blöcke werden dann so geteilt und gewalzt, daß die Stengelachse (z. B. bei Eisen die [100]-Richtung) in der Walzrichtung

---

[1] NAKAJIMA, M.: J. Iron Steel Inst. Japan Bd. 27 (1941) S. 167/83.

[2] —: Iron Age Bd. 147 (1941) Nr. 20 S. 52/54.

[3] BRAILSFORD, F.: J. Inst. electr. Eng. Bd. 95 I (1949) S. 522/31.

liegt. Durch geeignete Wahl der Verformungsgrade und Zwischenglüh-
temperaturen kann die Wachstumstextur auch als Walztextur weitgehend erhalten bleiben.

ϑ) Verwendung.

Die Verwendung der Dynamo- und Transformatorenbleche ergibt
sich schon aus ihrer Bezeichnung. Bänder von nur 0,05 mm Stärke sollen
nach G. H. COLE und R. S. BURNS[1] für Radartransformatoren verwendet
werden.

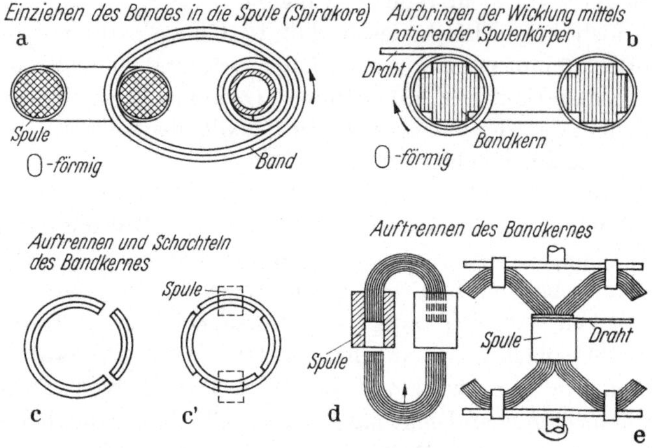

Abb. 122 a—e. Aufbau von Bandkernen aus Texturwerkstoffen. (Nach K. J. SIXTUS.)

Die Verarbeitung von texturbehafteten Werkstoffen erfordert eine
besondere Technik, da die magnetische Vorzugsrichtung nur in der Walzrichtung liegt und alle runden oder rechtwinkeligen Stanzteile auch die
wesentlich schlechtere Querlage enthalten würden. Man hat daher zunächst nur Bänder nach den in Abb. 122 dargestellten Methoden ver-
arbeitet. Man kann entweder den Bandkern unter einer nur elastisch
erfolgenden Beanspruchung in den fertiggewickelten Spulenkörper ein-
ziehen (a) oder ohne jegliche Beanspruchung den fertig geglühten Bandkern mit Hilfe einer Ringwickelmaschine bewickeln (b). Die anderen Verfahren (c···e), welche ein Auftrennen des Bandkernes vorsehen, bewirken
eine Einbuße an leichter Magnetisierbarkeit, weil auch bei sorgfältigem
Schleifen der Schnittfläche ein geringer Luftspalt sich nicht vermeiden
läßt. Bei kleinen Trafos bis 7,5 kVA bei 7,2 kV werden Gewichtserspar-
nisse bis 25% erzielt[2]. Neuerdings werden auf Hochleistungs-Breitband-
straßen Bänder von 750 mm Breite nach dem Goss-Verfahren hergestellt.

---

[1] COLE, G. H. u. R. S. BURNS: Materials and Methods Bd. 24 (1946) S. 1457/60.
[2] —: Iron Age Bd. 147 (1941) Nr. 20 S. 52/54.

Die einzelnen Bleche für die Schenkel großer Leistungstransformatoren
werden nicht mehr stumpf aneinandergelegt, sondern an den Enden unter
einem Winkel von 45° abgeschnitten, damit nach dem Zusammenfügen
der einzelnen Teile der Fluß möglichst wenig in einer magnetisch ungünstigen Richtung erfolgt, wie dies aus Abb. 123 zu entnehmen ist. Die
Ersparnis an Kupfer infolge der höheren Induktion bei gleicher Amperewindungszahl und die vermin-
derten Verluste wiegen offenbar
die höheren Kosten der kaltgewalzten Bleche auf.

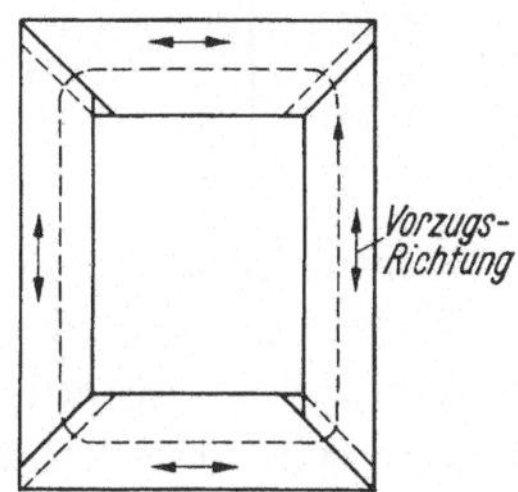

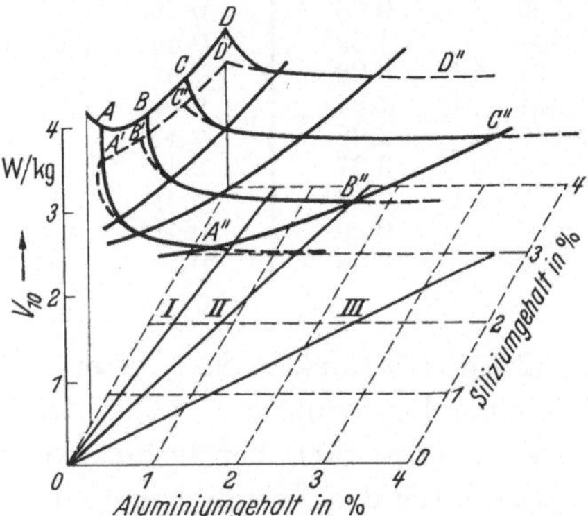

Abb. 124. Wattverluste von Aluminium-Silizium-Stählen in Abhängigkeit vom Alu-
minium- und Siliziumgehalt. (Nach F. WEVER
u. G. HINDRICHS.)

d) Eisenlegierungen mit teilweisem Ersatz des Siliziums durch andere Elemente.

α) Ersatz durch Aluminium.

In bezug auf die elektrische Leitfähigkeit wirkt das Aluminium ähnlich wie das Silizium. Bis 3% dem Eisen zulegiert, verringert es ebenso
wie das Si die Kristallenergie und erhöht die Magnetostriktion nur in
bescheidenem Maße. Ein teilweiser Ersatz des Si durch Al läßt also keine
wesentlichen Änderungen der magnetischen Eigenschaften erwarten.

F. WEVER und G. HINDRICHS[1] haben zahlreiche Legierungen in der
Eisenecke des Systems Fe-Si-Al untersucht und die oben auf Grund der
neueren theoretischen Erkenntnisse vorausgesagten Eigenschaften durch
ihre Ergebnisse bereits vorweggenommen. In Abb. 124 und in Tab. 19
sind ihre Ergebnisse zusammengestellt. Sie lassen erkennen, daß die Verluste bei keiner Kombination der beiden Zusätze die Werte der handelsüblichen Trafobleche unterschritten haben.

β) Ersatz durch Nickel oder Nickel und Chrom.

Wird ein Teil des Si durch Ni oder Ni + Cr ersetzt, so kommt man
zu Werkstoffen mit einer beachtlichen Permeabilitätskonstanz. Das Si

---

[1] WEVER, F., u. G. HINDRICHS: Mitt. KWI Eisenforsch. Bd. 13 (1931) S. 273/89.

Tabelle 19. *Wattverluste von Aluminium-Silizium-Stählen.*

| Si | Al | Blechstärke | Wattverluste | | Wattverlust V_{10}. umgerechnet auf 0,5 mm Blechstärke |
| | | | V_{10} | V_{15} | |
%	%	mm	W/kg	W/kg	W/kg
4,33	0,25	0,55	1,32	3,09	1,27
3,95	0,59	0,36	1,08	2,96	1,22
3,29	0,28	0,66	1,50	3,52	1,35
3,06	1,39	0,59	1,39	3,26	1,27
2,34	0,28	0,62	1,73	4,03	1,58
2,31	1,64	0,58	1,46	3,41	1,36
2,40	2,98	0,38	1,23	3,03	1,36
2,41	3,37	0,44	1,26	3,02	1,34
1,47	0,52	0,61	1,84	4,02	1,70
0,90	0,29	0,48	2,20	4,75	2,20
0,90	0,68	0,51	1,91	4,20	1,91

schließt die γ-Lücke, das Ni erweitert sie. Durch Zusatz von 5% Ni zu einer Legierung mit 3% Si tritt die α/γ-Umwandlung wieder ein, sie ist auf etwa 500° herabgedrückt. Da außerdem der Umwandlungsvorgang durch das Ni erfahrungsgemäß verlangsamt wird, treten infolge der tiefen Umwandlungstemperatur in dem Zweiphasenbereich Entmischungsvorgänge auf, die durch Diffusionsvorgänge im weiteren Verlaufe der Abkühlung nicht mehr ausgeglichen werden können. K. J. SIXTUS[1] hat diese Vorgänge genau verfolgt und sogar im Schliffbild diese Konzentrationsschwankungen nachweisen können. Sie spielen hier die Rolle von Gitterstörungen, die einen sehr flachen Anstieg der Permeabilität bewirken. Die Permeabilität einer Legierung mit 3% Si und 5% Ni zeigt nach einer Glühbehandlung mit nachfolgender geeigneter Abkühlungsgeschwindigkeit bei 5 mOe einen Wert von 400 G/Oe und bei 100 mOe einen solchen von 420 G/Oe. Eine Legierung mit 3% Si, 2% Ni und 5% Cr zeigt eine Permeabilität bei 5 mOe von 490 G/Oe und bei 100 mOe eine solche von 530 G/Oe. Diese Werkstoffe werden unter dem Namen Niaperm 400 bzw. 500 in den Handel gebracht.

e) Vollkommener Ersatz des Si durch andere Elemente.

α) Ersatz durch Aluminium.

An erster Stelle steht auch hier wieder das Al. R. M. BOZORTH, H. J. WILLIAMS und R. J. MORRIS[2] haben festgestellt, daß sich bei einer Legierung mit 4% Al auch das Goss-Verfahren erfolgreich anwenden läßt. Bei einem Blech mit geordneter Kristallausrichtung erzielten sie

---

[1] SIXTUS, K. J.: Phys. Bl. Bd. 5 (1949) S. 64/66.

[2] BOZORTH, R. M., H. J. WILLIAMS u. R. J. MORRIS JR.: Bull. Am. physic. Soc. Bd. 15 (1940) Nr. 4 S. 13/14.

eine Maximalpermeabilität über 25000 G/Oe bei einer Koerzitivkraft von 0,2 Oe. Durch eine Glühbehandlung nach CIOFFI konnte sogar eine Koerzitivkraft von 0,08 Oe erreicht werden. In der Praxis hat sich das Material nicht eingeführt, wahrscheinlich, weil die im Laboratorium erzielten Werte sich im Großen nicht reproduzieren lassen; die Gefahr der Bildung feinster Häute aus Aluminiumoxyd mit ihrem schlechten Einfluß als Fremdkörper ist in der Praxis nicht immer zu beseitigen.

β) Ersatz durch Arsen.

Angeregt durch die Angaben von J. LIEDGENS[1] versuchten O. DAHL, F. PAWLEK und J. PFAFFENBERGER[2] das schlechte Verhalten des Elektrolyteisens durch Legieren mit Arsen zu beheben. Unter Beibehaltung der elektrolytischen Herstellungsmethode der Bleche wurde das Arsen durch Zwischenstreuen in Pulverform und Glühen eindiffundiert. An Elektrolyteisenblech und an anderen käuflichen Eisenblechsorten wurden nach der Diffusionsglühung auf Grund der herabgesetzten elektrischen Leitfähigkeit und der Verbesserung der magnetischen Eigenschaften eine Herabsetzung der Verluste bis zu 60% beobachtet. In

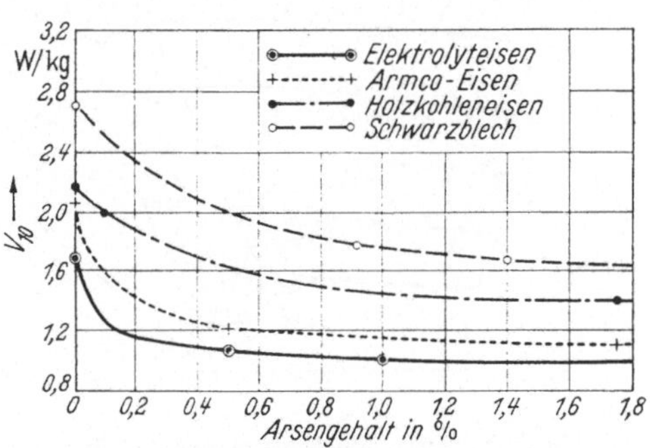

Abb. 125. Änderung der Gesamtverluste verschiedener Eisensorten durch Diffusionslegieren mit Arsen. (Nach O. DAHL, F. PAWLEK u. J. PFAFFENBERGER.)

Abb. 125 sind die Verluste in Abhängigkeit vom As-Gehalt aufgetragen. Es lassen sich Verluste von etwa 1,0 W/kg erzielen. W. S. MESSKIN und J. M. MARGOLIN[3] konnten die verbessernde Wirkung eines As-Gehaltes von 0,5···2% bestätigen. Technische Bedeutung hat das Verfahren nicht erlangt, weil die Giftigkeit des Arsens beim Glühen und Beizen außerordentliche Vorsichtsmaßnahmen erfordern würde.

B. G. LIWSCHITZ und O. N. ALTHAUSEN[4] empfehlen eine Legierung mit 5,5% Mn und 3,5% Al als geeignet für Transformatorenbleche mit geringen Wattverlusten.

---

[1] LIEDGENS, J.: Stahl u. Eisen Bd. 32 (1912) S. 2109/15.

[2] DAHL, O., F. PAWLEK u. J. PFAFFENBERGER: Arch. Eisenhüttenw. Bd. 9 (1935/36) S. 103/12.

[3] MESSKIN, W. S., u. J. M. MARGOLIN: Katschestwennaja Stal Bd. 6 (1938) Nr. 2 S. 23/30.

[4] LIWSCHITZ, B. G., u. O. N. ALTHAUSEN: Katschestwennaja Stal Bd. 4 (1936) Nr. 2 S. 25/31.

Damit ist die Gruppe der Werkstoffe für Transformatorenkerne abgeschlossen. Es wurden zwar noch verschiedene Zusätze erprobt, sie waren aber stets entweder zu teuer oder von verschlechternder Wirkung.

f) Eisenlegierungen mit höherem Legierungsgehalt.

α) Eisen-Aluminium-Silizium-Legierungen.

Man hat sich natürlich nicht mit der Untersuchung der magnetischen Eigenschaften von Eisenlegierungen mit kleinen Zusätzen begnügt, sondern die Mehrstoffsysteme bis zu verhältnismäßig hohen Gehalten untersucht. Sehr beachenswert ist das System des Eisens mit

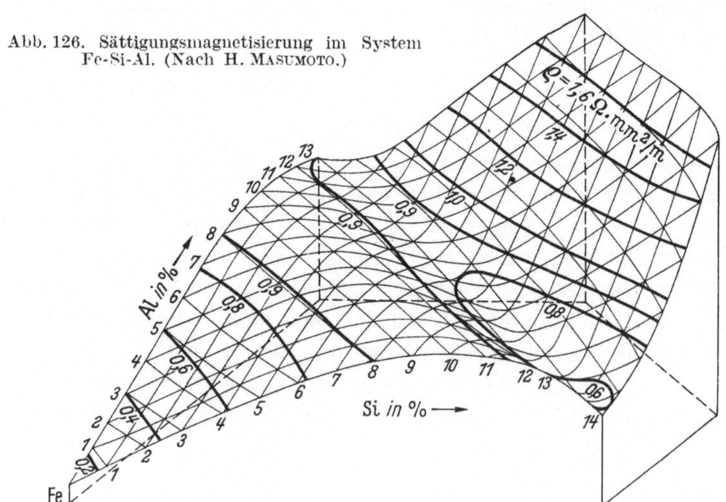

Abb. 126. Sättigungsmagnetisierung im System Fe-Si-Al. (Nach H. Masumoto.)

Abb. 127. Spezifischer elektrischer Widerstand im System Fe-Si-Al. (Nach H. Masumoto.)

Aluminium und Silizium. Hier liegen bis zu relativ hohen Gehalten reine Mischkristalle vor. H. Masumoto[1] hat die Eisenecke dieses Systems bis

---

[1] Masumoto, H.: Sci. Re. Tôhoku Univ. Ser. I (1936) S. 388/402.

14 % Si bzw. 12 % Al genau untersucht. Die magnetische Sättigung nimmt zwar nach Abb. 126 mit steigendem Legierungsgehalt sehr stark ab, so daß Werkstoffe für die Starkstromtechnik nicht zu erwarten sind. Da aber der spez. elektrische Widerstand gemäß Abb. 127 sehr stark zunimmt und bis auf das 16fache des reinen Eisens ansteigt, waren vielleicht Legierungen mit guten Eigenschaften für die Schwachstromtechnik zu erwarten. Die magnetischen Messungen ließen dann auch erstaunliche Eigenschaften erkennen. In Abb. 128 ist die Abhängigkeit der Anfangspermeabilität von der Zusammensetzung wiedergegeben. Es zeigt sich ein außerordentlich scharf ausgeprägtes Maximum der Anfangspermeabilität bei 5,4 % Al und 9,6 % Si, der Spitzenwert liegt bei 35000 G/Oe und übertrifft die Anfangspermeabilität von Fe-Si-Einkristallen höchster Reinheit noch beträchtlich.

Wie aus Abb. 129 zu ersehen ist, tritt ein entsprechendes Maximum auch bei der Maxi-

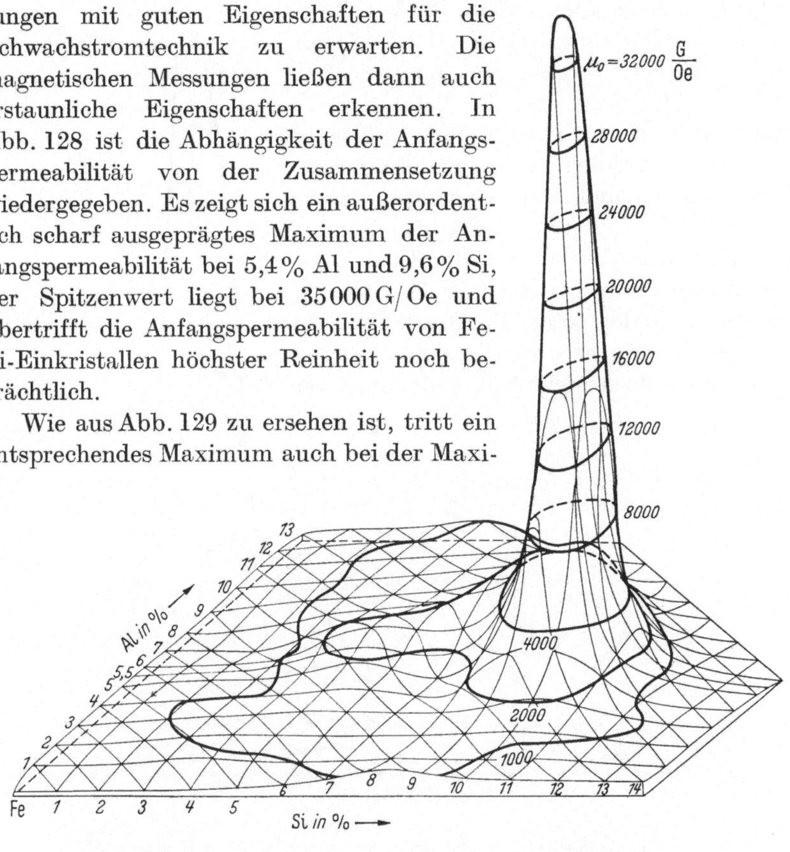

Abb. 128. Anfangspermeabilität im System Fe-Si-Al. (Nach H. MASUMOTO.)

malpermeabilität auf. Bei einer Zusammensetzung von 6,2 % Al und 9,6 % Si wurde eine Maximalpermeabilität von 162000 G/Oe erreicht. Daneben zeichnet sich noch ein schwächeres Nebenmaximum bei 3 % Al und 5,5 % Si mit 54000 G/Oe ab. Da die Maxima der Anfangs- und Maximalpermeabilität nicht bei derselben Zusammensetzung auftreten, wählte man eine mittlere Zusammensetzung von 9,5 % Si und 5,5 % Al, welche folgende Eigenschaften aufweist: Anfangspermeabilität 30000 G/Oe, Maximalpermeabilität 120000 G/Oe, Koerzitivkraft 0,022 Oe, spez. elektrischer Widerstand $0,8\,\Omega\,\text{mm}^2/\text{m}$. Die von ihrem

Entdecker mit „Sendust" bezeichnete Legierung wurde auch von
A. S. Saimowski und I. P. Selissky[1] untersucht. Sie ermittelten die
Anisotropiekonstanten und die Sättigungsmagnetostriktion im Dreistoffsystem. Die Ergebnisse sind in den Abb. 130 und 131 wiedergegeben.
Es ist zu ersehen, daß die Nullinien der Kristallenergie und der Magnetostriktion sich gerade in dem Punkt schnei-
den, der der Zusammensetzung der Legierung
Sendust entspricht. Da nach unseren theoretischen Ansichten über die Anfangspermeabilität bzw. Koerzitivkraft Höchstwerte nur
bei einem Zusammentreffen der Minima der
Kristallenergie und Magnetostriktion zu erwarten sind (S. 96/98), stellt das Sendust
eine sehr schöne Bestätigung der Theorie dar.
Auch das Nebenmaximum der Maximalpermeabilität findet seine Erklärung auf der
Nullinie der Magnetostriktion, die Kristallenergie ist jedoch nicht Null und daher wer-

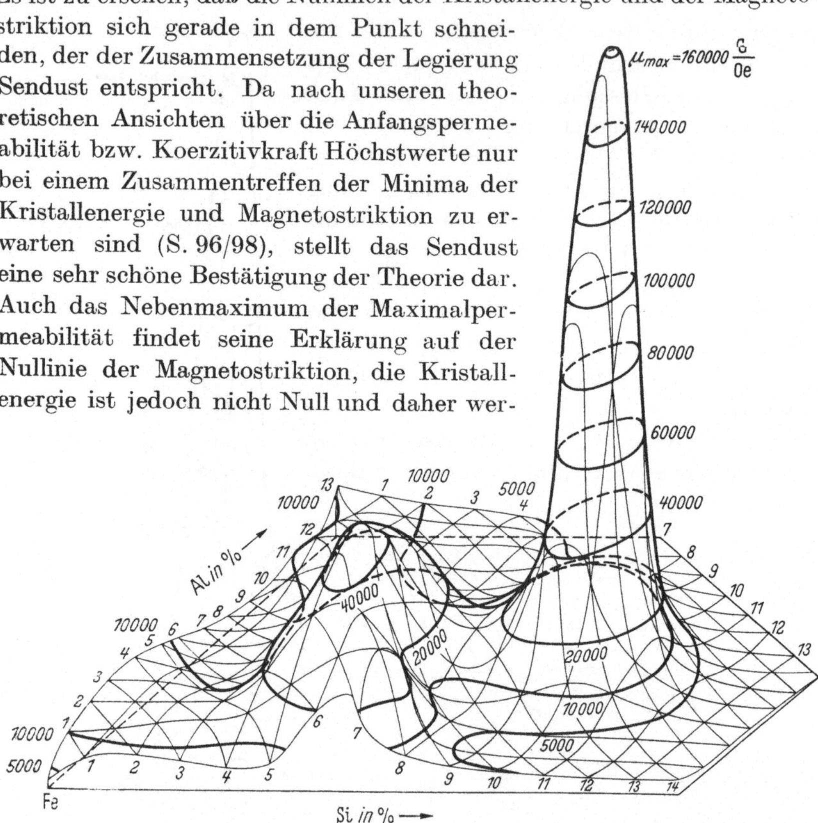

Abb. 129. Maximalpermeabilität im System Fe-Si-Al. (Nach H. Masumoto.)

den auch keine Extremwerte erzielt. Nach I. P. Selissky[2] tritt bei
langsamer Abkühlung der Legierung Sendust eine Überstrukturbildung
der Zusammensetzung Fe_3 (Al, Si) auf, deren Nachweis röntgenographisch gelang. Da mit der Überstrukturbildung im allgemeinen eine Änderung der Kristallenergie verknüpft ist, weicht nach einer langsamen
Abkühlung und der dabei eingetretenen Atomordnung ihr Wert von Null
ab und bedingt dadurch eine erhebliche Verschlechterung der magne-

[1] Saimowski, A. S., u. I. P. Selissky: J. Physics (russ.) Bd. 4 (1941) S. 563/65.
[2] Selissky, I. P.: J. Physics (russ.) Bd. 4 (1941) S. 567/68.

tischen Werte. Die Legierung ist außerordentlich spröde und läßt sich nur durch Gießen und Schleifen formen. Gedacht war ihre Verwendung

in der Schwachstromtechnik als Massekernwerkstoff, da sie sich wegen der Sprödigkeit leicht zu Pulver verarbeiten läßt (daher der Name aus Sendai-Dust). Über die Gründe, warum eine allgemeine Verwendung bisher nicht erfolgt ist, soll später berichtet werden (siehe S. 237).

β) Eisen-Nickel-Silizium-Legierungen.

Auch das System Fe-Ni-Si wurde bis zu relativ hohen Gehalten erforscht. Die von T. YAMAMOTO[1] durchgeführten Untersuchungen wurden in der Kriegs- und Nachkriegszeit veröffentlicht und sind zur Zeit im Original nicht zugänglich. Bei der Zusammensetzung von 10,8% Si, 16,2% Ni scheint ein Werkstoff mit konstanter Anfangspermeabilität zu existieren, der Senperm genannt wird.

γ) Eisen-Chrom-Legierungen mit Zusatz von Aluminium oder Silizium.

Recht bemerkenswerte Eigenschaften weisen auch Fe-Cr-Legierungen mit Al- oder Si-Zusatz auf. Von H. FAHLEN-BRACH[2] werden die Änderungen der Anfangs- und Maximal-permeabilität in Abhängigkeit

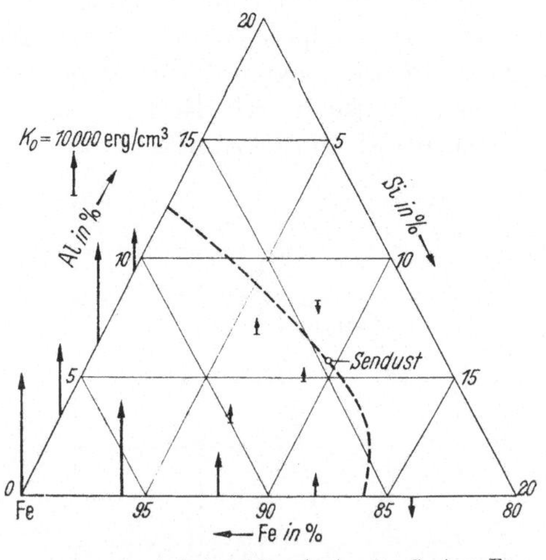

Abb. 130. Anisotropiekonstanten im System Fe-Si-Al (die gestrichelte Linie zeigt die Konzentration, wo die Anisotropiekonstante Null ist). (Nach A. S. SAIMOWSKI u. I. P. SELISSKY.)

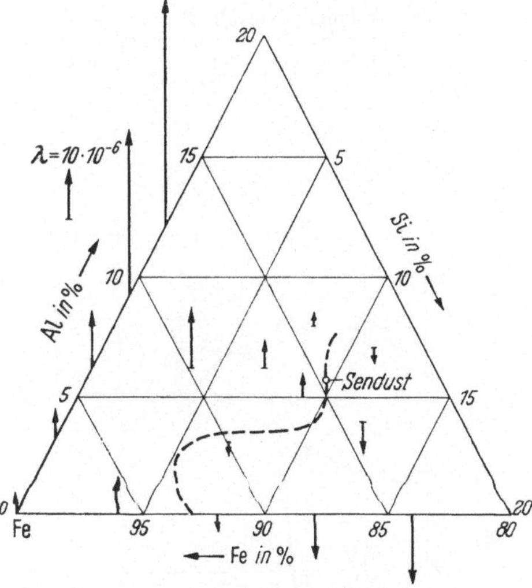

Abb. 131. Sättigungsmagnetostriktion im System Fe-Si-Al (die gestrichelte Linie zeigt die Konzentration, wo die Sättigungsmagnetostriktion Null ist). (Nach A. S. SAIMOWSKI u. I. P. SELISSKY.)

---

[1] YAMAMOTO, T.: J. Inst. elec. Eng. Japan Bd. 63 (1943) S. 613; Bd. 64 (1944) S. 273 u. 278/79; Bd. 67 (1947) S. 12/17 u. 33/38.

[2] FAHLENBRACH, H.: Arch. Eisenhüttenw. Bd. 20 (1949) S. 293/99.

vom Chrom- und Al- bzw. Si-Gehalt beschrieben, seine Ergebnisse sind in den Abb. 132···135 wiedergegeben. Die in den Abbildungen scharf ausgeprägten Minima der Anfangs- und Maximalpermeabilität bei etwa 10% Cr sind auf Härtungserscheinungen durch Reste von Kohlenstoff zurückzuführen, ob-

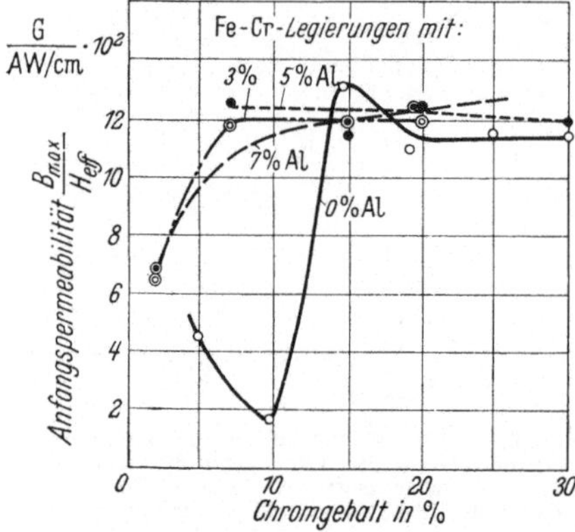

Abb. 132. Anfangspermeabilität von Eisen-Chrom- und Eisen-Chrom-Aluminium-Legierungen in Abhängigkeit vom Chrom-Gehalt. (Nach H. Fahlenbrach.)

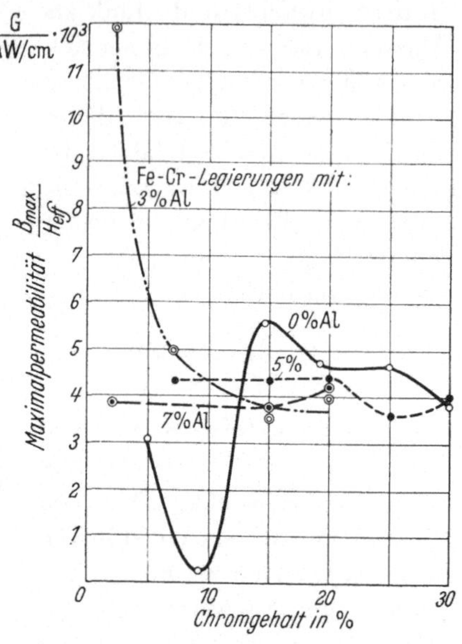

Abb. 133. Maximalpermeabilität von Eisen-Chrom- und Eisen-Chrom-Aluminium-Legierungen in Abhängigkeit vom Chromgehalt. (Nach H. Fahlenbrach.)

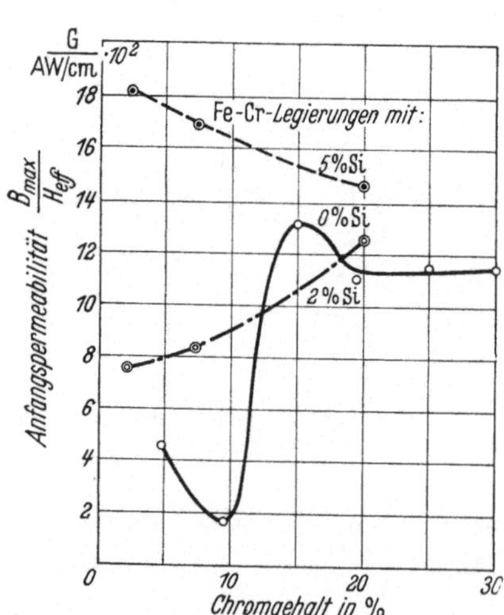

Abb. 134. Anfangspermeabilität von Eisen-Chrom- und Eisen-Chrom-Silizium-Legierungen in Abhängigkeit vom Chromgehalt. (Nach H. Fahlenbrach.)

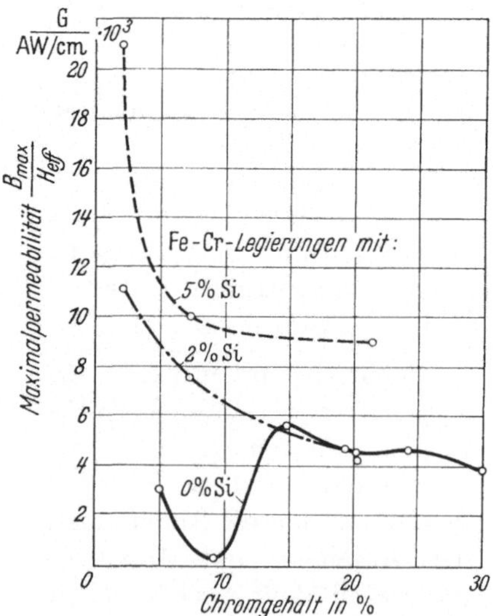

Abb. 135. Maximalpermeabilität von Eisen-Chrom- und Eisen-Chrom-Silizium-Legierungen in Abhängigkeit vom Chromgehalt. (Nach H. Fahlenbrach.)

wohl der Kohlenstoffgehalt der untersuchten Legierungen unter 0,1%
lag. Oberhalb 15% Cr werden keine Härtungserscheinungen mehr
beobachtet, da bei dieser Konzentration das γ-Feld abgeschnürt ist.
Zusätze von kleinen Mengen Si oder Al verhüten die Härtungserscheinungen, oberhalb 15% Cr beeinflussen sie die magnetischen Eigenschaften
kaum. Hingegen wird der spez. elektrische Widerstand noch außerordentlich erhöht, wie aus Abb. 136 hervorgeht; bei 20% Cr bewirkt ein
Zusatz von 5% Al eine Erhöhung des ohnehin schon beträchtlichen
Widerstandes auf das Dreifache. Wie aus dem Vergleich der Abb. 132/133
und 134/135 zu ersehen ist, beträgt der Unterschied zwischen Anfangs-
und Maximalpermeabilität nur das
Drei- bis Vierfache, der Anstieg der
Permeabilität bei schwachen Feldern
ist also sicher recht klein. H. H.
MEYER und H. FAHLENBRACH[1] haben
schon früher auf dieses besondere
magnetische Verhalten hingewiesen.
In Abb. 137 sind die Induktionskurven für Legierungen mit 20% Cr
und 5% Al, die im Handel unter
dem Namen Hyperm 20 oder Trafoperm 2005 erscheinen, wiedergegeben. Zum Vergleich sind noch
die Kurven für Niaperm 400 (siehe
S. 164) und eine Legierung mit 25% Cr
und 5% Al beigefügt. Der An-

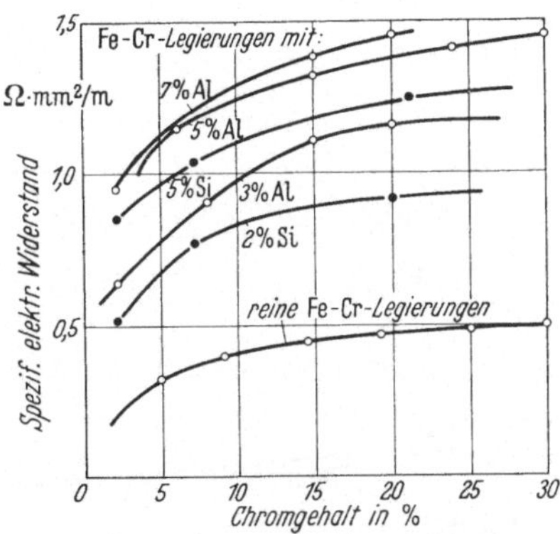

Abb. 136. Spezifischer elektrischer Widerstand
von Eisen-Chrom-Legierungen bei 20° in
Abhängigkeit vom Chromgehalt.
(Nach H. FAHLENBRACH.)

stieg der Permeabilität bis 100 mOe ist sehr gering und macht diese
Gruppe von Werkstoffen für verzerrungsfreie Übertrager bei hohen Frequenzen besonders geeignet. Da Legierungen mit Si, mehr als 5% Al
oder mehr als 25% Cr schlecht verarbeitbar sind, hat man sich auf Legierungen mit 20% Cr und 5% Al beschränkt. Eine Erklärung für den geringen Anstieg der Permeabilität liegt zur Zeit nicht vor.

δ) Eisen-Kobalt-Legierungen.

Von technischem Interesse sind noch die Fe-Co-Legierungen. Zu-
nächst sei die Änderung der wichtigsten magnetischen Eigenschaften:
Sättigung, Curietemperatur, Kristallenergie, Magnetostriktion sowie des
Gefügeaufbaues mit der Konzentration zusammengestellt. Aus dem Zu-
standsdiagramm in Abb. 138 geht hervor, daß der Bereich des kubischen
Eisens sich bis 70% Co ausdehnt, darüber hinaus ist das flächenzentrierte

---

[1] MEYER, H. H., u. H. FAHLENBRACH: Techn. Mitt. Krupp techn. Ber. Bd. 7
(1939) S. 123/32.

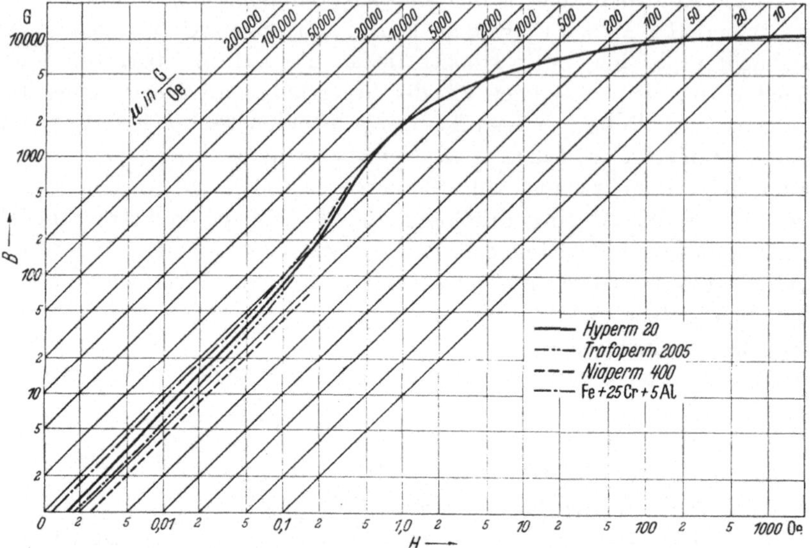

Abb. 137. Induktionskurven von Werkstoffen mit geringem Anstieg der Permeabilität.

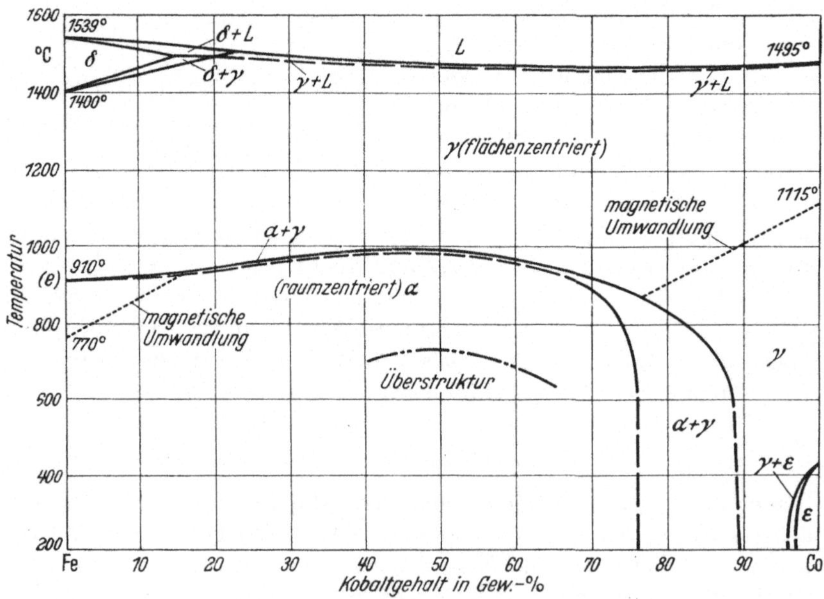

Abb. 138. Zustandsdiagramm des Systems Fe-Co.

γ-Co bis 95% und schließlich das hexogonale Co strukturbestimmend. Nach Abb. 139 steigt der Curiepunkt mit zunehmendem Co-Gehalt und würde bei 50% Co bei etwa 1100° C liegen, wenn nicht vorher durch die

α/γ-Umwandlung das Material unmagnetisch würde. (Durch 10% Al kann die Phasenumwandlung unterdrückt und der hohe Curiepunkt tatsächlich beobachtet werden[1].) In Abb. 140 sind die übrigen Konstanten

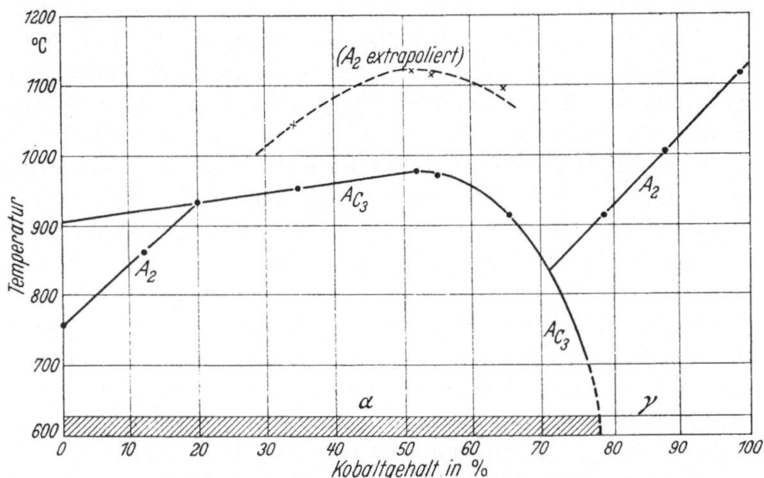

Abb. 139. Umwandlungspunkte der Eisen-Kobalt-Legierungen.

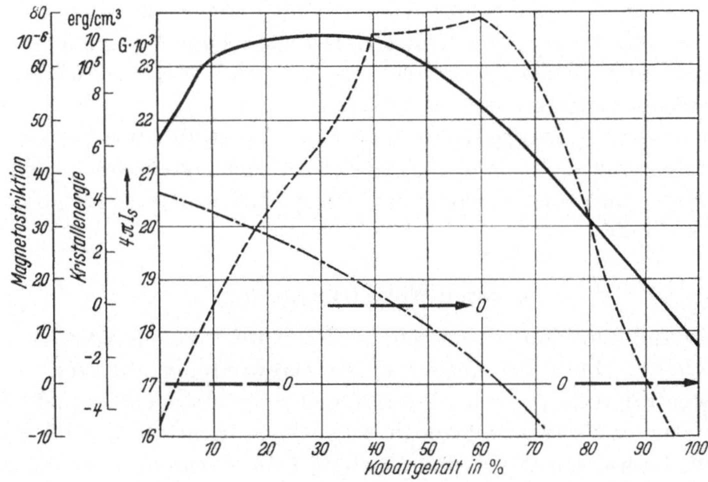

Abb. 140. Sättigungsmagnetisierung, Kristallenergie und Sättigungsmagnetostriktion von Eisen-Kobalt-Legierungen.

zusammengestellt. Die Sättigung erreicht zwischen 20 und 40% Co ein flaches Maximum von 23600 G. Die Kristallenergie wird nach L. W. McKeehan[2] bei etwa 45% Co Null, die magnetische Vorzugsrichtung

---

[1] Köster, W.: Arch. Eisenhüttenw. Bd. 7 (1933/34) S. 863/64.
[2] McKeehan, L. W.: Physic. Rev. Bd. 51 (1937) S. 136/39.

wechselt von [100] nach [111]. Durch eine bei etwa 50% Co eintretende
Überstruktur soll nach demselben Autor die Kristallenergie empfindlich
geändert werden. Die Werte für die Magnetostriktion sind einer Untersuchung von S. R. WILLIAMS[1] entnommen. Sie stimmen mit den Werten
von Y. MASIYAMA[2] nur ungefähr überein. Besondere Effekte sind auf
Grund der Eigenschaftsänderungen nicht zu erwarten. Es wird auch nur
die etwa 10% über dem Eisen liegende Sättigung technisch ausgewertet.

Bemerkenswert ist noch die von R. SMOLUCHOWSKI und R. W. TURNER[3]
beobachtete Änderung der Rekristallisationstextur bei Eisen-Kobalt-
Legierungen mit 35% Co unter dem Einfluß eines Magnetfeldes, welche
zweifellos mit dem hohen Curiepunkt dieser Legierung zusammenhängt.

Zunächst wurden Legierungen mit 50% Co benutzt. Um ihre schlechten mechanischen Eigenschaften zu verbessern, schlug G. A. KELSALL[4]
den Zusatz von 2% V vor, welches die Kaltbearbeitbarkeit verbessert,
ohne die Sättigung herabzusetzen. Die Legierung wird Permendur genannt.
Neuerdings wurde von T. D. YENSEN und J. K. STANLEY[5] eine Legierung mit 35% Co unter der Bezeichnung Hiperco vorgeschlagen, der zur
Verbesserung der mechanischen Eigenschaften 1% Cr zugesetzt wird.
Mit der bei einer langsamen Abkühlung auftretenden Versprödung befaßt sich J. K. STANLEY[6]. Wegen des sehr hohen Preises des Kobalts ist
die Verwendung dieser Legierungen nur auf Sonderfälle beschränkt, wo
unter Vernachlässigung der Kosten durch die höhere Sättigung eine Verkleinerung der Apparate erreicht werden muß (z. B. Polschuhe von
Elektromagneten für medizinische Zwecke).

Damit ist die Gruppe der technischen Werkstoffe abgeschlossen, die
zwar, mit wenigen Ausnahmen, magnetisch nicht besonders weich sind,
aber infolge ihrer hohen Sättigung in der Starkstromtechnik große Anwendung finden.

5. Eisen-Nickel-Legierungen.

Während die Starkstromtechnik Wert auf einen möglichst hohen
magnetischen Fluß bei gegebener Amperewindungszahl legt, ist die
Schwachstromtechnik an den Induktionen bei großen Feldern nicht interessiert, sondern verlangt eine möglichst große Flußverstärkung bei kleinen
Feldern. Es war ein großer Fortschritt für die Fernmeldetechnik, als es
G. W. ELMEN in der Zeit nach dem ersten Weltkriege glückte, hoch-
permeable Legierungen auf der Eisen-Nickel-Basis erstmalig herzustellen.

---

[1] WILLIAMS, S. R.: Physic. Rev. Bd. 40 (1932) S. 120.

[2] MASIYAMA, Y.: Sci. Rep. Tôhoku Bd. 21 (1932) S. 394/410.

[3] SMOLUCHOWSKI, R., u. R. W. TURNER: J. Applied Phys. Bd. 20 (1949) S. 745.

[4] KELSALL, G. A.: Bell Lab. Record Bd. 13 (1934) S. 10/11.

[5] YENSEN, T. D., u. J. K. STANLEY: Iron Age Bd. 159 (1947) Nr. 9 S. 59.

[6] STANLEY, J. K.: Am. Inst. Min. Met. Eng. (1947) Techn. Publ. Nr. 2221.

Der ungeheuere Aufstieg des Fernmeldewesens ist ohne diese Legierungen nicht vorstellbar. Sowohl die binären als auch die Mehrstofflegierungen auf dieser Basis bieten mit ihren mannigfaltig variierbaren magnetischen Eigenschaften eine reichhaltige Werkstoffauswahl für den Konstrukteur. Es seien zunächst die binären Legierungen behandelt und in einem weiteren Abschnitt die von ihnen abgeleiteten Mehrstofflegierungen.

a) Binäre Eisen-Nickel-Legierungen.

Der Aufbau der Eisen-Nickel-Legierungen ist trotz zahlreicher Unter-

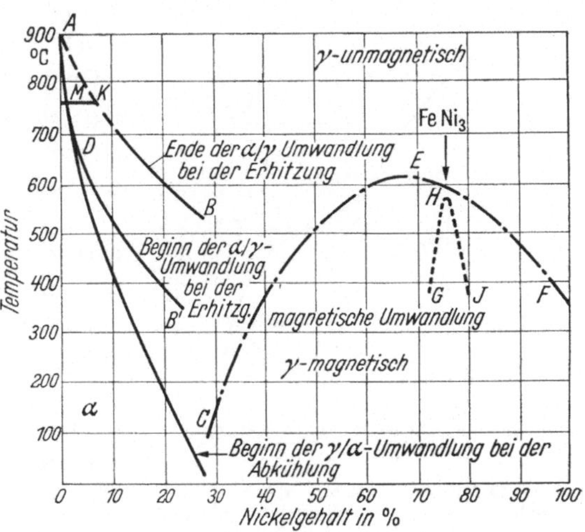

Abb. 141. Zustandsdiagramm des Systems Fe-Ni.

suchungen auf der eisenreichen Seite noch nicht geklärt. Das vorläufige Schaubild sei in Abb. 141 wiedergegeben. Das Nickel gehört zu den Elementen, welche den γ-Bereich erweitern. Wegen der starken Hysterese bei der γ/α- bzw. α/γ-Umwandlung führen die Legierungen bis etwa 30% Ni die Bezeichnung irreversible Eisen-Nickel-Legierungen; sie spielen im Rahmen der magnetisch weichen Legierungen keine Rolle.

α) Eigenschaften der Nickel-Eisen-Legierungen.

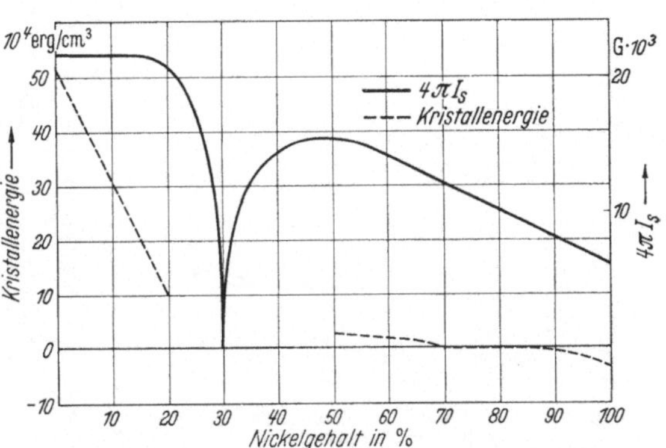

Abb. 142. Abhängigkeit der Kristallenergie und der Sättigungsmagnetisierung im System Fe-Ni vom Nickelgehalt.

Im folgenden sollen wieder zunächst die Änderungen der magnetischen Grundeigenschaften: Sättigung, Kristallenergie und Magnetostriktion mit der Zusammensetzung besprochen werden.

Änderung der Sättigungsmagnetisierung mit der Zusammensetzung. In Abb. 142 ist die Änderung der Sättigungsmagnetisierung mit dem Nickelgehalt wiedergegeben. Bis etwa 20% Ni wird die Sättigung prak-

tisch nicht verändert. Der sich anschließende starke Abfall beruht auf
der Anwesenheit von γ-Mischkristallen, welche in dieser Zusammensetzung bei Raumtemperatur unmag-
netisch sind.

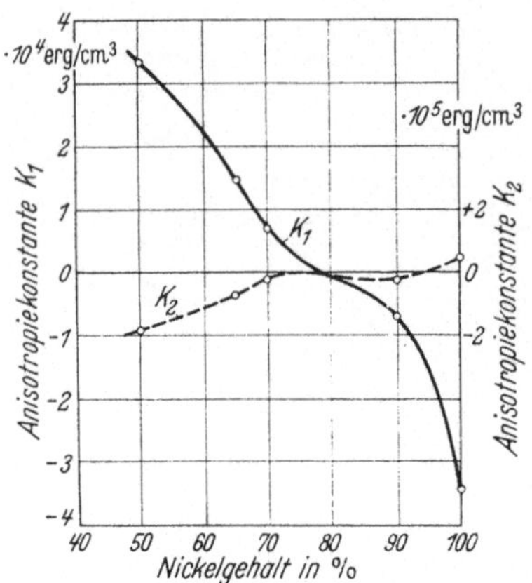

Abb. 143. Anisotropiekonstanten von Fe-
Ni-Legierungen bei Raumtemperatur.
(Nach R. M. Bozorth.)

Oberhalb 30% Ni steigt die Sättigung zunächst rasch bis zu einem
Maximum bei etwa 50% Ni an, um
dann stetig gegen den Wert des reinen Ni abzufallen. Auch der steile
Anstieg über 30% Ni entspricht nicht
der wahren Sättigungsmagnetisierung,
weil diese Legierungen sich bei Raumtemperatur noch in der Nähe des
Curiepunktes befinden. Nach Untersuchungen von C. Sodrou[1] zeigt eine
Legierung mit 32,2% Ni bei 0° K eine
Sättigung von 15 800 G, bei 293° K =
20° C aber nur eine Sättigung von
8000 G, weil der Curiepunkt mit etwa
200° C noch nahe der Raumtemperatur liegt. Eine Legierung mit 40% Ni
mit einem Curiepunkt von 380° C zeigt hingegen bei 0° K und bei 293°
K = 20° C praktisch dieselbe Sätti-
gung von 14 800 G.

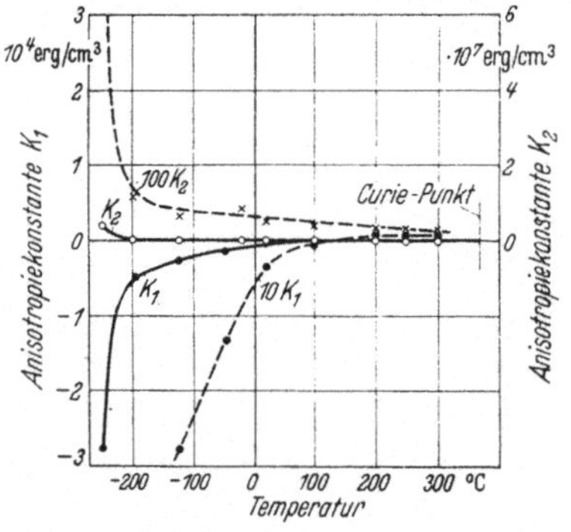

Abb. 144. Anisotropiekonstanten von Nickel
bei erhöhter Temperatur.
(Nach Honda, Masumoto u. Shirakawa.)

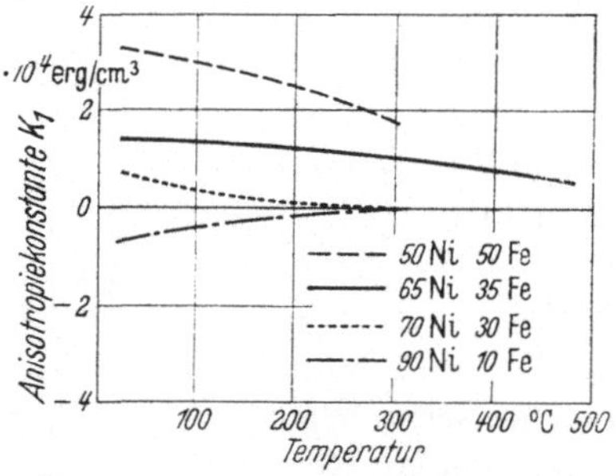

Abb. 145. Anisotropiekonstanten von Fe-Ni-
Legierungen bei erhöhter Temperatur.
(Nach J. D. Kleis u. L. W. McKeehan.)

Änderung der Kristallenergie mit der Zusammensetzung. In der
Abb. 142 ist gleichzeitig die Änderung der Kristallenergie aufgetragen.
Im ferritischen Teil ist von L. P. Tarasov[2] die Kristallenergie bis 16% Ni
aus hartgewalzten Blechen mit bekannter Walztextur ermittelt worden.
sie sinkt sehr rasch und stetig ab. Die Kristallenergie aller flächenzentrierten Fe-Ni-Legierungen ist im Vergleich zu reinem Eisen sehr klein,

[1] Sodrou, C.: J. Phys. Rad. 7 Bd. 1 (1930) S. 75.
[2] Tarasov, L. P.: Physic. Rev. Bd. 56 (1939) S. 1245/46.

sie geht außerdem bei etwa 75% Ni durch Null und zeigt bei Nickel negative Werte. In Abb. 143 ist das Verhalten der Kristallenergie nochmals in vergrößertem Maßstabe wiedergegeben. Die negative Kristallenergie für Legierungen von 75···100% Ni entspricht einer [111]-Richtung als magnetischer Vorzugsrichtung, die positiven Werte in der Nähe von 75% Ni sollen aber nach J. D. KLEIS[1] zunächst nicht einer [100]-Richtung, sondern einer [110]-Richtung als Richtung leichtester Magnetisierbarkeit zugeordnet sein, erst bei Legierungen mit 65% Ni und darunter fällt die magnetische Vorzugsrichtung in die [100]-Richtung.

Der Einfluß der Temperatur auf die Kristallanisotropie wurde von K. HONDA, K. MASUMOTO und Y. SHIRAKAWA[2] für Nickel und von J. D. KLEIS[3] und L. W. McKEEHAN[4] für Eisen-Nickel-Legierungen bestimmt. Die Ergebnisse sind in den Abb. 144 und 145 zusammengestellt. Bemerkenswert ist der außerordentlich starke Anstieg der Kristallenergie beim Nickel, welches bei der Temperatur der flüssigen Luft die Anisotropiekonstante des reinen Eisens noch um eine Zehnerpotenz übertrifft. Bei $+100°$ C soll übrigens auch bei Nickel nicht die [111]-, sondern die [110]-Richtung die magnetische Vorzugslage darstellen.

Änderung der Sättigungsmagnetostriktion mit der Zusammensetzung. Die Magnetostriktion der flächenzentriert kristallisierenden Fe-Ni-Legierungen ist für die drei kristallographischen Hauptrichtungen von F. LICHTENBERGER[5] an Einkristallen bestimmt worden, ihre Änderung mit der Konzentration ist in Abb. 146 wiedergegeben. In der magnetischen Vorzugsrichtung der Legierungen von 32···45% Ni ist die Magnetostriktion negativ, sie geht dann durch Null und erreicht bei etwa 60% einen positiven Höchstwert, bei derselben Konzentration ist sie außerdem für die drei Hauptrichtungen gleich groß, bei 80% Ni gehen alle drei Kurven durch Null, um schließlich beträchtliche negative Werte für reines Nickel anzunehmen.

Für den ferritischen Teil des Fe-Ni-Systems liegen nur Messungen an polykristallinem Material von Y. MASIYAMA[6] vor, die in Abb. 147 wiedergegeben sind gemeinsam mit den Werten für die austenitischen Fe-Ni-Legierungen des Bereiches von 30···100% Ni. Die Kurve zeigt zwei Nulldurchgänge, einmal bei etwa 5% und bei 82% Ni, sie weist zwei Maxima bei 20 und 50% Ni auf. Messungen der Magnetostriktion bei verschiedenen Temperaturen sind bisher noch nicht durchgeführt worden.

[1] KLEIS, J. D.: Physic. Rev. Bd. 50 (1936) S. 1178/81.

[2] HONDA, K., K. MASUMOTO u. Y. SHIRAKAWA: Sci. Rep. Tôhoku Imp. Univ. Bd. 24 (1935) S. 391/410.

[3] KLEIS, J. D.: Physic. Rev. Bd. 50 (1936) S. 1178/81.

[4] McKEEHAN, L. W.: Physic. Rev. Bd. 51 (1937) S. 136/39.

[5] LICHTENBERGER, F.: Ann. Phys. Bd. 15 (1932) S. 45/71.

[6] MASIYAMA, Y.: Sci. Rep. Tôhoku Imp. Univ. Bd. 20 (1931) S. 574/93.

Änderung des elektrischen Widerstandes mit der Zusammensetzung.
Für die Beurteilung der Wirbelstromverluste ist die Kenntnis des elektrischen Widerstandes von Wichtigkeit. In Abb. 148 ist der Verlauf der Widerstandskurve wiedergegeben. Sie zeigt ein wohlausgeprägtes Maximum bei etwa 35 % Ni, wo der Wert des elektrischen Widerstandes mehr als das achtfache von dem des reinen Eisens bzw. Nickels erreicht. Die Temperaturabhängigkeit des Widerstandes ist von P. CHEVENARD[1] bestimmt worden. Seine Ergebnisse sind aus der Abb. 149 zu entnehmen.

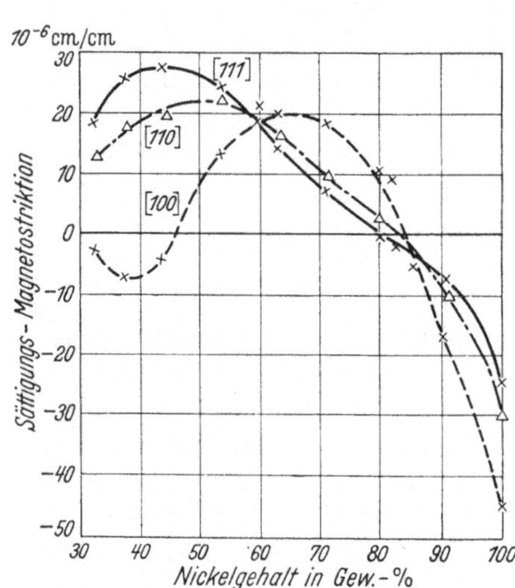

Abb. 146. Sättigungsmagnetostriktion von Fe-Ni-Einkristallen in verschiedenen Kristallorientierungen in Abhängigkeit vom Ni-Gehalt. (Nach F. LICHTENBERGER.)

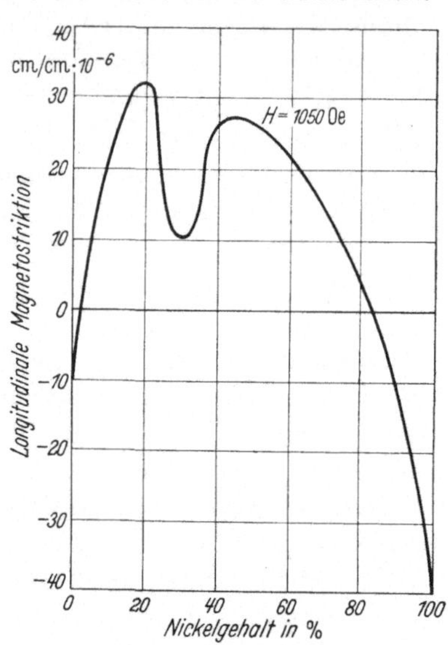

Abb. 147. Magnetostriktion polykristalliner Fe-Ni-Legierungen in Abhängigkeit vom Ni-Gehalt (für $H = 1050$ Oe). (Nach Y. MASIYAMA.)

Die gestrichelte Linie $ABCD$ stellt den Verlauf der Curietemperatur dar, unterhalb welcher, sehr deutlich erkennbar, sich die bekannte Anomalie des spez. elektrischen Widerstandes ferromagnetischer Stoffe abzeichnet.

Änderung der Anfangspermeabilität mit der Zusammensetzung. Die Gruppe der reversiblen Legierungen von $30 \cdots 100\%$ Ni weist eine kleine Kristallenergie auf, die an einer Stelle auch Null wird, außerdem wird bei etwa derselben Konzentration auch die Magnetostriktion gleich Null. Nach unseren theoretischen Kenntnissen wird die Anfangspermeabilität nach der Spannungstheorie beschrieben als $\mu_0 = \dfrac{8}{9} \cdot \pi \cdot \dfrac{1}{E} \left(\dfrac{I_s}{\lambda_s}\right)^2$ und nach der Fremdkörpertheorie als $\mu_0 = C \dfrac{I_s^2}{\sqrt{K}}$, wobei C sich aus vielen

[1] CHEVENARD, P.: Comp. Rend. Bd. 182 (1926) S. 1388/91.

Konstanten zusammensetzt und daher ebenfalls errechenbar ist. Aus der Spannungstheorie ergibt sich, daß die Anfangspermeabilität bei der

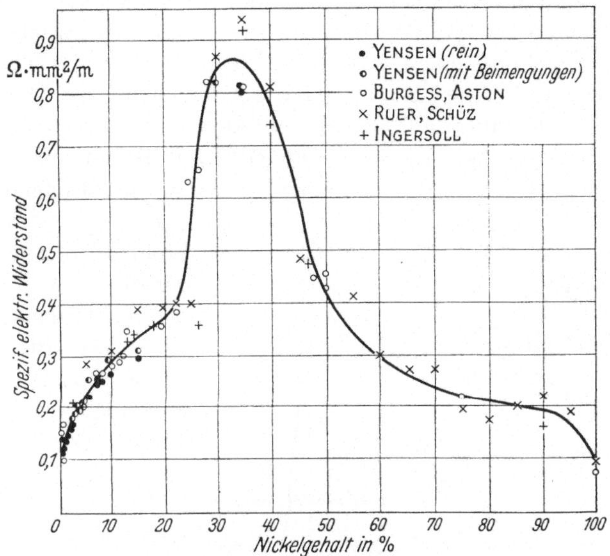

Abb. 148. Spezifischer elektrischer Widerstand von Fe-Ni-Legierungen in Abhängigkeit vom Ni-Gehalt.

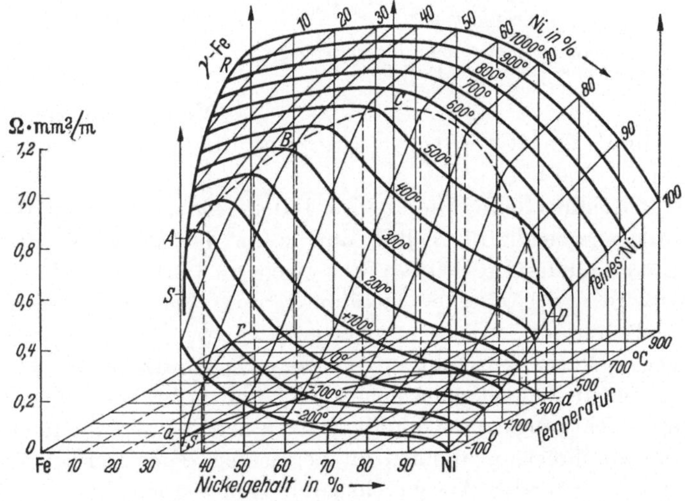

Abb. 149. Spezifischer elektrischer Widerstand von Fe-Ni-Legierungen in Abhängigkeit von Zusammensetzung und Temperatur. (Nach P. Chevenard.)

Magnetostriktion Null unendlich groß werden müßte, aus der Fremd-körpertheorie folgt, daß die Anfangspermeabilität bei der Kristallaniso-

12*

tropie gleich Null unendlich groß werden müßte. Nun treffen die Nulldurchgänge für die Kristallenergie und die Magnetostriktion nicht zusammen, sie sind aber eng benachbart. Somit ist im Bereich dieses Konzentrationsgebietes auf alle Fälle eine hohe Anfangspermeabilität zu erwarten. Es bedeutete einen großen Erfolg der modernen Theorie des
Ferromagnetismus, als es M. KERSTEN[1] gelang, mit großer Annäherung
die Anfangspermeabilität auf Grund der Spannungstheorie zu berechnen,
nur im Gebiete um 80% Ni, wo sie unendlich groß sein sollte, versagte
die Berechnung. Daß hier die Anfangspermeabilität nicht unendlich groß

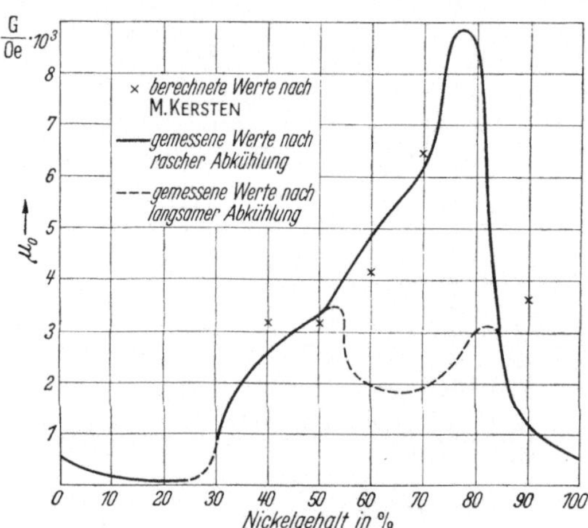

Abb. 150. Anfangspermeabilität von Fe-Ni-Legierungen
nach verschiedener Wärmebehandlung.
(Nach O. DAHL u. F. PAWLEK.)

sein kann, beweist die Fremdkörpertheorie, da bei dieser Konzentration
die Kristallenergie nicht Null ist. In Abb. 150 ist der von O. DAHL und
F. PAWLEK[2] bestimmte Verlauf der Anfangspermeabilität eingetragen
und dazu die von M. KERSTEN errechneten Werte eingezeichnet. Eine
weitere Stütze dieser theoretischen Ansichten ist die Tatsache, daß eine
reinigende Glühung nach P. P. CIOFFI nur eine Verbesserung der Anfangspermeabilität um etwa 70% brachte[3] und die theoretisch errechneten
Werte nicht überbot.

Der Permalloyeffekt. Die in Abb. 150 angegebenen hohen Werte für
die Anfangspermeabilität gelten nur, wenn der Werkstoff nach dem
Glühen von mindestens 600° ab sehr rasch, an Luft oder in Wasser, abgekühlt wird. Bei langsamer Abkühlung treten viel niedrigere Anfangspermeabilitäten auf, wie sie aus der gestrichelten Kurve zu entnehmen
sind. Dieses Verhalten steht im scharfen Gegensatz zu den bisherigen
Erfahrungen an magnetisch weichen Werkstoffen, bei denen man bemüht
ist, durch recht langsame Abkühlung nach der Schlußglühung etwa auftretende Abschreckspannungen zu vermeiden. Hier werden trotz der
zweifellos eintretenden Abschreckspannungen zwischen 60 und 80% Ni
wesentlich bessere magnetische Werte nicht nur für die Anfangsperme-

---

[1] KERSTEN, M.: Z. Techn. Phys. Bd. 12 (1931) S. 665.
[2] DAHL, O., u. F. PAWLEK: Z. Phys. Bd. 94 (1935) S. 504/22.
[3] SIXTUS, K. J.: Z. Phys. Bd. 121 (1943) S. 100/17.

abilität, sondern auch für die Maximalpermeabilität und die Koerzitivkraft
erzielt. Dieser Effekt wurde schon von G. W. Elmen[1] beschrieben und
ist in der Physik der magnetischen Werkstoffe als Permalloyeffekt
bekannt.

Zu seiner Deutung wurden verschiedene Hypothesen aufgestellt, die
hier besprochen werden sollen.

Ausscheidungshypothese. A. Kussmann, B. Scharnow und
W. Steinhaus[2] untersuchten die magnetischen Eigenschaften von Legierungen mit 78% Ni nach den verschiedensten Wärmebehandlungen und
kamen zu der Annahme, daß
durch das Abschrecken von
600° C die Ausscheidung der bei
hohen Temperaturen gelösten
Verunreinigungen vermieden
werden kann, sie glaubten, daß
im besonderen geringe Mengen
Sauerstoff Ausscheidungseffekte
und damit eine Verschlechterung der magnetischen Eigenschaften bewirkten.

Überstrukturbildung.
Die Anschauung, daß durch
Ausbildung einer Überstruktur
(Ni₃Fe) das magnetische Ver-
halten entscheidend verändert

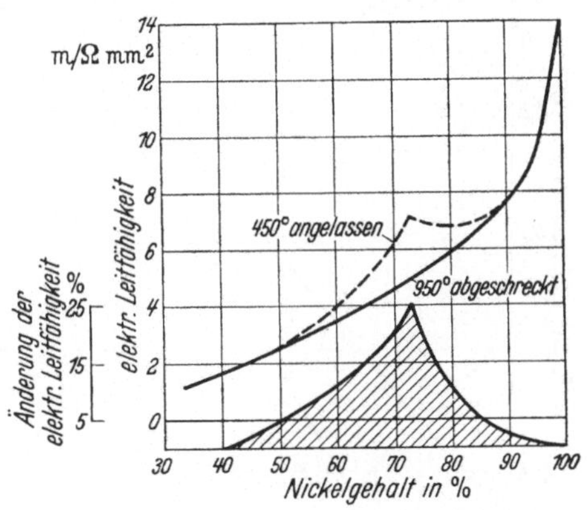

Abb. 151. Änderung der elektrischen Leitfähigkeit
von Fe-Ni-Legierungen durch Abschrecken und
Anlassen. (Nach O. Dahl.)

wird, wurde zuerst von O. Dahl[3] ausgesprochen. Elektrischer Widerstand und Festigkeit ändern sich analog dem Verhalten des Systems
Au-Cu, wo röntgenographisch der Beweis einer geordneten Atom-
verteilung frühzeitig erbracht werden konnte. In Abb. 151 ist die
Änderung der elektrischen Leitfähigkeit der Fe-Ni-Legierungen durch
Abschrecken und Anlassen gezeigt; das Gebiet der elektrischen Anomalie
erstreckt sich von 50···90% Ni und deckt sich mit dem Bereich der
magnetischen Abweichungen. In zwei weiteren Arbeiten versuchte
O. Dahl, durch zunächst nur indirekt zu erbringende Beweise seine
Hypothese der Überstrukturbildung zu erhärten. Zusammen mit
J. Pfaffenberger[4] setzte er sich mit der Ausscheidungshypothese Kuss-
manns auseinander. Durch absichtliche Beimengungen der als Verunreinigung in Frage kommenden Elemente C, O und N konnte eine Be-

[1] Elmen, G. W.: J. Franklin Inst. Bd. 207 (1929) S. 583/617.
[2] Kussmann, A., B. Scharnow u. W. Steinhaus: Z. Phys. Bd. 67 (1931)
S. 808.
[3] Dahl, O.: Z. Metallkde. Bd. 24 (1932) S. 107/11.
[4] Dahl, O., u. J. Pfaffenberger: Z. Metallkde. Bd. 25 (1933) S. 241/45.

einflussung des Permalloyeffektes nicht erzielt werden. Zusätze von Si, welche bei Gehalten über 2% tatsächlich Ausscheidungserscheinungen hervorrufen, unterbinden den Permalloyeffekt. Demnach scheinen Ausscheidungseffekte für die Deutung nicht in Betracht zu kommen.

In einer zweiten Arbeit erweiterte O. Dahl[1] die Beweise für seine Hypothese durch Untersuchung der Eigenschaftsänderungen bei Kaltverformung und Erholung an Fe-Ni- und Au-Cu-Legierungen. Beide Systeme verhalten sich auch in diesem Falle analog. Durch Kaltwalzung wird die Überstruktur zerstört, dies ist röntgenographisch bei $AuCu_3$ nachweisbar, das Leitfähigkeitsverhalten ist bei beiden Verbindungen Ni_3Fe und Cu_3Au identisch. Durch Anlassen wird die Überstruktur wiederhergestellt. Eine weitere Stütze brachten die Untersuchungen von A. Kussmann, B. Scharnow und W. Steinhaus[2]. Im System Ni-Mn tritt nachweisbar eine geordnete Atomverteilung bei Ni_3Mn ein, die dabei beobachtbaren Effekte bleiben bei einem allmählichen Ersatz des Mn durch Fe erhalten. Während O. Dahl die Änderung des elektrischen Widerstandes nach verschiedener Wärmebehandlung bei Raumtemperatur feststellte, untersuchte S. Kaya[3] seine Änderung während verschiedener Abkühlungsgeschwindigkeiten. Er konnte die Widerstandsanomalie durch Auftreten des Ferromagnetismus an einer Legierung mit 76% Ni bei 590°C deutlich trennen von der Anomalie durch Eintritt der Gitterordnung. Abb. 152 zeigt Widerstandskurven, welche einmal während einer Abkühlung mit 5°/Min., das andere Mal nach dem Verweilen bei der jeweiligen Meßtemperatur, bis keine Änderung des Widerstandes mehr eintrat (z. B. bei 490° nach 200 Stunden), aufgenommen wurden. Die Ano-

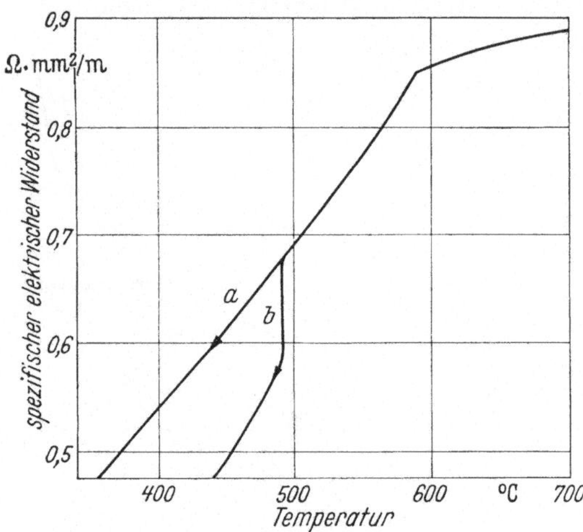

Abb. 152. Änderung des spezifischen elektrischen Widerstandes einer Legierung mit 76% Ni, 24% Fe mit der Temperatur. *Kurve a)* bei einer Abkühlungsgeschwindigkeit von 5°/Min. *Kurve b)* Temperatur jeweils solange gehalten, bis keine Änderung des Widerstandes mehr eintrat. (Nach S. Kaya.)

[1] Dahl, O.: Z. Metallkde. Bd. 28 (1936) S. 133/38.

[2] Kussmann, A., B. Scharnow u. W. Steinhaus: Heracus-Vacuumschmelze 1923/33 (1933) S. 310/38.

[3] Kaya, S.: J. of the Faculty of Sci. Hokkaido Imp. Univ. Bd. 2 (1938) S. 29/53.

malie des elektrischen Widerstandes bei 590° C entspricht dem Curie-punkt der Legierung, die andere Anomalie spielt sich in einem sehr engen Temperaturintervall ab, wie sie einem Ordnungsvorgang zukommt und erstreckt sich nicht über einen weiten Bereich, wie es einem Ausscheidungsvorgang entsprechen würde.

Die Änderung der spezifischen Wärme, wie sie erstmalig von Sykes[1] bei den Au-Cu-Legierungen untersucht wurde, benutzten S. Kaya[2], P. Leech und C. Sykes[3] für ihre Untersuchungen an Eisen-Nik-kel-Legierungen. Sie kamen zu fast den gleichen Ergebnissen. Die in Abb. 153 gezeigten Kurven weisen eine große Ähnlichkeit mit den entsprechenden von AuCu$_3$ auf. Die Kurve a ist erhalten an einer Probe, welche von 700° C abgeschreckt und mit einer Geschwindigkeit von 2°/Min. wieder erwärmt wurde. Oberhalb 380° C tritt der Ordnungsvorgang ein. Das bei 520° C auftretende Maximum entspricht dem Zerfall der Überstruktur, das bei 590° auftretende zweite Maximum hängt mit dem Curiepunkt zusammen. Kurve c entspricht einer Probe, welche durch tagelanges Tempern und ganz langsame Abkühlung in den Zustand höchster Ordnung gebracht wurde. Die sehr große Anomalie der spezifischen Wärme bei etwa 550° C

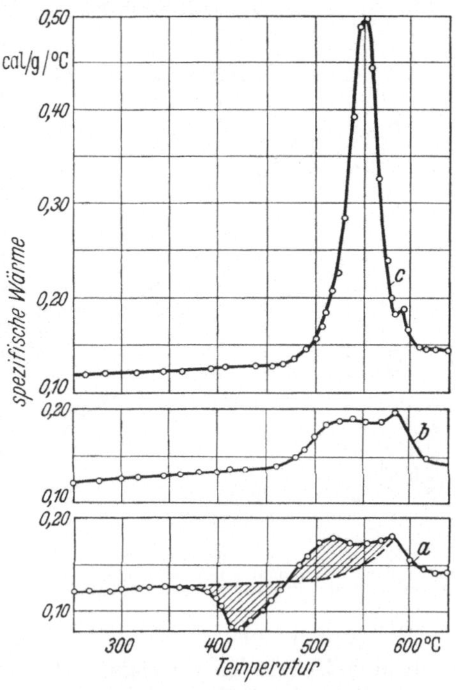

Abb. 153. Änderung der spezifischen Wärme einer Legierung mit 76% Ni, 24% Fe mit der Temperatur nach verschiedener Vorbehandlung. *Kurve a)* von 700° abgeschreckt, *Kurve b)* im Ofen abgekühlt, *Kurve c)* bei 450···490° angelassen. (Nach S. Kaya.)

ist auf den Zerfall der Überstruktur, die kleine Abweichung bei 590° wieder auf den Curiepunkt zurückzuführen.

Inzwischen war die Methodik der Röntgenfeinstruktur-Untersuchung weiterentwickelt worden. F. W. Jones und C. Sykes[4] war es geglückt, auch bei β-Messing die Überstruktur röntgenographisch nachweisen zu

[1] Sykes, C.: Proc. Roy. Soc. A. Bd. 148 (1935) S. 422/46.
[2] Kaya, S.: J. of the Faculty of Sci. Hokkaido Imp. Univ. Bd. 2 (1938) S. 29/53.
[3] Leech, P., u. C. Sykes: Philos. Mag. J. Sci. Bd. 27 (1939) S. 742/53.
[4] Jones, F. W., u. C. Sykes: Pr. Roy. Soc. A Bd. 166 (1938) S. 376/90.

können, indem sie eine Abweichung des Atomstreufaktors bei Einstrahlung mit einer Wellenlänge, welche in der Nähe der Absorptionskante des betreffenden Atoms liegt, benutzten, um den Intensitätsunterschied bei der Streuung zweier im periodischen System benachbarter Atomsorten zu erhöhen. Die erste Anwendung dieses Verfahrens bei Fe-Ni-Legierungen, welches von F. E. Haworth[1] unternommen wurde, schlug fehl, weil die Legierung nur 70 statt 76% Nickel enthielt und außerdem die Anlaßzeit von nur 5 Stunden bei 425° viel zu kurz war, um eine Ordnung

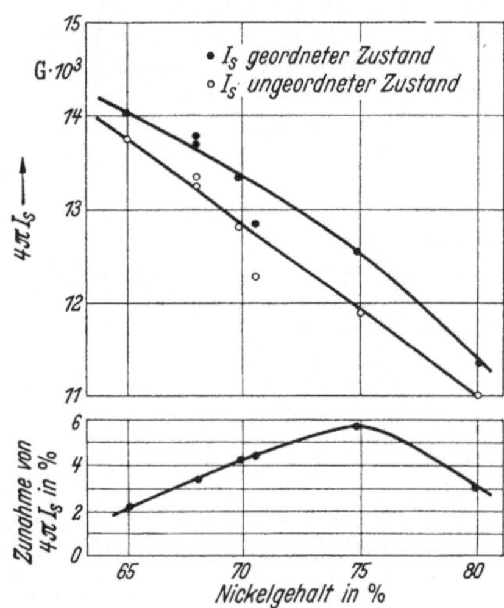

Abb. 154. Sättigungsmagnetisierung von Fe-Ni-Legierungen im Permalloy-Gebiet im geordneten und ungeordneten Zustand. (Nach E. M. Grabbe.)

größerer Bezirke zu erzielen. P. Leech und C. Sykes[2] benutzten Proben, welche wochenlang zwischen 490 und 450° getempert waren und außerdem sehr langsam abgekühlt wurden. Sie konnten nach verhältnismäßig kurzer Belichtungszeit mit Kobalt-K_α-Strahlung alle Überstrukturlinien nachweisen. Außerdem stellten sie eine Abnahme der Gitterkonstante von $a = 3{,}5470 \pm 0{,}0003$ Å im ungeordneten Zustand auf $a = 3{,}5441 \pm 0{,}0003$ Å im geordneten Zustand fest. F. E. Haworth[3] konnte dann nach einer verbesserten Anlaßbehandlung seiner Proben dieses Ergebnis vollauf bestätigen.

Es wurden auch Messungen der magnetischen Grundeigenschaften in beiden Zuständen durchgeführt. S. T. Pan[4] und E. M. Grabbe[5] bestimmten die Änderung der Sättigung beim Übergang vom ungeordneten in den geordneten Zustand. Von letzterem sind die Ergebnisse aus Abb. 154 zu ersehen. Danach zeigt die Zunahme der Sättigung im geordneten Zustand ein Maximum bei 75% Ni, die Änderung der Sättigung erstreckt sich aber sowohl über 65% als auch über 80% Ni noch hinaus.

Auch die Kristallenergie ändert sich sowohl nach Größe wie auch dem Vorzeichen nach, wie aus den in Abb. 155 zusammengestellten Ergebnissen desselben Autors zu ersehen ist. Im ungeordneten Zustand

[1] Haworth, F. E.: Physic. Rev. Bd. 54 (1938) S. 693/98.
[2] Leech, P., u. C. Sykes: Philos. Mag. J. Sci. Bd. 27 (1939) S. 742/53.
[3] Haworth, F. E.: Physic. Rev. Bd. 56 (1939) S. 289.
[4] Pan, S. T.: Physic. Rev. Bd. 56 (1939) S. 933/36.
[5] Grabbe, E. M.: Physic. Rev. Bd. 57 (1940) S. 728/34.

nimmt mit steigendem Ni-Gehalt die Anisotropiekonstante K_1 zunächst wenig, dann oberhalb 70% Ni stärker ab, wird bei 75% Ni Null und verbleibt dann bis 80% Ni bei ganz kleinen negativen Werten. Im geordneten Zustand wird die Anisotropiekonstante bereits bei 70% Ni Null und zeigt im eigentlichen Permalloygebiet verhältnismäßig große negative Werte. Im geordneten Zustand ist die Kristallenergie jedenfalls größer als im ungeordneten Zustand.

J. E. GOLDMAN[1] hat die Sättigungsmagnetostriktion einer Legierung mit 76,5% Ni im vollkommen ungeordneten Zustand zu $1,9 \cdot 10^{-6}$ cm/cm, mit gut ausgebildeter Überstruktur zu $4,5 \cdot 10^{-6}$ cm/cm bestimmt.

Nach dem BECKERschen Ansatz ist die Anfangspermeabilität umgekehrt proportional der Sättigungsmagnetostriktion, nach dem KERSTENschen Ansatz umgekehrt proportional der Kristallenergie. Eine Zunahme dieser beiden Größen bedingt also eine Verschlechterung der Anfangspermeabilität. Damit ist der Zusammenhang zwischen Permalloyeffekt und Überstruktur zumindest qualitativ gegeben.

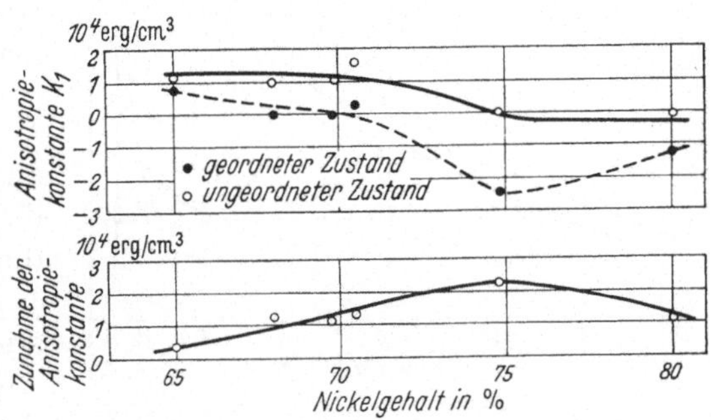

Abb. 155. Anisotropiekonstante von Fe-Ni-Legierungen im Permalloygebiet im geordneten und ungeordneten Zustand. (Nach E. M. GRABBE.)

Eine rein mechanische Deutung des Permalloyeffektes versuchten vor längerer Zeit R. M. BOZORTH und J. F. DILLINGER[2] auf Grund ihrer Erfahrungen bei der Abkühlung im Magnetfeld. Beim Unterschreiten des Curiepunktes tritt bei jedem Werkstoff die spontane Magnetisierung unterteilt in den einzelnen WEISSschen Bezirken ein, die stets mit einer Magnetostriktion verbunden ist. Liegt der Curiepunkt weit genug über der Rekristallisationstemperatur, so kann der Werkstoff sich plastisch verformen und die magnetostriktiven Spannungen beheben. Die einzelnen WEISSschen Bezirke werden dadurch festgelegt. Beim Anlegen eines äußeren Feldes erfolgen die 180°-Umklappungen der WEISSschen Bezirke ohne zusätzliche Magnetostriktion, während die 90°-Umklappungen zusätzliche elastische Verspannungen bedingen. Erfolgt die Abkühlung so rasch, daß keine plastische Verformung und damit verbunden keine Festlegung des Magnetisierungsvektors erfolgt, so laufen die 180°- und die 90°-Umklappungen bezüglich der magnetostriktiven Verspannung gleich leicht ab. Nur die Kristallenergie, welche die kristallographische

---

[1] GOLDMAN, J. E.: Physic. Rev. Bd. 76 (1949) S. 471.
[2] BOZORTH, R. M., u. J. F. DILLINGER: Physics Bd. 6 (1935) S. 285/91.

Festlegung des Magnetisierungsvektors bestimmt, ist dann von Einfluß
auf die Arbeitsleistung, die für eine 90°-Umklappung aufgewendet werden
muß. Liegt der Curiepunkt unterhalb oder in der Nähe der Rekristallisationstemperatur, so fallen diese Überlegungen weg. Bei genügend hohem
Curiepunkt wird eine Unterdrückung der durch die Magnetostriktion
bewirkten plastischen Verformung von um so größerem Erfolg sein, je
kleiner die Magnetostriktion ist und je geringer die Unterschiede der
Magnetostriktion in den verschiedenen kristallographischen Richtungen
sind. Ist der zweite bestimmende Faktor, die Kristallenergie, auch klein,
so wird die Magnetisierung sehr leicht erfolgen. Beide Bedingungen
treffen im Falle des Per-
malloy zu.

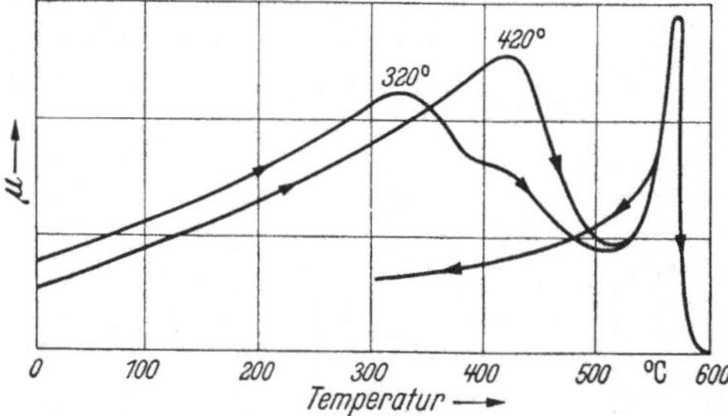

Abb. 156. Änderung der Permeabilität einer Legierung
mit 76% Ni, 24% Fe mit der Temperatur.
(Nach S. Kaya.)

Die verschlechternde
Wirkung der Überstruktur-
ausbildung zeigen Versuche,
die bereits von G. W. Elmen
durchgeführt und von S.
Kaya in verfeinerter Form
wiederholt wurden. In
Abb. 156 ist der Verlauf der
Anfangspermeabilität wäh-
rend des Anlassens einer
abgeschreckten Probe, bei
der jeweiligen Temperatur gemessen, wiedergegeben. Danach nimmt
die Anfangspermeabilität zunächst sogar noch zu, was mit dem allgemein
bekannten Abfall von Magnetostriktion und Kristallenergie mit steigender Temperatur gedeutet werden kann. Dieser verbessernde Einfluß wird
oberhalb 320° durch einen verschlechternden Vorgang abgelöst. Da diese
Temperatur etwa mit dem aus der Messung der spezifischen Wärme ermittelten Beginn des Ordnungsvorganges zusammenfällt (Abb. 153), kann
man mit großer Sicherheit die Entstehung der Überstruktur für den Abfall verantwortlich machen. Ein zweiter Abfall bei 420° wird durch die
beginnende Rekristallisation bedingt, welche den quasi-isotropen Zustand, der durch die Abschreckung erzielt worden war, aufhebt. Der letzte
steile Anstieg kurz unterhalb des Curiepunktes ist für alle ferromagnetischen Werkstoffe charakteristisch und ist auf ein gänzliches Verschwinden von Magnetostriktion und Kristallenergie zurückzuführen.

H. Schlechtweg[1] führt schließlich ins Treffen, daß das Austauschintegral, welches ja ein Maß für die Parallelausrichtung der Elektronen-
spins darstellt, einen anderen Wert bei ungeordneten Mischkristallen aufweisen wird, wo stets mehrere gleichartige Atome beisammenliegen, als

---

[1] Schlechtweg, H.: Phys. Z. Bd. 41 (1940) S. 42/43.

beim geordneten Mischkristall, wo stets verschiedene Atome benachbart sind. Dadurch könnte eine schwerere Beweglichkeit der BLOCHschen Wände und eine schwerere Magnetisierbarkeit bewirkt werden.

Zusammenfassend läßt sich sagen, daß im System Fe-Ni zwischen 50 und 90% Ni bei langsamer Abkühlung eine Überstruktur auftritt, die durch die Änderungen der elektrischen Leitfähigkeit, des E-Moduls, der Festigkeit, der Sättigung und der Kristallenergie indirekt, auf röntgenographischem Wege unmittelbar nachgewiesen werden konnte. Erwiesen ist die Überstruktur Ni_3Fe, ob außerdem noch eine Verbindung NiFe existiert, muß dahingestellt bleiben. Bei einer Legierung mit 75,9% Ni tritt die Überstrukturbildung beim Abkühlen bei 490° C ein, sie wird beim Erhitzen bei 520° C wieder zerstört. Bei 420° tritt sicher noch ein Ordnungsvorgang im Bereich von 50···85% Ni ein, wie aus den Leitfähigkeitsmessungen von O. DAHL hervorgeht. Eine genaue Abgrenzung des Gebietes geordneter Atomverteilung ist auf Grund des vorliegenden Versuchsmaterials nicht möglich. Die magnetischen Eigenschaftsänderungen, welche bei langsamer Abkühlung eintreten, sind mit der Ausbildung der Überstruktur verknüpft. Durch Abschrecken von hohen Temperaturen wird infolge

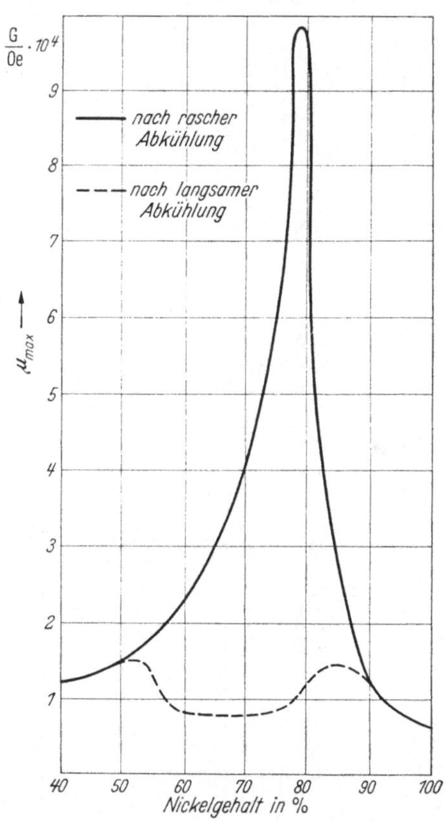

Abb. 157. Maximalpermeabilität von Fe-Ni-Legierungen nach verschiedener Wärmebehandlung.

des Zusammentreffens kleiner Magnetostriktion und Kristallenergie ein quasi-isotroper Zustand mit besonders leichter Magnetisierbarkeit erreicht.

Der Verlauf der Maximalpermeabilität bietet gemäß Abb. 157 ein ähnliches Bild wie jener der Anfangspermeabilität, bei rascher Abkühlung unter Vermeidung der geordneten Atomverteilung erreicht die Maximalpermeabilität Werte bis etwa 100000 G/Oe, während langsame Abkühlung sie auf unter 10000 G/Oe absinken läßt.

Änderung der Koerzitivkraft mit der Zusammensetzung. Die Koerzitivkraft läßt in Abb. 158 kein so klares Bild erkennen, wie die beiden anderen Eigenschaften. Wohl zeichnet sich auch hier der ungeordnete Zustand zwischen 75 und 80% Ni durch sehr kleine Koerzitivkräfte aus, aber auch der langsam abgekühlte, teilweise geordnete Zustand weist ein deutlich ausgeprägtes Minimum auf. Dazu tritt noch ein zweites Minimum bei 50% Ni auf. Hier gewinnt man den Eindruck, als ob zwei Gebiete der Überstruktur, nämlich Ni_3Fe und $NiFe$, auftreten würden.

Der in Abb. 159 eingetragene Verlauf der Hystereseverluste bei einer Induktion von 10000 G gibt nur ein teilweise charakteristisches Bild für diese Legierungen, da wegen der stark variablen Sättigung dabei keine korrespondierenden Zustände erfaßt wurden. Innerhalb des Konzentrationsgebietes von $25 \cdots 30\%$ und oberhalb 80% Ni liegt die Sättigung unterhalb 10000 G, bei den anderen Konzentrationen recht unterschiedlich weit davon entfernt. Es würde ein besseres Bild geben, wenn die Verluste bei der halben Sättigungsinduktion bestimmt worden wären. Die hohen Verluste im Verein mit einer hohen

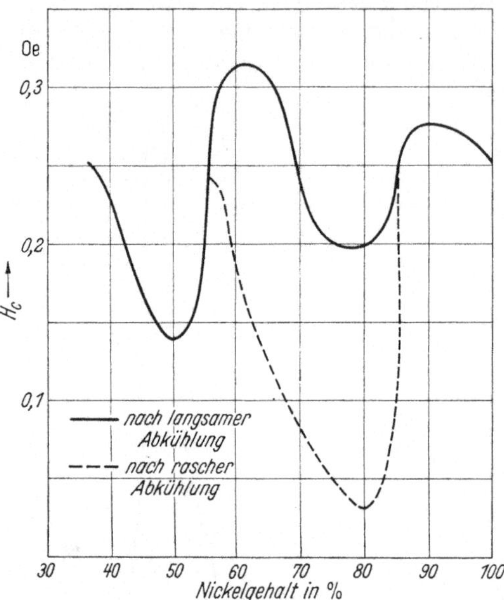

Abb. 158. Koerzitivkraft von Fe-Ni-Legierungen nach verschiedener Wärmebehandlung.

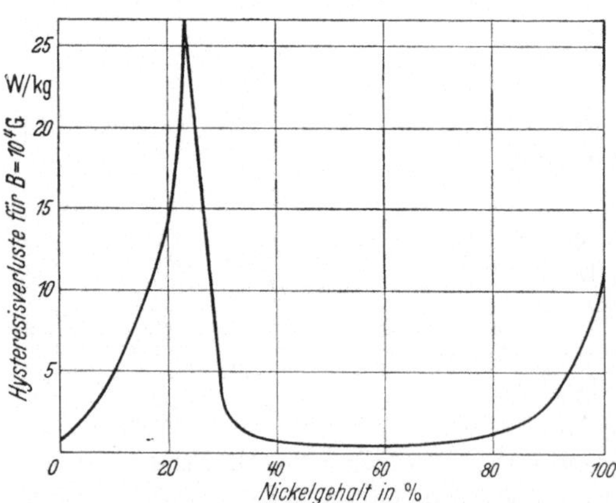

Abb. 159. Abhängigkeit der Hystereseverluste von Fe-Ni-Legierungen vom Ni-Gehalt ($B = 10000$ G, 50 Hz).

Koerzitivkraft bei etwa 23% Ni sind sicher auf eine Fremdkörperwirkung nicht umgewandelter γ-Teilchen zurückzuführen. Die Verluste im Bereich von $40 \cdots 80\%$ Ni hingegen sind trotz der relativ hohen Induktion, bezogen auf die Sättigung, sehr niedrig.

Das Permalloyverhalten spiegelt sich auch in der Form der Hystereseschleife wider. In Abb. 160 zeigt die rasch abgekühlte Probe das übliche Aussehen einer Hystereseschleife, wenn sie auch bemerkenswert schmal ist. Die Neukurve des geordneten Zustandes verläuft, in Abweichung von dem normalen Verhalten, teilweise außerhalb der Hystereseschleife.

Wegen der kleinen Kristallanisotropie der Fe-Ni-Legierungen sind sie auch recht empfindlich gegen elastische Verspannungen. Der Magnetisierungsvektor liegt im ungestörten Werkstoff in seiner ihm von der Natur vorgeschriebenen Vorzugslage. Als Maß für die Arbeit, ihn aus dieser Lage herauszudrehen, dient die Kristallanisotropiekonstante. Gleichzeitig mit der spontanen Magnetisierung tritt stets eine Magnetostriktion ein. Ist die Magnetostriktion in der magnetischen Vorzugsrichtung positiv, so wird in der Richtung der spontanen Magnetisierung eine elastische Druckspannung auftreten. Wird nun von außen eine elastische Zugspannung angelegt, so werden sich alle Vektoren in die Richtung der Zugspannung zu drehen versuchen, weil dort sozusagen die durch die Magnetostriktion bedingte Längenänderung bereits vorweggenommen ist. Die Kristallenergie hingegen versucht sie in ihrer kristallographisch festgelegten Lage zurückzuhalten; bei kleiner Kristallenergie jedoch wird der Einfluß der elastischen Spannung stark überwiegen. Bei einem

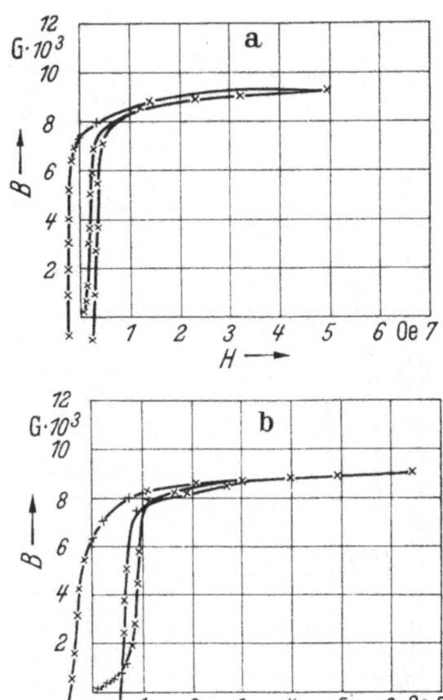

Abb. 160a u. b. Magnetisierungskurven einer Legierung mit 78,5% Ni, 21,5% Fe nach verschiedener Wärmebehandlung. a) abgeschreckt, b) langsam abgekühlt. (Nach O. DAHL.)

Werkstoff mit negativer Magnetostriktion werden sich die Magnetisierungsvektoren senkrecht zur Zugspannung einzustellen versuchen. Ein angelegtes Feld wird also dann bei der Kombination einer positiven Magnetostriktion mit einer elastischen Zugspannung zu einer leichteren Magnetisierbarkeit führen, weil die WEISSschen Bezirke nur 180°-Umklappungen durchzuführen brauchen, bei negativer Magnetostriktion wird die Magnetisierung erschwert. Diese Versuche sind schon oft durchgeführt worden, ihre Deutung förderte unsere theoretischen Vorstellungen in entscheidender Weise. R. M. BOZORTH[1] hat in neuerer Zeit diese Versuche wiederholt, seine instruktiven Ergebnisse seien in den Abb. 161 und 162 wiedergegeben. Abb. 161 zeigt die Magnetisierungskurven einer Legierung mit

---

[1] BOZORTH, R. M.: Bell Lab. Record Bd. 24 (1946) S. 116/19.

68% Ni, also mit positiver Magnetostriktion, in Abhängigkeit von der angelegten Zugspannung. Die Maximalpermeabilität als Maß für die Steilheit der Induktionskurve steigt von etwa 6500 G/Oe bei unbelastetem Material bis auf etwa 100000 G/Oe beim Anlegen einer Zugspannung von 8 kg/mm²; beim Überschreiten der Elastizitätsgrenze sinkt dann infolge des Auftretens der Gitterstörungen die Maximalpermeabilität sehr rasch ab. In Abb. 162 ist derselbe Versuch für reines Nickel mit negativer Magnetostriktion gezeigt. Hier sinkt die Magnetisierbarkeit sehr rasch ab. Bei Eisen mit seiner etwa 40 mal grö-

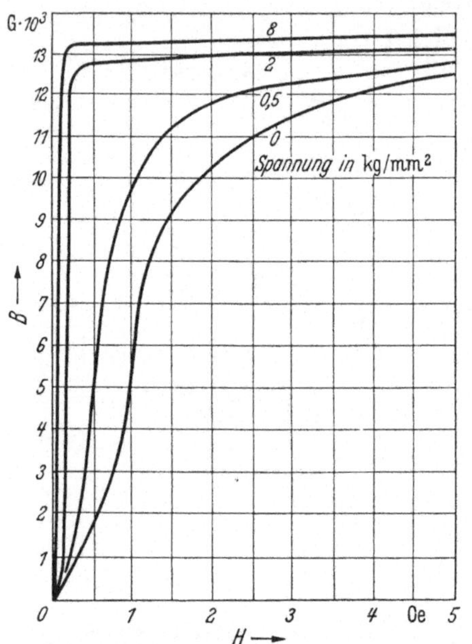

Abb. 161. Induktionskurven einer Legierung mit 68% Ni, 32% Fe in Abhängigkeit von der Zugspannung. (Nach R. M. Bozorth.)

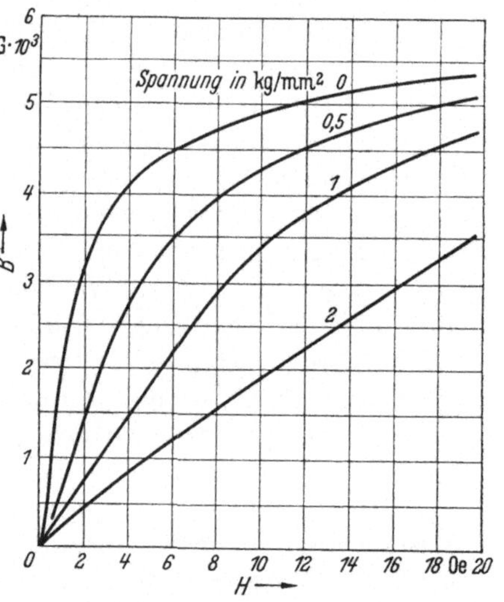

Abb. 162. Induktionskurven von Nickel in Abhängigkeit von der Zugspannung. (Nach R. M. Bozorth.)

ßeren Kristallenergie gegenüber der Legierung mit 68% Ni ist der Einfluß einer Zugspannung ganz gering. Druckspannungen haben natürlich den entgegengesetzten Effekt zur Folge. Die experimentelle Durchführung solcher Versuche ist zwar schwieriger, wurde aber seinerzeit ebenfalls mehrfach ausgeführt.

Einfluß von Verunreinigungen. Über den Einfluß von Verunreinigungen auf die magnetischen Eigenschaften von Fe-Ni-Legierungen ist aus folgendem Grunde recht wenig bekannt. Nickel und seine Legierungen sind in mechanischer Hinsicht gegen die üblichen Stahlbegleiter außerordentlich empfindlich. Man war daher von vornherein aus technologischen Gründen bestrebt, Ausgangswerkstoffe höchster Reinheit zu benutzen, da sonst geringfügige Beimengungen eine Verarbeitung unmöglich machten.

Vor allem scheidet als Verunreinigung der Schwefel aus. Gehalte von etwa 0,005% S bewirken bereits Warmbrüchigkeit und verhindern das Walzen und Schmieden der Gußblöcke, der Einfluß dieses Elements auf die magnetischen Eigenschaften ist also unbekannt, weil sich gar keine Proben herstellen lassen.

Ebenso gefürchtet war der Einfluß des Kohlenstoffs, der Härtung und dadurch eine Verschlechterung der magnetischen Eigenschaften bewirken sollte. Man verwendete daher stets als Schmelzbasis ein Eisen mit weniger als 0,1% C. Unter dem Zwang der Rohstoffknappheit gegen Ende des zweiten Weltkrieges wurde auch stärker verunreinigtes Eisen verwendet. Eine Legierung mit 40% Ni und 0,17% C zeigte ein Absinken der Anfangspermeabilität um nur etwa 10%, so daß die Ansicht über die schädliche Wirkung des Kohlenstoffs wenigstens teilweise als übertrieben bezeichnet werden muß.

Der Einfluß des Sauerstoffs ist ebenfalls unbekannt, denn bei der Herstellung von Eisen-Nickel-Legierungen werden Zusätze von Mangan und Magnesium verwendet, um jede Spur von Schwefel zu entfernen; da diese beiden Metalle auch vorzügliche Desoxydationsmittel sind, wird gleichzeitig gelöster Sauerstoff unschädlich gemacht. Das Mangan selbst, falls es im Überschuß vorhanden ist, wird im Mischkristall aufgenommen und drückt als unmagnetische Legierungskomponente nur die Sättigungsmagnetisierung. Gehalte über 2% verschlechtern auch Anfangspermeabilität und Hystereseverluste.

Einfluß der Korngröße und Werkstoffdicke. Die Eisen-Nickel-Legierungen sind alle sehr feinkörnig. Es sind keine Methoden bekannt, um durch kritische Verformung oder durch besondere Glühung ein grobes Korn zu erreichen, deshalb ist auch über den Korngrößeneinfluß nichts bekannt geworden.

Hingegen zeigt sich ein bemerkenswerter Einfluß der Blechdicke. Bereits bei Elektrolyteisen wurde auf eine Abhängigkeit der Koerzitivkraft von der Blechdicke hingewiesen (S. 111). Ähnliche Effekte wurden von H. HAGEMANN und H. HIEMENZ[1] bei Fe-Ni-Legierungen beobachtet. In Abb. 163 ist die Abhängigkeit der Anfangs- und Maximalpermeabilität von der Banddicke für eine Legierung mit 48% Ni gezeigt. Unterhalb 0,2 mm Dicke sinken die Werte recht erheblich ab. Bei der manchmal für Hochfrequenzgeräte benötigten Banddicke von 0,05 mm nimmt die Anfangspermeabilität von 2900 auf 1800 G/Oe und die Maximalpermeabilität von 24000 auf 11000 G/Oe ab. Die Ergebnisse werden von G. RASSMANN[2] für die Maximalpermeabilität bestätigt, nach Eliminierung des Walzeinflusses zeigt die Anfangspermeabilität jedoch nur geringe Abweichungen.

---

[1] HAGEMANN, H., u. H. HIEMENZ: Heraeus-Vacuumschmelze 1923/33 (1933) S. 181/200.

[2] RASSMANN, G.: Z. Metallkde. Bd. 36 (1944) S. 131/35.

Im Gegensatz dazu konnte R. FELDTKELLER[1] durch Messungen bei verschiedenen Frequenzen und unter Berücksichtigung des Skin-Effektes die Verteilung der lokalen Anfangspermeabilität über dem Blechquerschnitt ermitteln. Aus Abb. 164 ist diese Verteilung an einem Blech mit 36⁰/₀ Nickel, 64⁰/₀ Eisen zu ersehen. In den Randzonen ist ein äußerst steiler Abfall der Permeabilität zu beobachten. Bei weitgehender Querschnittsverringerung überwiegt schließlich der Anteil der Zone geringer Permeabilität und setzt den Mittelwert entsprechend herab. Eine Erklärung für dieses Verhalten steht noch aus.

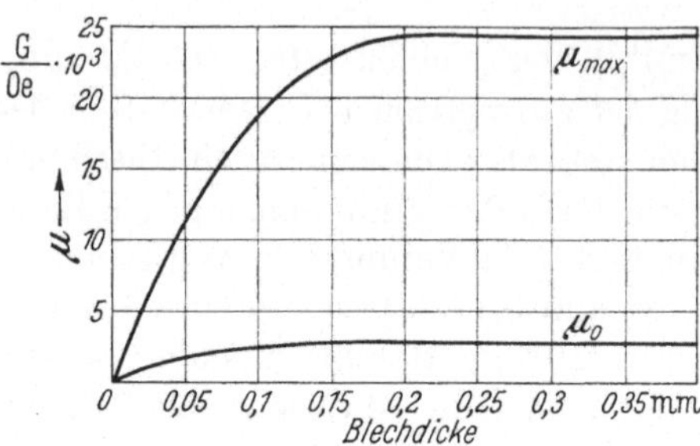

Abb. 163. Abhängigkeit der Anfangs- und Maximalpermeabilität einer Legierung mit 50% Ni, 50% Fe von der Blechdicke. (Nach H. HAGEMANN u. H. HIEMENZ.)

Einfluß der Kornorientierung. Manche flächenzentriert kristallisierenden Metalle ergeben nach sehr starker Kaltverformung (mehr als 95% Dickenabnahme) eine von der Walztextur stark abweichende charakteristische Rekristallisationstextur: Die Walzebene ist parallel der (100)-Ebene, die Walzrichtung parallel der [100]-Richtung. Auch die reversiblen Fe-Ni-Legierungen gehören zu diesen Metallen. Solange die magnetische Vorzugsrichtung in der [100]-Richtung liegt, ist bei den Werkstoffen mit Würfeltextur eine Aufrichtung der Magnetisierungskurve zu erwarten, die Hystereseschleife nähert sich der Rechteckform. Ist mit

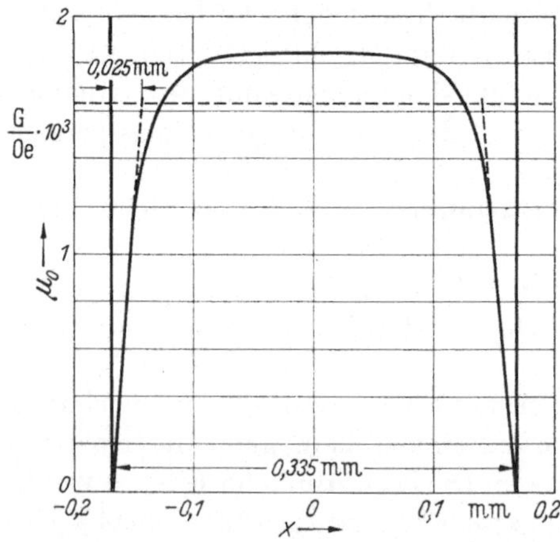

Abb. 164. Verteilung der lokalen Anfangspermeabilität einer Legierung mit 36% Ni, 64% Fe über den Blechquerschnitt. (Nach R. FELDTKELLER.)

steigendem Nickelgehalt die magnetische Vorzugsrichtung nach [111] übergegangen, so wird eine Verschlechterung der magnetischen Eigenschaften zu erwarten sein. O. DAHL und F. PAWLEK[2] haben die verschiedenen Kurvenformen auch experimentell festlegen können. In Abb. 165a ist das Verhalten einer Legierung mit 50% Ni, in Abb. 165b dasjenige einer Legierung mit 90% Ni mit und ohne Würfeltextur gezeigt. Da die

[1] FELDTKELLER, R.: Fernmeldetechn. Z. Bd. 2 (1949) S. 9/14.

[2] DAHL, O., u. F. PAWLEK: Z. Phys. Bd. 94 (1935) S. 504/22.

Sättigungsmagnetisierungen sich bereits stark unterscheiden, werden zum besseren Vergleich die Induktionswerte nach einer relativen Skala aufgetragen. Bemerkenswert ist noch, daß sich die Anfangspermeabili-

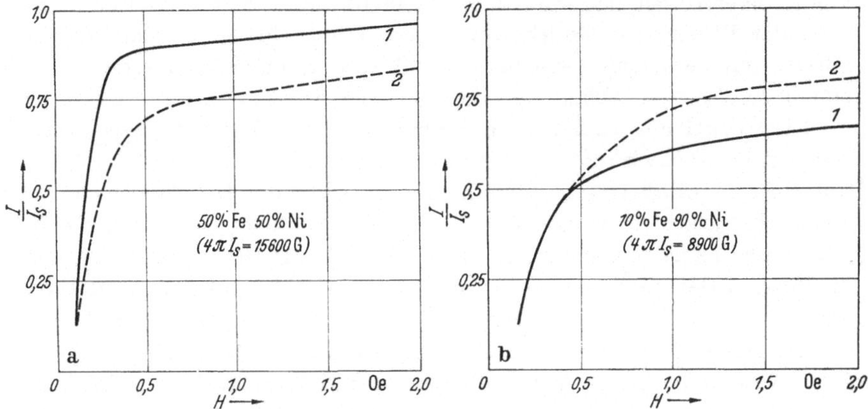

Abb. 165. Induktionskurven von Fe-Ni-Legierungen in Abhängigkeit von der Kristallorientierung. *Kurve 1*: Würfeltextur, *Kurve 2*: Isotrop. (Nach O. DAHL u. F. PAWLEK.)

täten in entgegengesetztem Sinne ändern wie die Maximalpermeabilitäten. Tab. 20 gibt eine Zusammenstellung der Werte.

Tabelle 20. *Anfangs- und Maximalpermeabilität von Fe-Ni-Legierungen in Abhängigkeit von der Kristallordnung.*

Legierung	Vorzugs-richtung	Kristallordnung	μ_0	μ_{max}	H_c
50 Ni, 50 Fe	[100]	isotrop	3400	36400	0,12
		[100]-Textur	2400	47500	0,17
90 Ni, 10 Fe	[111]	isotrop	1100	11000	0,27
		[100]-Textur	1900	7800	0,38

Nachwirkung. Mit Nachwirkungserscheinungen haben sich verschiedene Autoren beschäftigt. Eine verhältnismäßig einfache Deutung für die bei Fe-Ni-Legierungen mit etwa 30% Ni besonders hohe Nachwirkung wird von E. SEYFFERT[1] gegeben. Als Ursache für die hohe Nachwirkung wird ein Mischkörperaufbau der Legierungen angenommen. Die vom Gießen infolge Kristallseigerung herrührenden Schichtkristalle zeigen besonders in der Nähe des Curiepunktes wegen der damit verbundenen starken Abhängigkeit der Sättigungsmagnetisierung ein unterschiedliches magnetisches Verhalten. Aus rein elektrodynamischen Gründen treten an den Grenzen der einzelnen Schichten zusätzliche Wirbelstromverluste auf, die als Nachwirkung in Erscheinung treten.

---

[1] SEYFFERT, E.: Z. techn. Phys. Bd. 18 (1937) S. 200/03.

Aber auch bei Legierungen, welche einen hohen Curiepunkt haben, zeigen sich Nachwirkungserscheinungen. An Legierungen mit 40% Ni wurden von F. Preisach[1] entsprechende Untersuchungen angestellt. Er konnte nachweisen, daß die für die Nachwirkung beim Einschalten maßgebenden Weissschen Bezirke von denen, welche eine Nachwirkung beim Abschalten bewirken, verschieden sind. Die Nachwirkung selbst wird einem verzögerten Ablauf der Barkhausen-Sprünge zugeschrieben.

Diese Erklärung wird aber durch Versuche von H. Kindler[2] erschwert, welcher die Nachwirkungserscheinungen an einer Legierung mit 50% Ni unter dem Einfluß von Zugspannungen untersuchte. Bei elastischer Beanspruchung erhielt er eine Zunahme, bei plastischer Verformung eine Abnahme. Es ist nun schwierig, sich nach F. Preisach vorzustellen, daß die Anzahl der Weissschen Bezirke, deren Umklappung dem äußeren Magnetfeld verzögert nachfolgt, sich mit der Belastung ändert. Ob die am reinen Eisen von J. L. Snoek festgestellten Diffusionsvorgänge geringer Beimengungen von Kohlenstoff und Stickstoff auch bei den Fe-Ni-Legierungen die Ursache für die Nachwirkungserscheinungen sind, wurde noch nicht experimentell nachgeprüft.

β) Herstellung und Schlußglühung.

Aus der Fülle der Möglichkeiten, welche die Fe-Ni-Reihe bietet, hat die Praxis nur zwei Legierungen herausgegriffen, Anwendung finden die Legierungen mit 36% und 50% Ni. Die Herstellung der Legierungen wird in wenigen Werken durchgeführt. Neben reinen Metallen als Schmelzbasis kann auch Abfallmaterial derselben Legierung verwendet werden, wenn eine Garantie für völlige Reinheit gegeben werden kann. Über die Durchführung des Schmelzens im Hochfrequenzofen finden sich nähere Angaben bei D. F. Miner u. J. B. Seastone[3], W. Hessenbruch u. K. Schichtel[4] und G. T. Motock[5]. Ebenso wie bei den hochwertigen Fe-Si-Legierungen sind die Herstellerfirmen teilweise dazu übergegangen, nicht Bleche und Bänder, sondern gestanzte und fertiggeglühte Kerne zu liefern. Diese Entwicklung wurde durch die Normung der Kernblechabmessungen in DIN 41302 sehr erleichtert.

Vielfach werden aber die Kernbleche noch bei den Verbrauchern geglüht. Wird die Schlußglühung der kaltgewalzten Bleche mit 40% Ni im Bereich der Rekristallisationstemperatur durchgeführt, so daß nur unvollkommen die Kornneubildung einsetzt, so gewinnt man einen Werkstoff mit zwar niedriger, aber über einen großen Feldstärkenbereich kon-

---

[1] Preisach, F.: Z. Phys. Bd. 94 (1935) S. 277/302.
[2] Kindler, H.: Ann. Phys. Bd. 28 (1937) S. 375/84.
[3] Miner, D. F., u. J. B. Seastone: Metal Progr. Bd. 31 (1937) S. 611/17.
[4] Hessenbruch, W., u. K. Schichtel: Z. Metallkde. Bd. 36 (1944) S. 127/30.
[5] Motock, G. T.: Iron Age Bd. 158 (1946) Nr. 24 S. 64/69.

stanter Permeabilität. Der unter dem Namen Nicalloy 400 bekannte Werkstoff wird durch Glühen zwischen 580···630° erhalten, wenn der vorhergehende Reckgrad gering und nicht höher als 10% ist. Bei stärkerer Kaltverformung verläuft die Rekristallisation in weitaus engeren Grenzen und ist dann technisch nicht mehr zu beherrschen.

Wird die Glühtemperatur nur wenig oberhalb der Rekristallisationstemperatur zwischen 650···700° gewählt, so erhält man einen Werkstoff, der zwar nicht den Höchstwert der Anfangspermeabilität zeigt, aber auch hier noch einen geringen Anstieg der Permeabilität aufweist.

Erst bei Glühtemperaturen oberhalb 900° werden die höchsten Werte der Permeabilität erzielt. Die Glühung muß natürlich unter Schutzgas durchgeführt werden, gegen schroffe Abkühlung sind die Werkstoffe jedoch ziemlich unempfindlich. Man kann nach beendeter Glühung an der Luft abkühlen. Die dabei eintretende oberflächliche Oxydation der einzelnen Bleche stellt eine willkommene Isolation gegen Wirbelströme dar. Abb. 166 zeigt Permeabilitätskurven nach verschiedener Wärmebehandlung.

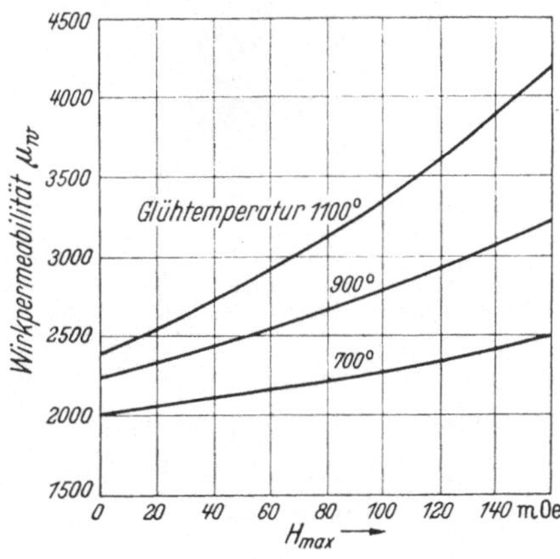

Abb. 166. Permeabilitätskurven einer Fe-Ni-Legierung mit 50% Ni nach verschiedener Wärmebehandlung. (Nach K. J. Sixtus.)

Wird die Glühtemperatur auf 1200° erhöht und sehr reiner Wasserstoff als Schutzgas verwendet, so kann man nach T. D. Yensen[1] eine weitere Verbesserung erzielen. Das Verfahren wird in den USA ausgeführt. Das betreffende Material wird unter dem Namen Hipernik in den Handel gebracht. Von A. S. Saimowski und L. S. Kasarnowski[2] werden diese Ergebnisse für Legierungen mit 50, 65 und 78,5% Ni bestätigt.

Als geeignete Glühatmosphäre wird Wasserstoff verwendet. Den Einfluß verschiedener Gase haben H. Hagemann und H. Hiemenz[3] untersucht. Nach ihren Ergebnissen sind Glühungen unter Luftabschluß oder im Vakuum den Glühungen im Wasserstoff etwas unterlegen, ausgesprochen schlecht aber bei Anwendung von Stickstoff. Im Gegensatz dazu sind nach Versuchen des Verfassers die technischen Schutzgase:

---

[1] Yensen, T. D.: Metal Progr. Bd. 21 (1932) S. 28/34.

[2] Saimowski, A. S., u. L. S. Kasarnowski: Katschestwennaja Stal Bd. 6 (1938) Nr. 3 S. 37/42.

[3] Hagemann, H., u. H. Hiemenz: Heraeus-Vacuumschmelze 1923/33 (1933) S. 181/200.

Wasserstoff, gespaltenes Ammoniak oder unvollkommen verbranntes Leuchtgas ohne Einfluß auf die magnetischen Werte.

Die Herstellung von Werkstoffen mit Würfeltextur muß recht sorgfältig durchgeführt werden und stellt hohe Anforderungen an die technischen Einrichtungen der Werke. Die Bedingungen zur Erzielung einer gut ausgebildeten Würfeltextur bei flächenzentriert kristallisierenden

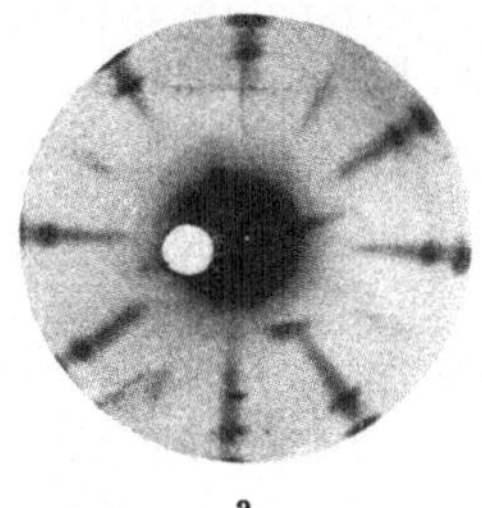
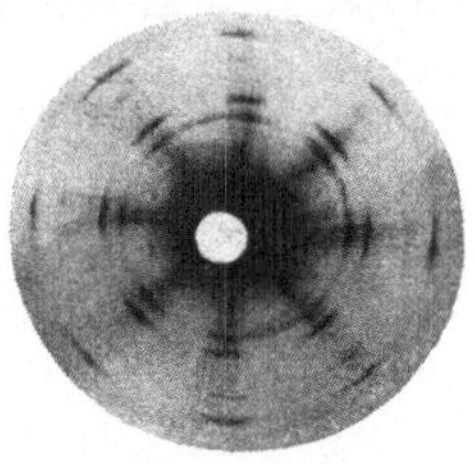

a   b

Abb. 167. Röntgendiagramme von Blechen aus einer Legierung mit 40% Ni, 60% Fe (Behandlung: 99% kaltgereckt, 1000° C geglüht) a) Ausgangskorngröße 0,0004 mm², b) Ausgangskorngröße 0,0346 mm³. (Nach O. Dahl u. F. Pawlek.)

Metallen wurden von O. Dahl u. F. Pawlek[1] eingehend untersucht. Als letzter Reckgrad vor der Glühung auf Würfeltextur ist eine Kaltverformung von mehr als 95% erforderlich. Dabei spielt die Korngröße vor diesem Reckgrad eine große Rolle. Wie aus den Abb. 167a und b ersichtlich ist, bringt ein Ausgangskorn von 0,0004 mm² nach dem Röntgendiagramm eine ausgezeichnete Würfeltextur, während eine Korngröße von 0,0346 mm² nicht die gewünschte Kristallordnung erreichen läßt. Wird die Schlußglühung bei zu hohen Temperaturen

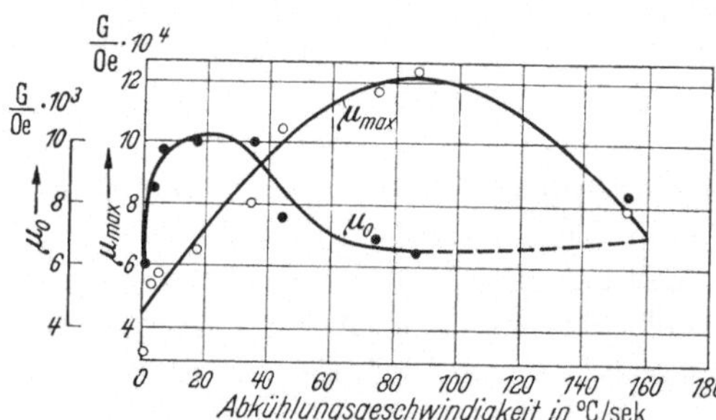

Abb. 168. Einfluß der Abkühlungsgeschwindigkeit (von 600° in Luft) auf Anfangs- und Maximalpermeabilität von Permalloy (78,5% Ni). (Nach G. W. Elmen.)

vorgenommen, so tritt oberhalb etwa 1050° C eine Sammelkristallisation unter Vernichtung der Würfellage ein. Die mehrere cm² großen Kristalle liegen mit der (120)-Ebene in der Walzebene und mit der [100]-Richtung parallel zur Walzrichtung. Diese Kristalle sind magnetisch nicht mehr so hochwertig wie diejenigen in reiner Würfelanordnung.

Die Legierung mit 36% Ni wurde gewählt, weil sie bei guten Perme-

---

[1] Dahl, O., u. F. Pawlek: Z. Metallkde. Bd. 28 (1936) S. 266/71.

abilitätswerten einen Höchstwert des spezifischen elektrischen Widerstandes bietet und daher kleine Wirbelstromverluste gewährleistet. Die Legierung mit 50% Ni vereinigt hohe Permeabilitätswerte mit relativ hoher Sättigung. Das Permalloy mit 78,5% Ni hat sich nicht durchsetzen können. Die Schlußbehandlung erfordert eine rasche Abkühlung von 600° auf Raumtemperatur, um die Überstrukturausbildung zu verhindern. Die dabei auftretenden Abschreckspannungen wirken sich verschlechternd aus, so daß es eine optimale Abschreckgeschwindigkeit gibt, bei welcher die besten Permeabilitätswerte erzielt werden. In Abb. 168 ist der Verlauf der Anfangs- und Maximalpermeabilität in Abhängigkeit von der Abschreckgeschwindigkeit gezeigt; für die Anfangspermeabilität liegt das Optimum bei 20°/Sek., für die Maximalpermeabilität bei etwa 90°/Sek. Diese Geschwindigkeiten sind erreichbar, wenn man einzelne Bleche bei der Abkühlung an ruhiger Luft auf eine ebene Unterlage auf Stein ausbreitet oder indem man etwa kleine Blechbündel mit einem kräftigen Ventilator anbläst. Im technischen Betrieb ist eine solche „individuelle" Behandlung der Kernbleche schwer zu reproduzieren. Man hat mit Erfolg versucht, diese empfindliche Wärmebehandlung durch geeignete Legierungszusätze auszuschalten (siehe S. 203ff).

Die Induktionskurven der hier besprochenen Werkstoffe sind in Abb. 169, der Verlauf der Verluste mit der Induktion in Abb. 170, die übrigen magnetischen Werte in Tab. 21 zu-

Tabelle 21. *Magnetische Eigenschaften verschiedener Fe-Ni-Legierungen.*

Zusammensetzung Ni	Fe	Kristallordnung	Schlußglühung	Permeabilität μ_0	μ_5	μ_{20}	μ_{100}	μ_{max}	μ-Anstieg in % je 0,1 Oe	H_c	V_5	V_{10}	ϱ Ω mm²/m	In-stabilität s %
36	Rest	isotrop	~ 600°	400		402	410	1300	2,5	2,97			0,8	− 7
36	Rest	isotrop	~ 700°		1930	2000	2250	6000	1,5				0,8	− 20
36	Rest	isotrop	~1000°	2500	2500			12000		0,25	0,15	0,6	0,8	− 35
48	Rest	isotrop	~1000°		3000			30000		0,15		0,5	0,45	
50	Rest	isotrop	~1200°	4000				80000		0,05				
48	Rest	Würfeltextur	~1000°	1000				35000		0,20				
65	Rest	isotrop	650° Magnetfeld			3000		280000		0,03				
66	Rest	Einkristall	Magnetfeld					1330000						
78,5	Rest	isotrop	600° Luft	9800				105000		0,025				

sammengestellt[1]. Die Abbildungen illustrieren nur das bereits Gesagte, weitere Erörterungen erübrigen sich. Wie bereits auf S. 136 erwähnt,

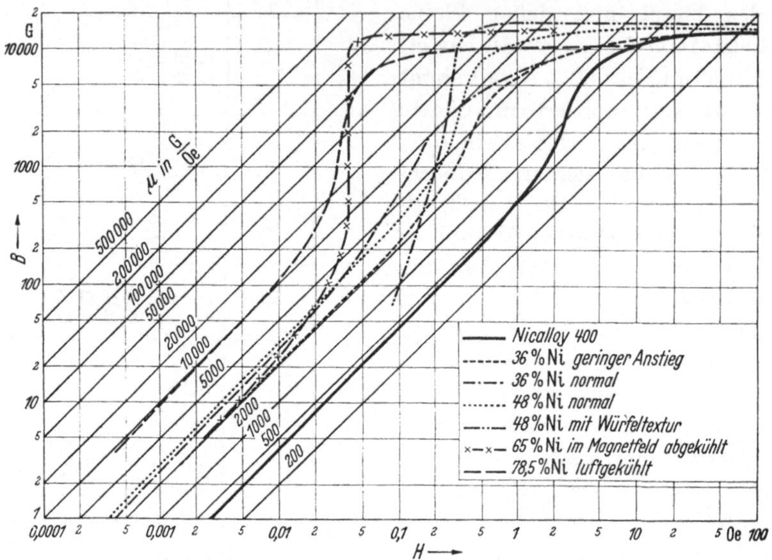

Abb. 169. Induktionskurven technischer Fe-Ni-Legierungen.

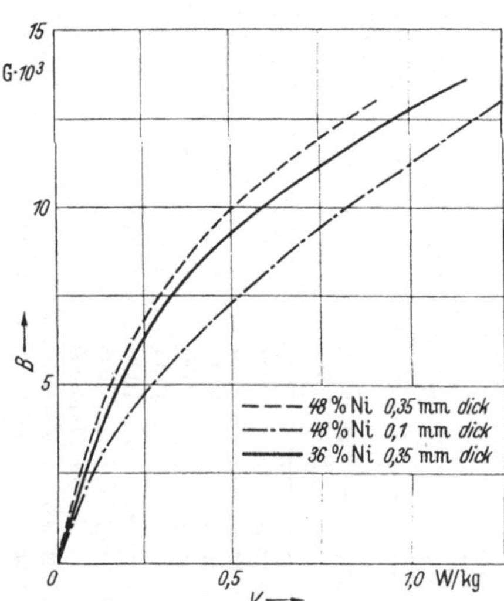

Abb. 170. Wattverluste von Fe-Ni-Legierungen in Abhängigkeit von der Induktion (50 Hz).

stellt die Fernmeldetechnik zusätzliche Forderungen an das Verhalten bei dauernder oder stoßweiser Beanspruchung durch Gleichstrom. In Abb. 171 ist die Abnahme der Permeabilität in Prozenten in Abhängigkeit von einer dauernden Gleichstromvormagnetisierung bis 1,5 Oe und in

[1] CHASTON, J.C.: Metal Treatment Bd. 2 (1936) Nr. 6 S. 58/66 u, 71. — LEGG, V. E.: Bell Syst. techn. J. Bd. 18 (1939) S. 438/64. — YENSEN, T. D.: Trans. am. Soc. Met. Bd. 27 (1939) S. 797/820. — MEYER, H. H., u. H. FAHLENBRACH: Techn. Mitt. Krupp, Techn. Ber. Bd. 7 (1939) S. 123/32. — BOZORTH, R. M.: Rev. of modern Phys. Bd. 19 (1947) Nr. 1 S. 29/86. — CHEGWIDDEN, R. A.: Met. Progr. Bd. 54 (1948) S. 705/14. — SCHOLEFIELD, H. H.: J. sci. instr. Bd. 26 (1949) S. 207/09. — SPRING, W. S.: Iron Age Bd. 163 (1949) Nr. 13 S. 70/73.

Außerdem standen Unterlagen der Vakuumschmelze Hanau zur Verfügung.

Abb. 172 nach einer stoßweisen Magnetisierung bis 7 Oe für eine Legierung mit 36% Ni mit kleinem bzw. normalem Anstieg der Permeabilität gezeigt.

Neben dem Schmelzen kann die Herstellung noch durch Sintern erfolgen, wobei es möglich ist, die Metallpulver bereits bei ihrer Gewinnung zu legieren, indem man Eisen- und Nickelkarbonyl gemeinsam zersetzt. Es sind dann keine langen Glühzeiten mehr erforderlich, um eine Legierungsbildung herbeizuführen. Außerdem tritt beim Sintern die bereits für Eisen beschriebene Selbstreinigung ein (siehe S. 119). G. Hamprecht und L. Schlecht[1] erreichten bei der Herstellung von Legierungen mit 50% Ni aus Karbonylmetallen Maximalpermeabilitäten bis zu 60000 G/Oe und Koerzitivkräfte bis zu 0,05 Oe. Werden keine Legierungspulver ver-

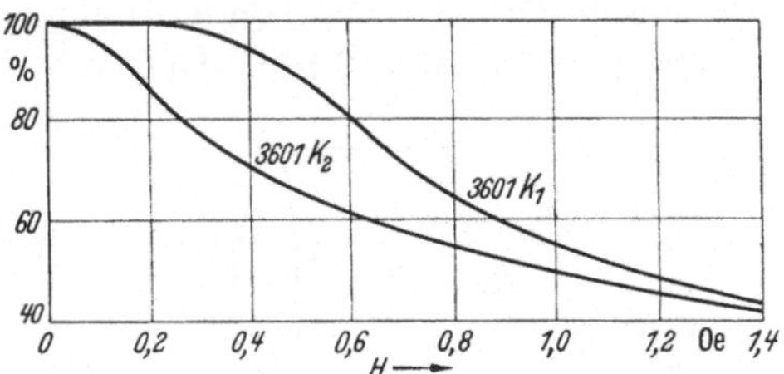

Abb. 171. Prozentuale Abnahme der Permeabilität einer Legierung mit 36% Ni, 64% Fe in Abhängigkeit von der Gleichstromvormagnetisierung (3601 K1: Werkstoff mit geringem Permeabilitätsanstieg, 3601 K2: Werkstoff mit normalem Permeabilitätsanstieg).

wendet, sondern die reinen Metalle, so ist nach W. Rostocker[2] eine Sinterung bei 1400° über 24 Stunden hindurch notwendig, um wirklich porenfreie homogene Legierungen zu erhalten.

Schließlich versucht K. Heck[3] die Bildung von Fe-Ni-Legierungen auf elektrolytischem Wege zu bewerkstelligen. Da eine gemeinsame Abscheidung von Eisen und Nickel nur in sehr beschränkten Konzentrationsgebieten möglich

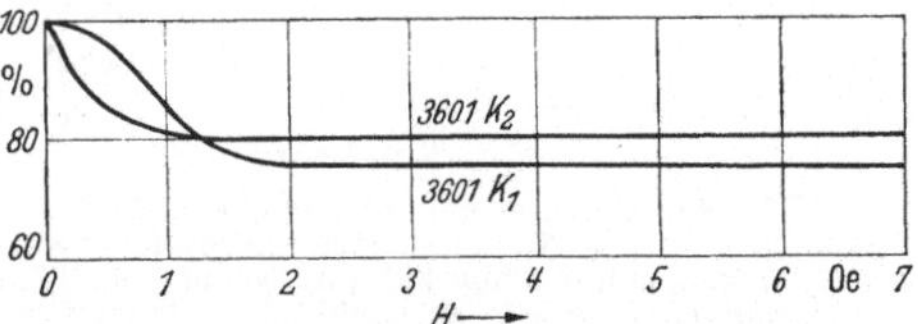

Abb. 172. Wechselstrom-Anfangspermeabilität einer Legierung mit 36% Ni, 64% Fe in Abhängigkeit von der Gleichstromfeldstärke (3601 K1: Werkstoff mit geringem Permeabilitätsanstieg, 3601 K2: Werkstoff mit normalem Permeabilitätsanstieg).

ist, wurden Bleche von 0,2 mm Stärke aus 0,003 mm dicken Schichten von Eisen und Nickel durch abwechselndes Niederschlagen hergestellt. Durch eine Glühung bei 1000° von nur 20 Min. Dauer gelang eine völlige Homogenisierung. Die Anfangspermeabilität erreicht ihren Höchstwert aber erst nach einer zweistündigen Glühung, was auf eine nachfolgende Sammelkristallisation zurückzuführen ist. Praktische Bedeutung hat das Verfahren nicht erlangt.

Einfluß einer Magnetfeldabkühlung. Großes Aufsehen erregte seinerzeit die von R. M. Bozorth, J. F. Dillinger und G. A.

---

[1] Hamprecht, G., u. L. Schlecht: Metallwirtschaft Bd. 12 (1933) S. 281/84.

[2] Rostocker, W.: Am. Inst. Min. Met. Eng. Techn. Publ. Nr. 2437.

[3] Heck, K.: Wiss. Veröff. Siemens-Werke Bd. 20 (1941) S. 104/34.

Kelsall[1] gefundene Beeinflussung der magnetischen Eigenschaften mancher Werkstoffe durch eine Wärmebehandlung im Magnetfeld. Eingehend beschrieben wurden die Versuche und Ergebnisse von R. M. Bozorth und J. F. Dillinger[2]. Ihre durch vorhergegangene Ausführungen bereits teilweise vorweggenommene Erklärung der Erscheinungen (siehe S. 10 u. S. 95) sei hier nochmals kurz wiederholt. Die magnetischen Vektoren der einzelnen Weissschen Bezirke werden nicht nur durch ihre kristallographische Orientierung, sondern auch durch die magnetostriktiv bedingte Verformung im Metall festgelegt. Wird nun während der Abkühlung ein Magnetfeld angelegt, so richten sich alle Vektoren parallel dazu aus. Erfolgt diese Ausrichtung oberhalb der Rekristallisationstemperatur, so kann die damit verbundene Magnetostriktion durch plastische Verformung ausgeglichen werden. Bei einer neuerlichen Magnetisierung im kalten Zustande sind dann nur 180°-Wandverschiebungen erforderlich, die keine zusätzlichen Verspannungen bewirken. Die Magnetisierung wird außerordentlich erleichtert. Voraussetzung ist allerdings, daß keine

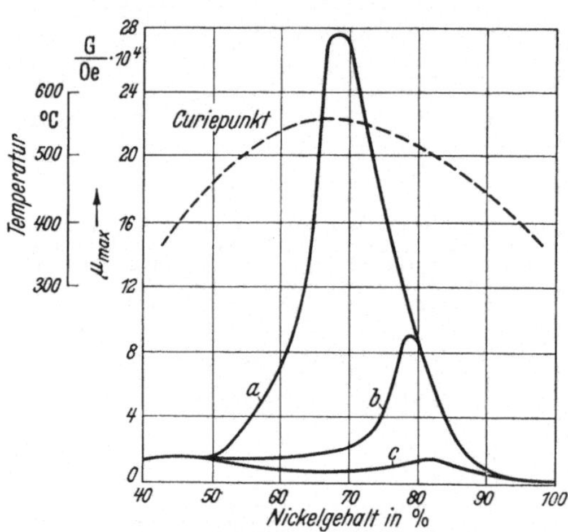

Abb. 173. Maximalpermeabilität von Fe-Ni-Legierungen in Abhängigkeit vom Ni-Gehalt nach verschiedener Wärmebehandlung. a) langsam abgekühlt im Magnetfeld, b) rasch abgekühlt, c) langsam abgekühlt ohne Magnetfeld. (Nach J. F. Dillinger u. R. M. Bozorth.)

starke Kristallenergie den Vektor in seine kristallographisch vorgegebene Lage zurückdreht. Diese Voraussetzung ist bei den reversiblen Fe-Ni-Legierungen gegeben. Außerdem muß der Curiepunkt möglichst weit von der Rekristallisationsschwelle entfernt liegen, damit der größte Teil der spontanen Magnetisierung in dieses Temperaturgebiet fällt. R. M. Bozorth und J. F. Dillinger konnten zeigen, daß der größte Effekt bei derjenigen Nickelkonzentration eintritt, welche den höchsten Curiepunkt aufweist, wie aus Abb. 173 hervorgeht. Daß tatsächlich die magnetostriktiven Vorgänge bei der Abkühlung im Magnetfeld vorweggenommen werden, zeigt Abb. 174, wo S. Kaya[3] die Änderung der Magnetostriktion über der Induktion nach verschiedener Wärmebehandlung bestimmte.

---

[1] Bozorth, R. M., J. F. Dillinger u. G. A. Kelsall: Bull. Am. phys. Soc. Bd. 9 (1934) S. 9.

[2] Dillinger, J. F., u. R. M. Bozorth: Physics Bd. 6 (1935) S. 279/84.

[3] Kaya, S.: J. of the Faculty of Sci. Hokkaido Imp. Univ. Bd. 2 (1938) S. 29/53.

Die Magnetostriktion nach einer Abkühlung im Magnetfeld ist auf etwa ein Fünftel von derjenigen zurückgegangen, welche gemessen wird,

gleichgültig, ob die Probe ohne Feld langsam oder rasch von der Glühtemperatur abgekühlt wurde. Der Temperaturbereich, zwischen dem eine Verbesserung eintritt, ist aus Abb. 175 zu ersehen, unterhalb 400° C wird keine Veränderung mehr beobachtet. Wie aus Abb. 173 hervorgeht, erstreckt sich der Bereich einer Magnetfeldeinwirkung auch tatsächlich

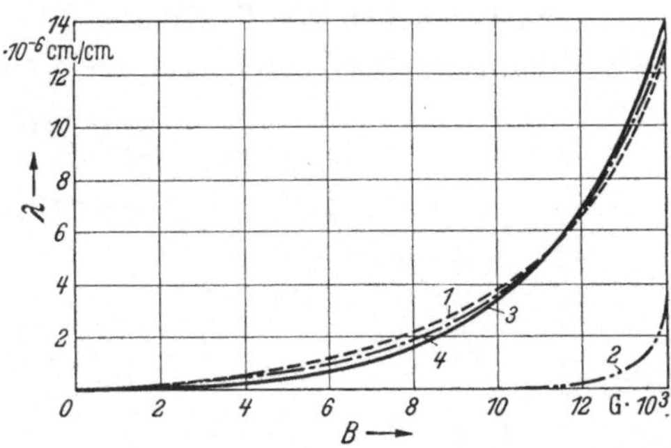

Abb. 174. Magnetostriktion einer Legierung mit 65% Ni, 35% Fe nach verschiedener Wärmebehandlung. *Kurve 1*: Ofenkühlung, *Kurve 2*: Im Magnetfeld abgekühlt, *Kurve 3*: Abgeschreckt, *Kurve 4*: Bei 450° angelassen. (Nach S. KAYA.)

auf das Gebiet, wo die Curietemperatur höher als 450° liegt, denn eine gewisse Temperaturspanne zur Einwirkung muß noch vorhanden sein. Die

Dauer der Einwirkung kann mit 15 Min. begrenzt werden, in Anbetracht der großen magnetischen Weichheit genügt ein Feld von 10 Oe.

Die verbessernde Wirkung bezieht sich nur auf die Maximalpermeabilität und ist nur auf die Feldrichtung während der Abkühlung beschränkt. O. DAHL und F. PAWLEK[1] konnten zeigen, daß durch ein Feld senkrecht zur Meßrichtung die Eigenschaften erheblich verschlechtert werden. Durch Koppelung mit einer Fasertextur konnte der Effekt bei günstiger Vorzugslage noch etwas verstärkt werden.

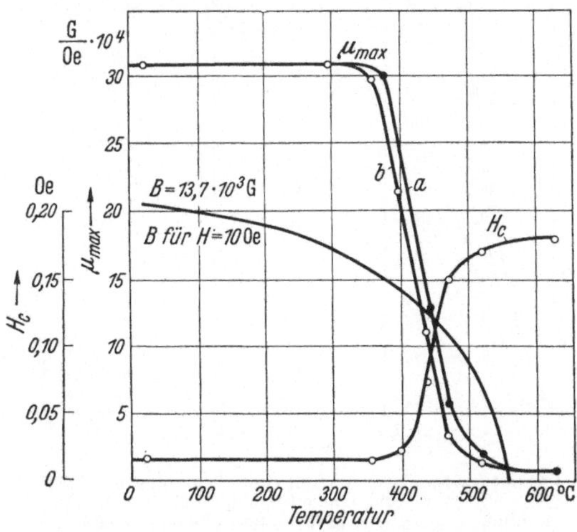

Abb. 175. Abhängigkeit der Maximalpermeabilität, Koerzitivkraft und Induktion einer Legierung mit 65% Ni, 35% Fe von der Temperatur nach verschiedener Wärmebehandlung. a) 1 Stunde bei 600° im Magnetfeld geglüht, auf $t°$ abgekühlt, 1 Stunde bei $t°$ gehalten, Feld abgeschaltet, abgekühlt, Maximalpermeabilität bestimmt und über $t°$ aufgetragen. b) 1 Stunde bei 600° im Magnetfeld geglüht, Feld abgeschaltet, dann wie bei a).

An Einkristallen mit 66% Ni erzielten P. P. CIOFFI, H. J. WILLIAMS und R. M. BOZORTH[2] durch Abkühlung im Magnetfeld in der [100]-Richung eine Maximal-

---

[1] DAHL, O., u. F. PAWLEK: Z. Phys. Bd. 94 (1935) S. 504/22.
[2] CIOFFI, P.P., H.J. WILLIAMS, R.M. BOZORTH: Physic. Rev. Bd. 51 (1937) S. 1009.

permeabilität von 1040000 G/Oe. Dieser Wert konnte wenig später von R. M. Bozorth[1] noch auf 1330000 G/Oe hinaufgeschraubt werden.

Nach Versuchen von T. Nishina[2] kann das Magnetfeld während der Abkühlung durch eine geringe elastische Zugspannung ersetzt werden. Abb. 176 zeigt seine Ergebnisse an einer Legierung mit 65% Ni, Rest Fe. Die Versuche wurden so durchgeführt, daß nach einer Glühung bei 1000° C bei 600° die angegebene Zugspannung an Drähte gelegt wurde, die Temperatur wurde 2 Stunden gehalten und dann mit einer Geschwindigkeit von etwa 200°/Stunde auf Raumtemperatur gesenkt. Dann wurde die Belastung abgenommen und die Drähte gemessen. Um jedes äußere Feld auszuschließen, war der Glühofen in Ost-West-Richtung aufgestellt und die Ofenwicklung bifilar aufgebracht. Durch Anwendung einer Zugspannung von etwa 0,5 kg/mm² wird die Induktionskurve steil aufgerichtet und die Maximalpermeabilität auf etwa das Vierfache erhöht. Bei positiver Magnetostriktion wird der Magnetisierungsvektor in die Zugrichtung gedreht und kann sich dort, weil der

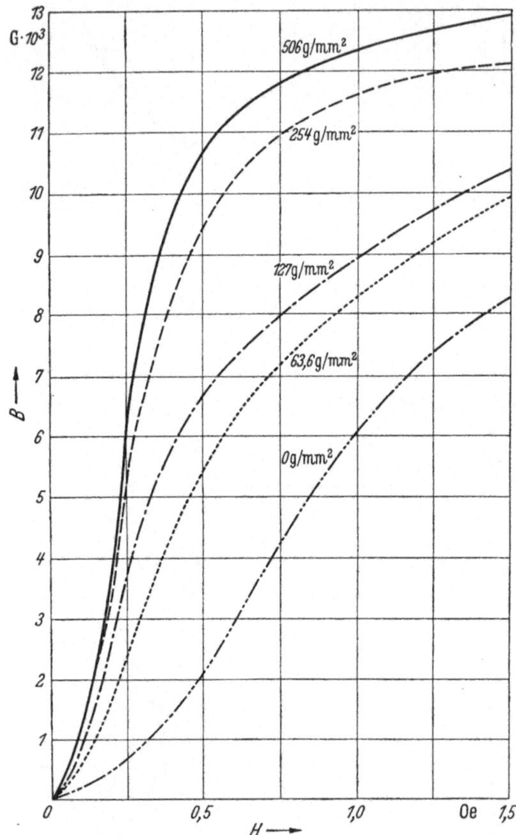

Abb. 176. Induktionskurven einer Legierung mit 75% Ni, 35% Fe in Abhängigkeit von der während der Abkühlung angelegten Zugspannung. (Nach T. Nishina.)

Werkstoff noch oberhalb der Rekristallisationstemperatur liegt, mit der ihm zugeordneten Magnetostriktion plastisch in das Gefüge einformen. Bei negativer Magnetostriktion tritt erwartungsgemäß eine Verschlechterung des magnetischen Verhaltens ein. Die Ergebnisse von T. Nishina wurden von J. S. Shur und A. S. Khokhlow[3] bestätigt.

[1] Bozorth, R. M.: Bell Lab. Record (1938) S. 229/31.
[2] Nishina, T.: Sci. Rep. Imp. Univ. Bd. 28 (1939) S. 225/34.
[3] Shur, J. S. u. A. S. Khokhlov: C. R. (Doklady) Acad. Sci. USSR Bd. 53 (1946) S. 39/40.

So verlockend die Ergebnisse der Magnetfeldabkühlung auch sind, eine praktische Verwertung bei magnetisch weichen Werkstoffen hat sie bisher nicht gefunden, da die Durchführung auf große Schwierigkeiten stößt.

γ) Verwendung.

Die wichtigsten Verwendungsgebiete der Eisen-Nickel-Legierungen sind die Kerne für Übertrager, Eingangs- und Ausgangstransformatoren der Fernmeldetechnik. Hier verwendet man aus wirtschaftlichen und technischen Gründen die Legierung mit 36% Ni, sie hat eine nur wenig schlechtere Anfangspermeabilität als die Legierung mit 48% Ni, dafür aber einen wesentlich höheren elektrischen Widerstand, so daß die kleinen Wirbelstromverluste die etwas höheren Ummagnetisierungsverluste kompensieren. Um bei hohen Frequenzen die Wirbelstromverluste niedrig zu halten, geht man oft mit der Blechdicke herunter, muß aber dann einen Abfall der magnetischen Werte in Kauf nehmen, wenn die Blechdicke etwa 0,2 mm unterschreitet. Die Legierung mit 48% Ni wird dort verwendet, wo an die Permeabilität die höchsten Ansprüche gestellt werden. Beim Meßinstrumentenbau wird die 50proz. Legierung für den Bau der Systeme verwendet, für Präzisionsinstrumente benutzt man wegen der besonders niedrigen Koerzitivkraft teilweise auch Material aus Karbonylmetallen. Bandkerne aus einer Legierung mit 36% Ni und einer Banddicke von 0,05 mm werden für Impulstrafos verwendet, Bandkerne aus einer 50%igen Legierung mit gut ausgebildeter Würfeltextur finden Verwendung in Kontaktumformern und bei gleichstromvormagnetisierten Drosseln für magnetische Verstärker. Dieser Werkstoff befindet sich im Handel unter der Bezeichnung 5000 Z bzw. Deltamax.

Die Eigenschaften und die Verwendung kaltgewalzter Fe-Ni-Legierungen sollen an geeigneter Stelle im Rahmen der Werkstoffe für Pupinspulen besprochen werden (siehe S. 252 ff).

b) Ternäre Legierungen auf Nickel-Eisen-Basis.

Weder die Permalloy- noch die Magnetfeldabkühlung hatten sich in der Praxis durchgesetzt. Man beschritt den Weg der Legierungsbildung und fand zunächst noch empirisch, später durch theoretische Vorstellungen geleitet, zahlreiche Werkstoffe, die bei beliebiger Abkühlungsgeschwindigkeit sehr hohe Anfangs- und Maximalpermeabilitäten zeigen. Als Basis diente jedoch immer eine Eisen-Nickel-Legierung, welche in der Nähe der Permalloyzusammensetzung liegt. Durch Legierungszusätze bezweckte man zwei Änderungen: Die Unterdrückung einer Überstruktur und die Verlegung der Nulldurchgänge von Magnetostriktion und Kristallenergie auf nahe beisammenliegende Konzentrationen, wenn möglich, auf dieselbe Zusammensetzung. Es sollen zunächst die wichtig-

sten Dreistoffsysteme besprochen und dann die Eigenschaften der darauf
beruhenden technischen Werkstoffe höchster Permeabilität beschrieben
werden.

α) Nickel-Eisen-Kupfer-Legierungen.

Am besten von den Mehrstoffsystemen auf der Eisen-Nickel-Basis
sind die Legierungen des Systems Fe-Ni-Cu untersucht. In diesem System
besteht eine große Mischungslücke zwischen Eisen und Kupfer, die durch

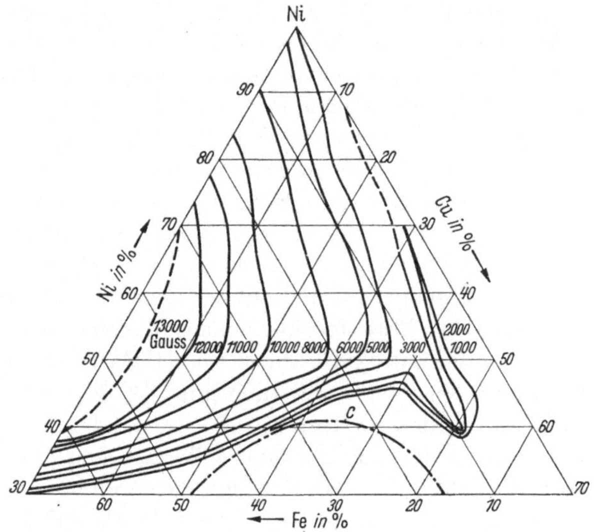

Abb. 177. Linien gleicher Induktion ($H = 10$ Oe) im System Fe-Ni-Cu nach dem Abschrecken
von 600°. (Nach O. v. Auwers u. H. Neumann.)

Nickelzusatz geschlossen wird. Die Kupferlöslichkeit ist außerdem stark
temperaturabhängig, das Konstitutionsdiagramm nach W. Köster und
W. Dannöhl ist bereits an anderer Stelle gezeigt worden (siehe S. 76,
Abb. 62).

Eigenschaften. Das Verhalten der magnetisch weichen Legierungen
ist umfassend von O. v. Auwers und H. Neumann[1] erforscht worden.
In der bisher üblichen Reihenfolge seien die einzelnen Eigenschaften besprochen. Messungen der Sättigungsmagnetisierung liegen nicht vor, jedoch wurde von ihnen die Induktion bei einer Feldstärke von 10 Oe
bestimmt, in Anbetracht der leichten Magnetisierbarkeit bedeuten sie
jedoch in den meisten Fällen, daß man der Sättigung bis auf wenige Prozente nahegekommen ist. In den Abb. 177 und 178 sind die Linien

---

[1] v. Auwers, O., u. H. Neumann: Wiss. Veröff. Siemens-Konzern Bd. 14
(1935) S. 93/108.

gleicher Induktion nach dem Abschrecken von 600° und langsamer Abkühlung von 1100° wiedergegeben. Erst bei hohen Kupfergehalten macht

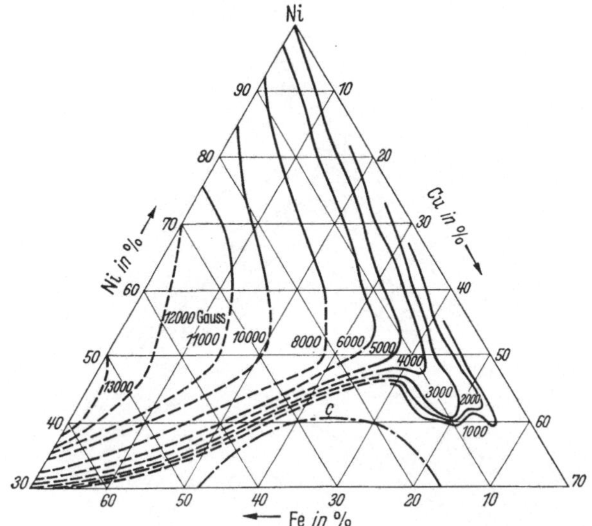

Abb. 178. Linien gleicher Induktion ($H = 10$ Oe) im System Fe-Ni-Cu nach langsamer Abkühlung von 1100°. (Nach O. v. AUWERS u. H. NEUMANN.)

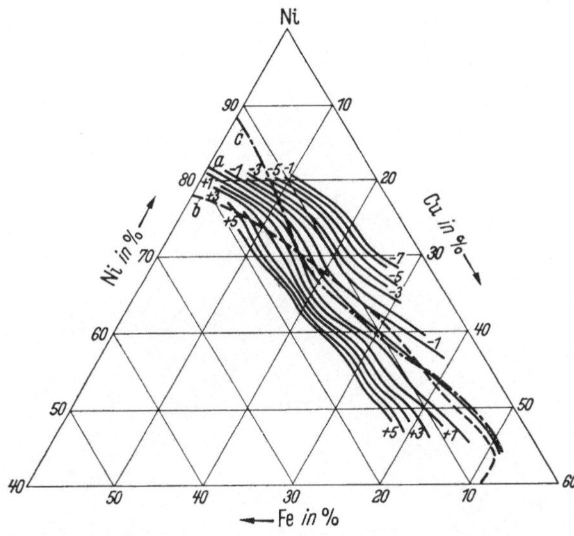

Abb. 179. Linien gleicher Magnetostriktion im System Fe-Ni-Cu. *Kurve a*) Linie der Magnetostriktion Null, *Kurve b*) Linie höchster Anfangspermeabilität nach dem Abschrecken von 600°, *Kurve c*) Linie höchster Anfangspermeabilität nach langsamer Abkühlung. (Nach O.v. AUWERS u. H. NEUMANN.)

sich ein Unterschied infolge des Überschreitens der Löslichkeitsgrenze bemerkbar. Angaben über die Kristallanisotropie fehlen vollständig. Jedoch liegen genaue Messungen der Magnetostriktion vor, deren Verlauf in Abb. 179 gezeigt wird. Neben der Null-Linie der Magnetostriktion sind

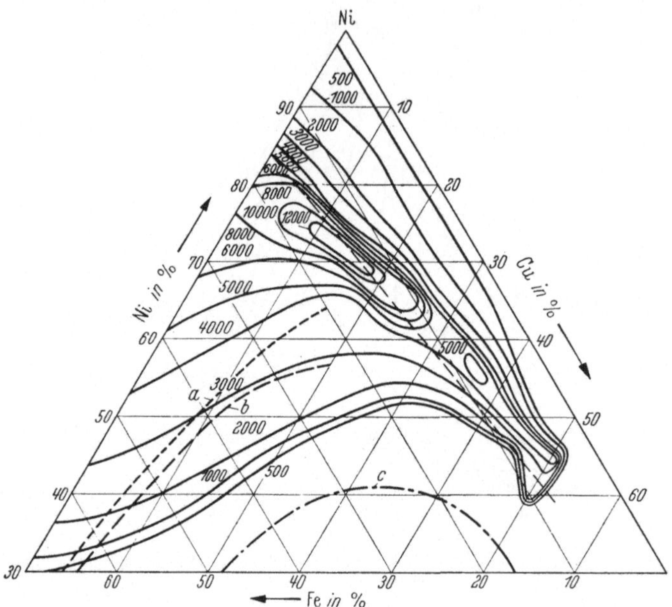

Abb. 180 a. Linien gleicher Anfangspermeabilität im System Fe-Ni-Cu nach dem Abschrecken von 600°.

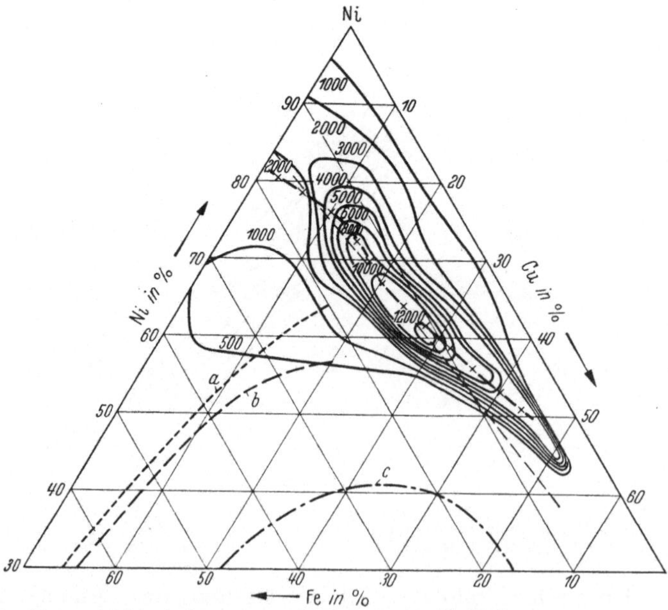

Abb. 180 b. Linien gleicher Anfangspermeabilität im System Fe-Ni-Cu nach langsamer Abkühlung von 1100°. (Nach O. v. AUWERS u. H. NEUMANN.)

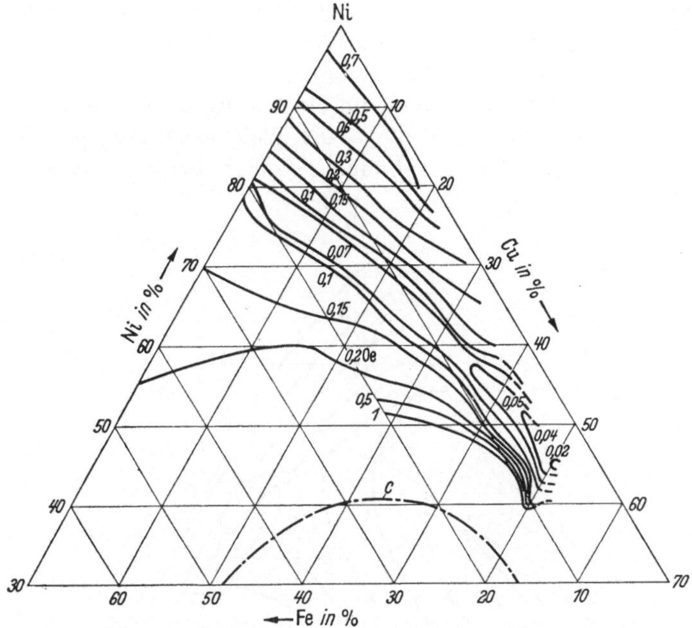

Abb. 181 a. Linien gleicher Koerzitivkraft im System Fe-Ni-Cu nach dem Abschrecken von 600°.

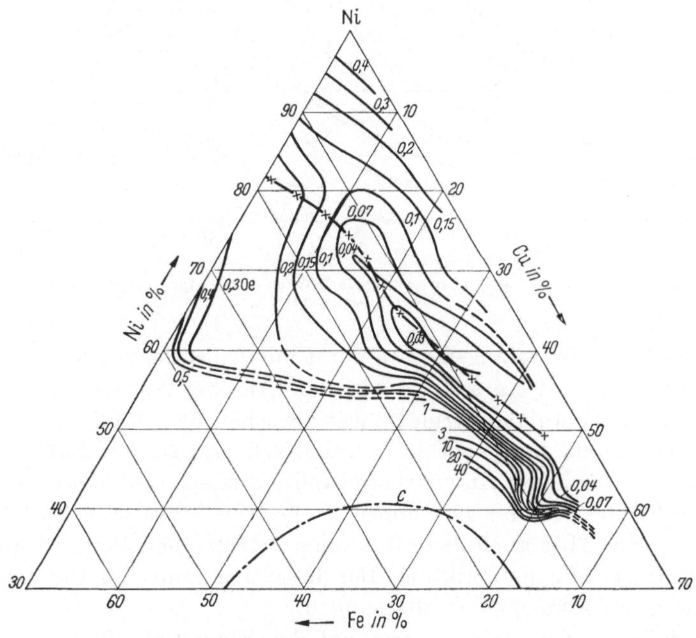

Abb. 181 b. Linien gleicher Koerzitivkraft im System Fe-Ni-Cu nach langsamer Abkühlung von
1100°. (Nach O. v. Auwers u. H. Neumann.)

auch die Linien höchster Anfangspermeabilität nach verschiedener Wärmebehandlung hervorgehoben, die sich erwartungsgemäß dicht an die Null-Linie anschmiegen.

Einfluß der Zusammensetzung auf die Anfangspermeabilität. Schließlich sind in Abb. 180a und b die Linien gleicher Anfangspermeabilität nach rascher und langsamer Abkühlung gezeigt. Bemerkenswert ist, daß

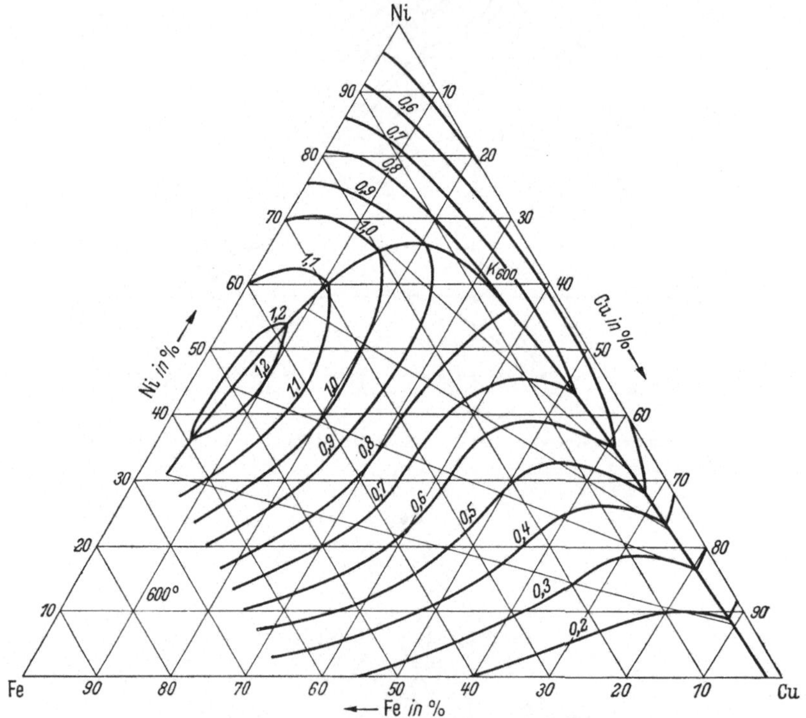

Abb. 182a. Linien gleichen spezifischen elektrischen Widerstandes im System Fe-Ni-Cu nach dem Abschrecken von 600°.

in jedem Falle die Anfangspermeabilität durch Kupferzusatz erhöht und auf über 12000 G/Oe gesteigert wird. Bei rascher Abkühlung liegt das Gebiet höchster Anfangspermeabilität zwischen 68···75% Ni und 9 bis 19% Cu und fällt dann sehr rasch ab. Nach langsamer Abkühlung ist der Bereich höchster Anfangspermeabilität stark verkleinert und zu höheren Kupfergehalten verschoben, er liegt bei etwa 60% Ni, 30% Cu und 10% Fe. Aber auch diese Zusammensetzung befindet sich auf der Null-Linie der Magnetostriktion. Bei dieser Legierung ist allerdings die Sättigung auf etwa 5000 G abgesunken.

Einfluß der Zusammensetzung auf die Koerzitivkraft. Die in den Abb. 181a und b wiedergegebenen Linien gleicher Koerzitivkraft nach verschiedener Wärmebehandlung fügen sich mit ihren Minima ebenfalls recht eng an die Null-Linie der Magnetostriktion an. In beiden Diagrammen macht sich bei hohen Kupferkonzentrationen die Mischungslücke bereits stark bemerkbar, an das Gebiet der weichen Legierungen schließt sich ja unmittelbar das Gebiet der Fe-Ni-Cu-Dauermagnete an (siehe Abb. 62, S. 76). Schließlich seien in den Abb. 182a und b noch der Verlauf

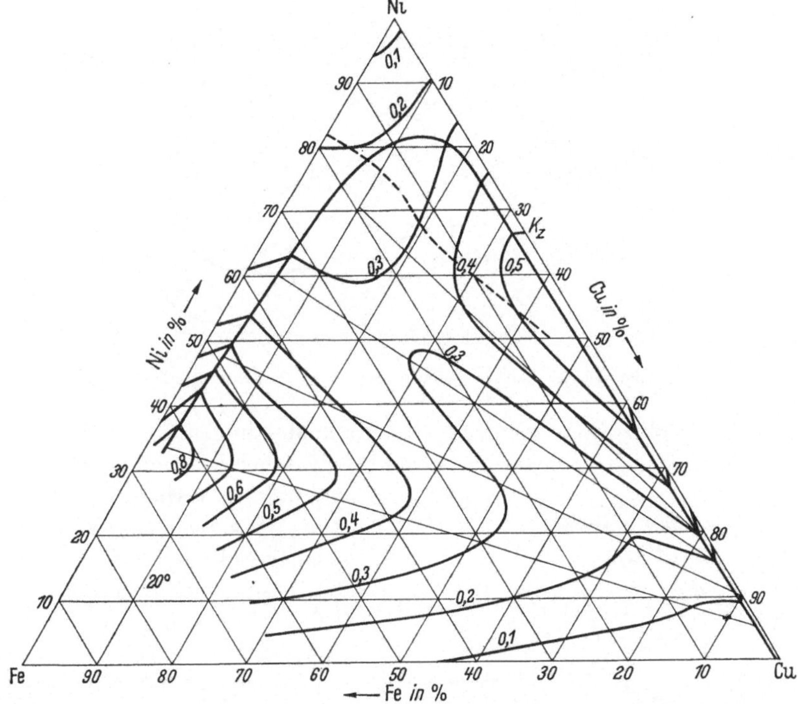

Abb. 182b.   Linien gleichen spezifischen elektrischen Widerstandes im System Fe-Ni-Cu nach langsamer Abkühlung von 1100°. (Nach O. v. AUWERS u. H. NEUMANN.)

des spezifischen elektrischen Widerstandes nach rascher und langsamer Abkühlung wiedergegeben. Bemerkenswert ist, daß die Null-Linie der Magnetostriktion, also der Bereich bester magnetischer Werte, nach langsamer Abkühlung im heterogenen Gebiet liegt.

β) Nickel-Eisen-Chrom-Legierungen.

Nicht so eingehend wie bei dem vorhergegangenen System sind die Ni-Fe-Cr-Legierungen behandelt worden. Hier liegt das Schwergewicht des Interesses bei den hitzebeständigen Legierungen, die meistenteils unmagnetisch sind, da das Chrom den Curiepunkt sehr energisch senkt, wie aus Abb. 183 zu entnehmen ist. Auch die Sättigung wird stark erniedrigt. Sie wird von 10700 G bei Permalloy auf 8000 G bei einer Legierung mit 78,5% Ni, 17,7% Fe, 3,8% Cr gesenkt. Die Null-Linie der Magnetostriktion erstreckt sich von der Nickelseite bei 81% Ni zur Chromseite bei etwa 90% Ni nach Messungen, welche von W. A. DEAN[1] bei 100 Oe ausgeführt wurden. Auf die Anfangspermeabilität wirken

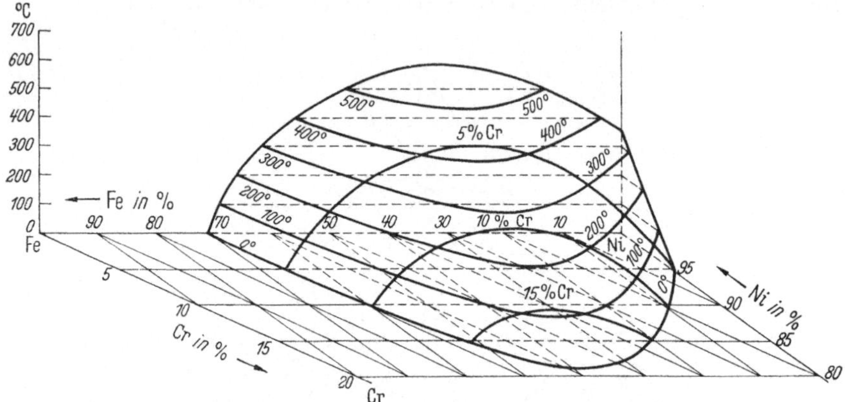

Abb. 183. Linien gleicher Curietemperatur im System Fe-Ni-Cr. (Nach P. CHEVENARD.)

geringe Chromzusätze recht günstig. Nach Messungen von G. W. ELMEN[2] wird die Anfangspermeabilität sowohl bei rascher als auch bei langsamer

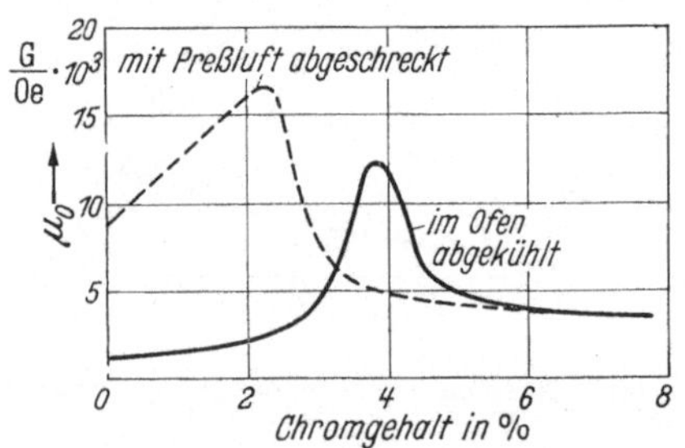

Abb. 184. Abhängigkeit der Anfangspermeabilität von Fe-Ni-Cr-Legierungen mit 78,5% Ni vom Cr-Gehalt nach verschiedener Abkühlung. (Nach J. C. CHASTON.)

Abkühlung verbessert. Wie aus Abb. 184 zu ersehen ist, wird bei rascher Abkühlung durch 2% Cr die Anfangspermeabilität von 9000 auf 17000 G/Oe, bei langsamer Abkühlung durch 3,8% Cr von 1600 auf 12000 G/Oe erhöht. Da die Sättigung herabgesetzt wird, beträgt die Maximalpermeabilität nur noch 62000 G/Oe gegenüber 105000 G/Oe beim reinen Permalloy. Durch den Cr-Zusatz wird auch der elektrische

Widerstand stark erhöht, wie aus Abb. 185 zu entnehmen ist; 10% Cr erhöhen ihn etwa um das Fünffache. Unter Verzicht auf höchste magnetische Weichheit hat T. NISHINA[3] eine von ihm als Resistopermalloy bezeichnete Legierung folgender Zusammensetzung angegeben: 69,2% Ni,

---

[1] DEAN, W. A.: Rensselaer Polytechn. Inst. Bl., Eng. Sci. Series Nr. 26 (1930) S. 52.

[2] ELMEN, G. W.: Bell Syst. techn. J. Bd. 15 (1936) S. 113/35.

[3] NISHINA, T.: Sci. Rep. Imp. Univ. (1936) S. 344/61.

19,0% Fe, 10,0% Cr, 1% Si, Rest Mn, Co mit Anfangspermeabilität = 2400 G/Oe, Maximalpermeabilität = 19500 G/Oe, spez. elektrischer Widerstand = 1,07 Ω mm²/m.

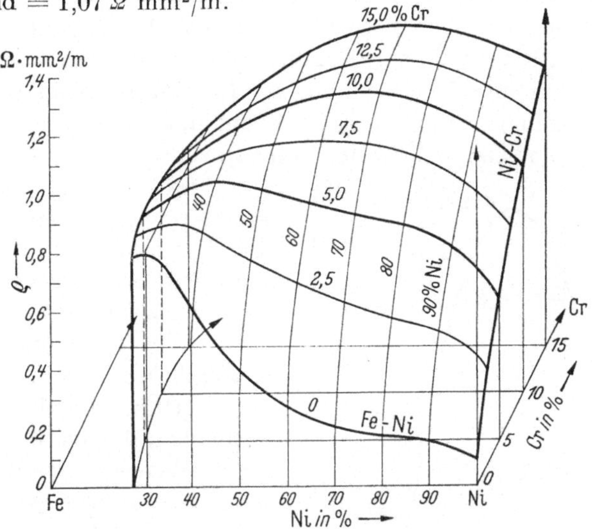

Abb. 185. Spezifischer elektrischer Widerstand im System Fe-Ni-Cr in Abhängigkeit von der Zusammensetzung. (Nach P. Chevenard.)

γ) Nickel-Eisen-Molybdän-Legierungen.

Molybdän-Permalloy. Größere Bedeutung für die magnetisch weichen Legierungen hat das System Fe-Ni-Mo erlangt. Der Einfluß des Mo auf die Anfangspermeabilität bei langsamer und rascher Abkühlung ist aus Abb. 186 zu ersehen. Das Molybdän verbessert die Anfangspermeabilität erheblich stärker als das Chrom. Etwa 1,8% Mo bringen die Anfangspermeabilität bei rascher Abkühlung auf 16000 G/Oe, 3,8% Mo erhöhen die Anfangsperme-

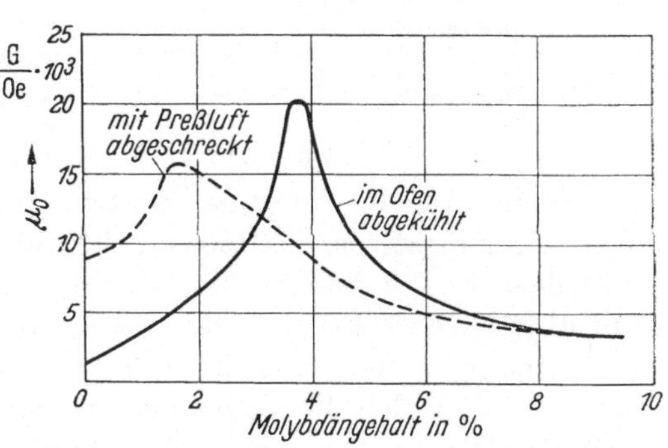

Abb. 186. Abhängigkeit der Anfangspermeabilität von Fe-Ni-Mo-Legierungen mit 78,5% Ni vom Mo-Gehalt nach verschiedener Abkühlung. (Nach J. C. Chaston.)

abilität bei langsamer Abkühlung auf 20000 G/Oe, die Maximalpermeabilität beträgt etwa 75000 G/Oe, die Sättigung liegt bei 8500 G. Durch eine Glühung bei 1400° konnte J. C. Chaston[1] die Werte auf 34000 G/Oe für die Anfangspermeabilität und auf 140000 G/Oe für die Maximalpermeabilität erhöhen.

[1] Chaston, J. C.: Met. Treatment Bd. 2 (1936) S. 58/66.

14*

Supermalloy. Unter Beachtung aller Umstände, welche die Verunreinigungen der Legierung vermindern, und durch Anwendung einer neuen Wärmebehandlung gelang es schließlich O. L. BOOTHBY und R. M. BOZORTH[1] bei einer Legierung mit 5% Mo, 79% Ni, 15% Fe, Rest Mn, Si, C, S, ganz außergewöhnliche Werte zu erreichen. Schmelzen im Vakuum und eine Schlußglühung bei 1300° in reinstem Wasserstoff sind die Vorbedingungen. Eine Anlaßbehandlung von mehreren Stunden zwischen 600° und 300° bewirkt im Gegensatz zum unlegierten Permalloy eine Steigerung der Anfangspermeabilität auf 120000 und der Maximalpermeabilität auf 1100000 G/Oe bei dicken, bzw. 400000 G/Oe bei dünnen Bändern. In Abb. 187 ist zur Illustration dieser außergewöhnlichen Werte ein Vergleich der Permeabilitätskurven von Permalloy, Mu-Metall und der hier beschriebenen, Supermalloy genannten Legierung gegeben.

F. ASSMUS[2] konnte auf Grund von Messungen der Änderung des elektrischen Widerstandes nach einer Kaltverformung und nach verschiedenen Anlaßbehandlungen nachweisen, daß durch das Tempern keine Überstrukturbildung eintritt.

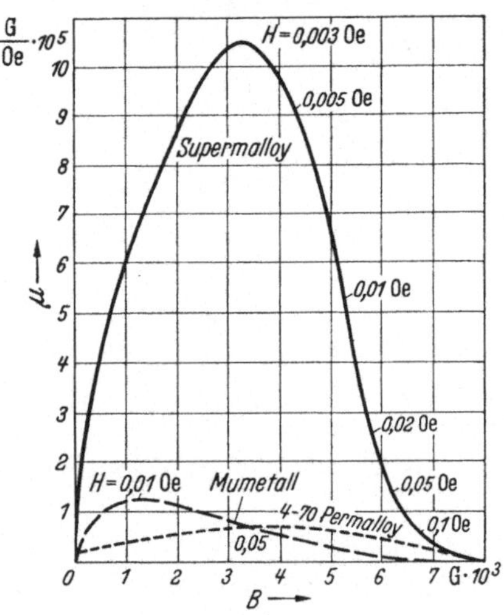

Abb. 187. Abhängigkeit der Permeabilität von der Induktion bei verschiedenen hochpermeablen Legierungen. (Nach O. L. BOOTHBY u. R. M. BOZORTH.)

δ) Nickel-Eisen-Mangan-Legierungen.

Genaue Angaben über das System Fe-Ni-Mn in magnetischer Hinsicht liegen nicht vor. Zusätze von 10% Mn zu Legierungen mit mittleren Nickelgehalten verbessern die Permeabilität, z. B. zeigt eine Legierung mit 45% Ni, 45% Fe, 10% Mn eine Anfangspermeabilität = 3300 G/Oe und eine Maximalpermeabilität = 68000 G/Oe, eine Legierung mit 65% Ni, 25% Fe, 10% Mn eine Anfangspermeabilität = 4800 G/Oe und eine Maximalpermeabilität = 26000 G/Oe. Zusätze von 5% Mn zum Permalloy verwischen den Unterschied zwischen rascher und langsamer Abkühlung, allerdings unter Herabsetzung der Anfangspermeabilität auf etwa 6000 G/Oe. Alle diese Angaben stammen von C. GUMLICH, W. STEINHAUS, A. KUSSMANN und B. SCHARNOW[3].

---

[1] BOOTHBY, O. L., u. R. M. BOZORTH: J. applied Phys. Bd. 18 (1947) S. 173/76.
[2] ASSMUS, F., u. F. PFEIFER: Z. Metallkde. Bd. 42 (1951) S. 294/99.
[3] GUMLICH, C., W. STEINHAUS, A. KUSSMANN u. B. SCHARNOW: Elektr. Nachr.-Techn. Bd. 5 (1928) S. 80/102.

ε) Nickel-Eisen-Silizium-Legierungen.

Kleine Mengen Si können nach T. Nishina[1] die Anfangspermeabilität erheblich verbessern, wie aus Abb. 188 zu entnehmen ist. Allerdings liegt bei seinem Vergleich die Anfangspermeabilität für die unlegierte Probe verhältnismäßig niedrig. Eine von ihm als Super-Permalloy Nr. 1 bezeichnete Legierung mit 77,3% Ni, 21,7% Fe, 1% Si, 0,5% Mn zeigte nach rascher Abkühlung von 600° folgende Werte: Anfangspermeabilität 9750 G/Oe, Maximalpermeabilität = 44000 G/Oe, Koerzitivkraft = 0,035 Oe, Sättigung = 11000 G. Gehalte über 3% Si bewirken eine Härtung durch Ausscheidungseffekte.

ζ) Nickel-Eisen-Vanadin-Legierungen.

Das System Fe-Ni-V wurde von H. Kühlewein[2] eingehend auf seine magnetischen Eigenschaften geprüft. Auch das Vanadin ist befähigt, die Empfindlichkeit gegen verschiedene Wärmebehandlung zu unterdrücken.

Eine Legierung mit 80% Ni, 13% Fe, 7% V zeigt nach einer Glühung bei 1000° und nachfolgender langsamer Abkühlung eine Anfangspermeabilität = 12000 G/Oe und eine Maximalpermeabilität = 38000 G/Oe.

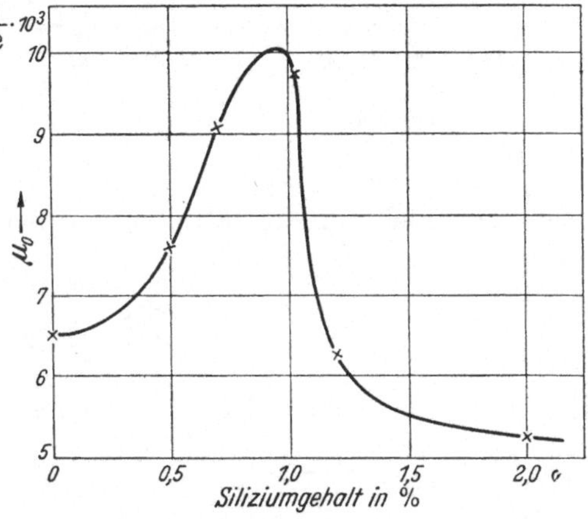

Abb. 188. Abhängigkeit der Anfangspermeabilität von Fe-Ni-Si-Legierungen mit 78,5% Ni vom Si-Gehalt. (Nach T. Nishina.)

η) Nickel-Eisen-Kobalt-Legierungen.

Zum Schluß sei ein System besprochen, dessen Eigenschaften teilweise seine Eingruppierung noch bei den magnetisch weichen Legierungen rechtfertigen, welches aber andererseits bereits zur Gruppe von Werkstoffen überleitet, welche sich durch besonders hohe Konstanz der Permeabilität in einem großen Feldstärkenbereich auszeichnen.

Zusammensetzung und Eigenschaften. Der Legierungsbereich, der solche Eigenschaften aufweist, wurde von Elmen, dem Entdecker dieser Werkstoffe, deshalb auch als Perminvargebiet bezeichnet. Sein Umfang ist aus Abb. 189 zu ersehen. Wegen seiner interessanten Eigenschaften ist das System auch gut untersucht.

[1] Nishina, T.: Sci. Rep. Imp. Univ. (1936) S. 344/61.
[2] Kühlewein, H.: Z. anorg. Chem. Bd. 218 (1934) S. 65/88.

Einfluß der Zusammensetzung auf die Sättigungsmagnetisierung.
Abb. 190 zeigt den Verlauf der Sättigungsmagnetisierung in einem Raum-

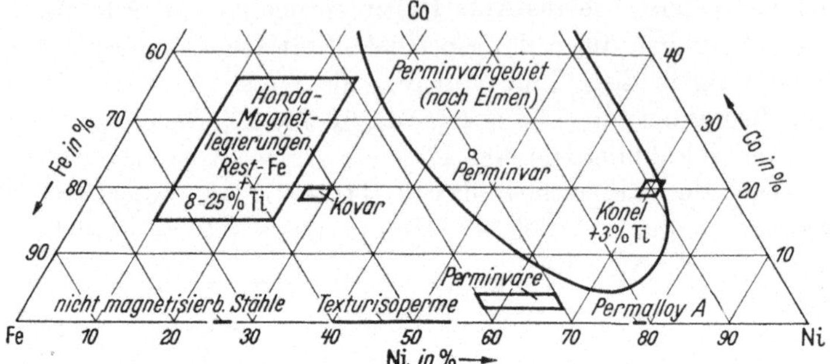

Abb. 189. Legierungsbereiche mit besonderen Eigenschaften im System Fe-Ni-Co.

diagramm, welches von G. W. ELMEN[1] aufgestellt wurde. Das Kobalt
setzt aber nicht nur die Sättigungsmagnetisierung der Fe-Ni-Legierungen

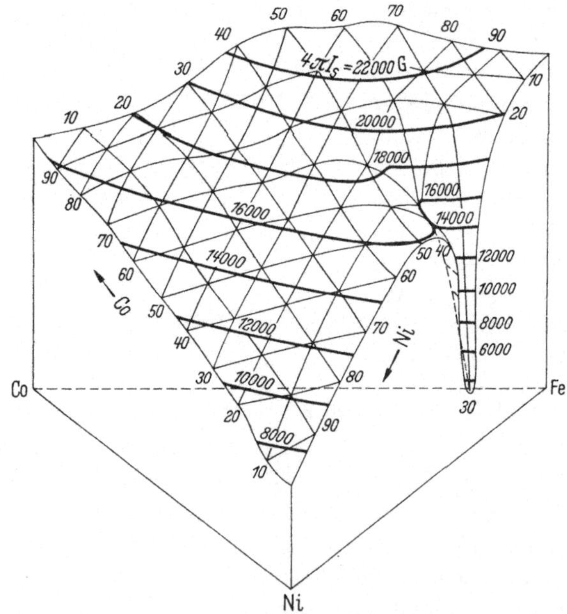

Abb. 190. Sättigungsmagnetisierung im System Fe-Ni-Co. (Nach G. W. ELMEN.)

noch etwas hinauf, sondern erhöht auch die Curietemperatur, wie aus
einer Zusammenstellung von H. KÜHLEWEIN[2] in Abb. 191 zu entnehmen ist.

---

[1] ELMEN, G. W.: J. Franklin Inst. Bd. 207 (1929) S. 583/617.
[2] KÜHLEWEIN, H.: Wiss. Veröff. Siemens-Konzern Bd. 11 (1932) S. 124/40.

Einfluß der Zusammensetzung auf die Kristallenergie. Die Änderung
der Kristallenergie ist von L. W. McKeehan[1] bestimmt worden. In
Abb. 192 bedeuten die gestrichelten Linien die Phasengrenzen, die punk-
tierten Linien stellen die Null-Linien der Kristallenergie dar. Das Gebiet
kleiner Kristallenergie erstreckt sich von der Fe-Ni-Seite bis weit in das Drei-
stoffgebiet hinein und läßt weiche Legierungen in diesem Bereich erwarten.

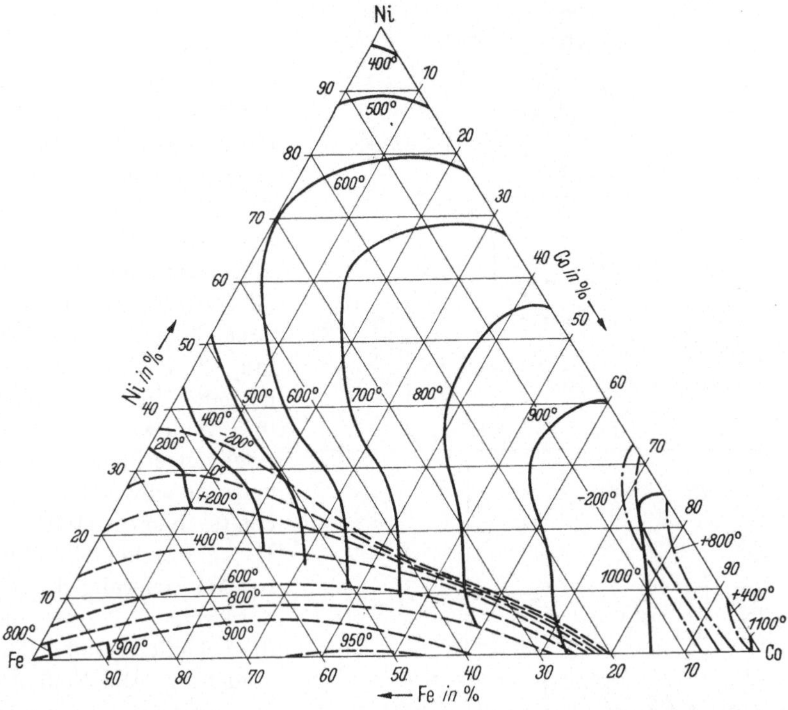

Abb. 191. Linien gleicher magnetischer und kristallographischer Umwandlungstemperaturen im
System Fe-Ni-Co. (Nach H. Kühlewein.)
— Curietemperatur, - - - A₃-Temperatur, · · · · hexagonale Umwandlung.

Einfluß der Permalloybehandlung. Bemerkenswerterweise wird der
Permalloyeffekt auch bei den Dreistofflegierungen beobachtet, wobei er
sich nicht nur auf die Permeabilität, sondern auch in besonders starker
Form auf die Gestalt der Hystereseschleife auswirkt. In den Abb. 193a
und b ist die Anfangspermeabilität nach dem Abschrecken und nach
einer langsamen Abkühlung im Ofen gezeigt, wie sie sich aus Messungen
von G. W. Elmen[2] und H. Kühlewein[3] ergeben haben. Von der Per-

---

[1] McKeehan, L. W.: Physic. Rev. Bd. 51 (1937) S. 136/39.
[2] Elmen, G. W.: J. Franklin Inst. Bd. 207 (1929) S. 583/617.
[3] Kühlewein, H.: Phys. Z. Bd. 31 (1930) S. 626/39.

malloyzusammensetzung ausgehend, nimmt der Effekt zwar in seinem Ausmaße ab, er ist aber bis etwa zur Mitte des Dreieckdiagramms zu beobachten. Den verhältnismäßig niedrigen Werten der Anfangspermeabilität entsprechen auch nicht allzu hohe Werte der Maximalpermeabilität, sie liegen zwischen 1000 und 10000 G/Oe. In Ergänzung der Eigenschaften sei noch das Verhalten des spez. elektrischen Widerstandes in Abb. 194 beigefügt.

Einfluß der Wärmebehandlung auf die Form der Hysteresisschleife. Das meiste Interesse beansprucht jedoch die Form der Neukurve und der Hystereseschleife. Bei einer Legierung mit 45% Ni, 30% Fe, 25% Co wird nach langsamer Abkühlung die in Abb. 195 dargestellte Form erhalten, die „Krawatten“- oder „Schmetterlings“-Gestalt genannt wird. Die gestrichelte Kurve stellt die Hystereseschleife bei kleiner Aussteuerung, die vollausgezogene Kurve zeigt die Schleife bei hoher Aussteuerung. Die Neukurve

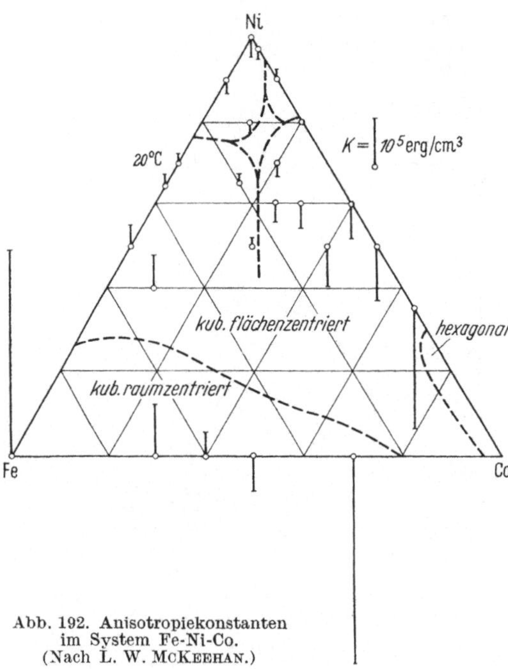

Abb. 192. Anisotropiekonstanten im System Fe-Ni-Co. (Nach L. W. McKeehan.)

verläuft teilweise außerhalb der Schleife. Je nach der Zusammensetzung und der Wärmebehandlung bekommt man eine große Mannigfaltigkeit der Kurvenform. Beim Erwärmen geht die Krawattenform allmählich in eine steilaufgerichtete, schmale Schleife über, wie sie durch Messungen bei der jeweiligen Temperatur von H. Kühlewein[1] festgestellt und in Abb. 196 wiedergegeben sind. Die Neukurve aus Abb. 195 verläuft über einen größeren Feldstärkenbereich geradlinig, d. h. die Permeabilität ist zwar niedrig, sie liegt bei etwa 250 G/Oe, steigt aber bis zu 1 Oe nur sehr langsam an. Man kann den Bereich konstanter Permeabilität durch eine langdauernde Anlaßbehandlung bei 425° bis auf etwa 3 Oe ausdehnen. Der krasse Unterschied der Permeabilitätskurven nach dem Abschrecken und nach verschiedener Anlaßbehandlung geht aus Abb. 197 deutlich hervor.

____

[1] Kühlewein, H.: Wiss. Veröff. Siemens-Konzern Bd. 11 (1932) S. 124/40.

Permalloyeffekt. Man hat sich natürlich bemüht, eine Deutung dieses anormalen Verhaltens zu finden. Am besten scheinen die Ausführungen

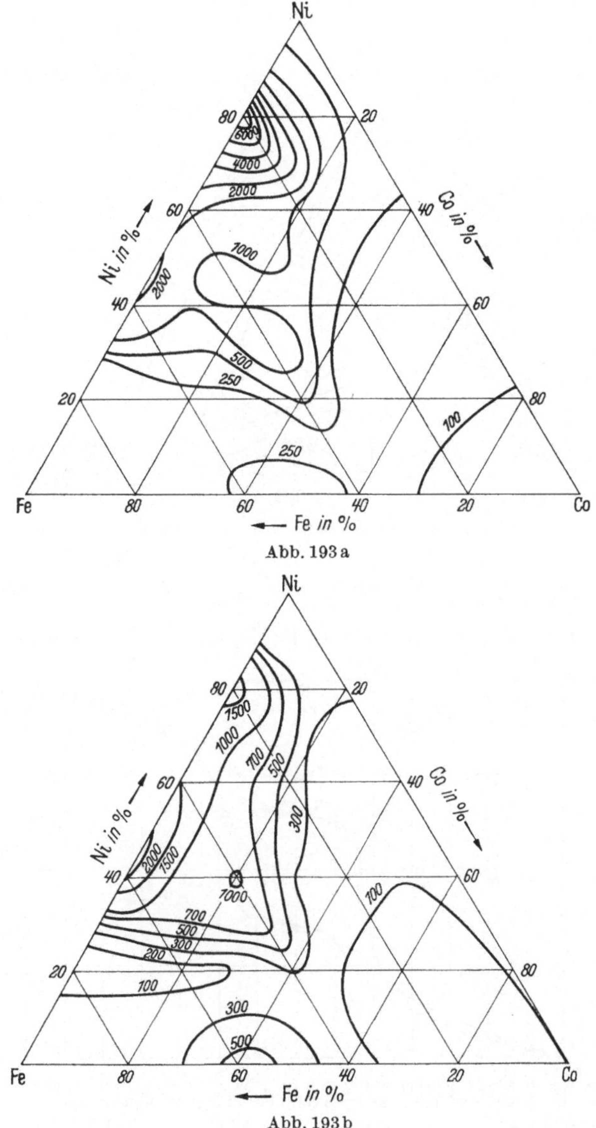

Abb. 193a

Abb. 193b

Abb. 193a u. b. Linien gleicher Anfangspermeabilität im System Fe-Ni-Co a) abgeschreckt, b) langsam abgekühlt. (Nach H. KÜHLEWEIN.)

von S. KAYA und M. NAKAYAMA[1] der Erklärung nahezukommen. Sie bestimmten die Abhängigkeit der spez. Wärme von der Temperatur an

[1] KAYA, S., u. M. NAKAYAMA: Z. Phys. Bd. 112 (1939) S. 420/29.

gealterten Fe-Ni-Co-Legierungen mit Hilfe der Sykesschen Methode. Direkt oberhalb 500° wurde bei fast allen Legierungen ein anormaler

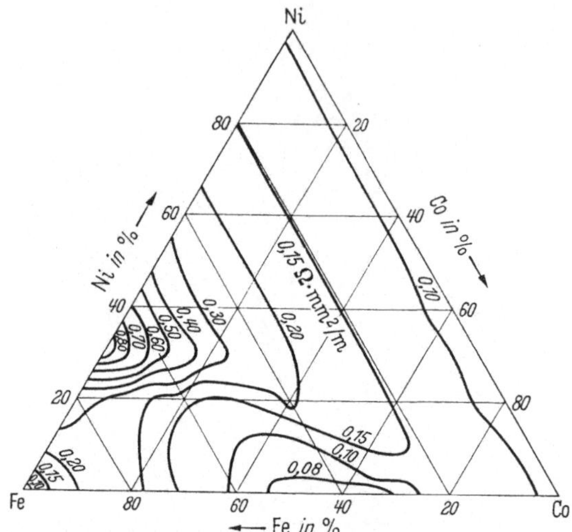

Abb. 194. Linien gleichen spezifischen elektrischen Widerstandes im System Fe-Ni-Co. (Nach H. Kühlewein.)

Zuwachs der spez. Wärme beobachtet, welcher um so deutlicher auftrat, je näher man der Zusammensetzung FeNi$_3$ kam. Da bei dieser Legierung

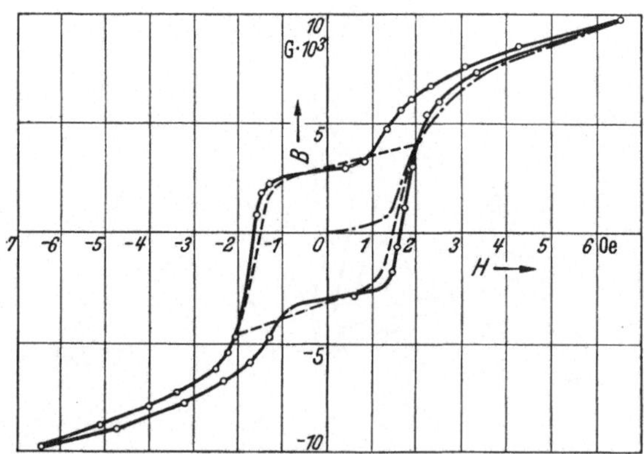

Abb. 195. Hystereseschleifen einer Legierung mit 45% Ni, 30% Fe, 25% Co nach einer Glühung bei 1000° und langsamer Abkühlung. (Nach H. Kühlewein.)

die Anomalie einwandfrei mit der röntgenographisch bestimmten Überstruktur im Zusammenhang steht, kann mit großer Sicherheit geschlossen werden, daß auch beim Perminvar eine geordnete Atomverteilung eintritt. Rasch abgekühltes Perminvar zeigt einen deutlichen, sich über ein ziemlich breites Temperaturgebiet erstreckenden Zuwachs der spez. Wärme, während an angelassenem Perminvar ein scharfes Maximum be-

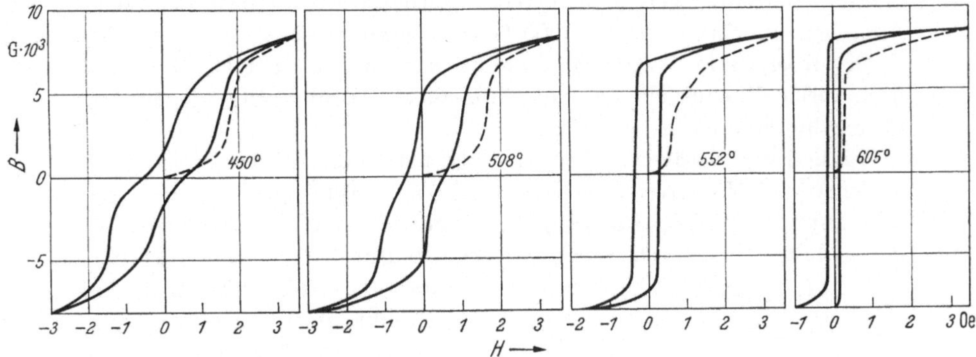

Abb. 196. Einfluß der Temperatur auf die Form der Hystereseschleifen einer Legierung mit 45% Ni, 30% Fe, 25% Co. (Nach H. Kühlewein.)

obachtet wurde. Da aber nach der Theorie der Überstrukturbildung die „long range order" bei einer bestimmten Temperatur, die „short range order" hingegen in einem breiten Temperaturintervall zerfällt, so liegt die Annahme nahe, daß bei der normalen Abkühlung die Ordnung nur in kleinen Bezirken eintritt, während durch Tempern große geordnete Bereiche zur Ausbildung gelangen. Wenn es gelingen sollte, merkliche Unterschiede in den magnetischen Eigenschaften beider Arten von Überstruktur zu finden, scheint das Perminvarproblem gelöst zu sein, denn unter der Annahme zweier verschieden stark magnetisierbarer Bestandteile gelang es bereits vor längerer Zeit O. v. AUWERS und H. KÜHLEWEIN[1], die Vielzahl der behandelten Kurven zu errechnen.

Einfluß der Magnetfeldabkühlung. Die hauptsächlich herangezogene Legierung mit 45% Ni, 30% Fe, 25% Co hat einen hohen Curiepunkt von etwa 720°, außerdem liegt sie in einem Gebiet kleiner Kristallenergie und kleiner Magnetostriktion. Damit sind aber die Vorbedingungen für eine erfolgreiche Behandlung im Magnetfeld gegeben. J. F. DILLINGER und R. M. BOZORTH[2] haben bei ihren Untersuchungen

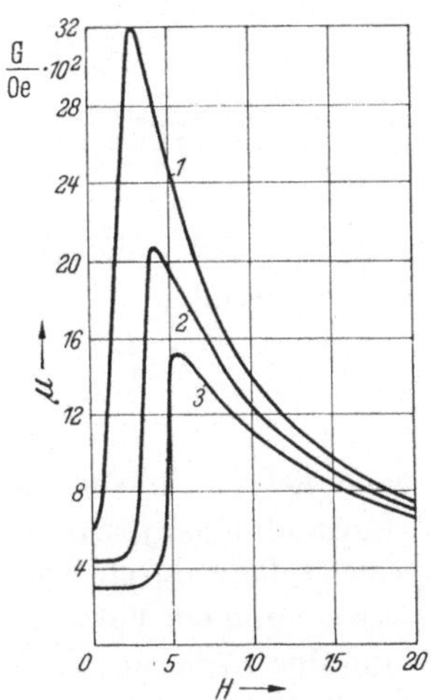

Abb. 197. Einfluß der Wärmebehandlung auf die Permeabilitätskurven einer Legierung mit 45% Ni, 30% Fe, 25% Co. 1 abgeschreckt, 2 langsam abgekühlt, 3 angelassen bei 425°. (Nach G. W. ELMEN.)

---

[1] v. AUWERS, O., u. H. KÜHLEWEIN: Ann. Phys. Bd. 17 (1933) S. 121/45.
[2] DILLINGER, J. F., u. R. M. BOZORTH: Physics Bd. 6 (1935) S. 279/84.

auch tatsächlich Maximalpermeabilitäten von etwa 110000 G/Oe finden
können. O. Dahl und F. Pawlek[1] haben diese Versuche wiederholt und
konnten die dabei gefundenen Werte verbessern. Es wurde gefunden:
Anfangspermeabilität etwa 5000 G/Oe, Maximalpermeabilität 160000
G/Oe, Koerzitivkraft 0,05 Oe. Eine Fasertextur ist praktisch ohne Einfluß, durch ein Querfeld werden sehr niedrige und nur wenig ansteigende
Permeabilitätskurven bewirkt.

Einfluß von Zusätzen. Man hat auch hier versucht, die Legierungen
durch weitere Zusätze zu verbessern. G. W. Elmen[2] gibt für eine Legierung mit 45% Ni, 25% Co, 23% Fe, 7% Mo folgende Werte an: Anfangspermeabilität 550 G/Oe, Maximalpermeabilität 3700 G/Oe, Koerzitivkraft 0,65 Oe. V. E. Legg[3] be-
schreibt noch eine Legierung
mit 70% Ni, 7% Co, 22,4% Fe,
0,6% Mn mit einer Anfangspermeabilität von 850 G/Oe und
einer Maximalpermeabilität von
4000 G/Oe.

Schließlich gibt T. Nishina[4]
eine als Superperminvar bezeichnete Legierung an, die folgende
Zusammensetzung aufweist:
68,2% Fe, 22,8% Co, 9% Ni.

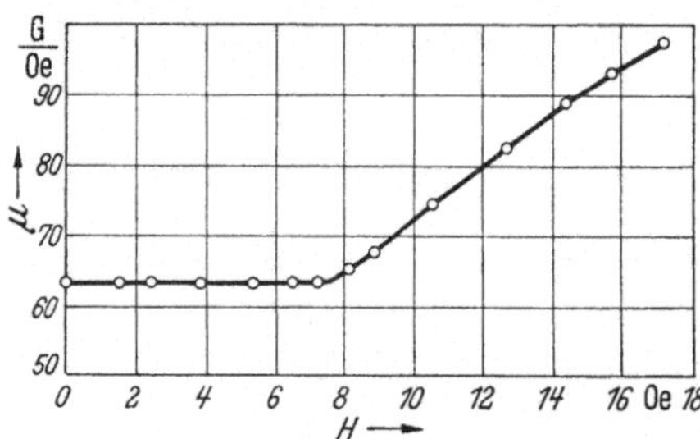

Abb. 198. Permeabilitätskurve einer um 87% kalt-
gereckten Legierung mit 68,2% Fe, 22,8% Co, 9% Ni.
(Nach T. Nishina.)

Sie hat aber mit dem eigentlichen Perminvar nichts zu tun, denn
ihre wertvollen Eigenschaften erhält sie erst durch eine Kaltreckung
von 87%. Wie Abb. 198 zeigt, besitzt sie eine zwar niedrige, aber
bis zu einer Feldstärke von 7,3 Oe konstante Permeabilität von
63,5 G/Oe. Da diese Legierung nach dem Glühen bei der Abkühlung
noch die γ/α-Umwandlung erleidet, ist es wahrscheinlich, daß durch eine
Umwandlungshysterese Teile der γ-Phase (Rest-Austenit) zurückbleiben,
welche dann durch Kaltwalzen zwangsweise in die α-Phase übergeführt
werden und ein Verhalten aufweisen analog der diffusionslosen Umwandlung der Legierung Fe + 5% Ni + 3% Si, welche ebenfalls eine recht
konstante Permeabilität zeigt (siehe S. 163 ff).

Zum Schluß seien noch in Abb. 199 die Induktionskurven und in
Tab. 22 die übrigen Daten der besprochenen Legierungen zusammengestellt. Wegen des hohen Kobaltpreises haben sich die Perminvarlegie-
rungen in der Praxis nicht eingeführt, sie wurden durch wohlfeilere und
in ihren Eigenschaften bessere Werkstoffe ersetzt.

[1] Dahl, O., u. F. Pawlek: Z. Phys. Bd. 94 (1935) S. 504/22.
[2] Elmen, G. W.: Bell Syst. techn. J. Bd. 15 (1936) S. 113/35.
[3] Legg, V. E.: Bell Syst. Techn. J. Bd. 18 (1939) S. 438/64.
[4] Nishina, T.: Sci. Rep. Imp. Univ. (1936) S. 344/61.

c) Mehrstofflegierungen auf Nickel-Eisen-Basis.

α) Legierung „1040“.

Die Praxis hat sich nicht mit der Auswahl passender Legierungen aus den eben besprochenen Dreistoffsystemen begnügt, sondern die günstigen Wirkungen der einzelnen Zusätze mit Erfolg in komplizierten Legierungen vereint. Zunächst wurde zu dem System Fe-Ni-Cu noch Molybdän hinzugefügt. Das unter der Bezeichnung „1040“ bekannte Material entstand durch Addition von 3% Mo zu einer Legierung, welche im Dreistoffsystem bereits ein Maximum der Anfangspermeabilität aufwies. Die Legierung mit 72% Ni, 11% Fe, 14% Cu, 3% Mo ist in ihrem magnetischen Verhalten unabhängig von der Wärmebehandlung. Mit einer Anfangspermeabilität von 30000 G/Oe und einer Maximalpermeabilität von 100000 G/Oe stellt sie eine Spitzenleistung dar.

β) Mu-Metall.

Zusammensetzung und Eigenschaften. Auf derselben Basis wurde durch Chromzusatz das Mu-Metall geschaffen. Diese Legierung enthält 76% Ni, 17% Fe, 5% Cu, 2% Cr und zeigt nach Angaben der Vakuumschmelze Hanau eine Anfangspermeabilität von 10000 G/Oe, eine Maximalpermeabilität von 60000 G/Oe, eine Koerzitivkraft = 0,05 Oe und eine Sättigung von 7800 G. Wegen der mehr oder weniger stark ausgeprägten Walz- und Rekristallisationstextur sind nach Angaben von W. F. RANDALL[1] die magnetischen Werte gemäß Abb. 200 richtungsabhängig, besonders senkrecht zur Walzrichtung erreichen sie nur etwa ein Sechstel der Ma-

---

[1] RANDALL, W. P.: J. Inst. ectr. eng. Bd. 80 (1937) S. 647/67.

Tabelle 22. *Zusammensetzung und magnetische Daten der Perminvare.*

Zusammensetzung					Abkühlung	Magnetische Werte					spez. el. Wid. $\Omega\,\mathrm{cm}\,10^{-6}$	spez. Gew.	Bezeichnung
Ni	Fe	Co	Mo	Mn		μ_0	$\mu_{\max}$	H_c	$4\pi I_s$	Curie T.			
45	30	25			rasch	900	3500			715°	19	8,6	Perminvar
45	30	25			angelassen	400	2000	1,2	15000	715°	19	8,6	Perminvar
45	30	25			Magnetfeld	(5000)	166000	0,05		715°	19	8,6	Perminvar
45	23	25	7		angelassen	550	3700	0,65	10300	540°	80	8,66	Mo-Perminvar
70	22,4	7		0,6	angelassen	850	4000	0,6	12500	650°	16	8,6	
9	68,2	22,8			87% gewalzt	63	560				17		Super-Perminvar

ximalpermeabilität parallel zur Walzrichtung. Deshalb weisen auch Bandkerne höhere Permeabilitäten auf als Stanzkerne.

Die Dickenabhängigkeit der Permeabilität wurde auch bei diesen weichen Legierungen beobachtet. R. Feldtkeller[1] ermittelte die Verteilung der lokalen Anfangspermeabilität über den Blechquerschnitt durch Messungen bei verschiedenen Frequenzen. In Abb. 201 ist zu er-

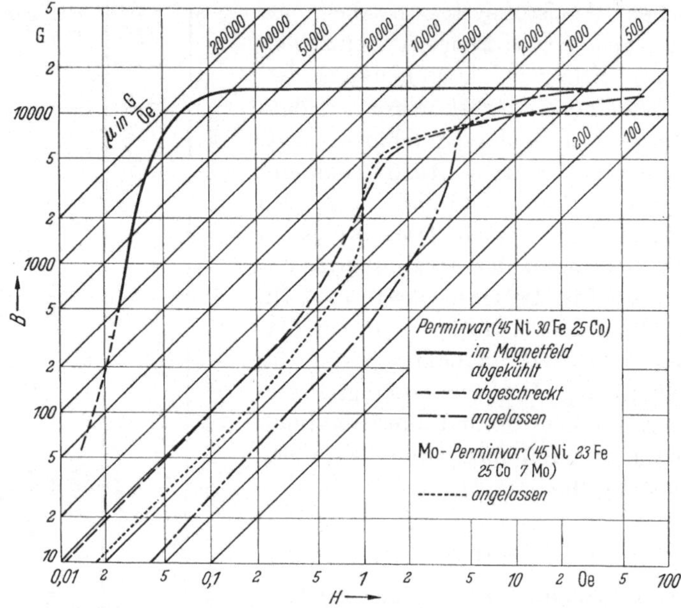

Abb. 199. Induktionskurven verschiedener Fe-Ni-Co-Legierungen in Abhängigkeit von der Wärmebehandlung.

sehen, daß die wahre Permeabilität in der Blechmitte etwa 20000 G/Oe beträgt, gegen den Rand zu aber bis auf 20% dieses Wertes absinkt. Auch I. Epelboin und A. Marais[2] kommen zu ähnlichen Resultaten, sie finden eine Zone konstanter Permeabilität in der Mitte des Bleches, nach Durchschreiten eines Maximums gegen den Rand zu fällt dann die Permeabilität auf sehr niedrige Werte ab. Mit Abnahme der Banddicke wird auch die Zone hoher Permeabilität im Inneren immer kleiner und verschwindet schließlich gänzlich, so daß die Gesamtpermeabilität, auf den ganzen Querschnitt bezogen, mit der Banddicke abnimmt.

Von japanischer Seite wurden ebenfalls systematische Forschungen

---

[1] Feldtkeller, R.: Fernmeldetechn. Z. Bd. 2 (1949) S. 9/14.
[2] Epelboin, I., u. A. Marais: C. R. hebd. Séances Acad. Sci. Bd. 229 (1949) S. 1131/33.

auf dem Gebiete der Mehrstofflegierungen betrieben. K. Mihara[1] setzte zu Fe-Ni-Legierungen Mn, Cr und Cu zu, wobei die Zusätze so gewählt waren, daß der Mangangehalt stets 2% betrug und daß sich die Zusätze von Kupfer und Chrom wie 1 : 1 verhalten. Die besten Werte werden nach einer Glühung bei hohen Temperaturen und anschließender Luftkühlung erhalten. Die mitgeteilten Ergebnisse genügen nicht, um mit einiger Sicherheit Dreieckdiagramme aufstellen zu können, so daß nur die Spitzenwerte herausgegriffen seien. Die Höchstwerte für Anfangs- und Maximalpermeabilität liegen nicht bei derselben Konzentration. Die beste Anfangspermeabilität gibt die Legierung mit 78% Ni, 13% Fe, 2% Mn, 3,5% Cu, 3,5% Cr mit 30000 G/Oe nach Abschreckung von 1000°, die dazugehörige Maximalpermeabilität liegt bei 85000 G/Oe. Die beste Maximalpermeabilität gibt eine Legierung mit 78% Ni, 17% Fe, 2% Mn, 1,5% Cu, 1,5% Cr mit 195 000 G/Oe nach Abschreckung von 600°, die dazugehörige Anfangspermeabilität beträgt 10000 G/Oe.

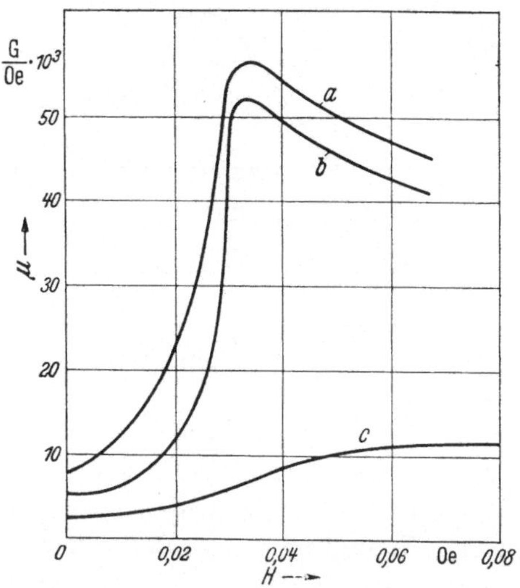

Abb. 200. Einfluß der Walzrichtung auf die Permeabilitätskurven von Mu-Metall. a) parallel zur Walzrichtung, b) unter 45° zur Walzrichtung, c) senkrecht zur Walzrichtung. (Nach W. F. Randall.)

Eine Ausdehnung der Untersuchungen auf mittlere Nickelgehalte brachte zwar keine erheblichen Verbesserungen der Anfangspermeabilität, aber in einem Gebiet von etwa 40% Ni, 50% Fe, 2% Mn, 4% Cu, 4% Cr wurden Maximalpermeabilitäten bis zu 40000 G/Oe beobachtet, was etwa eine Verdreifachung des

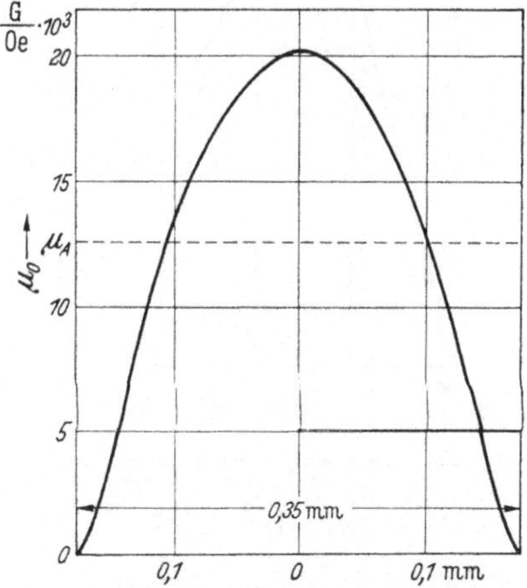

Abb. 201. Verteilung der lokalen Anfangspermeabilität von Mu-Metall über den Blechquerschnitt. (Nach R. Feldtkeller.)

Wertes einer Legierung mit 40% Ni, 60% Fe bedeutet.

Auf der Basis Fe-Ni-Cr sind die nachfolgenden Legierungen aufgebaut,

---

[1] Mihara, K.: Japan. Nickel Rev. Bd. 5 (1937) S. 504/16.

welche T. Nishina[1] entwickelt hat. Er untersuchte den Einfluß von Ti und Sn in vielen quasibinären Schnitten dieser Vierstoffsysteme. Der

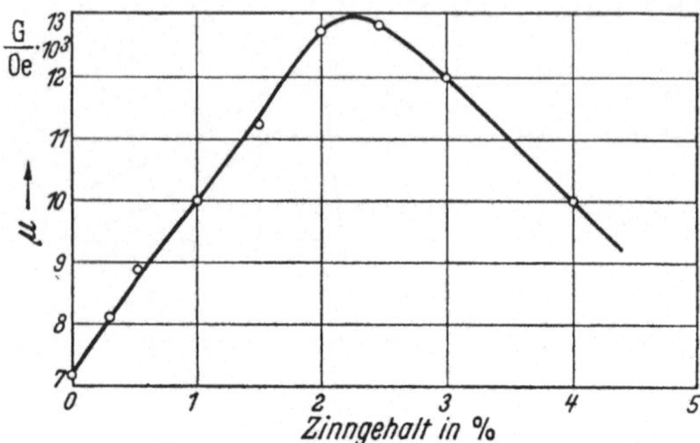

Abb. 202. Abhängigkeit der Anfangspermeabilität von Fe-Ni-Cr-Sn-Legierungen mit 80,1% Ni, 16,9% Fe, 3,0% Cr vom Sn-Gehalt. (Nach T. Nishina.)

Einfluß des Zinns auf eine Legierung mit 80,1% Ni, 16,9% Fe, 3,0% Cr ist in Abb. 202 zu ersehen. Durch Zusatz von 2,5% Sn werden folgende Werte erhalten: Anfangspermeabilität = 12 800 G/Oe, Maximalpermeabilität = 40 000 G/Oe, die Legierung wurde Superpermalloy Nr. 2 genannt. Für Titan gelten nach Abb. 203 ähnliche Wirkungen. Eine als Superpermalloy Nr. 3 bezeichnete Legierung mit 85,0% Ni, 10,2% Fe, 4,1% Cr und 0,7% Ti zeigt eine Anfangspermeabilität von 15 700 G/Oe und eine Maximalpermeabilität von 39 500 G/Oe.

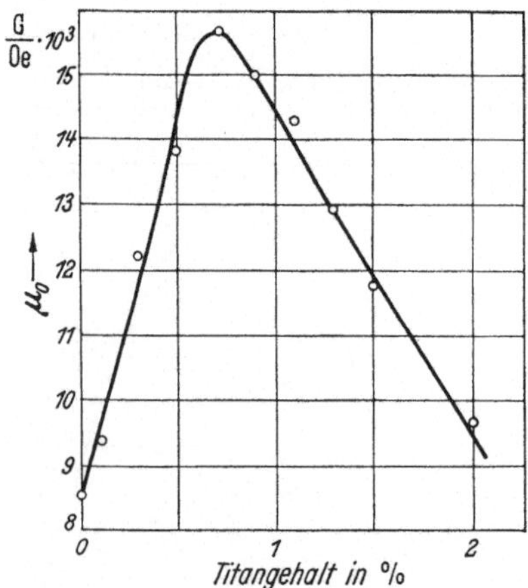

Abb. 203. Abhängigkeit der Anfangspermeabilität von Fe-Ni-Cr-Ti-Legierungen mit 85,6% Ni, 10,3% Fe, 4,1% Cr vom Ti-Gehalt. (Nach T. Nishina.)

Herstellung und Schlußglühung. Wie aus den einzelnen Diagrammen der verschiedenen Eigenschaftsänderungen mit der Konzentration zu ersehen war, treten scharf ausgeprägte Maxima auf. Die genaue Einhaltung der Konzentrationen stellt daher recht hohe Anforderungen an die Treffsicherheit des Schmelzbetriebes, zumal die Abbrandgefahr bei einzelnen Zusätzen recht groß ist. Ebenso wie bei den Fe-Ni-Legierungen, sind die wenigen Herstellerfirmen dazu übergegangen, fertig gestanzte und geglühte Kernbleche oder fertig gewickelte Bandkerne herzustellen. Jedoch sei hier nochmals an einem Beispiel darauf hingewiesen, daß die Steigerung der Permeabilitätswerte stets mit einer vermehrten Empfindlichkeit gegen mechanische Spannung verknüpft ist. Die Kernbleche bei den Mantelkernschnitten nach DIN E 41 302 werden in die fertig gewickelten Spulen so gestopft, daß die Zunge in der Mitte ausgebogen

---

[1] Nishina, T.: Sci. Rep. Imp. Univ. (1936) S. 344/61.

und durch den Spulenkörper geschoben wird. Im allgemeinen ist dies nur mit einer elastischen Beanspruchung des Werkstoffes verbunden, die Zunge federt in ihre Ruhelage zurück. Dies trifft vor allem bei Eisen und Eisen-Silizium-Legierungen zu. Die Fe-Ni-Legierungen sind weicher, es kann sehr leicht zu einer plastischen Verformung und damit zu einer bleibenden Schädigung des magnetischen Verhaltens kommen. Die Schädigung wird um so eher eintreten, je dicker das Blech und je größer der Spulenkörper oder, was dasselbe ist, je größer die Ausbiegung der Zunge ist. F. Assmus[1] untersuchte den Einfluß der Ausbiegung an Mu-Metall bei verschiedenen Blechdicken auf die Permeabilität bei 5 mOe. Die Ergebnisse sind in Abb. 204 zusammengestellt. Danach fällt nach einer Ausbiegung des Mittelteiles des Kernbleches von 0,35 mm Dicke um 12 mm die Permeabilität von 26000 G/Oe auf 12000 G/Oe. Sogar bei einer Dicke von nur 0,15 mm nimmt die Permeabilität noch um 4000 Einheiten ab. Es ist demnach nicht zweckmäßig, Bleche aus hochpermeablem Material mit 0,35 mm Stärke für Mantelkernschnitte zu verwenden. Mu-Metall und ähnliche Werkstoffe sollten nur bei Stärken unter 0,15 mm hierfür benutzt werden. Die Verschlechterung ist um so größer, je höher die Weichheit des Ausgangsmaterials liegt. Abb. 205 zeigt den Abfall der Permeabilität für ein

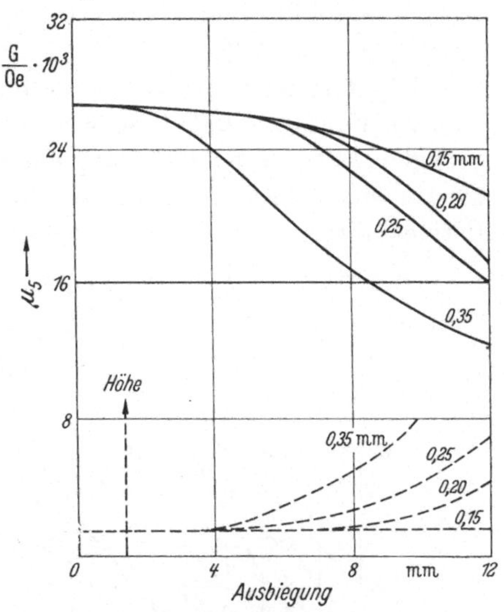

Abb. 204. Wirkung einer Ausbiegung der Zunge bei Kernblechen der Form M 42 aus Mu-Metall in Abhängigkeit von der Blechdicke. (Nach F. Assmus.)

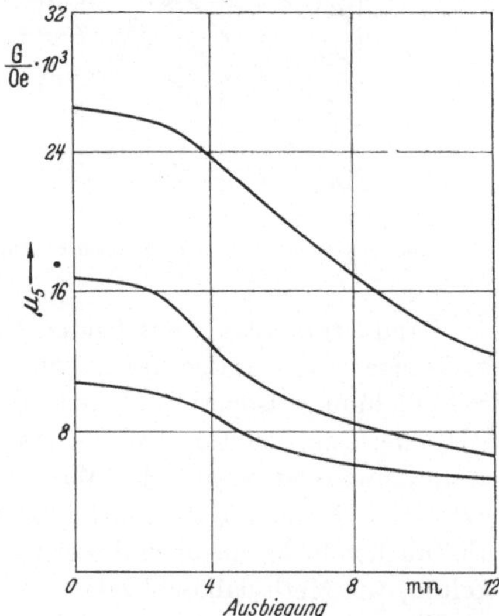

Abb. 205. Wirkung einer Ausbiegung der Zunge bei Kernblechen der Form M 42 aus Mu-Metall (0,35 mm dick) in Abhängigkeit von der Ausgangspermeabilität. (Nach F. Assmus.)

0,35 mm dickes Blech bei drei verschieden hohen Ausgangspermeabili-

---

[1] Assmus, F. (Noch nicht veröffentlicht).

täten in Abhängigkeit von der Ausbiegung. Während das Blech mit einer Ausgangspermeabilität von 26000 G/Oe dabei 52,7% seines Wertes einbüßt, verschlechtert sich ein Blech mit ursprünglich nur 9000 G/Oe um 37%.

Nicht nur gegen plastische Verformung, sondern auch gegen elastische Spannungen sind diese weichen Werkstoffe sehr empfindlich. So genügt bereits die Schrumpfung eines ungeeigneten Isolierlackes auf der Oberfläche, um durch die dabei auftretende elastische Verspannung die Permeabilitätswerte erheblich herabzusetzen.

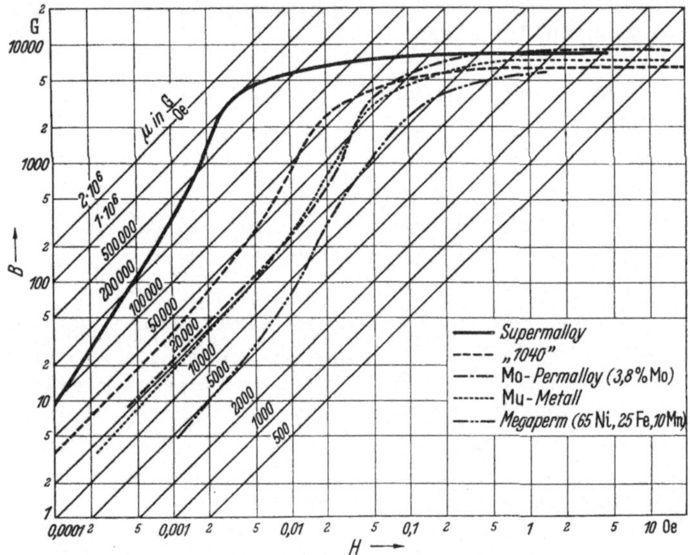

Abb. 206. Induktionskurven handelsüblicher hochpermeabler Mehrstofflegierungen auf Fe-Ni-Basis.

Bandkerne müssen aus beiden Gründen, plastische Verformung und elastische Verspannung durch Umwickeln und Isolieren, bereits vor der Schlußglühung isoliert und in ihre endgültige Form gebracht werden. Als feuerfeste Isolation werden Magnesiumoxyd, gebrannter Kalk oder Aluminiumoxyd verwandt. Man benutzt entweder den Ölfilm kaltgewalzter Bänder als Haftmittel für die Oxyde oder man bringt sie durch Eintauchen in Emulsionen dieser Oxyde in leichtverdampfbaren Flüssigkeiten, wie Methylalkohol oder Azeton oder Tetrachlorkohlenstoff, auf.

Für sehr hohe Frequenzen müssen ganz dünne Bänder verwendet werden, um die Wirbelstromverluste niedrig zu halten. A. G. Ganz[1] beschreibt die Herstellung von 0,005 mm starken Bändern, welche vor dem letzten Walzen durch elektrolytisches Aufbringen einer Kupferschicht

---

[1] Ganz, A. G.: Electr. Eng. Trans. Sci. Bd. 65 (1946) S. 177/83.

verstärkt und dann nach erfolgter Verformung wieder elektrolytisch entkupfert werden. Die Isolation erfolgt hier durch kataphoretisches Niederschlagen einer Aufschlämmung von Kieselsäure in Azeton in einer Stärke von 0,001 mm.

Die Legierungen werden hauptsächlich für hochwertige Übertrager, als Relaiskerne für sehr empfindliche Relais und für Abschirmzwecke verwendet. Neuerdings werden auch Breitbandverstärker und Impulstrafos für Radargeräte damit ausgestattet, letztere wurden für Leistungsaufnahmen bis zu 1000kW ausgelegt[1].

Zum Schluß seien die Induktionskurven der technisch wichtigen Legierungen in Abb. 206, die Verlustkurve in Abb. 207, die übrigen interessierenden Werte in Tab. 23 zusammengestellt[2].

Damit ist der Abschnitt weicher magnetischer Werkstoffe abgeschlossen. Nicht abgeschlossen ist aber die Entwicklung, denn bei der systematischen Untersuchung der Mehrstoffsysteme nach kleiner Kristallenergie und kleiner Magnetostriktion werden zweifellos noch eine Fülle wertvoller Werkstoffe gefunden werden können.

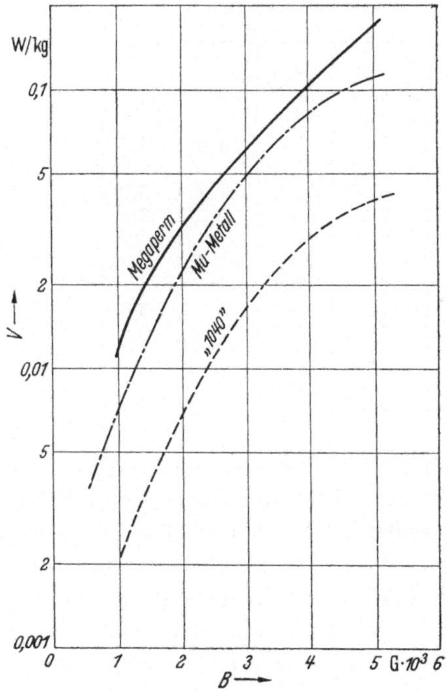

Abb. 207. Wattverluste handelsüblicher hochpermeabler Mehrstofflegierungen auf Fe-Ni-Basis in Abhängigkeit von der Induktion (0,35mm dick, 50Hz).

D. Magnetische Werkstoffe für Pupinspulen und Hochfrequenzkerne.

I. Allgemeines.

Während bei den Dauermagnetwerkstoffen der Verlauf der Entmagnetisierungskurve zwischen Remanenz und Koerzitivkraft inter-

---

[1] Peterson, E.: Bell Syst. Techn. J. Bd. 25 (1946) S. 603/15.

[2] Mihara, K.: Japan. Nickel Rev. Bd. 5 (1937) S. 504/16; Bd. 7 (1939) S. 63/72. — Masuko, T.: Japan. Nickel Rev. Bd. 7 (1939) S. 17/44. — Legg, V. E.: Bell Syst. Techn. J. Bd. 18 (1939) S. 438/64. — Nishina, T.: Sci. Rep. Imp. Univ. (1936) S. 344/61. — Bozorth, R. M.: Rev. Modern Phys. Bd. 19 (1947) S. 29/86. — Chegwidden, R. A.: Metal Progr. Bd. 54 (1948) S. 705/14.

Tabelle 23. *Zusammensetzung und magnetische*

Nr.	Zusammensetzung										Abkühlung
	Ni	Fe	Cu	Cr	Mo	Si	Sn	Ti	V	Mn	
1	78,5	21,5									rasch
2	40	50	4	4						2	rasch
3	77,3	21,2				1,0				0,5	rasch
4	78	17	1,5	1,5						2	rasch
5	78,1	16,5		2,9			2,5				rasch
6	80,8	12,9		3,9		1,0		0,7		0,5	rasch
7	78	13	3,5	3,5						2	rasch
8	80	13							7		langsam
9	65	25								10	langsam
10	75,5	20,8			3,7						langsam
11	75,5	20,7		3,8							langsam
12	76	16	5	2							langsam
13	72	11	14		3						langsam
14	79	15			5					0,5	langsam
15	69,2	19,0		10,0		1,0				0,5	rasch

essiert und bei den magnetisch weichen Werkstoffen der Anstieg der Permeabilität und ihr Verlauf bei hohen Induktionen maßgebend ist, werden die Werkstoffe für Pupinspulen und Filterspulen für Rundfunk und Trägerfrequenztelephonie nur bei kleinen Feldern und niedrigen Induktionen beansprucht. Da die Forderungen der Schwachstromtechnik und ihre Nomenklatur hierfür von den bisherigen Bezeichnungen abweicht, sei zunächst kurz darauf eingegangen.

1. Charakterisierung der Werkstoffe für Pupinspulen und Hochfrequenzkerne.

Eine längs eines Drahtes fortschreitende elektromagnetische Welle erfährt eine Dämpfung, die durch Erhöhung der Selbstinduktion des Leiters herabgesetzt werden kann. Die Selbstinduktion kann durch eingebaute Spulen erhöht werden; um Platz zu sparen, wird die Selbstinduktion der eingebauten Spulen durch einen magnetischen Kern erhöht.

Eine solche Spule mit ferromagnetischem Kern zeigt bei Stromdurchgang einen OHMschen Widerstand. Dieser Widerstand setzt sich zusammen aus einem induktiv bedingten Anteil und einem rein OHMschen Widerstand. Dieser wieder ergibt sich aus einem von der Wicklung herrührenden Anteil R_0 und einem Zusatzwiderstand R_z. Ein Teil dieses Zusatzwiderstandes wird bestimmt durch die Eigenschaften des Kernmaterials und sei deshalb mit R_k bezeichnet. Er kann in drei Komponenten aufgespalten werden:

$$R_h = h.\,L.\,H_{eff}.\,f. \quad \text{Hysteresewiderstand}$$
$$R_w = w.\,L.\,f. \qquad\;\; \text{Wirbelstromwiderstand}$$
$$R_n = n.\,L.\,f. \qquad\;\; \text{Nachwirkungswiderstand,}$$

Daten extrem weicher Fe-Ni-Legierungen.

Magnetische Werte					spez. el. Wid. $\Omega\,\mathrm{cm}\cdot10^{-6}$	spez. Gew.	Bezeichnung
μ_0	μ_{max}	H_c	$4\pi I_s$	Curie T.			
9000	90000	0,03	10800	580°	21	8,60	Permalloy
2000	40000	0,07			95		
10000	44000	0,035	10800		26		Super-Permalloy Nr. 1
10000	200000	0,017			51		
12800	40000	0,028	8000		61		Super-Permalloy Nr. 2
15700	39500		7800		76		Super-Permalloy Nr. 3
30000	85000	0,018	6700		67		Furukawa E 3
12000	38000	0,12			90		
4800	26000	0,08			71		Megaperm
22000	70000	0,05	8500	440°	55	8,72	Mo-Permalloy
12000	62000	0,05	8000	455°	65	8,56	Cr-Permalloy
18000	60000	0,05	8500	430°	25	8,58	Mu-Metall (Hyp. 766)
38000	110000	0,014	6000	290°	55		„1040" (Hyperm 702)
120000	1100000	0,004	7900	400°	65	8,77	Supermalloy
2400	19500				107		Resisto-Permalloy

wobei L die Selbstinduktion in Henry, H_{eff} die Feldstärke in AW/cm und f die Frequenz bedeuten. Über die drei Konstanten h, w und n soll gleich noch gesprochen werden. Die Aufteilung der einzelnen Ver-

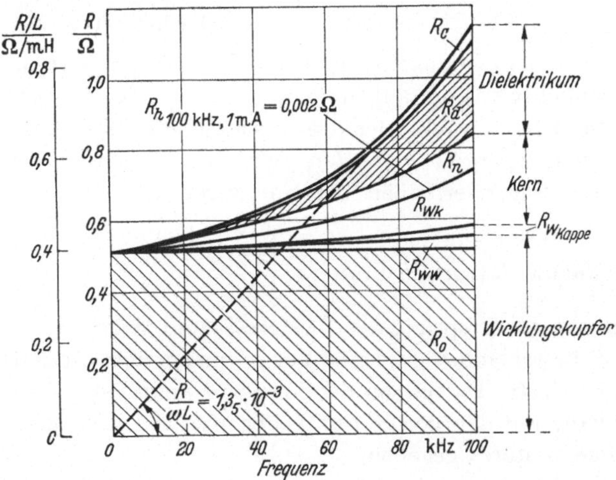

Abb. 208. Der Wirkwiderstand R einer 1,3 m Hy-Spule in Abhängigkeit von der Frequenz. (Nach M. Kersten.)

lustwiderstände sei in Abb. 208 in Abhängigkeit von der Frequenz gezeigt. Es bedeuten R_0 den Ohmschen Widerstand der Wicklung, R_{ww} den Wirbelstromverlust im Kupfer der Wicklung, $R_{w\,Kappe}$ den von der als sekundäre Kurzschlußwicklung wirkenden Metallmasse der Abschlußkappe der Spule herrührenden Verlustanteil, R_d und R_c die kapazitiven

Widerstände der Isolation und der Wicklung als solcher, R_{wk} den Wirbelstromverlust, R_n den Nachwirkungsverlust und R_h den Hystereseverlust des Kernwerkstoffes. Letzterer ist bemerkenswert klein, sein Anteil liegt noch unterhalb der Strichbreite der Zeichnung.

Die Verluste im magnetischen Kern lassen sich durch die Verluste in einem äquivalenten Widerstand ausdrücken, wobei die betrachtete Spule in einem sogenannten Ersatzschaltbild durch Reihenschaltung eines rein induktiven Widerstandes ωL und eines rein OHMschen Widerstandes R, der gleich der Summe von Wicklungs- und Zusatzwiderstand $R_0 + R_z$ ist, dargestellt wird. Diese Widerstände sind in der vektoriellen Darstellung um 90° gegeneinander phasenverschoben, ebenso wie die in ihnen erzeugten Spannungsabfälle. Der Gesamtwiderstand wird aus beiden Teilwiderständen durch vektorielle Addition entsprechend Abb. 209 gebildet. Der durch den magnetischen Kern gebildete Widerstandsanteil R_k kann ausgedrückt werden durch den Verlustwinkel ε, wobei

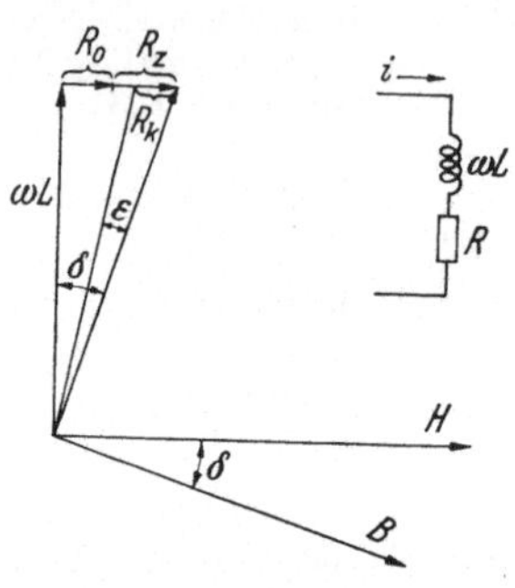

Abb. 209. Vektordiagramm für eine Spule mit Eisenkern (Winkel δ und ε stark vergrößert). (Nach K. J. SIXTUS.)

$$\mathrm{tg}\,\varepsilon = \frac{R_k}{\omega L}$$ ist. (Es bedeuten: $\omega = 2\pi f$ Kreisfrequenz, L Selbstinduktion in Henry, R_k Widerstand in Ohm.) Der Verlustwinkel $\mathrm{tg}\,\varepsilon$ kann aufgeteilt werden nach $\mathrm{tg}\,\varepsilon = \mathrm{tg}\,\varepsilon_h + \mathrm{tg}\,\varepsilon_w + \mathrm{tg}\,\varepsilon_n$. Durch Umformung der drei oben aufgeführten Widerstandswerte kommt man zu $\mathrm{tg}\,\varepsilon_h = h \cdot H_{eff}$, $\mathrm{tg}\,\varepsilon_w = w \cdot f$, $\mathrm{tg}\,\varepsilon_n = n$, wobei die Konstanten folgendermaßen benannt werden:

h = Hysteresekonstante, w = Wirbelstromkonstante,

n = Nachwirkungskonstante.

Während der Ursprung der Hysterese- und Wirbelstromverluste eindeutig ist, bestehen fast gar keine Vorstellungen über die Natur der Nachwirkungsverluste. Da sie von der Frequenz unabhängig sind, ist ein Zusammenhang mit den von SNOEK beobachteten Diffusionserscheinungen nicht ohne weiteres gegeben.

Die Ermittlung der Konstanten geschieht durch Messungen bei verschiedenen Stromstärken bei konstanter Frequenz und bei konstanter Stromstärke und verschiedenen Frequenzen. Durch Extrapolation auf die Stromstärke 0 und auf die Kreisfrequenz 0 lassen sich entsprechend Abb. 210 die Werte für die drei Konstanten bequem graphisch ermitteln.

Für kleine Felder, wie sie in der Fernmeldetechnik die Regel sind, gilt für den Anstieg der Induktion mit der Feldstärke das Rayleigh-Gesetz $B = \mu_0 H + 2\nu H^2$.

v stellt die Rayleigh-Konstante dar und kann auch als Anstiegsfaktor der Permeabilitätskurve aufgefaßt werden. Der Zusammenhang zwischen dem reversiblen Anteil der Induktion μH und dem irreversiblen Anteil $2 v H^2$ ist in Abb. 211 dargestellt. Zwischen der Rayleigh-Konstanten v und der Hysteresekonstante h besteht folgender Zusammenhang: $h = \text{const } \dfrac{v}{\mu_0}$.

Der nichtlineare Anstieg der Induktionskurve bewirkt den Hystereseverlust und hat gleichzeitig zur Folge, daß die durch einen sinusförmigen Strom in der Wicklung erzeugte Spannung nicht mehr sinusförmig, sondern verzerrt ist. Das Amplitudenverhältnis der dabei auftretenden

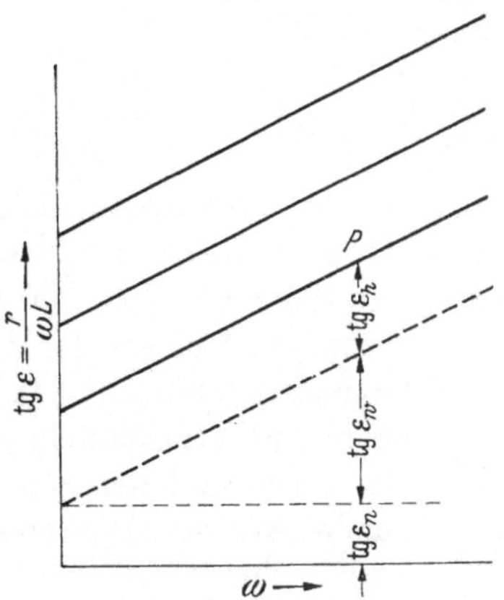

Abb. 210. Aufteilung der Eisenverluste in Hystereseanteil, Wirbelstromanteil und Nachwirkungsanteil. (Nach H. JORDAN.)

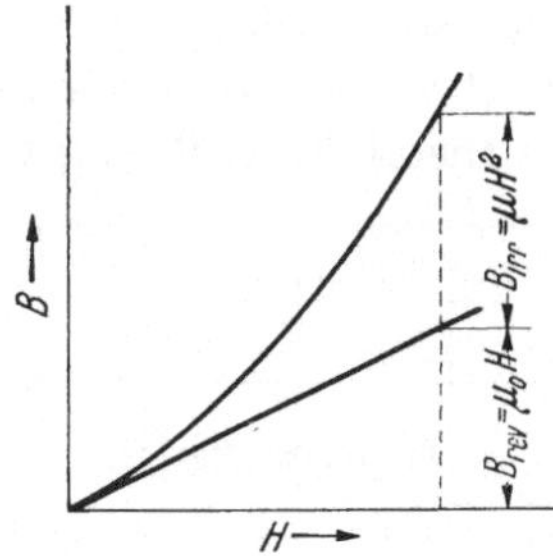

Abb. 211. Die Zerlegung der Induktion bei kleinen Feldern in den reversiblen Anteil $\mu_0 \cdot H$ und den irreversiblen Anteil $\mu \cdot H^2$.

dritten Oberschwingung zur Grundwelle wird als Klirrfaktor k bezeichnet, welcher aus dem Widerstandsglied R_h errechnet werden kann:

$$k = \frac{3 R_h}{5 \omega L}.$$

Daraus ergibt sich, daß ein kleiner Klirrfaktor erreicht wird durch einen kleinen Hysteresewiderstand oder, was gleichbedeutend ist, durch einen möglichst geringen Anstieg der Permeabilität mit dem Felde. Daneben hat sich noch folgender Kennwert eingeführt, der ein Gütemaß für die Spule darstellt und als Hysteresefaktor h_0 bezeichnet wird:

$$h_0 = \frac{h}{\sqrt{\mu_0}}.$$

Der Begriff der Instabilität wurde bereits bei den magnetisch weichen Werkstoffen erläutert (siehe S. 136 ff). Die Instabilität spielt auch hier eine sehr große Rolle.

Da schließlich die Selbstinduktion einer Spule durch folgende Größen beeinflußt wird: $L = \dfrac{Q \cdot n^2 \cdot \mu_a}{l}$. ($Q =$ Kernquerschnitt, $n =$ Windungszahl, $l =$ Länge des Kraftlinienweges, $\mu_a =$ Anfangspermeabilität), so ist die Permeabilität ebenfalls eine maßgebliche magnetische Kenngröße. Zusammenfassend charakterisieren folgende Werte das Kernmaterial einer Pupinspule:

$$
\begin{aligned}
&\text{Anfangspermeabilität} && \mu_a \\
&\text{Hysteresekonstante} && h \ \text{in cm/kA} \\
&\text{Wirbelstromkonstante} && w \ \text{in } \mu s \\
&\text{Nachwirkungskonstante} && n \ \text{in } ^0/_{00} \\
&\text{Hysteresefaktor} && h_0 = \frac{h}{\sqrt{\mu_a}} \\
&\text{Instabilität} && s = \frac{\mu_{\text{Rem}} - \mu_a}{\mu_a}\,100\% \\
&\text{Spez. elektr. Widerstand} && \varrho \ \text{in } \Omega \cdot \text{cm} \cdot 10^{-6}
\end{aligned}
$$

Die zwei wichtigsten Forderungen sind: Kleiner Klirrfaktor, daher kleine Hysteresekonstante bzw. kleiner Anstieg der Permeabilität, sowie kleine Instabilität. Rein geometrisch gesehen ist die remanente Permeabilität fast gleich der Anfangspermeabilität, wenn beide Induktionslinien, die Neukurve und der absteigende Ast der Hystereseschleife fast parallel verlaufen; dabei ist auch die Konstanz der Permeabilität gewährleistet. Eine solche Hystereseschleife ist in Abb. 212 dargestellt und zeichnet sich durch eine sehr schrägliegende lanzettartige Form mit verhältnismäßig großer Koerzitivkraft und sehr kleiner Remanenz aus.

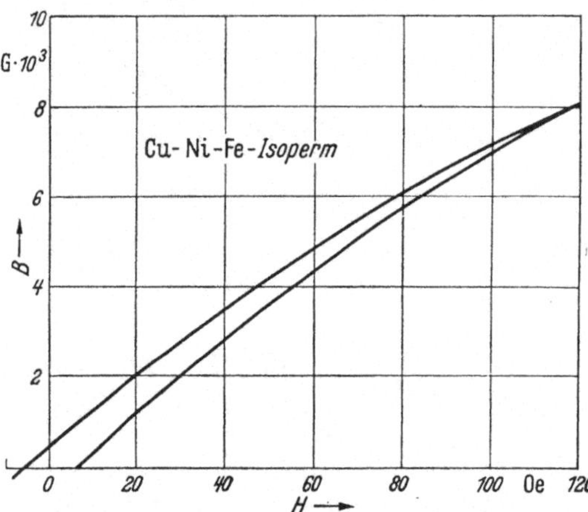

Abb. 212. Hystereseschleife eines Ausscheidungsisoperms.

Hier sei noch auf einen scheinbaren Widerspruch hingewiesen. Die in Abb. 212 gezeigte Form der Hystereseschleife wird schon auf Grund der großen Koerzitivkraft hohe Hystereseverluste aufweisen, während gleichzeitig die Hysteresekonstante sehr klein sein soll. Das erklärt sich daraus, daß die Hystereseverluste auf eine Induktion von z. B. 10000 G bezogen werden, während die Hysteresekonstante auf eine Feldstärke, z. B. 1 AW/cm bezogen ist, wo die Induktion und damit auch der Schleifeninhalt noch sehr klein sind.

Im folgenden soll nun gezeigt werden, wie der Werkstoff-Fachmann diese bisher nicht besprochene Kurvenform erzwingen konnte.

II. Massekerne.

Die Forderung nach einer sehr schrägliegenden Hystereseschleife konnte zunächst nur dadurch erfüllt werden, daß durch äußere Einflüsse die Schleifenform verändert wurde. Jeder ferromagnetische Körper weist bei der Magnetisierung an seinen freien Enden austretende Kraftlinien auf, die sich außerhalb des Werkstückes wieder schließen und dadurch das ursprünglich angelegte Feld schwächen, wie dies schematisch in Abb. 213 gezeigt ist. Die aus den Daten der Spule errechnete Feldstärke herrscht also gar nicht im Inneren eines ferromagnetischen Körpers mit freien Enden, sondern eine kleinere „gescherte" Feldstärke. Dies hat zur Folge, daß die Induktion, über der äußeren scheinbaren Feldstärke aufgetragen, einen wesentlich flacheren Verlauf nimmt, als ihr in Wirklichkeit zukommt. Die entmagnetisierende Wirkung der freien

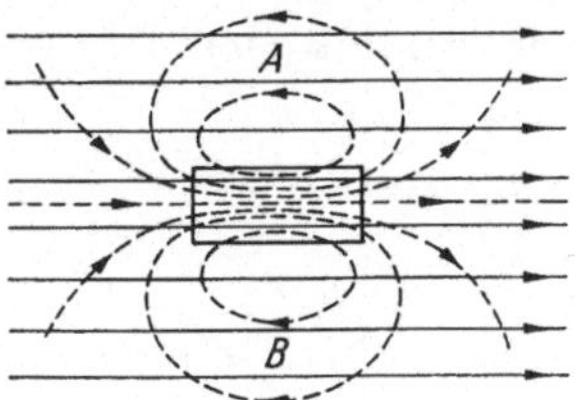

Abb. 213. Überlagerung von äußerem und innerem entmagnetisierenden Feld.

Enden wird um so größer sein, je ungünstiger das Verhältnis von Länge zu Durchmesser ist, eine Tatsache, die uns schon aus dem Begriff des Entmagnetisierungsfaktors und seiner Berechnung bekannt ist. Eine weitgehende Unterteilung des Ferromagnetikums wird also eine Form der Hystereseschleife bewirken, wie sie der Fernmeldetechniker für eine verzerrungsfreie Übertragung benötigt.

Diese weitgehende Unterteilung wirkt sich außerdem noch sehr vorteilhaft bei der Unterdrückung der Wirbelstromverluste aus. Die einzelnen Teilchen müssen voneinander isoliert werden, damit kein magnetischer Kurzschluß entsteht, dabei kann aber auch eine weitgehende elektrische Isolation der Teilchen erreicht werden, die sich günstig im obigen Sinne auswirkt.

Neben diesen, durch die Form des magnetischen Körpers gegebenen Maßnahmen zur Erzeugung einer lanzettförmigen Hystereseschleife hat auch der Werkstoff-Fachmann im begrenzten Maße die Möglichkeit, durch Zustandsänderungen die gewünschte Schleifenform zu begünstigen. Durch mechanische oder Ausscheidungshärtung kann eine Vergrößerung der Koerzitivkraft und somit die Beeinflussung der Schleifenform durch die äußere Gestalt der Teilchen noch unterstützt werden.

1. Eigenschaften der Massekerne.

Die Herstellung solcher unterteilten Kerne wurde bereits von O. HEAVISIDE[1] angeregt. Zunächst wurden geschlitzte Blechkerne verwendet, die dann durch Drahtkerne abgelöst wurden. Ein weiterer Schritt

---

[1] HEAVISIDE, O.: Electr. (1887) S. 302.

führte zu den Querdrahtkernen, deren Werkstoff aus hartgezogenem Stahldraht bestand, der zwar eine hohe Koerzitivkraft und geringe Permeabilität zeigte, aber bereits weitgehend den Forderungen nach geringer Instabilität genügte. Vor etwa 30 Jahren kamen dann schließlich die Pulver- oder Massekerne auf, die auch heute noch den größten Anteil an der Pupinspulenherstellung haben. Die Eigenschaften der Kerne sind mit den Herstellungsbedingungen sehr eng verknüpft. Es sei deshalb im Abschnitt Massekerne von der üblichen Stoffeinteilung abgewichen und der Einfluß der Herstellungsverfahren auf die magnetischen Kenngrößen beschrieben.

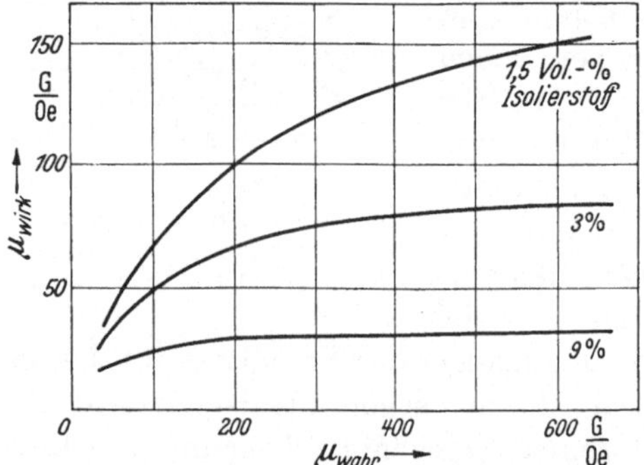

Abb. 214. Die wirksame Permeabilität eines Massekerns in Abhängigkeit von der wahren Permeabilität und vom Isolierstoffgehalt. (Nach M. KERSTEN.)

Die Herstellung der Massekerne erfolgt durch intensives Mischen des metallischen Pulvers mit einem Isolierstoff und nachfolgendem Pressen. Zweckmäßig verwendet man als Isolationsmaterial ein Kunstharz, welches nach dem Pressen und Aushärten zugleich die Rolle des Bindemittels übernimmt. Es liegt auf der Hand, daß die Mischungsverhältnisse von metallischem Werkstoff und Isoliermasse sowie die Preßbedingungen entscheidenden Einfluß auf das magnetische Verhalten ausüben.

Die erzielbare Permeabilität hängt natürlich von der Menge des zugesetzten Isoliermittels, im allgemeinen Bakelitpulver, ab. M. KERSTEN[1] gibt als Näherungsbeziehung folgende Gleichung an:

$$\mu = \frac{\mu_0}{\dfrac{\mu_0}{\mu_{\text{wahr}}} + \dfrac{\alpha}{3}} \qquad (\alpha \ll 1,\ \mu \gg 1).$$

Es bedeuten μ_{wahr} die wahre Permeabilität des massiven, also ungescherten Werkstoffes, α den Raumanteil des Isolierstoffes und μ_0 die Permeabilität des leeren Raumes $1{,}256 \cdot 10^8$ Hy/cm. Diese Beziehung bedeutet aber, daß für jeden bestimmten Gehalt an Isoliermittel die Kernpermeabilität einem Grenzwert zustrebt, der durch keine noch so hohe wahre Permeabilität überschritten werden kann. Abb. 214 zeigt die praktische Auswertung der oben angegebenen Formel. Da aber der Isolierstoffmenge aus elektrischen Gründen eine untere Grenze gesetzt ist, wird auch bei Anwendung hochwertiger Isolationsmittel die wirk-

---

[1] KERSTEN, M.: Elektrotechn. Z. Bd. 58 (1937) S. 1335/38 u. 1364/67.

same Permeabilität bei Massekernen einen Wert von etwa 200 nicht überschreiten. Die höchsten in der Praxis bisher erzielten Werte liegen bei 165.

Der Gehalt an Isolierstoff, der annähernd proportional der Scherung ist und sich unmittelbar in der Anfangspermeabilität auswirkt, beeinflußt natürlich auch die drei Werkstoffkonstanten h, w und n. Während n und w mit der Erhöhung des Isolierstoffgehaltes ungefähr linear abnehmen, erfährt die Hysteresekonstante nach M. KERSTEN und H. HESSE[1] eine stärkere Abnahme: $h = h_\text{wahr} \left(\dfrac{\mu}{\mu_\text{wahr}}\right)^2$; eine wesentliche Verbesserung der Verluste ist demnach zu erreichen, wenn man die Hysteresekonstante von vornherein möglichst klein macht. Einen Weg dazu bietet die Härtung des Werkstoffes durch mechanische oder Ausscheidungshärtung.

Die Wirbelstromverluste und damit die Wirbelstromkonstante sind bei einwandfreier Isolation von der Teilchengröße abhängig. Nach M. KORNETZKI und A. WEIS[2] erhält man $w = \mu \cdot \varrho \cdot d^2$, wobei μ die wirksame Permeabilität, ϱ der spez. elektrische Widerstand in $\varOmega \cdot \text{cm} \cdot 10^{-6}$ und d den Durchmesser der kugelförmig angenommenen Teilchen in mm bedeutet. Als Maß für die Güte der Isolation kann der relative elektrische Widerstand dienen, der zwischen zwei an den Massekern angelegten Sonden gemessen wird.

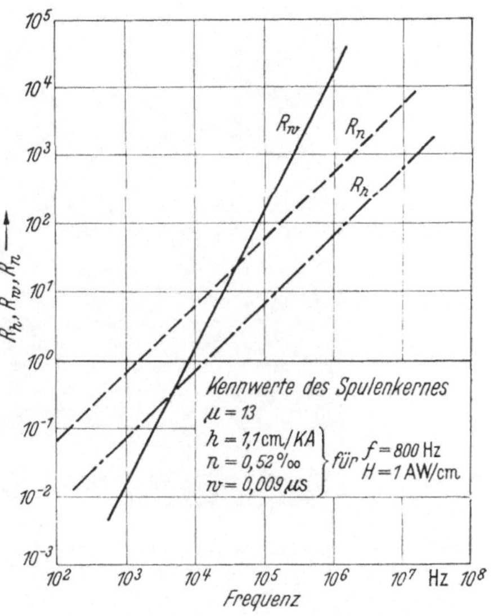

Abb. 215. Abhängigkeit der Hysterese-, Nachwirkungs- und Wirbelstromverluste von der Frequenz.

Da die Hysterese- und Nachwirkungsverluste proportional, die Wirbelstromverluste jedoch mit dem Quadrat der Frequenz zunehmen, ist der Einfluß der einzelnen Anteile der Verluste je nach der in Frage kommenden Frequenz verschieden groß, wie in Abb. 215 nochmals an einem Massekern über einen großen Frequenzbereich gezeigt ist. Es hängt jetzt ganz von dem Anwendungsbereich des Massekernes ab, ob großer Wert auf die Wirbelstromverluste oder auf die Hystereseverluste zu legen ist, die oben angegebenen Gesetzmäßigkeiten leiten zu entsprechenden Herstellungsverfahren an.

---

[1] KERSTEN, M., u. H. HESSE; Elektrotechn. Nachrichtentechn. Bd. 14 (1937) S. 66.

[2] KORNETZKI, M., u. A. WEIS: Wiss. Veröff. Siemens Bd. 15 (1936) S. 95.

2. Herstellung und Eigenschaften der Massekerne.

Die Herstellungsbedingungen der Kerne richten sich nach ihrem Verwendungszweck. Bei Pupinspulen ist maßgebend ein möglichst geringer Hystereseverlust bei der Sprechfrequenz von etwa 2 kHz. Bei Filterspulen, wo es auf die Hystereseverluste nicht so stark ankommt, kann man dasselbe Material bis 100 kHz verwenden. Anders sind die Forderungen für die Hochfrequenzkerne für Rundfunkzwecke u. dgl. Beide Sorten sollen getrennt besprochen werden, das ihnen gemeinsame ferromagnetische Material in Pulverform wird vorangestellt.

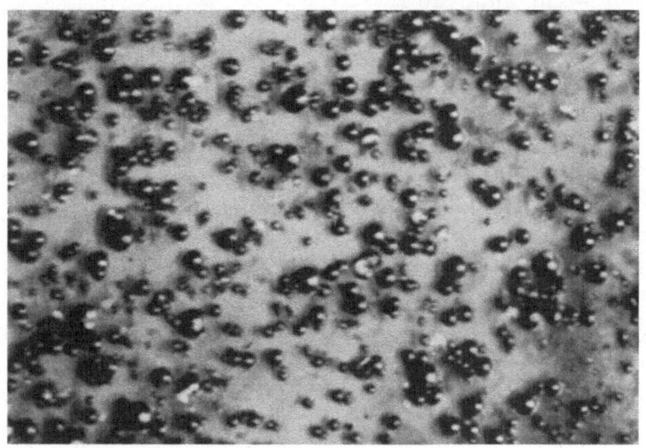

Abb. 216. Karbonyleisenpulver, mittlerer Durchmesser der Kugel etwa 5 μ (Abb. von der Badischen Anilin- und Soda-Fabrik, Ludwigshafen).

a) Herstellung der Metallpulver.

In Deutschland hat sich fast ausnahmslos Eisen in Form von Karbonyleisenpulver für diese Zwecke eingeführt. Die Form des Pulvers zeigt eine ideale Kugelgestalt, wie aus einer vergrößerten Aufnahme in Abb. 216 hervorgeht. Die Zersetzung des Eisenkarbonyls kann so gesteuert werden, daß verschiedene Kugeldurchmesser erhalten werden, bzw. es ist sehr einfach, mit Hilfe von Windsichtern Pulver mit einem engen Streubereich der Teilchengröße zu erhalten. Pulver nach einem der üblichen Verfahren wie Zerstäubung oder mechanische Zerkleinerung hergestellt, haben sich nicht eingeführt, weil die Teilchen von unregelmäßiger und für viele Zwecke zu großer Gestalt anfallen. Ihre Größe mit etwa 0,1 mm liegt um das Zehn- bis Zwanzigfache über derjenigen des Karbonyleisens.

In Amerika verwendet man auch Pulver aus Legierungen, vornehmlich aus Permalloy mit 81% Ni, Rest Fe und Mo-Permalloy mit 81% Ni, 2% Mo, 17% Fe. Um die Zerkleinerung zu erleichtern, werden den Legierungen beim Schmelzen unlösliche metallische Zusätze wie Sn, Pb, Bi oder Ag in Mengen von $0,1\cdots5\%$ hinzugefügt (A. P. 1790704, F. P. 706103), auch unvollkommene Desoxydation der Schmelzen soll in dieser Richtung wirksam sein (A. P. 2049927). Beim Erstarren bleiben die niedrigschmelzenden Bestandteile bis zuletzt flüssig und scheiden sich an den Korngrenzen ab und erleichtern dann die Zerkleinerung. Denselben Zweck soll ein Zusatz von $0,005\%$ S erfüllen, der an den Korngrenzen ein sprödes $Ni\text{-}Ni_3S_2$-Eutektikum bildet. Die Pulver aus Eisen-Nickellegierungen bieten in zweifacher Hinsicht einen Vorteil, ihre wahre und auch die Wirkpermeabilität sind höher als die von Karbonyleisen und ihre spez. elektrische Leitfähigkeit und damit die Wirbelstromkonstante w ist, bezogen auf dieselbe Teilchengröße, kleiner.

Von japanischer Seite wurden für Massekerne Legierungen mit hohem Si-Gehalt vorgeschlagen. Das bereits besprochene Sendust mit $9,5\%$ Si, $5,5\%$ Al (siehe S. 166 ff.) scheint zunächst als Metallpulver sehr geeignet zu sein. Die sehr hohe und mit dem Feld stark veränderliche Permeabilität bewirkt aber, daß das Pulver keine Hysteresekonstante besitzt, wie aus Messungen von G. KIESSLING und O. LUDL[1]

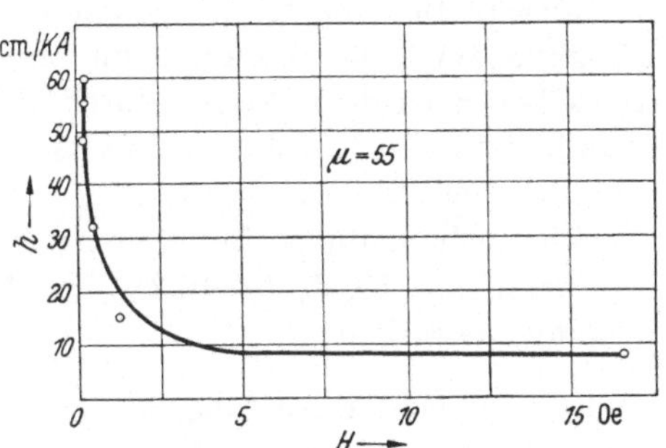

Abb. 217. Hysteresekonstante von Sendust (9,5% Si, 5,5% Al, Rest Fe) in Abhängigkeit von der Aussteuerung. (Nach G. KIESSLING u. O. LUDL.)

hervorgeht, ihre Ergebnisse sind in Abb. 217 wiedergegeben. Aus der oben angegebenen Beziehung zwischen Hysteresekonstante und Permeabilität läßt sich dieser Kurvenverlauf unter Annahme einer wenig veränderten wahren Hysteresekonstante bei stark veränderlicher Permeabilität ohne weiteres verstehen.

Bei Permalloy- und Mo-Permalloy-Pulvern tritt dieser Effekt nicht auf, trotzdem die Permeabilität des massiven Werkstoffes in derselben Größenordnung liegt. Das Sendust ist so spröde, daß eine nennenswerte plastische Verformung der einzelnen Teilchen während des Zerkleinerungsprozesses nicht eintritt und der Werkstoff die magnetischen Eigenschaften des massiven Zustandes unverändert beibehält. Permalloy und Mo-Permalloy werden durch Zusätze nur an den Korngrenzen versprödet, der Werkstoff selbst besitzt einen relativ geringen Verformungswiderstand und wird während des Zerkleinerungsprozesses plastisch verformt und dabei mechanisch gehärtet. Da bereits geringe Verformungen,

---

[1] KIESSLING, G., u. O. LUDL: Elektrotechn. Z. Bd. 63 (1942) S. 413/16.

wie das Stopfen der Kernbleche, einen starken Abfall der Permeabilität bedingen (siehe S. 225, Abb. 204), so wird nach der Herstellung des Pulvers nur mehr ein Bruchteil der Permeabilität des unverformten Werkstoffes vorhanden sein, eine Veränderlichkeit der Hysteresekonstante ist nicht zu erwarten.

Der durch die Verformung bedingte Abfall der Permeabilität läßt sich nach V. E. Legg und F. J. Given[1] bei Verwendung eines anorganischen Isolations- und Bindemittels durch Anlassen teilweise aufheben, ohne daß der Hysteresefaktor dadurch zunimmt. Die von ihnen erzielte Permeabilität von 125 ist neuerdings bis auf 165 erhöht worden. Als anorganische Bindemittel wurden u. a. vorgeschlagen Suspensionen von Zinkhydroxyd, Zumischung von Magnesiumpulver und Umwandlung desselben nach dem Pressen durch Wasserdampfbehandlung in Magnesiumhydroxyd. Ob Silicone bereits für diese Zwecke benutzt werden, konnte nicht festgestellt werden.

Wie sich in dieser Beziehung der von T. Yamamoto[2] beschriebene Werkstoff mit 10,8% Si, 16,2% Ni, Rest Eisen, verhält, ist noch nicht bekannt geworden.

b) Herstellung der Hochfrequenzeisenkerne.

Wie aus Abb. 215 hervorging, überwiegt bei hohen Frequenzen der Anteil der Wirbelstromverluste an den Gesamtverlusten. Man wird daher alle Faktoren zur Geltung bringen, die diesen Verlustanteil niedrighalten. Darüber hinaus dürfen aber die Hystereseverluste nicht vernachlässigt werden. Die Wirbelstromverluste werden kleingehalten durch Verwendung eines besonders gesichteten Pulvers mit Körnern unter 0,005 mm $\varnothing$. Darüber hinaus wird auf eine besonders sorgfältige Isolierung der einzelnen Körner großer Wert gelegt. In einfacher Weise wurde dieses Problem zunächst beim Werkstoff Ferrocart gelöst, dessen Herstellung von A. Schneider[3] beschrieben wird. Eine Emulsion von Karbonyleisen in Isolierlack wird durch Tauchen auf eine Papierfolie aufgebracht, dort getrocknet und verfestigt; durch Zusammenkleben mehrerer Folien werden 2···3 mm dicke stanzfähige Platten hergestellt. Der Anteil der Isoliermasse beträgt 60% des Gesamtvolumens, dementsprechend liegt die Permeabilität nur bei 12.

Inzwischen sind aber die Zusammenhänge zwischen Isoliermaterial, Preßdruck und Werkstoffeigenschaften soweit erforscht worden, daß man auch Preßkörper mit ausgezeichnetem magnetischen Verhalten herstellen kann. Als Ausgangsmaterial dient ebenfalls windgesichtetes

---

[1] Legg, V. E., u. F. J. Given: Bell Syst. Techn. J. Bd. 19 (1940) S. 385/420.

[2] Yamamoto, T.: J. Inst. electr. Eng. Japan Bd. 63 (1943) S. 613; Bd. 64 (1944) S. 273 u. 278/79; Bd. 67 (1947) S. 12/17 u. 33/38.

[3] Schneider, A.: Z. VDI Bd. 77 (1933) S. 1233/35.

Pulver mit einer Korngröße von 5 μ, welches durch Stickstoffbehandlung zusätzlich gehärtet wurde. Als Isolierstoff wird Bakelit benutzt, der in einem leicht flüchtigen Lösungsmittel gelöst, dem Pulver zugesetzt und gut vermischt wird, das Lösungsmittel wird dann durch Verdampfen entfernt. Der Anteil an Isolierstoff beträgt bis zu 40 Vol.-%. Die trockene Masse wird dann mit einem Preßdruck von 5$\cdots$10 t/cm² zu Kernen der verschiedensten Formen gepreßt und der Bakelit unter Umständen durch Erwärmen noch ausgehärtet. An Stelle von Bakelit wird auch Trolitul verwendet. Unter Umständen wird mit zwei verschiedenen Isolierstoffen gearbeitet, wobei ein harter Anteil für die Isolation, ein weicher Anteil für die Schmierung während des Pressens dient. Auf diesem Gebiet gibt es zahlreiche Patente, die hier nicht aufgeführt werden können.

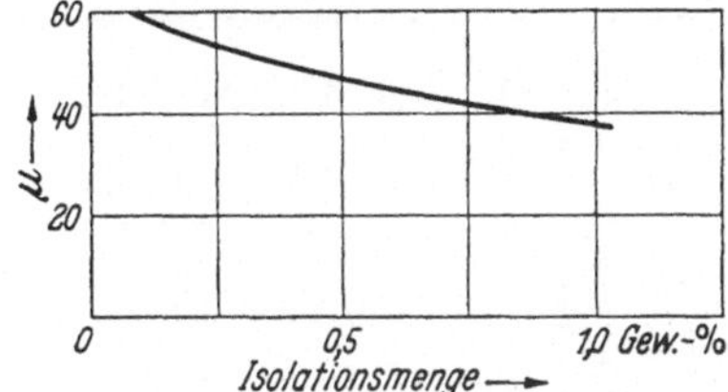

Abb. 218. Abhängigkeit der Permeabilität von Pupinspulenkernen von der Isolationsmenge. (Nach G. Kiessling.)

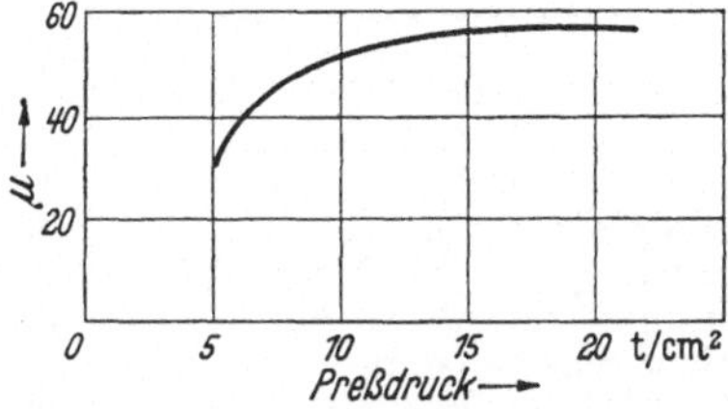

Abb. 219. Abhängigkeit der Permeabilität von Pupinspulen vom Preßdruck. (Nach G. Kiessling.)

Die Eigenschaften solcher Kerne aus den Karbonyleisensorten HF und EN sind in Tab. 24 wiedergegeben.

c) Herstellung der Pupinspulenkerne.

Die wichtigste Bedingung für die Pupinspulenkerne sind kleine Hystereseverluste, während den Wirbelstromverlusten wegen der niedrigen Frequenzen keine so große Bedeutung zukommt, deshalb kann der Gehalt an Isolierstoff bis auf 3$\cdots$6 Vol.-% herabgesetzt werden. Dementsprechend steigt die Permeabilität gemäß Abb. 218 nach Angaben von G. Kiessling[1]. Infolge der hohen Verdichtung der Mischung steigt die Permeabilität auch mit dem Preßdruck, wie aus Abb. 219 nach demselben Autor zu ersehen ist. Hierbei spielt die Verformbarkeit des Eisenpulvers eine entscheidende Rolle. Das Isolationsmittel haftet auf Grund seiner Oberflächenspannung mit einer gewissen Kraft an der Oberfläche des Eisenkornes. Bei Anwendung von hohen Preßdrucken werden einzelne Teilchen sehr nahe aneinanderkommen. Sind nun die Oberflächenkräfte größer als der Verformungswiderstand des Eisens, so wird sich letzteres eher deformieren als daß unter Verdrängung des Isolationsmittels eine Vereinigung benachbarter Teilchen eintreten wird.

---

[1] Kiessling. G.: Jb. AEG-Forsch. Bd. 6 (1939) S. 171/77.

Aus diesem Grunde muß man auch bei gleichem Preßdruck dem mechanisch harten Hochfrequenzeisenpulver wesentlich mehr Isolierstoff hinzufügen, als den nichtgehärteten Pulvern, da dort die Gefahr einer Verdrängung des Isolierstoffes beim Pressen von der Oberfläche viel größer ist.

Für Pupinspulenkerne werden nicht besonders gesichtete Pulver mit einer mittleren Korngröße von etwa 0,01 mm $\varnothing$ benutzt. Der Preßdruck beträgt etwa 15 t/cm², die Mischung mit dem Isolierpulver wird ähnlich wie bei den Hochfrequenzeisenkernen vorgenommen. Für zwei verschie-

Tabelle 24.

Eigenschaften von Kernwerkstoffen für Hochfrequenz- und Pupinspulen-Kerne.

Werkstoff und Zusammensetzung	μ_0	h	w	n	$h/\sqrt{\mu_a}$	s %
Carbonyleisen (DIN 41280, C 2)....	50	50···52	0,05···0,1	6···6	7,08···7,36	
Carbonyleisen (DIN 41280, C 1)....	45	40	0,05	6	6,77	
Carbonyleisen (DIN 41280, C 1)....	13	1···2	0,002···0,015	0,7···1,5	2,78···5,56	0,5
Permalloy (81 Ni, Fe)............	75	50	3,8	2,8	5,8	
Mo-Permalloy (81 Ni, 2 Mo, Fe) ..	125	45	2,1	3,8	4,0	−0,1
Sendust (9,5 Si, 5,5 Al, Fe).......	65	38	0,26	6,5	4,7	
Ausscheidungs-Isoperm						
(36 Ni, 11 Cu, Fe)	60	30	2,3	4,3	3,9	+0,2
Textur-Isoperm (50 Ni, Fe)	90	35	2,3	1,7	3,7	+0,2
Plattierungs-Isoperm						
(50 Ni, 50 Fe : 18 Cr, 8 Ni, 74 Fe)	52	9			1,25	
Plattierungs-Isoperm						
(50 Ni, 50 Fe : 90 Ni, 10 Fe)....	123	35			3,1	

dene Sorten Karbonyleisenpulver sind die magnetischen Daten in Tab. 24 angegeben.

Neben Karbonyleisen hat man noch Elektrolyteisen als Kernwerkstoff angewandt, welches in besonders spröder Form abgeschieden war und sich leicht pulvern ließ. Die Permeabilität solcher Spulen lag bei 35, weitere Angaben über die anderen Konstanten liegen nicht vor.

Die Spulenkerne, welche aus Permalloy bzw. Mo-Permalloy hergestellt werden, weisen wegen ihres gröberen Kornes von etwa 0,1 mm $\varnothing$ trotz des höheren elektrischen Widerstandes eine größere Wirbelstromkonstante auf als die relativ gutleitenden reinen Eisenpulver. Die verschiedenen magnetischen Daten sind in Tab. 24 zusammengestellt.

Für das leicht zu zerkleinernde Sendust ist der Wirbelstromverlust wieder klein, während die Nachwirkungskonstante beachtlich groß ist. Auch für dieses Material finden sich die Kerndaten in Tab. 24.

Nicht nur die Verluste, sondern auch die Konstanz der Permeabilität spielt eine große Rolle bei der Verwendung der Spulen. V. E. LEGG und F. J. GIVEN[1] weisen auf eine Permalloylegierung mit 12% Mo hin, deren

---

[1] LEGG, V. E., u. F. J. GIVEN: Bell Syst. Techn. J. Bd. 19 (1940) S. 385/420.

Curiepunkt knapp oberhalb Raumtemperatur liegt. Während die Permeabilität mit steigender Temperatur bei Werkstoffen mit hohem Curiepunkt zunimmt, sinkt sie in diesem Falle ab. Durch Zumischen eines Pulvers aus einer solchen stark temperaturabhängigen Legierung gelingt es tatsächlich, die Permeabilität über einen großen Temperaturbereich konstant zu halten, wie aus Abb. 220 hervorgeht.

Alterung. Alterungserscheinungen, wie sie bei Relaiseisen durch Stickstoffausscheidung bedingt sind, treten bei Massekernen nicht auf. Karbonyleisen ist sehr rein; wurde es aber zwecks Härtung mit Stick-

stoff behandelt, so ist der Aushärtungsvorgang und die damit verknüpfte Alterung durch die nachfolgende Wärmebehandlung des Pulvers bereits vorweggenommen.

Hingegen treten Änderungen der magnetischen Eigenschaften durch Temperaturschwankungen auf. Die reversiblen Änderungen sind bedingt durch die Temperaturabhängigkeit der Permeabilität. Diese ist bei Eisen mit seinem Curiepunkt von 768° sehr gering, so wurde für einen Kern mit $\mu_0 = 50$

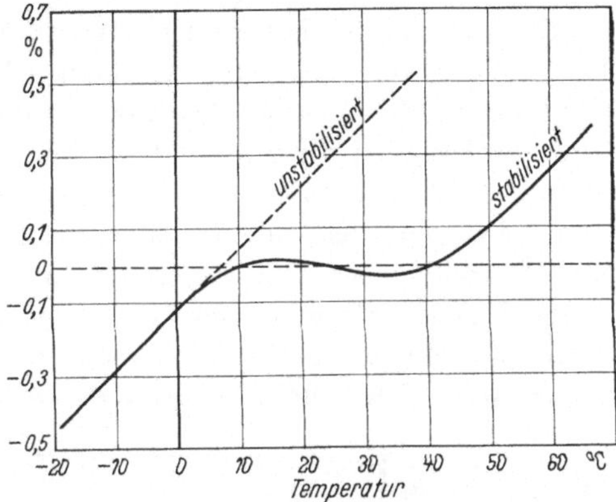

Abb. 220. Prozentuale Änderung der Permeabilität von einfachem Mo-Permalloy und von mit 12 proz. Mo-Permalloy stabilisierten Kernen mit der Temperatur. (Nach V. E. LEGG u. F. J. GIVEN.)

ein Temperaturkoeffizient der Permeabilität von $+0,4 \cdot 10^{-3}/°\text{C}$ und für einen Kern mit $\mu_0 = 13$ von $-0,02 \cdot 10^{-3}/°\text{C}$ gemessen. Wie bereits oben erwähnt, ist das Mo-Permalloy mit seinem Curiepunkt von 480° wesentlich empfindlicher gegen Temperaturschwankungen und bedarf besonderer Kompensationen durch Zumischen eines stark temperaturabhängigen Materials mit negativen Temperaturkoeffizienten (siehe Abb. 220).

Daneben treten noch irreversible Änderungen der Permeabilität durch Temperaturschwankungen auf, die wahrscheinlich ihren Ursprung im Verhalten des Isolationsmittels haben. Beim Pressen der Kerne werden im ferromagnetischen Material infolge des hohen Druckes Spannungszustände hervorgerufen, die den Verlauf der Magnetisierungskurve sicher beeinflussen werden. Ändert das Isolationsmittel bei Temperaturanstieg seine Festigkeit, so wird irreversibel auch der Spannungszustand geändert und damit die Eigenschaften des magnetischen Werkstoffes. Bei der Herstellung von Kernen komplizierter Form werden unter Umständen auch thermoplastische Kunstharze als Isolations- und Bindemittel verwendet. Bei diesen Kernen dürfen aber keine großen Anforderungen an ihre Stabilität gestellt werden.

Hohe thermische Stabilität der Kerne kann nur durch Verwendung härtender Kunstharze erreicht werden. Dies bedingt aber hohen Preßdruck bei der Fertigung und wegen der geforderten Gleichmäßigkeit des inneren Aufbaues einfache Gestalt des Kernes.

III. Isoperme.

Es gelang im Verlaufe der letzten 20 Jahre, auch auf verschiedenem Wege Werkstoffe herzustellen, deren schrägliegende Hystereseschleife nicht durch die Gestalt des Ferromagnetikums bedingt ist, sondern eine echte Werkstoffeigenschaft darstellt. Die erstmals von H. JORDAN für eine Fe-Ni-Cu-Legierung mit diesen Eigenschaften geprägte Bezeichnung „Isoperm" hat sich für alle Werkstoffe dieser Art eingebürgert, eine zusätzliche Bezeichnung deutet auf die Maßnahmen hin, welche zu diesen Eigenschaften führten. Da in der Mehrzahl der Fälle noch keine eindeutige Erklärung für das Verhalten vorliegt, sollen die Werkstoffe in der Reihenfolge ihrer historischen Entwicklung besprochen werden.

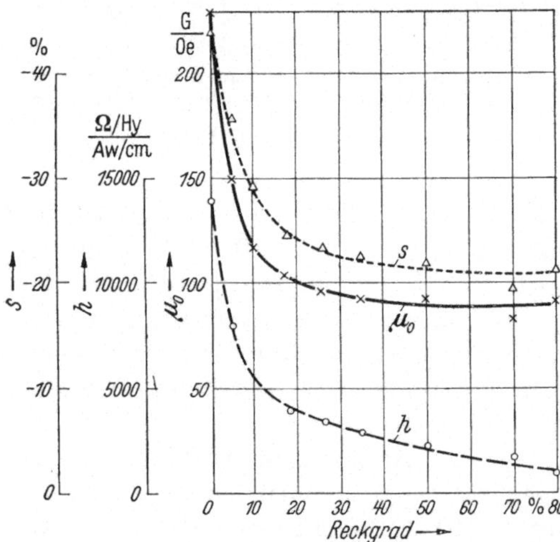

Abb. 221. Einfluß des Kaltwalzens auf die magnetischen Eigenschaften von Eisen (0,04% C). (Nach O. DAHL, J. PFAFFENBERGER u. H. SPRUNG.)

1. Ausscheidungsisoperm.

Die ersten Isoperme wurden durch die grundlegenden Untersuchungen von O. DAHL, J. PFAFFENBERGER und H. SPRUNG[1] bekannt. Die wichtigsten Forderungen der Fernmeldetechnik bestehen in der Herabsetzung der Instabilität auf unter 2 % und in einer möglichst kleinen Hysteresekonstante. Beide Forderungen bedingen eine kleine Remanenz. Es wurde zunächst der Einfluß einer Kaltverformung bei verschiedenen Werkstoffen auf die wichtigsten magnetischen Kenngrößen untersucht. Leitender

---

[1] DAHL, O., J. PFAFFENBERGER u. H. SPRUNG: Elektr. Nachrichtentechn. Bd. 10 (1933) S. 317/32.

Gedanke war wohl dabei, durch mechanische Härtung die Koerzitivkraft zu erhöhen und die Remanenz herabzusetzen. Die entsprechenden Ergebnisse bei Eisen mit 0,04 und 0,5 % C sowie bei reinem Nickel sind in den Abb. 221 ··· 223 zusammengestellt. Bei Eisen und Stahl geht die Instabilität bei einem mittleren Verformungsgrad zwar durch ein Minimum, der Absolutbetrag von 20 % steht aber außerhalb jeder Diskussion. Bei Nickel wird die Instabilität bei mittleren Reckgraden auf 4 % herabgedrückt. Bei Eisen und Stahl liegt außerdem die Hysteresekonstante bei sehr hohen Werten, während sie beim Nickel immerhin den in Betracht zu ziehenden Wert von 120 $\frac{\Omega/Hy}{AW/cm}$ erreicht. In diesem Falle liegt aber die Permeabilität besonders niedrig. Während sie bei Eisen und Stahl auf etwa 80 ··· 90 herabsinkt, erreicht sie bei Nickel Werte von 10 ··· 12 G/Oe.

Trotz dieser wenig versprechenden Ergebnisse wurden die Versuche auch auf Eisen-Nickel-Legierungen ausgedehnt und die Änderung der Eigenschaften nach 90 proz. Kaltverformung bestimmt. Die Ergebnisse sind in Abb. 224 gezeigt. Auch hier waren die erzielten Werte nicht so gut, daß sich ein brauchbares Material ergeben hätte. Im Bereich von 40 ··· 50 % Ni zeigten sowohl Hysteresekonstante als

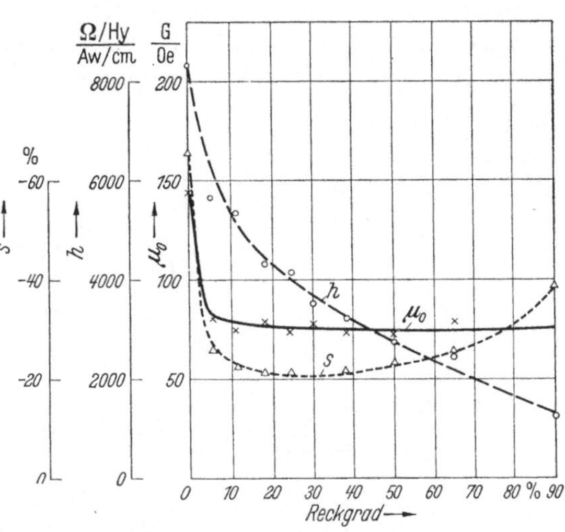

Abb. 222. Einfluß des Kaltwalzens auf die magnetischen Eigenschaften von Stahl (0,5 % C).
(Nach O. Dahl, J. Pfaffenberger u. H. Sprung.)

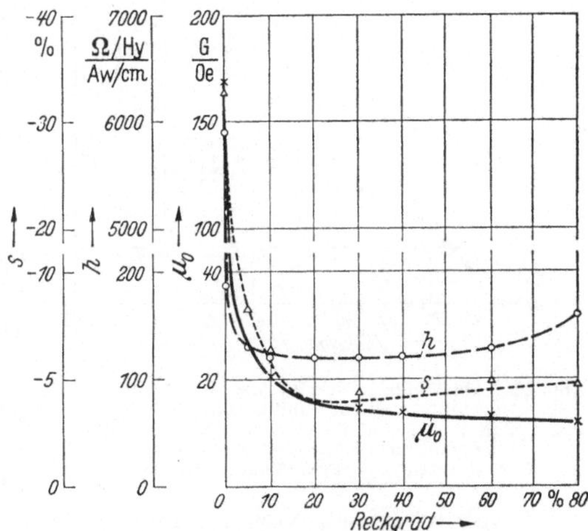

Abb. 223. Einfluß des Kaltwalzens auf die magnetischen Eigenschaften von Nickel.
(Nach O. Dahl, J. Pfaffenberger u. H. Sprung.)

auch Instabilität Minima bei noch erträglichen Permeabilitätswerten, wobei die Art der Abkühlung nach der Wärmebehandlung vor dem Kaltwalzen nur eine untergeordnete Rolle spielt, denn die Überstruktur wird bekanntlich durch starke Kaltverformung zerstört. Wegen dieses relativ günstigen Ergebnisses wurde der Einfluß des Reckgrades auf eine Legierung mit 40% Ni, 60% Fe genauer untersucht. Wie aus Abb. 225 zu ersehen ist, gelang es tatsächlich bei einem Reckgrad von 20% die Instabilität vollends zu beseitigen, die Hysteresekonstante zeigt aber unbrauchbare Werte von etwa $200\,\dfrac{\Omega/Hy}{AW/cm}$, dementsprechend liegt auch der Hysteresefaktor viel zu hoch.

a) Eigenschaften der Eisen-Nickel-Kupfer-Legierungen.

Es war ein glücklicher Gedanke der obengenannten Forscher, ihre Untersuchungen auf ausscheidungsfähige Legierungen der Eisen-Nickel-Reihe auszudehnen. O. DAHL und J. PFAFFENBERGER[1] haben darüber eingehend berichtet. Am besten geeignet schien das System Fe-Ni-Cu, wo eine große Mischungslücke zwischen Eisen und Kupfer vorhanden ist, die durch Nickelzusatz bei starker Temperaturabhängigkeit geschlossen wird (siehe

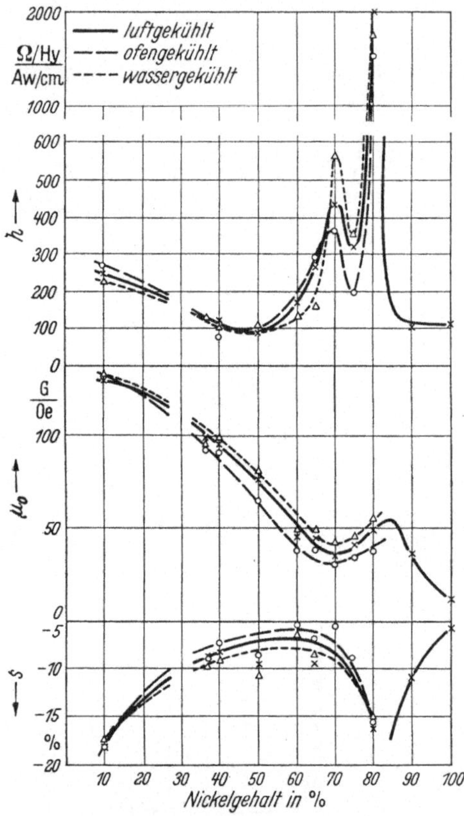

Abb. 224. Abhängigkeit der Hysteresekonstante, Anfangspermeabilität und Instabilität vom Ni-Gehalt bei Fe-Ni-Legierungen mit verschiedener Wärmebehandlung und einem Kaltwalzgrad von 90%.
(Nach O. DAHL, J. PFAFFENBERGER u. H. SPRUNG.)

S. 76, Abb. 62). Eisen-Nickel-Legierungen mit dem Verhältnis 10 Ni/90 Fe, 36 Ni/64 Fe, 40 Ni/60 Fe, 50 Ni/50 Fe und 65 Ni/35 Fe wurden mit steigenden Gehalten an Kupfer legiert und vor einer 90proz. Kaltverformung verschiedenen Wärmebehandlungen unterworfen. Abkühlung an Luft oder in Wasser gewährleistete auch bei Überschreiten der Löslichkeitsgrenze bei Raumtemperatur eine vollkommene oder weit-

---

[1] DAHL, O., u. J. PFAFFENBERGER: Metallwirtschaft Bd. 13 (1934) S. 527/30, 543/49 u. 559/63; Z. techn. Phys. Bd. 15 (1934) S. 99/106.

reichende Erhaltung des Mischkristallzustandes, während nach einer langsamen Abkühlung im Ofen entsprechend der Lage der Sättigungs-grenze ein heterogenes Gefüge erhalten wurde. Der Verlauf der Anfangs-permeabilität, Hysterese-konstante und Instabilität sowie die Änderung des elektrischen Widerstandes in Abhängigkeit von der thermischen Vorbehand-lung sind in Abb. 226 zusammengestellt.

Als überraschendes Er-gebnis zeigt sich, daß alle Legierungen, deren Kupfergehalte die Lös-lichkeitsgrenze bei Raum-temperatur überschritten haben, durch Kaltwalzen eine sehr kleine Instabili-tät erlangen. Im Bereich

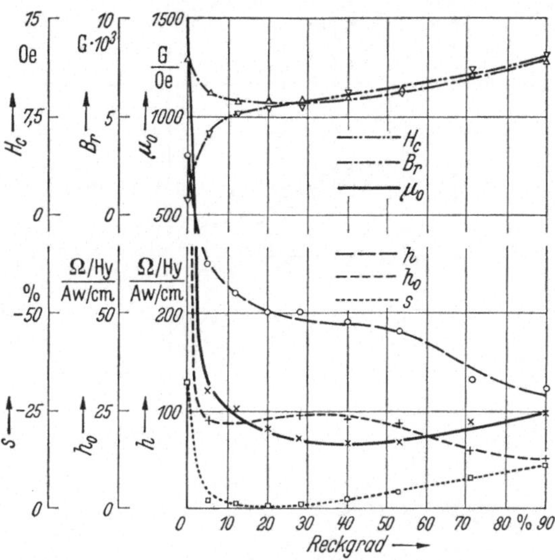

Abb. 225. Die magnetischen Eigenschaften einer Fe-Ni-Legierung mit 40% Ni in Abhängigkeit vom Kaltwalzgrad. (Nach O. Dahl, J. Pfaffenberger u. H. Sprung.)

von 40% Ni werden außerdem die Beträge für h sehr niedrig bei durch-aus beachtlichen μ-Werten. Mit steigendem Nickelgehalt nimmt h zwar wieder etwas zu, das günstige magnetische Verhalten bleibt aber bei Zusätzen von Kupfer oberhalb der Löslichkeitsgrenze bestehen. Begleitet wird dieses günstige Verhalten von einer starken Widerstandsabnahme, über die noch zu sprechen sein wird.

Für eine Legierung mit 40 Ni, 60 Fe, 13 Cu wurde außerdem noch der Einfluß des Reckgrades untersucht. Sowohl nach langsamer als auch rascher Abkühlung zeigt in Abb. 227 die Instabilität recht kleine Werte. Im heterogenen Zustand steigt sie jedoch mit steigendem Reckgrad wieder an, während der übersättigte Zustand auch bei sehr hohen Reckgraden eher eine Verbesserung als eine Verschlechterung der Instabilität zeigt. Die Hysteresekonstante zeigt in beiden Zuständen einen stetigen Abfall mit steigendem Reckgrad, jedoch ist auch hier der übersättigte Zustand bevorzugt.

Die Untersuchungen wurden auch auf andere ausscheidungsfähige Systeme auf der Basis Eisen-Nickel ausgedehnt. Abb. 228 zeigt den Ein-fluß von steigenden Gehalten an Aluminium und Titan. Wenn auch die hier erreichten Güteziffern an die für kupferhaltige Legierungen erzielten Werte nicht herankommen, so ist doch qualitativ die gleiche Wirkung zu verzeichnen. Technologisch verhalten sich diese Legierungen aber

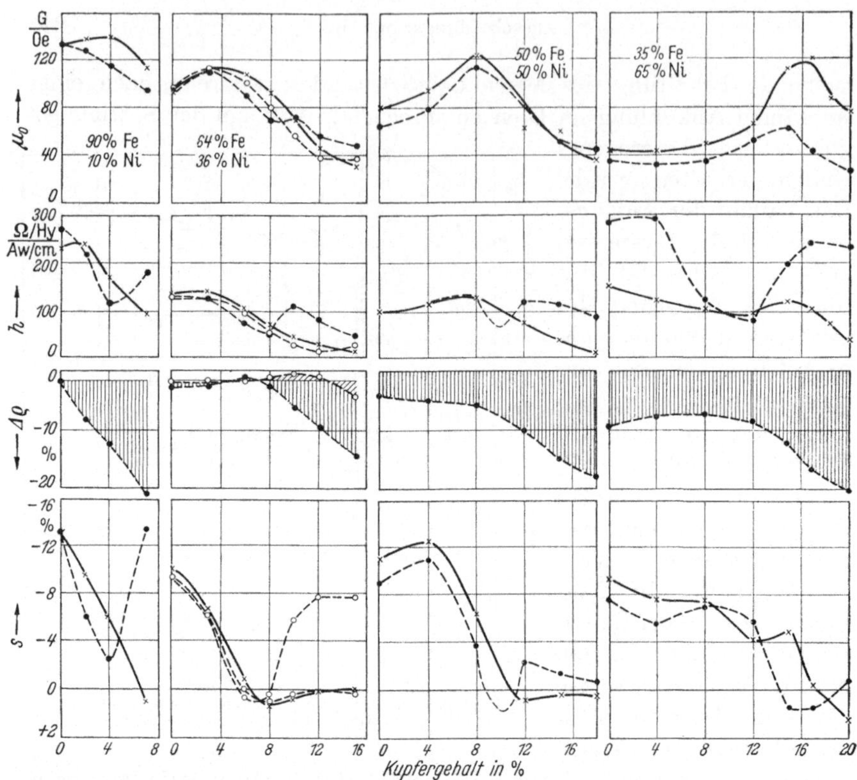

Abb. 226. Abhängigkeit der magnetischen Eigenschaften und des spezifischen elektrischen Widerstandes verschiedener kaltgewalzter Fe-Ni-Cu-Legierungen von der Wärmebehandlung und dem Cu-Gehalt (90% Reckgrad, 0,2 mm dick). x——x abgeschreckt, o - - - o luftgekühlt, ●- - -● langsam abgekühlt. (Nach O. Dahl u. J. Pfaffenberger.)

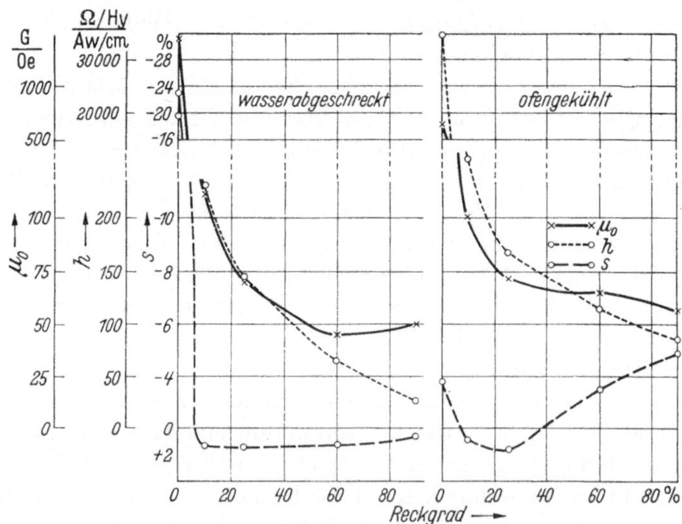

Abb. 227. Abhängigkeit der magnetischen Eigenschaften einer Legierung mit 35,4% Ni, 53,1% Fe, 11,5% Cu vom Kaltwalzgrad nach verschiedener Wärmebehandlung. (Nach O. Dahl u. J. Pfaffenberger.)

wesentlich schlechter, Aluminium und Titan rufen eine starke mechanische Härtung hervor, so daß ihre Verarbeitbarkeit, insbesondere das Kaltwalzen, sehr erschwert wird.

Eine Verbesserung der Eigenschaften der Kupferisoperme kann noch durch eine Anlaßbehandlung vor der Kaltreckung erreicht werden. Es wird offenbar durch eine Vorbereitung der Ausscheidung ein Zustand hergestellt, der nach dem Kaltwalzen eine weitere Senkung der Hysteresisverluste zuläßt. Abb. 229 zeigt diese zusätzliche Verbesserungsmöglichkeit bei zwei Legierungen mit 11 und 13% Cu.

Durch Anwendung aller dieser Möglichkeiten gelingt es bei einer Legierung mit 11% Cu, 36% Ni, 53% Fe folgende Werte zu erhalten:

$$\mu_0 = 60, \; h = 30 \frac{\Omega/H_y}{AW/cm}, \; w = 2,3 \, \mu s,$$

$$n = 4,3^0/_{00}, \; h_0 = 3,9, \; s = +0,2\%.$$

Diese guten Werte sind bedingt durch ein völlig abnormales magne-

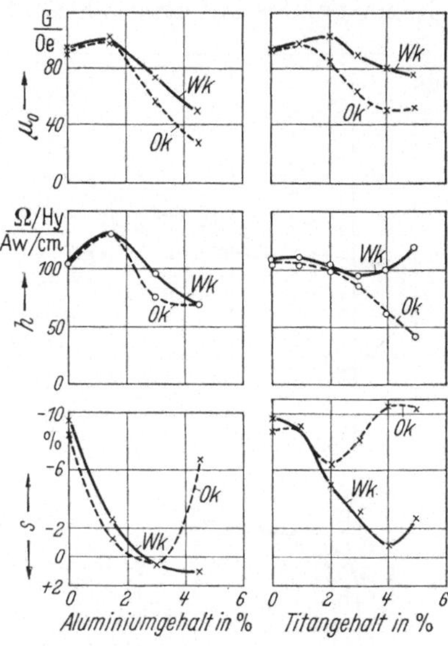

Abb. 228. Abhängigkeit der magnetischen Eigenschaften kaltgewalzter Fe-Ni-Al- bzw. Fe-Ni-Ti-Legierungen vom Al- bzw. Ti-Gehalt und von der Wärmebehandlung (90% Kaltreckgrad). (Nach O. Dahl u. J. Pfaffenberger.)

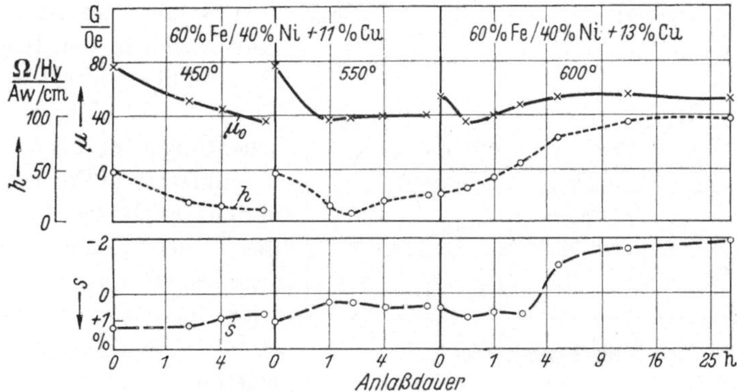

Abb. 229. Einfluß einer Anlaßbehandlung auf die magnetischen Eigenschaften von Fe-Ni-Cu-Legierungen (Behandlung: 1000° geglüht, abgeschreckt, angelassen 90% Kaltreckgrad). (Nach O. Dahl u. J. Pfaffenberger.)

tisches Verhalten des Werkstoffes. Der Verlauf der Remanenz mit steigendem Reckgrad an einer durch Ofenkühlung heterogenisierten Legierung ist in Abb. 230 wiedergegeben. Nach 90 proz. Kaltwalzung wird die in Abb. 230a gezeigte Form der Hysteresisschleife erhalten, die eine durchaus normale Form zeigt. Wird jedoch dieselbe Legierung nach dem Glühen abgeschreckt, so sinkt mit steigendem Reckgrad die Remanenz bis auf etwa 300 G ab und die Hysteresisschleife nimmt die in Abb. 230b gezeigte lanzettförmige Gestalt an, wie sie sonst nur stark unterteilten Werkstoffen zukommt.

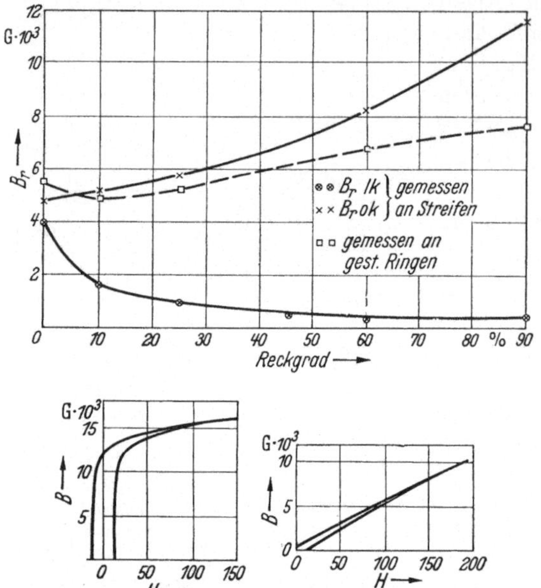

Abb. 230. Abhängigkeit der Remanenz einer Legierung mit 35% Ni, 52% Fe, 13% Cu vom Kaltwalzgrad und der Wärmebehandlung (lk rasch abgekühlt, ok langsam abgekühlt. (Nach O. Dahl u. J. Pfaffenberger.)

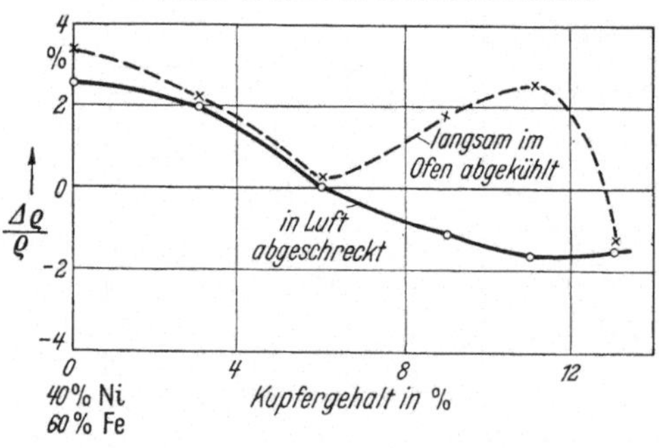

Abb. 231. Relative Änderung des elektrischen Widerstandes von Fe-Ni-Cu-Legierungen in Abhängigkeit vom Cu-Gehalt und der Wärmebehandlung nach 90% Kaltreckgrad. (Nach O. Dahl u. J. Pfaffenberger.)

b) Deutung der Eigenschaften.

Dieses anomale Verhalten veranlaßte zahlreiche Untersuchungen zu seiner Aufklärung. O. Dahl und J. Pfaffenberger bemühten sich bereits in ihren ersten Arbeiten um dieses Problem. Zweifellos ist dieses Verhalten mit der Ausscheidungsfähigkeit verbunden. Nur bei Raumtemperatur übersättigte Lösungen können durch Kaltwalzen in den Isopermzustand übergeführt werden. Für das Ablaufen von Ausscheidungsvorgängen oder zumindest ihrer Vorbereitung spricht auch das Verhalten des elektrischen Widerstandes. Durch Kaltwalzen wird der elektrische Widerstand homogener Mischkristalle um etwa 2···3% erhöht, durch Ausscheidung eines zweiten Bestandteiles und der damit verbundenen Abnahme der im Mischkristall aufgenommenen Atome sinkt der elektrische Widerstand. Abb. 231 zeigt die Widerstandsänderung durch Kaltwalzen in Abhängigkeit vom Kupfergehalt und der Wärmebehandlung. Bis etwa 6% Cu nimmt der elektrische Widerstand zwar zu, gleichgültig, ob die Legierung rasch oder langsam abgekühlt wurde, jedoch wird die Zunahme immer kleiner, um bei 6% gleich Null zu werden. Eine weitere Erhöhung des Kupfergehaltes kompensiert nicht nur die Widerstandserhöhung durch Kaltverformung, sondern bewirkt im übersättigten Zustande sogar eine Abnahme, d. h. es findet entweder eine Ausscheidung oder die Vorbereitung hierzu statt. Die durch Ofenkühlung heterogenisierten Legierungen zeigen die erwartete Zunahme des elektrischen Widerstandes.

Die einfachste Annahme, daß durch Ausscheidungen eine Unterteilung des Werkstoffes eintritt und die damit verbundene Scherung die schräge Hysteresisschleife bewirkt, scheidet aus, da auch der ausgeschiedene Bestandteil ferromagnetisch wäre, wenn seine Ausscheidung überhaupt beobachtet werden könnte. Bisher konnten aber Anzeichen einer zweiten Phase weder mikroskopisch noch röntgenographisch festgestellt werden.

Die schrägliegende Hysteresisschleife gleicht auch der Schleife von Nickel unter Zugspannung. Es lag also nahe, innere Spannungen dafür verantwortlich zu machen. M. KERSTEN[1] konnte zeigen, daß durch Anlegen einer Zugspannung eine Aufrichtung der Schleife eintrat, die offenbar durch Aufhebung der im Werkstoff vorhandenen Spannungen bewirkt wurde. F. PAWLEK[2] konnte unter Bestimmung der Richtungsabhängigkeit der magnetischen Werte in der Blechebene nachweisen, daß die Richtung leichtester Magnetisierbarkeit senkrecht zur Blechebene liegen muß. Eine Bestätigung dieser sonderbaren Erscheinung erbrachte O. v. AUWERS[3] durch Messung der Magnetostriktion und einer genauen Analyse der erhaltenen Werte. M. KERSTEN[4] glaubt auf Grund weiterer Untersuchungen folgende Lösung des Problems vertreten zu können: Während des Walzens entstehen Ausscheidungen, begünstigt durch die hohe, in den einzelnen Gleitebenen entwickelte Temperatur. Entsprechend der Ausbildung einer Walztextur durch starkes Walzen erfolgt auch die Ausscheidung in kristallographisch gut orientierter Anordnung. M. KERSTEN konnte durch Analyse der Magnetisierungskurven unter Zugspannung zeigen, daß die inneren Spannungen bei Kupfergehalten oberhalb der Löslichkeitsgrenze infolge dieser gerichteten Ausscheidungen stark zunehmen. Daneben aber spielt die von H. W. CONRADT, O. DAHL und K. J. SIXTUS[5] an Eisen-Nickel-Legierungen festgestellte Walzanisotropie eine wichtige Rolle. Durch Anlassen

---

[1] KERSTEN, M.: Z. techn. Phys. Bd. 15 (1934) S. 249/57.

[2] DAHL, O., u. F. PAWLEK: Z. Metallkde. Bd. 28 (1936) S. 230/33.

[3] v. AUWERS, O.: Wiss. Veröff. Siemens Bd. 15 (1935) S. 112/23.

[4] KERSTEN, M.: Wiss. Veröff. Siemens-Konzern Bd. 13 (1934) S. 1/9.

[5] CONRADT, H. W., O. DAHL u. K. J. SIXTUS: Z. Metallkde. Bd. 32 (1940) S. 231/38.

auf 600° fand M. KERSTEN bei Legierungen mit 12 und 15% Cu eine Aufrichtung der Hysteresisschleife und damit verbunden eine Erhöhung der Remanenz bis auf 95% der Sättigung. Aus den Untersuchungen von H. BUMM und H. G. MÜLLER[1] geht hervor, daß zunehmender Kupfergehalt die Rekristallisation hemmt, d. h. die Wachstumsgeschwindigkeit nimmt ab, die Kornbildungsdauer nimmt zu, so daß die Rekristallisationstemperatur bis auf etwa 850···900° erhöht wird (Abb. 232). Bei 600° werden demnach nur die inneren Spannungen und mit ihnen die Walzanisotropie beseitigt, was auch der Verlauf der gleichzeitig bestimmten Koerzitivkraft beweist, die erst bei 800° den niedrigen Wert weichgeglühter Legierungen erreicht (Abb. 233). Da unsere Kenntnisse über die Natur

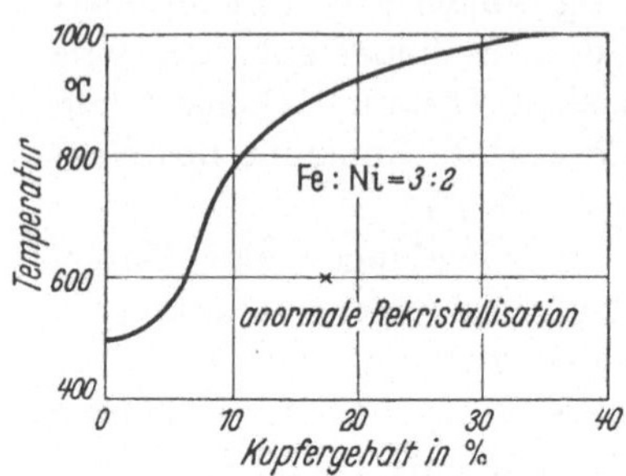

Abb. 232. Temperatur beginnender Rekristallisation von Fe-Ni-Cu-Legierungen in Abhängigkeit vom Cu-Gehalt. (Nach H. G. MÜLLER.)

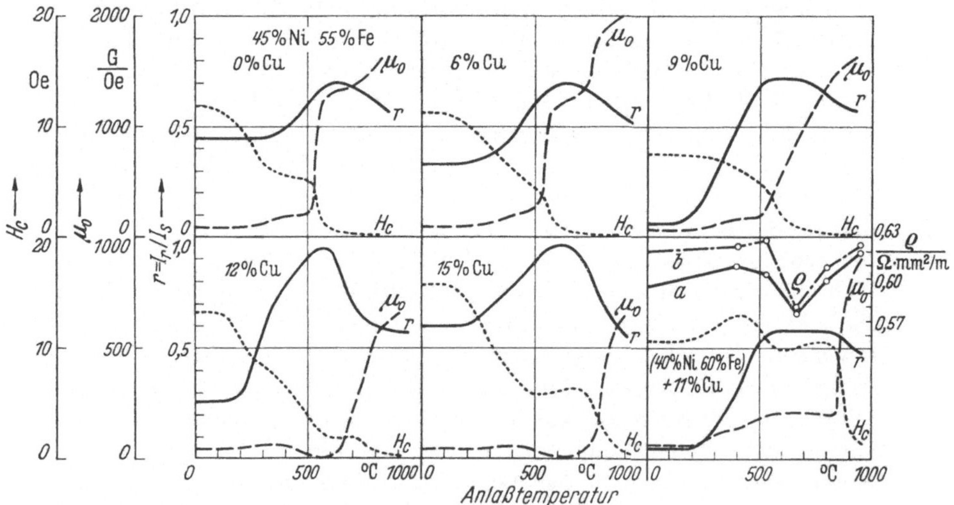

Abb. 233. Der Einfluß einer einstündigen Anlaßbehandlung auf Anfangspermeabilität, bezogene Remanenz, Koerzitivkraft und spezifischen elektrischen Widerstand von Fe-Ni-Cu-Legierungen. (Nach H. BUMM u. H. G. MÜLLER.)

der Walzanisotropie noch recht unzulänglich sind, können genaue Deutungen des Isopermverhaltens nicht gemacht werden.

Zusammenfassend läßt sich sagen, daß durch gerichtete Ausscheidungen während des Kaltwalzens und durch die unabhängig dadurch

---

[1] BUMM, H., u. H. G. MÜLLER: Metallwirtschaft Bd. 17 (1938) S. 903/10.

auftretende Walzanisotropie der Magnetisierungsvektor bei ausscheidungsfähigen Fe-Ni-Cu-Legierungen in eine Lage senkrecht zur Blechebene gezwungen wird.

Im Verlauf der Untersuchungen dieser interessanten Werkstoffgruppe wurden von H. G. Müller[1] auch anormale Rekristallisationserscheinungen beobachtet, welche durch Unterdrückung der Ausscheidungsvorgänge hervorgerufen werden und auch eine abweichende Rekristallisationstextur zeigen. Mit dem Mechanismus der Ausscheidung beschäftigten sich noch H. Bumm und H. G. Müller[2].

c) Herstellung.

Die Herstellung der Ausscheidungsisoperme erfolgt durch Schmelzen und Schmieden der Legierungen, nach dem Heiß- und Kaltwalzen werden die Bänder von 1 mm Dicke bei 1000° geglüht und in Wasser abgeschreckt. Nach einer Anlaßbehandlung bei 450···550° von 1 Stunde Dauer werden sie dann ohne weitere Zwischenglühung bis auf 0,06 mm heruntergewalzt. Wegen der Empfindlichkeit gegen elastische Spannungen müssen die Bandkerne mit einer gewissen Vorkrümmung gewickelt werden, da sonst die magnetischen Werte sich verschlechtern. Die Isolation gegen Wirbelströme erfolgt durch Zwischenlegen einer Papierfolie.

Von T. Masuko[3] wurden noch einige „Superisoperm" genannte Legierungen angegeben, welche von K. Honda stammen. Ihre Zusammensetzungen lauten: 33,3% Ni, 49,2% Fe, 8% Cu, 8% Co, 0,2% Al, Rest Mn, Si und 34,8% Ni, 47,2% Fe, 8% Cu, 8% Co, 1,5% Al, Rest Mn, Si. Sie stellen eine Kombination des bereits früher erwähnten Superperminvar von T. Nishina (siehe S. 220) mit dem Ausscheidungsisoperm von O. Dahl und seinen Mitarbeitern dar. Nähere Angaben über die magnetischen Eigenschaften dieser Legierungen sind nicht bekannt geworden.

Auch W. S. Messkin und J. M. Margolin[4] haben ausgedehnte Untersuchungen über die Stabilität von Eisenlegierungen durchgeführt. Bei nickelfreien Eisenlegierungen nimmt die Stabilität mit steigender Konzentration der Legierungsbestandteile im allgemeinen zu, wenn sie im homogenen Zustande vorliegen, durch Ausscheidungshärtung tritt eine Abnahme der Stabilität ein. Trotzdem gelang es ihnen bei einer komplexen Legierung mit 0,07% C, 3,05% Mn, 4,72% Al, 2,43% Cr, 3,05%

---

[1] Müller, H. G.: Wiss. Veröff. Siemens-Werke, Werkst.-Sonderh. (1942) S. 1/20.

[2] Bumm, H., u. H. G. Müller: Wiss. Veröff. Siemens-Konzern Bd. 17 (1938) S. 14/38.

[3] Masuko, T.: Japan. Nickel Rev. Bd. 7 (1939) S. 17/44.

[4] Messkin, W. S., u. J. M. Margolin: Z. Phys. Bd. 101 (1936) S. 456/77.

Cu, Rest Eisen durch Abschrecken von 1100° und nachfolgender Kaltverformung um nur 8,5% folgende Werte zu erreichen: Koerzitivkraft $= 4{,}9$ Oe, $\mu_0 = 130$ G/Oe, $s = -1\%$. Angaben über die für Pupinspulen wichtigen Verlustkonstanten fehlen. Die Verschlechterung des magnetischen Verhaltens durch Anlassen ausscheidungshärtender Legierungen ist nach F. Preisach[1] auf eine Kristallerholung infolge amorpher Plastizität zurückzuführen.

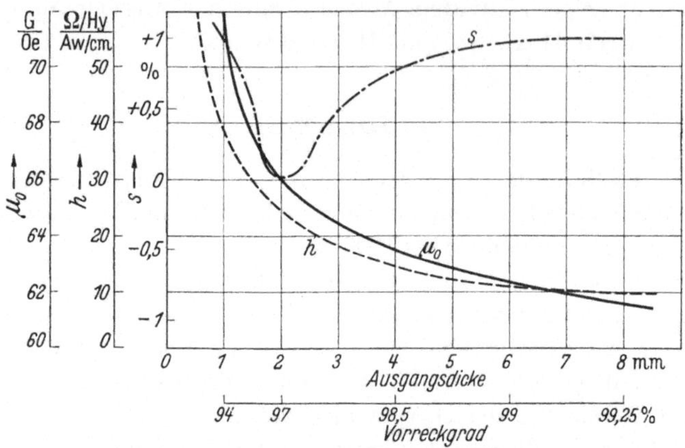

Abb. 234. Abhängigkeit der Hysteresekonstante, Anfangspermeabilität und Instabilität einer Legierung mit 40% Ni, 60% Fe vom Vorreckgrad.

2. Texturisoperm.

Kurze Zeit nach der Entwicklung der Ausscheidungsisoperme gelang es, Werkstoffe mit Isopermcharakter zu entwickeln, deren Eigenschaften durch eine besondere Kristallanordnung bedingt war. Die erste diesbezügliche Veröffentlichung stammte von W. Six, J. L. Snoek und W. G. Burgers[2], während eine ausführliche Darstellung bald darauf von O. Dahl und J. Pfaffenberger[3] folgte.

a) Eigenschaften der Eisen-Nickel-Legierungen.

Einige flächenzentriert kristallisierende Metalle und Legierungen zeigen nach einer sehr starken Kaltverformung durch Walzen mit über 95% Dickenabnahme und darauf folgender Rekristallisation eine sehr charakteristische, einfache Kristallanordnung: (100) ist die Walzebene, [100] ist die Walzrichtung. Neben Kupfer als dem typischen Vertreter dieser Textur zeigen auch die reversiblen Eisen-Nickel-Legierungen von

[1] Preisach, F.: Z. Phys. Bd. 93 (1935) S. 245/68.

[2] Six, W., J. L. Snoek u. W. G. Burgers: de Ingenieur Bd. 49 (1934) S. 195.

[3] Dahl, O., u. J. Pfaffenberger: Metallwirtschaft Bd. 14 (1935) S. 25/28.

30···100% Ni dieses Ver-
halten. Werden nun Bänder
aus Eisen-Nickel-Legierungen mit 35···60% Ni nach
Erzeugung einer Würfeltextur weiter kaltgewalzt, so
zeigen sie ein mehr oder
weniger gutes Isopermver-
halten, je nach der Höhe
des Kaltwalzgrades.

Über den Einfluß der
Ausgangskorngröße auf die
Güte der Würfeltextur
wurde bereits bei den Eisen-
Nickel-Legierungen hinge-
wiesen (siehe S. 196,
Abb. 167a und b). Aus
der Veröffentlichung von
O. Dahl und J. Pfaffen-
berger sei in Abb. 234 der
Einfluß des Vorreckgrades
und damit indirekt der Einfluß der Güte der Würfel-
textur auf die wichtigsten
magnetischen Größen der
Pupinspulen: Anfangsper-
meabilität, Hysteresekon-
stante und Instabilität wiedergegeben. Je höher der
Vorreckgrad war, desto niedriger wird die Hysterese-
konstante, während die Anfangspermeabilität nur wenig absinkt. Auch die Höhe
der Glühtemperatur übt
auf die Vollkommenheit der
Orientierung der Kristalle
nach [100] einen großen
Einfluß aus, wie aus Tab. 25
hervorgeht. Sehr eingehend
wurde das magnetische Verhalten einer Eisen-Nickel-
Legierung mit 40% Ni,

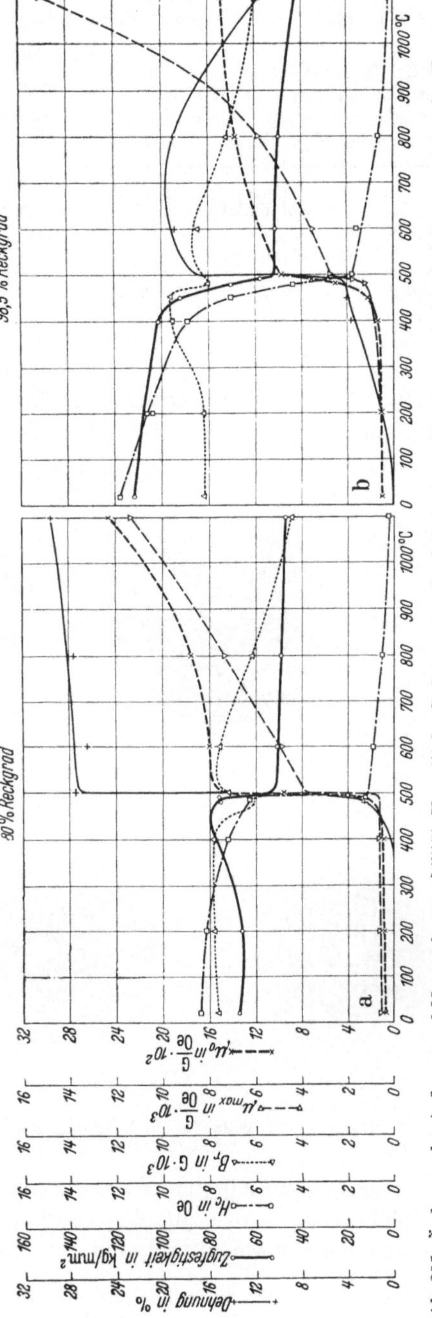

Abb. 235. Änderung der Anfangs- und Maximalpermeabilität, Koerzitivkraft, Remanenz, Zugfestigkeit und Dehnung nach dem Anlassen bei steigenden Temperaturen bei einer Legierung mit 40% Ni, 60% Fe nach verschiedenen Reckgraden. (Nach F. Pawlek.)

60% Fe während der drei Verfahrensschritte: Starke Kaltverformung (98,5%), Glühung zwecks Erreichung der Würfeltextur und nachfolgende Kaltverformung, um das Isopermverhalten zu erzielen, von F. Pawlek[1] und gemeinsam mit O. Dahl[2] untersucht. Zum Vergleich wurden stets Proben herangezogen, deren erster Reckgrad von nur 80% nicht ausreichte, um bei der Rekristallisation eine Würfeltextur zu erhalten. In Abb. 235 sind die magnetischen und mechanischen Eigenschaften nach dem Vorreckgrad von 80% bzw. 98,5% und ihre Änderung nach einer Glühbehandlung mit steigender Temperatur zusammengestellt. Die Rekristallisation erfolgt bei 500° bzw.

Tabelle 25. *Abhängigkeit der magnetischen Eigenschaften von der Glühtemperatur bei gleichem Vor- und Endreckgrad. (Vorreckgrad 99%; Nachreckgrad 60%).*

Glühtemperatur	Anfangspermeabilität μ_0 Gauß/Oersted	Hysterese h Ω/H Aw/cm
800°	63	76
900°	66	42
1000°	59	22

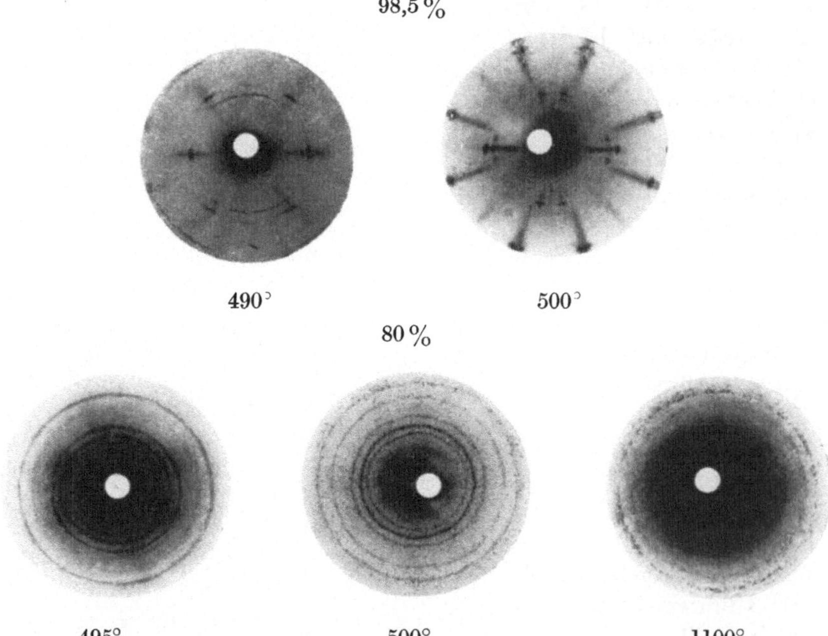

Abb. 236. Übergang der Walz- in die Rekristallisationstextur bei Fe-Ni-Legierungen, nach verschiedenem Reckgrad. (Nach F. Pawlek.)

490°, eine gut ausgebildete Würfeltextur wird aber erst nach Glühungen bei 1000° erhalten, wie aus dem Verlauf der Maximalpermeabilität und auch aus den Röntgenaufnahmen der Abb. 236 zu entnehmen ist. Durch

---

[1] Pawlek, F.: Z. Metallkde. Bd. 27 (1935) S. 160/65.
[2] Dahl, O., u. F. Pawlek: Z. Metallkde. Bd. 28 (1936) S. 230/33.

eine nachfolgende Kaltreckung werden die Eigenschaften grundlegend geändert. Die Hystereseschleife geht von der Rechteckform in eine sehr schrägliegende, das Isopermverhalten charakterisierende Schleife über, wie Abb. 237 zeigt. Die Remanenz, Anfangs- und Maximalpermeabilität

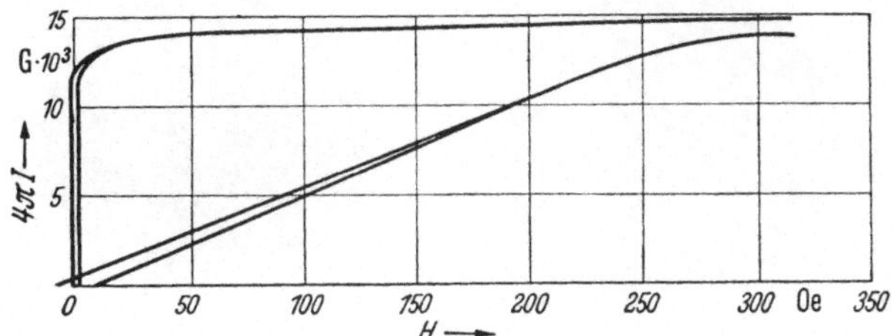

Abb. 237. Magnetisierungskurve einer Fe-Ni-Legierung mit Würfeltextur vor und nach dem Kaltwalzen um 50%. (Nach O. DAHL u. J. PFAFFENBERGER.)

ändern sich gemäß Abb.238 mit steigendem Reckgrad. Während aber bei einer nicht orientierten Kristallitenanordnung die Remanenz mit steigendem Reckgrad zunächst etwas abnimmt, um dann recht hohen Werten

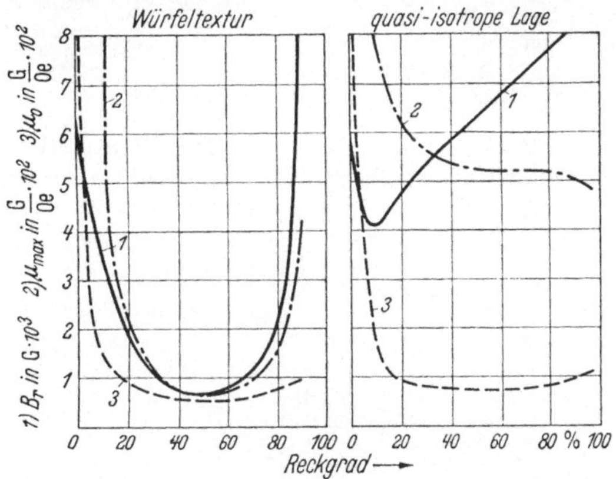

Abb. 238. Änderung von Anfangs-, Maximalpermeabilität und Remanenz mit steigendem Reckgrad bei einer Legierung mit 40% Ni, 60% Fe. (Nach F. PAWLEK.)

zuzustreben (vgl. Abb. 225, wo die der Remanenz entsprechende Instabilität ein Minimum aufweist), sinkt bei der Kaltverformung der Würfellage die Remanenz auf sehr niedrige Werte ab, die bei etwa 50% Reckgrad ihren Tiefstwert erreicht, um dann wieder zu sehr hohen Werten anzusteigen. Das Verblüffende dabei ist die Tatsache, daß die Würfellage bis zu verhältnismäßig sehr hohen Reckgraden praktisch ungestört erhalten bleibt (Abb. 239).

Aber nicht nur in der Walzrichtung, auch in den anderen Richtungen der Blechebene sind recht bemerkenswerte Eigenschaftsänderungen zu beobachten. In der Abb. 240 ist die Richtungsabhängigkeit der wichtigsten magnetischen und mechanischen Eigenschaften dargestellt. Während diese bei einem Blech mit isotroper Kristallanordnung im Ausgangszu-

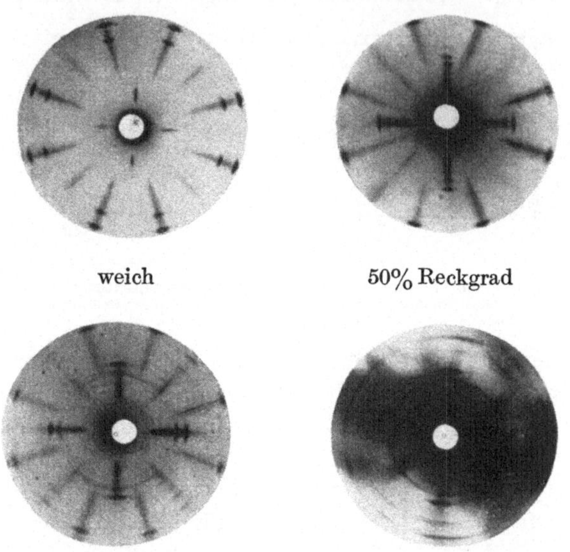

Abb. 239. Änderung der Würfeltextur mit steigendem Reckgrad bei einer Legierung mit 40 % Ni, 60 % Fe.

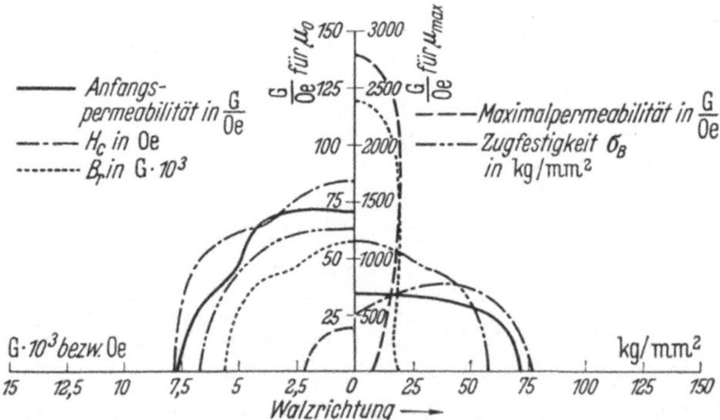

Abb. 240.   Richtungsabhängigkeit der Eigenschaften von kaltgewalzten Fe-Ni-Legierungen (links isotroper Ausgangszustand, rechts Würfeltextur). (Nach O. Dahl u. F. Pawlek.)

stand (links) nur eine geringe Richtungsabhängigkeit zeigen, wird durch Kaltwalzen der Würfeltextur eine außerordentlich starke Anisotropie der Remanenz erzielt (rechts). Während in der Walzrichtung die Remanenz bis auf etwa 1000 G absinkt, erreicht sie senkrecht zur Walzrichtung fast den Wert der Sättigung. J. L. Snoek[1] konnte außerdem nachweisen, daß in

---

[1] Snoek, J. L.: Physica Bd. 2 (1935) S. 403/12.

der Richtung senkrecht zur Blechebene Remanenz und Anfangspermeabilität ebenso wie in der Blechebene in Walzrichtung sehr klein sind. Damit ist die magnetische Vorzugslage senkrecht zur Walzrichtung in der
Blechebene eindeutig festgelegt.

b) Deutung der Eigenschaften.

Dieses sehr merkwürdige Verhalten eines Bleches mit Würfeltextur
nach dem Kaltwalzen hatte eine Anzahl von Untersuchungen zur Folge,
um eine Deutung dafür zu finden. Zunächst war es naheliegend, eine

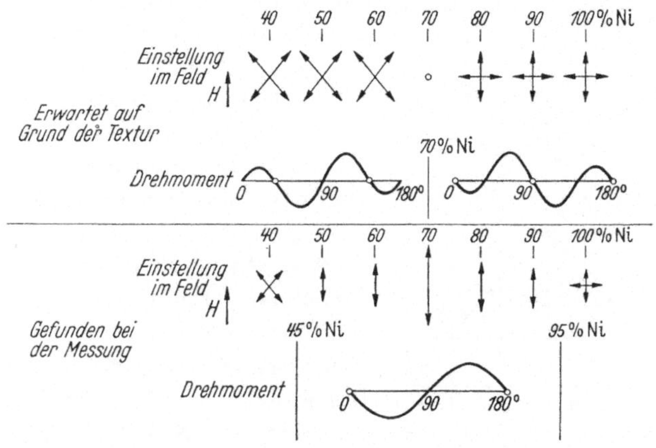

Abb. 241. Schematische Darstellung der Einstellung von kaltgewalzten Scheiben aus Fe-Ni,
Legierungen im Magnetfeld und die dazugehörigen Drehmomentkurven.
(Nach H. W. Conradt, O. Dahl u. K. J. Sixtus.)

durch die Kaltverformung bedingte Gitterverzerrung als Ursache für die
starke magnetische Anisotropie anzunehmen. G. Wassermann[1] glaubt
auf Grund von Röntgenaufnahmen (welche aus Gründen der Aufnahmetechnik an einer Legierung mit 60% Ni, 40% Fe mit Würfeltextur im
gewalzten Zustande gemacht wurden), eine Gitterverzerrung von etwa
0,7% feststellen zu können. In Übereinstimmung mit nichtveröffentlichten Aufnahmen des Verfassers kommen W. G. Burgers und
F. M. Jacobs[2] aber zu der Ansicht, daß die erhaltenen Reflexe viel zu
verschwommen sind, um eine einigermaßen exakte Messung durchführen
zu können.

Auch alle Deutungsversuche auf magnetischer Basis scheiterten bisher. Sehr eingehende Untersuchungen in dieser Hinsicht stellten
G. W. Rathenau und J. L. Snoek an[3]. Sie fanden, daß auch die Magnetostriktion in der [100]-Richtung eine Anisotropie aufweist und in der Walz-

---

[1] Wassermann, G.: Z. Metallkde. Bd. 28 (1936) S. 262/65.
[2] Burgers, W. G., u. F. M. Jacobs: Metallwirtschaft Bd. 15 (1936) S. 1063/66.
[3] Rathenau, G. W., u. J. L. Snoek: Physica Bd. 8 (1941) S. 555/75.

richtung sich Null nähert. Weiter fanden sie, daß entsprechend orientierte Einkristalle nach dem Walzen ebenfalls Isopermcharakter angenommen hatten. Aber auch sie kamen zu der Erkenntnis, daß weder innere Spannungen noch tetragonale Verzerrungen des Gitters für eine Deutung des Isopermverhaltens genügen.

Einen Schritt vorwärts scheinen die Untersuchungen von H. W. Conradt, O. Dahl und K. J. Sixtus[1] zu führen. Auf Grund der bekannten Walztextur der Eisen-Nickel-Reihe und der magnetischen Vorzugslage läßt sich die Einstellung von Scheiben aus kaltgewalzten Eisen-Nickel-Legierungen im Magnetfeld errechnen. Die tatsächlich gefundene Einstellung stimmt aber nur bei einer Legierung mit 40% Ni, 60% Fe und bei reinem Nickel mit der Theorie überein. Wie aus Abb. 241 hervorgeht, stellen sich die verformten Scheiben der übrigen Legierungen nur parallel zur Walzrichtung ein, das dabei auftretende Moment ist bei einer Legierung mit 70% Ni am größten. Werden die Scheiben angelassen, so wird der Vorgang, der eine einseitige Orientierung bewirkte, noch unterhalb der Rekristallisationsschwelle abgebaut, die Scheiben zeigen dann eine der Textur und magnetischen Vorzugslage entsprechende Einstellung. Die Kraft, welche die abweichende Einstellung bewirkt, wird analog der Kristallenergie des ungestörten Metalls mit Walzanisotropie bezeichnet. Durch quantitative Auswertung der Drehmomentkurven kann die Größe der Walzanisotropie absolut bestimmt werden. Wie aus Abb. 242 hervorgeht, nimmt die Walzanisotropie beträchtliche positive Werte an und zeigt bei etwa 70% Ni ein Maximum. Im Gegensatz dazu zeigt die Walzanisotropie gewalzter Würfeltexturen negative Werte, die mit steigendem Nickelgehalt geringer werden. Die Walzanisotropie ist auch vom Reckgrad abhängig; wie aus Abb. 243 zu ersehen ist, zeigt sie bei mittleren Reckgraden einen dreimal höheren Wert als bei den höchsten Reckgraden. Über die Natur dieser Walzanisotropie ist noch

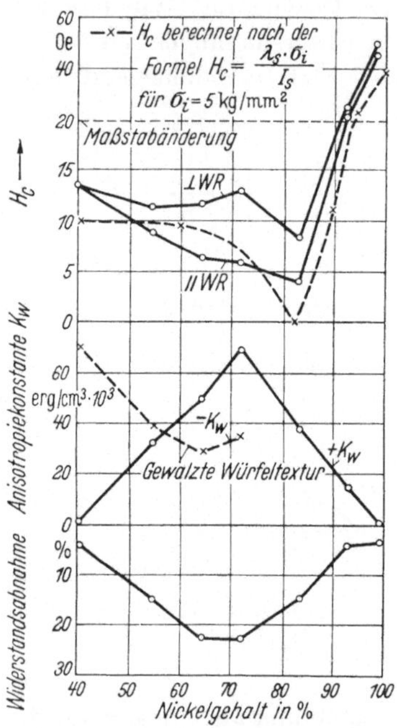

Abb. 242. Abhängigkeit der Koerzitivkraft, Walzanisotropie und maximalen Widerstandsabnahme beim Anlassen nach einem Walzgrad von 99% von der Zusammensetzung. (Nach H. W. Conradt u. K. J. Sixtus.)

---

[1] Conradt, H. W., u. K. J. Sixtus: Z. Techn. Phys. Bd. 23 (1942) S. 39/49.

nichts bekannt. CONRADT und SIXTUS glauben sie in Verbindung mit einer Überstrukturausbildung bzw. deren Zerstörung durch Walzen setzen zu können, jedoch kann auch das Verschwinden der Kristallaniso-tropie in dem Gebiet um 70% Ni mit dem Maximum der Walzaniso-tropie in einer noch unbekannten Weise zusammenhängen.

c) Herstellung.

Da die Isopermeigenschaften von der Güte der Würfeltextur, d. h. von der Exaktheit der Ein-stellung der Kristalle stark ab-hängt, haben sich mehrere Arbeiten mit der Ausbildung der Würfel-textur beschäftigt.

Durch Anwendung eines sehr hohen Kaltwalzgrades mit einer anschließenden Glühung bei 1000 ··· 1050° bekommt man eine sehr scharfe Einstellung. Die Abwei-chung der Würfelrichtungen von der Ideallage sind aus Tab. 26 zu ersehen. W. G. BURGERS und PLOOS VAN AMSTEL[1], G. SACHS und J. SPRETNAK[2] glauben eine schwache Würfeltextur bereits im kaltgewalz-ten Band vorgebildet beobachten zu können, welche dann bei der Rekri-stallisation als Keim wirken soll. F. PAWLEK[3] konnte aber zeigen, daß ein Band mit Würfeltextur nach dem Kaltwalzen, besonders bei mittleren Reckgraden, wo die Würfeltextur praktisch vollkom-men erhalten bleibt, regellos rekri-stallisiert, obwohl hier genug Keime in der Würfellage vorhan-den wären.

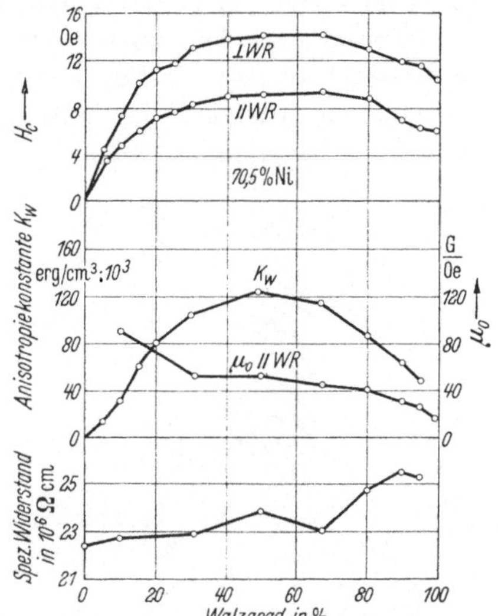

Abb. 243. Abhängigkeit der Koerzitivkraft, Walzanisotropie, Anfangspermeabilität und des spezifischen elektrischen Widerstandes einer Fe-Ni-Legierung mit 70,5% Ni vom Walzgrad.
(Nach H. W. CONRADT u. K. J. SIXTUS.)

Daneben tritt sehr häufig eine Nebentextur auf, die von F. PAWLEK zuerst an groben Kristallen, welche sich bei sehr hohen Glühtempera-

Tabelle 26. *Streuung der „Würfellage" in rekristallisierten 50%igen Nickel-Eisen-Blechen.*

Ebene	Streuung der Würfelachsen um		
	Walz-richtung WR	Quer-richtung QR	Blech-normale N
WR—QR	2°	2°	
WR—N	3° (7°)		3° (12°)
QR—N		6° (11°)	6° (12°)

[1] BURGERS, W. G., u. PLOOS VAN AMSTEL in MASING: Handbuch der Metall-physik III, S. 84. Berlin: Springer 1941.
[2] SACHS, G., u. J. SPRETNAK: Metals Techn. Bd. 7 (1940), Techn. Publ. Nr. 1143.
[3] PAWLEK, F.: Z. Metallkde. Bd. 27 (1935) S. 160/65.

turen bilden, beschrieben wurde. J. F. Custers und G. W. Rathenau[1] beschreiben diese Lage als Spinellzwillinge, d. h. daß es sich um eine Zwillingsstruktur handelt, bei der die Zwillinge in Analogie zum Spinell eine (111)-Ebene gemeinsam haben. E. Schmid und H. Thomas[2] haben den Übergang aus der Walztextur in die Würfellage mit Spinellzwillingen eingehend beobachtet, er ist in Abb. 244 an Hand der Polfiguren für die Würfelfläche gezeigt. Eine Deutung für das Entstehen der Würfeltextur konnten sie aber nicht geben.

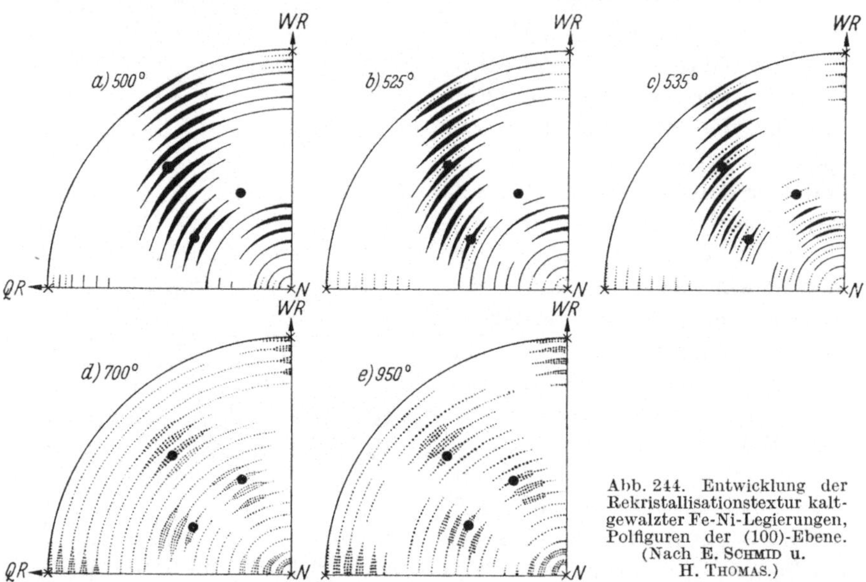

Abb. 244. Entwicklung der Rekristallisationstextur kaltgewalzter Fe-Ni-Legierungen, Polfiguren der (100)-Ebene. (Nach E. Schmid u. H. Thomas.)

Wie bereits erwähnt, führt eine zu hohe Glühtemperatur zu grober Sammelkristallisation, die ähnlich den Spinellzwillingen angeordnete Kristalle zeigt und diese wohl als Keime benutzt. Diese Grobkristallisation ist unerwünscht, da sie keine guten Isopermeigenschaften nach dem Kaltwalzen liefert. Daneben kann nach H. G. Müller[3] durch Beschneiden der kaltgewalzten Bänder infolge der dabei auftretenden andersartigen Verformung eine „erzwungene, sekundäre" Rekristallisation eintreten, die nichtorientierte, grobe Körner liefert und ebenfalls sehr störend wirkt. Es empfiehlt sich daher, die Besäumung der Bänder während des Walzens vorzunehmen, um zum Schluß nicht Keime für eine Grobkornbildung zu erzeugen.

[1] Custers, J. F.: Physica Bd. 8 (1941) S. 771/88. — Custers, J. F., u. G. W. Rathenau: Physica Bd. 8 (1941) S. 759/70.
[2] Schmid, E., u. H. Thomas: Z. Metallkde. Bd. 41 (1950) S. 45/49.
[3] Müller, H. G.: Metallwirtschaft Bd. 19 (1940) S. 509/10.

Die besten Isopermeigenschaften wurden an Legierungen mit 50% Ni, 50% Fe erreicht, die hervorragende Reinheit der aus Karbonylmetallen gewonnenen Legierungen läßt die Würfeltextur in großer Schärfe entstehen. Je nach der Höhe des Schlußreckgrades wird eine Anfangspermeabilität von 90 G/Oe bei etwa 10% Dickenverminderung oder von 50 G/Oe bei 50% Dickenverminderung erreicht. Die Hysteresekonstante nimmt dementsprechend von 30 auf etwa 9 ab. Die gesamten Konstanten sind in Tab. 24 (S. 240) aufgeführt.

Das Isopermverhalten scheint aber nicht nur an Eisen-Nickel-Legierungen gebunden zu sein, denn es gelang H. Fahlenbrach[1] durch geeignete Wahl von Reckgrad und Glühbehandlung an einer Legierung mit 25% Cr, 3% W, Rest Fe folgende Werte zu erhalten: $\mu_0 = 56$, $h = 37$, $s = -1\%$. Auch hier sind die guten Eigenschaften an eine bestimmte Textur gebunden. Im allgemeinen werden bei diesem Werkstoff zwei Texturen beobachtet, in einem Falle ist die Walzebene parallel zu (111), im anderen Falle ist die Walzebene parallel (100) und die Walzrichtung parallel zu [110]. Überwiegt die Textur mit (100) parallel zur Walzebene, so sind die Eigenschaften schlecht, bei

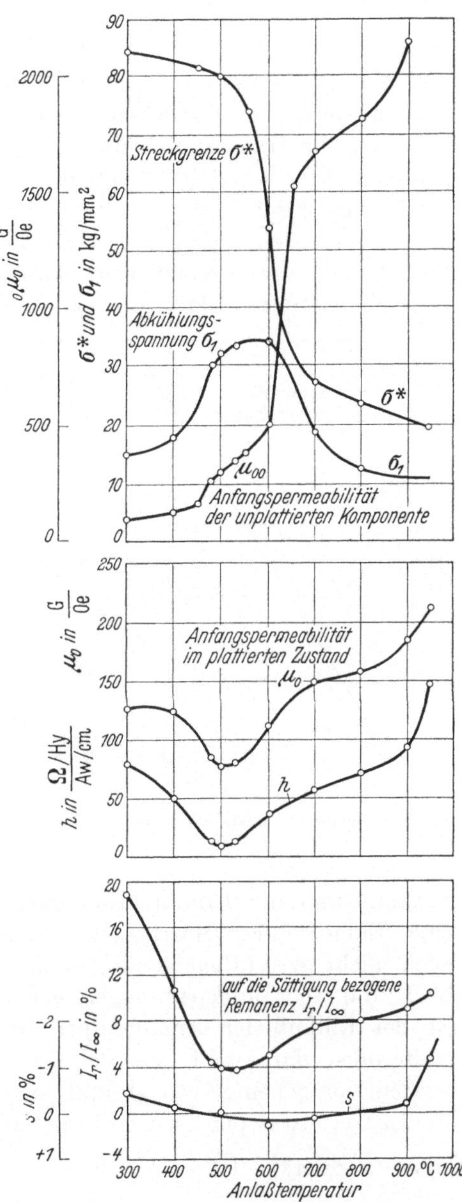

Abb. 245. Abhängigkeit der magnetischen Eigenschaften plattierter magnetischer Werkstoffe von der Anlaßtemperatur (Kernwerkstoff 50% Ni, 50% Fe, Plattierung rostfreier Stahl). (Nach S. Schweizerhof.)

vorherrschender(111)-Textur werden die oben angegebenen Werte erhalten.

[1] Fahlenbrach, H.: Arch. Eisenhüttenw. Bd. 20 (1949) S. 293/99.

3. Plattierungs-Isoperm.

Werden Werkstoffe mit positiver Magnetostriktion unter Druck oder mit negativer Magnetostriktion unter Zug gesetzt, so verläuft bekanntlich die Hystereseschleife sehr schräg, der Werkstoff nimmt Isopermcharakter an. S. SCHWEIZERHOF[1] hat es unternommen, auf metallurgischem Wege solche Spannungszustände ohne äußere Krafteinwirkung herzustellen, indem er die Spannungen ausnutzte, die in plattierten Stoffen mit unterschiedlichem Ausdehnungskoeffizienten nach einer Glühung auftreten. Als Komponente mit positiver Magnetostriktion, die unter Druckspannung zu setzen ist, wurden Legierungen mit 36···50% Ni, Rest Fe, gewählt, während die Komponenten mit höherem Ausdehnungskoeffizienten zweckmäßig die äußeren Schichten der Plattierungen bilden und entweder Werkstoffe mit negativer Magnetostriktion oder unmagnetisch sind. Die besten Eigenschaften wurden mit 50% Ni, 50% Fe als Kernwerkstoff und einer Plattierung aus rostfreiem Stahl, 18 Cr, 8 Ni, Rest Fe, erreicht. Nach dem Plattieren wurde zweckmäßig ein starker Kaltwalzgrad an-

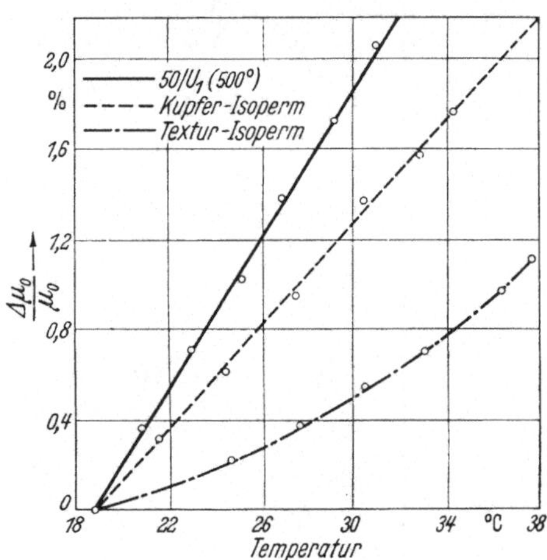

Abb. 246. Temperaturabhängigkeit der Anfangspermeabilität verschiedener Isoperme. (Nach S. SCHWEIZERHOF.)

gewandt und die Kombination dann so hoch angelassen, daß wohl eine Entspannung eintrat, die Streckgrenze der Plattierung aber noch nicht wesentlich herabgesetzt wurde, damit sie in der Lage blieb, die Schrumpfspannungen elastisch aufzunehmen. In Abb. 245 ist der Einfluß der Anlaßtemperatur auf die verschiedenen Werkstoffgrößen dargestellt, wo bei 500° die Permeabilität der magnetischen Komponente zwar absinkt, weil der Kern durch teilweise Rekristallisation etwas plastisch verformt wird, sonst aber die besten Werte erzielt werden: sie lauten $h = 9$, $\mu_0 = 52\ \mathrm{G/Oe}$, $\dfrac{h}{\mu_0} = 1{,}25$. Eine Kombination von Legierungen mit 50% Ni, 50% Fe als Kern und 90% Ni, 10% Fe als Plattierung zeigte mit $h = 35$, $\mu_0 = 123\ \mathrm{G/Oe}$, $\dfrac{h}{\mu_0} = 3{,}1$ ebenfalls ein gutes Verhalten. Die Temperaturabhängigkeit der Perme-

---

[1] SCHWEIZERHOF, S.: Z. Metallkde. Bd. 33 (1941) S. 175/85.

abilität ist etwas größer als bei den beiden anderen Isopermsorten, wie aus Abb. 246 zu ersehen ist.

Es wurde auch vorgeschlagen[1], Stromleiter mit einer magnetischen Legierung zu plattieren und bei sehr tiefer Temperatur (—80°) auf Leitungsdraht auszuziehen. Bei geeigneter Wahl der Werkstoffe wird der magnetische Mantel des Drahtes durch den Kern unter Querspannungen gesetzt und eine Veränderung der magnetischen Eigenschaften erzwungen. Solche Leiter würden eine stetige induktive Belastung besitzen.

Zusammenfassend läßt sich sagen, daß sowohl das Ausscheidungsisoperm als auch das Texturisoperm vor dem Kriege mehrere Jahre hindurch recht erfolgreich in der Fernmeldetechnik für die Herstellung von Pupinspulen eingesetzt wurden. Da der Werkstoffdicke durch die technischen Möglichkeiten des Kaltwalzens eine Grenze gesetzt ist, scheiden diese Werkstoffe für höhere Frequenzen, wie sie bei der Trägerfrequenztelefonie zur Anwendung gelangen, wegen der zu hohen Wirbelstromverluste aus. Die Herstellung der Isoperme ist schwierig und erfordert bestes metallurgisches Können. Der über dem Massekern liegende Preis konnte wegen der besseren Eigenschaften und der dadurch bedingten Verkleinerung der Spulen getragen werden. Mit Beginn des Krieges wurde die Fabrikation der Isoperme eingestellt und der inzwischen verbesserte und vielseitiger anwendbare Massekern ausschließlich verwendet. Nach dem Kriege ist die Verwendung der Isoperme noch nicht in nennenswertem Maße wieder aufgenommen worden. Es erscheint dies auch für die Zukunft fraglich, da die im folgenden Kapitel behandelten Ferrite als neue, sehr erfolgversprechende Werkstoffe hierfür in Frage kommen dürften.

IV. Nichtmetallische magnetische Werkstoffe.

Der bereits im Altertum beschriebene Magneteisenstein stellt den am längsten bekannten nichtmetallischen magnetischen Werkstoff dar. Man lernte dann eine Reihe magnetischer Stoffe kennen, welche alle auf der Basis Eisenoxyd aufgebaut sind und daher den Namen Ferrite führen. G. HILPERT hat sich bereits 1909 die Verwendung dieser Werkstoffe für Magnetkerne patentieren lassen[2], war aber dem damaligen Stand der Technik noch weit voraus. Auch die Verwendung von Kupfer, Nickel, Kadmium- und Zinkferrit einzeln oder in Gemischen für Zwecke der Schwachstromtechnik ist geschützt worden[3]. Es bedurfte aber einer mehr als zehnjährigen intensiven Forschungstätigkeit, um diese Gruppe von

---

[1] DRP 623116.

[2] DRP 227787.

[3] A. P. 1946 964.

Werkstoffen auch wirklich geeignet für die Hochfrequenztechnik zu machen. Es gebührt vor allem J. L. Snoek das Verdienst, wertvolle Arbeit hierfür geleistet zu haben.

1. Theorie des Ferrimagnetismus.

Die bereits oben genannten Ferrite zeigen die Zusammensetzung $MeO \cdot Fe_2O_3$, wobei Me durch ein zweiwertiges Metall dargestellt wird. H. Forestier[1] hatte festgestellt, daß mit wenigen Ausnahmen der Ferromagnetismus der Ferrite an die Spinellstruktur gebunden ist und daß die Spinellstruktur durch ein bestimmtes Verhältnis der Ionenradien von Me zu Sauerstoff bedingt ist. Dies stellt zwar eine notwendige, aber nicht ausreichende Bedingung dar, da der kubisch kristallisierende Zinkferrit unmagnetisch ist. Das in Abb. 247 wiedergegebene Spinellgitter verfügt im Elementarkörper über 32 Plätze für Sauerstoffionen, die zusammen entweder eine Oktaeder- oder eine Tetraederkonfiguration bilden. Innerhalb der Oktaederräume sind 16 Lagen frei, die durch das Eisen, und 8-Lagen, die durch Me zu besetzen sind.

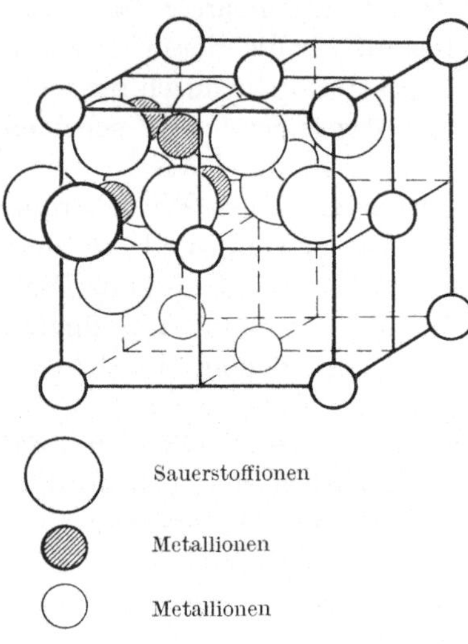

Abb. 247. Spinellgitter.

Nun hatten aber T. F. W. Barth und E. Posnjak[2] festgestellt, daß diese Form der Besetzung bei einer ganzen Reihe von Ferriten nicht stimmt. Vielfach sitzen die Ferriionen auf den Plätzen innerhalb der Sauerstofftetraeder und die Oktaederräume sind statistisch von Ferriionen und Me-Ionen besetzt. Man nennt diese Ferrite invers und nur inverse Ferrite zeigen Magnetismus, während z. B. der normal gebaute Zinkferrit unmagnetisch ist.

Auf dieser Tatsache aufbauend, hat J. H. Gisolf (zuerst durch A. Weis[3] veröffentlicht, später von ihm selbst beschrieben) die Behauptung aufgestellt, daß der Magnetismus nur zustande kommt, wenn die Eisenionen ein zusammenhängendes dreidimensionales Gitter bilden können, was zweifellos bei den inversen Ferriten der Fall ist. Mit dieser Vorstellung unvereinbar ist aber die Tatsache, daß durch Zusatz des

[1] Forestier, H.: C. R. hebd. Acad. Sciénces Bd. 192 (1931) S. 842/45.

[2] Barth, T. F. W., u. E. Posnjak: Z. Kristallographie Bd. 82 (1932) S. 325/41.

[3] Weis, A.: Funk u. Ton (1948) S. 564/78. — Gisolf, J. H.: Physica Bd. 15 (1949) S. 677/78.

unmagnetischen, normal gebauten Zinkferrits die Sättigung zunächst noch zunimmt.

Es gelang dann L. NÉEL[1] durch Erweiterung der WEISSschen Theorie des Molekularfeldes eine befriedigende Erklärung des Magnetismus der Ferrite zu geben.

Nach seinen Anschauungen ist das Austauschintegral zwischen den Eisenionen in Tetraederposition stark negativ, zwischen den Eisenionen in Tetraeder- und Oktaederposition von mittleren negativen Werten und zwischen den Eisenionen in Oktaederposition von kleinen negativen Werten. Obwohl also alle Austauschintegrale negativ sind, tritt trotzdem spontane Magnetisierung auf. Die Wechselwirkung der Austauschkräfte wird sehr wahrscheinlich unter Mitwirkung der Sauerstoffionen erfolgen. NÉEL schlägt vor, diese abweichende Art des Magnetismus mit Ferrimagnetismus zu bezeichen. Unter Berücksichtigung des negativen Austauschintegrals zwischen den Ionen in Oktaeder- und Tetraederposition erklärt E. W. GORTER[2] den Verlauf der Sättigung von Mischungen von inversen Ferriten mit dem normalgebauten Zinkferrit.

Neuerdings ist es G. H. JONKER und J. H. VAN SANTEN[3] gelungen, magnetische Substanzen der Zusammensetzung $MeMnO_3$ zu finden, wobei Me durch Lanthan in Kombination mit den Erdalkalimetallen vertreten wird. Der Magnetismus dieser Substanzen ist an die Perowskit-Struktur gebunden. Hier wird angenommen, daß ein stark positives Austauschintegral zwischen Mn^{3+}-Ionen und Mn^{4+}-Ionen unter Mitwirkung des Sauerstoffs die Ursache der spontanen Magnetisierung ist.

2. Eigenschaften der Ferrite.

Die bestechendste Eigenschaft der Ferrite ist ihr außerordentlich hoher elektrischer Widerstand, der sich zwischen $10^6 \cdots 10^8$ $\varrho \, mm^2/m$ bewegt und die Ferrite bei Raumtemperatur zu Isolatoren macht. Die Wirbelstromverluste sind daher sehr klein und ermöglichen es, die Ferrite bis zu sehr hohen Frequenzen als nichtunterteilte, massive Werkstoffe für Übertrager zu verwenden. Um möglichst günstige magnetische Eigenschaften zu erhalten, kann man auch hier auf die bereits bei den magnetisch weichen Werkstoffen beachteten Gesichtspunkte zurückgreifen.

Die zu erwartende Sättigungsmagnetisierung läßt sich aus den zur Verfügung stehenden Magnetonen der den Ferrit aufbauenden Metalle abschätzen. Die Kenntnis über die Zahl der Magnetonen stammt aus Messungen des paramagnetischen Verhaltens von Salzen. Die Sättigung

---

[1] NÉEL, L.: Annal. Physique Bd. 3 (1948) S. 137/98; Z. anorg. Chem. Bd. 262 (1950) S. 175/84.

[2] GORTER, E. W.: Nature Bd. 165 (1950) S. 798/800.

[3] JONKER, G. H., u. J. H. VAN SANTEN: Physica Bd. 16 (1950) S. 337/49.

läßt sich durch Zumischen von Zinkferrit auf Grund der Veränderung des Aufbauintegrals zunächst etwas erhöhen, sinkt aber dann wieder ab.

Nach allen bisher bekannten Theorien wird die Koerzitivkraft bzw. Anfangspermeabilität durch die magnetischen Größen: Kristallenergie und Sättigungsmagnetostriktion sowie durch Spannungen beeinflußt. Eine Verkleinerung dieser Werte führt zu einer Herabsetzung der Koerzitivkraft bzw. Erhöhung der Anfangspermeabilität. Die Größe der inneren Spannungen ist bei diesen keramischen Werkstoffen, als welche die Ferrite anzusprechen sind, kaum zu beeinflussen. Die Kristallenergie und die Sättigungsmagnetostriktion nehmen in der Nähe des Curiepunktes viel rascher ab als die Sättigung, so daß bei brauchbaren Sättigungswerten die beiden erstgenannten Größen bereits Null sind und somit die Gewähr für eine hohe Anfangspermeabilität in der Nähe des Curiepunktes stets geboten ist. Man wird also Ferrite wählen, deren Curiepunkt zwischen $150 \cdots 200°$ liegt. Der Zusatz von unmagnetischem Zinkferrit bietet ein sehr bequemes Mittel in dieser Hinsicht. Bei seiner Anwendung im begrenzten Ausmaß wird außerdem noch die Sättigungsmagnetisierung erhöht.

Die Sättigungsmagnetostriktion ist bei den meisten Ferriten schwach negativ, nur beim Magnetit stark positiv. Man kann also die Magnetostriktion noch zusätzlich vermindern, indem man wenige Prozente Magnetit dem Ferrit zusetzt.

a) Eigenschaften einfacher Ferrite.

J. L. SNOEK[1] untersuchte systematisch die magnetischen Eigenschaften folgender Ferrite: $FeO \cdot Fe_2O_3$, $MnO \cdot Fe_2O_3$, $CuO \cdot Fe_2O_3$, $NiO \cdot Fe_2O_3$, $MgO \cdot Fe_2O_3$ und später[2] noch $ZnO \cdot F_2O_3$. Die Ergebnisse sind leider nicht vollständig in bezug auf die interessierenden Eigenschaften angegeben, immer sind Sättigungsmagnetisierung und Koerzitivkraft und

Tabelle 27. *Magnetische Eigenschaften einfacher und komplexer Ferrite.*

Bezeichnung	Zusammensetzung in Mol		$4\pi I_s$ Gauß	H_c Oersted	μ_0 G/Oe	μ_{max} G/Oe	Tc °C	ϱ $\Omega\,mm^2/m$	d g/cm³
Magnetit.......	1 FeO	1 Fe_2O_3	6000	3	70		585	10^{-2}	5,18
Mangan-Ferrit ..	1 Mn_3O_4	1 Fe_2O_3	4300	4	250		$250\cdots350$	10^4	
Kupfer-Ferrit...	1 CuO	1 Fe_2O_3	3400	1,5	70		420		
Magnesium-Ferrit	1 MgO	1 Fe_2O_3	1900	11	10			$2\cdot10^4$	
Nickel-Ferrit ...	1 NiO	1 Fe_2O_3	3000	10	10		580		
Zink-Ferrit.....	1 ZnO	1 Fe_2O_3	0		1				
Ferroxcube I ...	0,4 CuO, 0,6 ZnO,	1 Fe_2O_3			1500				5,1
„ II ..	0,5 MgO, 0,5 ZnO,	1 Fe_2O_3	3500		600			$4\cdot10^5$	4,7
„ III .	0,5 MnO, 0,5 ZnO,	1 Fe_2O_3	2500	0,1	1000	1500	$110\cdots150$	$5\cdot10^5$	5,0
„ IV .	0,3 NiO, 0,7 ZnO,	1 Fe_2O_3	4200	0,04	3800	9200		10^7	4,8

[1] SNOEK, J. L.: Physica Bd. 3 (1936) S. 463/83.

[2] SNOEK, J. L.: New Developments in Ferromagnetic Materials. New York — Amsterdam: Elsevier Publishing Company, Inc. 1947.

fallweise Curietemperatur und elektrischer Widerstand aufgeführt. Ihr Verlauf in Abhängigkeit von dem Verhältnis $FeO : Me_2O_3$ in Mol-% ist in

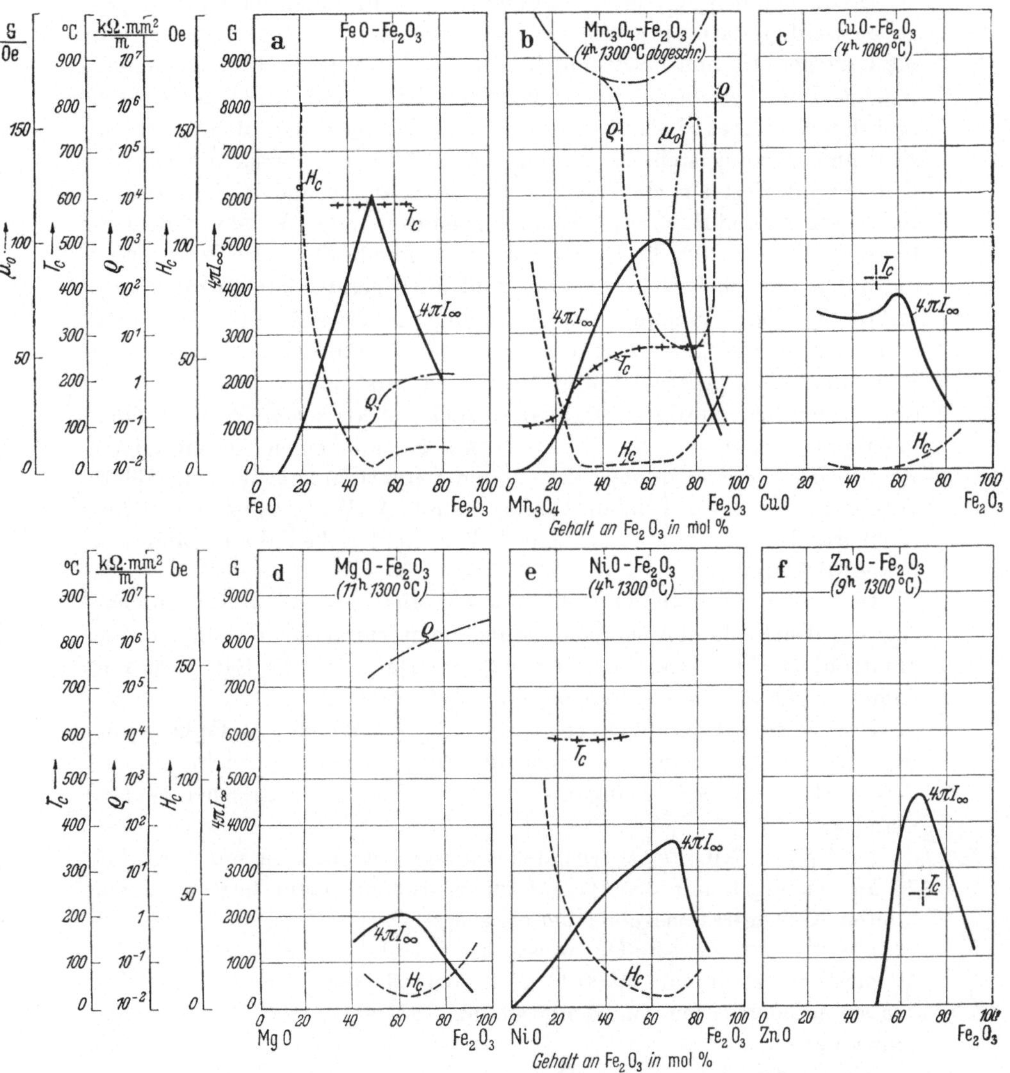

Abb. 248. Magnetische und elektrische Eigenschaften einfacher Ferrite. (Nach J. L. SNOEK.)

der Abb. 248a···f zusammengestellt. Die Eigenschaften der stöchiometrisch zusammengesetzten Ferrite sind außerdem in Tab. 27 aufgeführt.

Der am längsten bekannte Ferrit, der Magnetit, Fe_3O_4, zeigt hohe Sättigung und relativ kleine Koerzitivkraft und Anfangspermeabilität bei der stöchiometrischen Zusammensetzung, er ist ein verhältnismäßig guter elektrischer Leiter, wie aus Abb. 248a zu ersehen ist.

Die Zusammensetzung des Manganferrits kann nicht eindeutig angegeben werden, da praktisch keine Hilfsmittel zur Verfügung stehen, um die Lage der Mn- und Fe-Atome in Gitter zu lokalisieren. Im allgemeinen werden diese Ferrite aus Gemischen von Fe_2O_3 und Mn_3O_4 hergestellt und deren molares Mischungsverhältnis auch angegeben, die eigentliche Zusammensetzung steht aber völlig offen. Neben Untersuchungen von J. L. Snoek liegen noch Angaben von A. Schulze und W. Gremmer[1], A. Kussmann und H. Nitka[2], E. Blechschmidt[3] und A. Weis[4] vor. Bei Gehalten unterhalb 30% Fe_2O_3 liegt eine tetragonale Form des Ferrits vor, die mit einer hohen Koerzitivkraft und niedrigen Curietemperatur verknüpft ist. Das Maximum der Sättigung mit etwa 5000 G liegt aber nicht bei 50 Mol-%, sondern erst bei etwa 65···70% Fe_2O_3, das Maximum der Anfangspermeabilität liegt sogar erst bei 80% Fe_2O_3. Der außerordentlich starke Abfall des spez. elektrischen Widerstandes nach den Messungen von J. L. Snoek ist auf einen geringfügigen Zerfall des Ferrits infolge der hohen Sintertemperatur von 1300° zurückzuführen. In Übereinstimmung mit A. Weis zeigt der völlig oxydierte Mischkristall einen sehr hohen elektrischen Widerstand von etwa $10^6 \, \Omega \, mm^2/m$.

Im System $CuO\text{-}Fe_2O_3$ fehlen wegen der unsicheren Zusammensetzung (CuO schmilzt sehr leicht und neigt zur Sauerstoffabgabe) die Mehrzahl der Angaben. Auch hier liegt das Maximum der Sättigung mit 3850 G nicht bei 50, sondern bei 60 Mol-% Fe_2O_3.

Das System $MgO\text{-}Fe_2O_3$ zeigt ebenfalls bei 60 Mol-% Fe_2O_3 seine höchste Sättigung, die allerdings nur knapp 2000 G erreicht, außerdem tritt so wie beim Manganferrit ein sehr hoher elektrischer Widerstand auf.

Im System $NiO\text{-}Fe_2O_3$ tritt der stärkste Ferromagnetismus erst bei 70 Mol-% Fe_2O_3 mit 3650 G auf, die Curietemperatur liegt in einem breiten Konzentrationsgebiet bei etwa 580° C.

Das System $ZnO\text{-}Fe_2O_3$ weist bei 70 Mol-% Fe_2O_3 eine starke Magnetisierbarkeit mit 4600 G auf, bei 50 Mol-% Fe_2O_3, also bei der stöchiometrischen Zusammensetzung, ist dieser Ferrit aber sicher unmagnetisch.

Eine in die Tiefe gehende Deutung des magnetischen Verhaltens der binären Oxydsysteme im Lichte der Néelschen Theorie des Ferrimagnetismus liegt infolge der kurzen Zeit seit ihrer Aufstellung noch nicht vor.

---

[1] Schulze, A., u. W. Gremmer: Phys. Z. Bd. 39 (1938) S. 205/08.
[2] Kussmann, A., u. H. Nitka: Phys. Z. Bd. 39 (1938) S. 208/12.
[3] Blechschmidt, E.: Phys. Z. Bd. 39 (1938) S. 212/16.
[4] Weis, A.: Funk u. Ton (1948) S. 564/78.

b) Eigenschaften von Mischferriten.

Die weitere Entwicklung der Ferrite ging dann so vor sich, daß die Ferrite des Mn, Mg, Cu oder Ni durch Kombination mit dem unmagnetischen Zinkferrit infolge Herabsetzung der Curietemperaturen bis in die Nähe der Raumtemperatur verbessert wurden.

Die Anfangspermeabilität dieser Mischferrite ist aus Abb. 249 zu ersehen. Während die einfachen Ferrite Anfangspermeabilitäten zwischen 10 und 250 G/Oe aufweisen (siehe Tab. 27), gelingt es durch Kombination mit dem Zinkferrit Anfangspermeabilitäten zwischen 600 und 4000 G/Oe zu erzielen. Die von J. L. SNOEK mit Ferroxcube I—IV bezeichneten Werkstoffe zeigen die in Tab. 27 aufgeführten Zusammensetzungen und Eigenschaften.

Technische Bedeutung haben der Mangan-Zinkferrit und der Nickel-Zinkferrit erlangt. Über ihre Eigenschaften und Anwendungsmöglichkeiten liegen bereits mehrere Veröffentlichungen vor.

Der unter dem Namen Ferroxcube III bekannte Mangan-Zinkferrit mit je 50 Mol-% Manganoxyd und Zinkoxyd wird in seinen Eigenschaften von K. E. LATIMER und H. B. MC DONALD[1] beschrieben. Da die hohe Anfangspermeabilität von 1500 G/Oe aber nicht einschließt, daß eine kleine Hysteresekonstante bzw. ein geringer Anstieg der

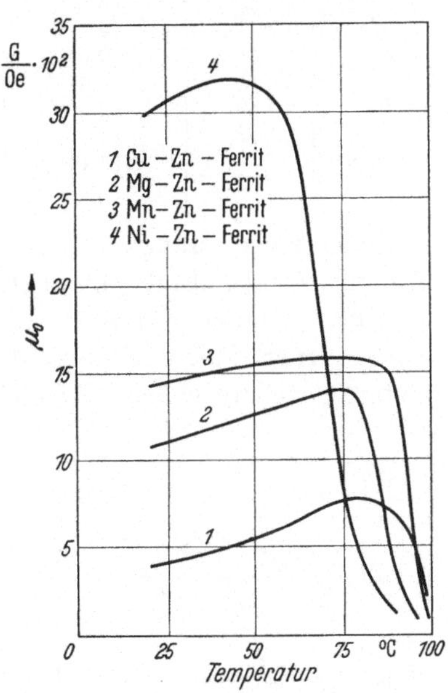

Abb. 249. Anfangspermeabilität verschiedener Mischferrite in Abhängigkeit von der Temperatur. (Nach J. L. SNOEK.)

Permeabilität als Werkstoffeigenschaft gegeben ist, muß hier wieder zu dem Mittel der Scherung zurückgegriffen werden, um ein für die Fernmeldetechnik erforderliches Verhalten zu erzielen. Da eine feine Unterteilung des Werkstoffes zwecks Verminderung der Wirbelstromverluste hier nicht erforderlich ist, genügt die Anbringung eines einzigen Luftspaltes, um die geforderte Scherung und Herabsetzung der Hysteresekonstanten zu erreichen. Diese Maßnahme wurde auch ergriffen. Leider sind die Meßergebnisse nicht in der in Deutschland üblichen Aufteilung wiedergegeben, sondern oftmals nur als Gesamtverlust verzeichnet. In einem Falle hat es K. J. SIXTUS[2] in dankenswerter Weise unternommen, Vergleiche

---

[1] LATIMER, K. E., u. H. B. McDONALD: Proc. Inst. Electr. Eng. Bd. 97 (1950) S. 257/67.

[2] SIXTUS, K. J.: Arch. Elektrotechn. Bd. 39 (1948) S. 260/66.

Tabelle 28.

Vergleich des Verlustwinkels bei Kernen aus Carbonyleisen und Ferroxcube III.

	Einheit	Carbonyleisen Pulverkern	Ferroxcube III (μ 1 500) mit Luftspalt[2]	Carbonyleisen Pulverkern	Ferroxcube III (μ 1 500) mit Luftspalt[2]
μ_a	G/Ö	60	60	13	13
h	cm/kA	60	10,2	1,4	0,48
w	μs	0,04	?	0,014	?
n	$^0/_{00}$	12	0,6	0,65	1,3
f	kHz	10	10	100	100
R_h[1]	Ω	0,6	0,1	0,14	0,048
R_w[1]	Ω	0,4	?	14	?
R_n[1]	Ω	12	0,6	6,5	13,0
R_{Fe}	Ω	13	~ 0,7	20,6	~ 13
$\tan \delta$		$2,1 \cdot 10^{-2}$	$0,1 \cdot 10^{-3}$ $0,5 \cdot 10^{-3}$[3]	$3,3 \cdot 10^{-4}$	$2 \cdot 10^{-4}$ $2 \cdot 10^{-4}$[3]

zwischen einem Mangan-Zinkferrit und Carbonyleisen, beide auf gleiche Anfangspermeabilität gebracht — einmal durch einen Luftspalt im Ringkern, einmal durch Herstellung eines Massekernes — auf Grund vorhandener Meßergebnisse durchzuführen. Dieser Vergleich ist in Tab. 28 wiedergegeben. Bei gleicher Permeabilität sind die Hysteresisverluste im Falle des Ferrits wesentlich kleiner, die Wirbelstromverluste nicht meßbar, die Nachwirkungsverluste mit steigender Frequenz zunehmend.

Bei sehr hohen Frequenzen treten nach J. L. SNOEK[1] bzw. H.G.BELJERS[2] eigenartige Nachwirkungserscheinungen auf, wenn die Wellenlänge in Resonanz liegt mit den Präzisionsschwingungen der rotierenden Elektronen, was auch gyromagnetischer Resonanzeffekt genannt wird. Er tritt bei Frequenzen über 1 MHz in Erscheinung.

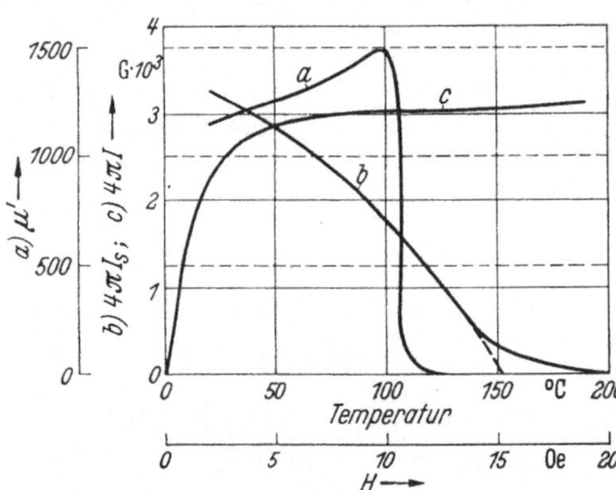

Abb. 250. Induktionskurve eines Mangan-Zink-Ferrits und die Abhängigkeit seiner Anfangspermeabilität und Sättigungsmagnetiesierung von der Temperatur. (Nach D. POLDER.)

H. P. ISKENDERIAN[3] bringt besonders für Ferroxcube III genauere Angaben über diese Erscheinung. D. POLDER[4] hat die Temperaturab-

[1] SNOEK, J. L.: Nature Bd. 160 (1947) S. 90.
[2] BELJERS, H. G., u. J. L. SNOEK: Philips techn. Rdsch. Bd. 11 (1950) S. 317/26.
[3] ISKENDERIAN, H. P.: Physic. Rev. Bd. 76 (1949) S. 175/76.
[4] POLDER, D.: Proc. Inst. Electr. Eng. Bd. 97 (1950) S. 246/56.

hängigkeit der Sättigung und Anfangspermeabilität sowie die Feldabhängigkeit der Magnetisierung bestimmt. Sie sind aus Abb. 250 zu entnehmen. Die prozentuale Abnahme der Anfangspermeabilität in Abhängigkeit von der Gleichstromvormagnetisierung ist nach K. E. LATIMER und H. B. McDONALD in Abb. 251 wiedergegeben.

Bemerkenswert ist noch die außerordentlich hohe Dielektrizitätskonstante von etwa 100000.

Über die magnetischen Eigenschaften von Nickel-Zink-Mischferriten berichteten C. GUILLAUD und M. ROUX[1]. Die Abhängigkeit der absoluten Sättigung und des Curiepunktes von dem Verhältnis von Nickeloxyd : Zinkoxyd ist in Abb. 252 wiedergegeben. Umgerechnet auf die üblichen Einheiten, zeigt ein Ferrit mit 0,4 Mol NiO, 0,6 Mol ZnO auf 1 Mol Fe_2O_3 eine absolute Sättigung von etwa 7200 G. Da aber der Curiepunkt dieser Zusammensetzung mit 280° etwas zu hoch liegt, um noch die besten Werte der Anfangspermeabilität erreichen zu können, ging man in der Praxis auf einen Gehalt von 0,3 Mol Ni mit einem Curiepunkt von etwa 180° und einer etwas geringeren Sättigung zurück. Sehr ausführlich wurde das Dreistoffsystem Fe_2O_3-NiO-ZnO von R. L. HARVEY, I. J. HEGYI und H. W. LEVERENZ[2] untersucht. Der Verlauf der Curietemperatur

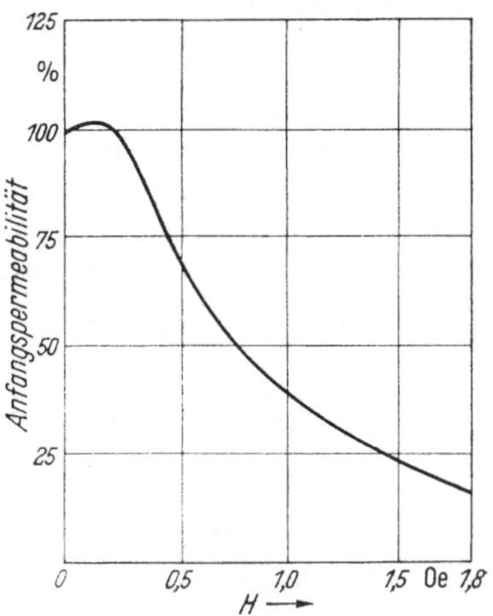

Abb. 251. Prozentuale Abnahme der Anfangspermeabilität eines Mangan-Zink-Ferrits in Abhängigkeit von der Gleichstromvormagnetisierung.
(Nach K. E. LATIMER u. H. B. McDONALD.)

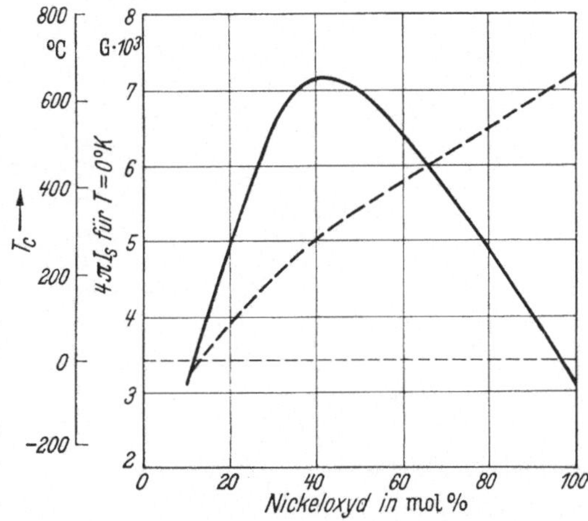

Abb. 252. Absolute Sättigungsmagnetisierung und Curietemperatur von Nickel-Zink-Ferriten in Abhängigkeit vom NiO-Gehalt. (Nach C. GUILLAUD u. M. ROUX.)

[1] GUILLAUD, C., u. M. ROUX: C. R. hebd. Séances Acad. Sci. Bd. 229 (1949) S. 1133/35.

[2] HARVEY, R. L., I. J. HEGYI und H. W. LEVERENZ: RCA — Rev. Bd. 11 (1950) S. 321/63.

über dem Schnitt $Fe_2O_3 \cdot NiO\text{-}Fe_2O_3 \cdot ZnO$ deckt sich ungefähr mit den Angaben von C. GUILLAUD und M. ROUX, wie aus dem Vergleich der Abb. 253 mit Abb. 252 zu ersehen ist. Dieselben Verfasser untersuchten

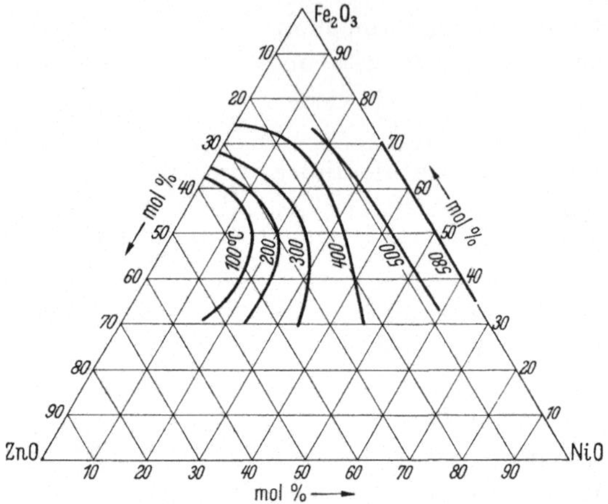

Abb. 253. Linien gleicher Curietemperatur im System Fe_2O_3-NiO-ZnO. (Nach R. L. HARVEY, I. J. HEGYI u. H. W. LEVERENZ.)

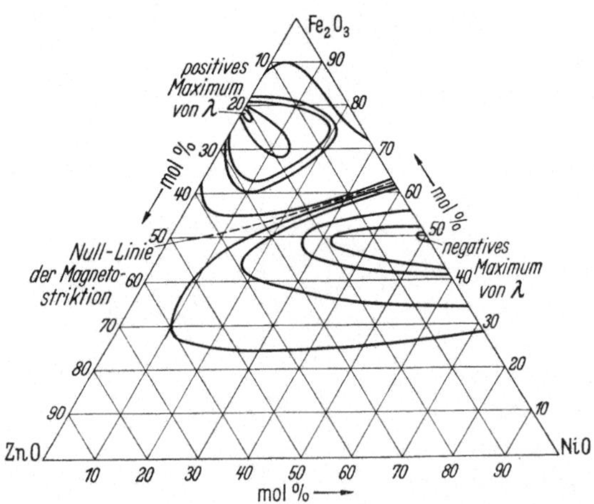

Abb. 254. Linien gleicher Magnetostriktion im System Fe_2O_3-NiO-ZnO. (Nach R. L. HARVEY, I. J. HEGYI u. H. W. LEVERENZ.)

auch den Verlauf der Magnetostriktion im Dreistoffsystem. Aus apparativen Gründen konnte nicht die Sättigungsmagnetostriktion bestimmt werden, aber auch relative Messungen lassen in Abb. 254 eine Null-Linie der Magnetostriktion erkennen. Die Vermutung, daß im Bereich kleiner Werte der Magnetostriktion besonders hohe Anfangspermeabilitäten zu erwarten sind, wurde durch ihre weiteren Messungen bestätigt. Wenn sie auch nicht die Spitzenwerte J. L. SNOEKS mit 3500 G/Oe erreichten, so liegt das von ihnen erreichte Maximum von 1200 G/Oe nur wenig von der Null-Linie entfernt.

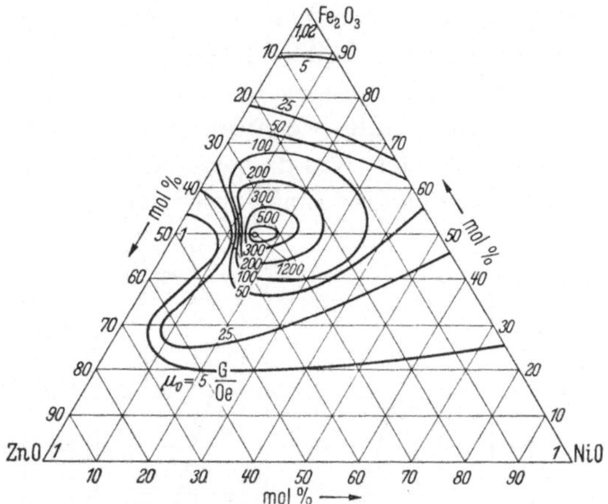

Abb. 255. Linien gleicher Anfangspermeabilität im System Fe_2O_3-NiO-ZnO. (Nach R. L. HARVEY, I. J. HEGYI u. H. W. LEVERENZ.)

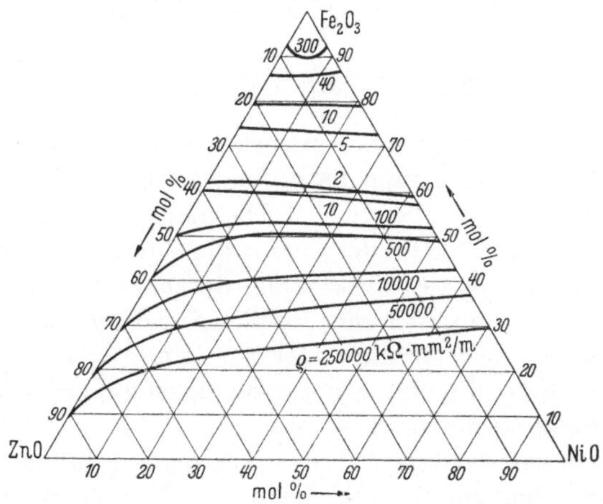

Abb. 256. Linien gleichen spezifischen elektrischen Widerstandes im System Fe_2O_3-NiO-ZnO. (Nach R. L. HARVEY, I. J. HEGYI u. H. W. LEVERENZ.)

Aus Abb. 255 ist außerdem zu entnehmen, daß die Zusammensetzung außerordentlich genau eingehalten werden muß, um wirklich gute Werte der Anfangspermeabilität zu erreichen. Sehr sorgfältige Analysen der Ausgangsstoffe und der Mischungen sind unerläßlich.

Schließlich wurde noch die Änderung des spezifischen elektrischen Widerstandes mit der Zusammensetzung ermittelt, sie ist in Abb. 256

wiedergegeben. Hinzugefügt muß werden, daß alle Proben bei 1400° in Luft gesintert wurden. Andere Glühtemperaturen und andere Sauerstoffgehalte der Glühatmosphäre führen zu anderen Werten. Weitere Eigenschaften sind aus Tab. 27 zu entnehmen.

Die Herstellung der Ferrite erfolgt durch Mischen der Oxyde und Brennen bei Temperaturen von 1000···1400°.

Charakteristisch für die Ferrite ist die starke Abhängigkeit der magnetischen und elektrischen Eigenschaften vom O_2-Gehalt und von kleinen Verunreinigungen oder, was dasselbe ist, von den Herstellungsbedingungen. Abb. 257 zeigt den Einfluß der Sintertemperatur auf die

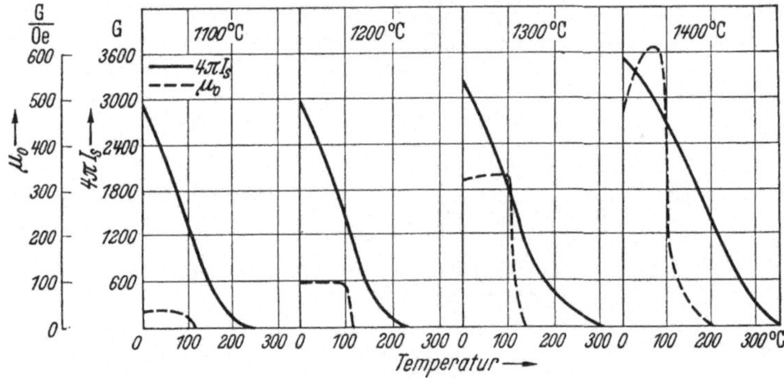

Abb. 257. Abhängigkeit der Sättigungsmagnetisierung und der Anfangspermeabilität von der Sintertemperatur bei Magnesium-Zink-Ferrit. (Nach J. L. Snoek.)

Sättigungsmagnetisierung und die Anfangspermeabilität, wobei sehr deutlich in einem Falle das Maximum der Anfangspermeabilität in Abhängigkeit von der Temperatur zu erkennen ist. Diese starken Schwankungen lassen auch die Schwierigkeiten bei der Entwicklung dieser Werkstoffe ahnen.

Nach D. POLDER[1] ist es zweckmäßig, durch Vorbrennen der Oxydmischungen die Schrumpfung der Preßkörper beim Schlußbrand auf 20% herabzusetzen. Die Brenntemperatur hängt von der Reaktionsfähigkeit der Oxyde und damit von der Bildungstemperatur des Spinells ab. Um die Reaktionsfähigkeit zu steigern, wurde vorgeschlagen, die Oxyde durch Glühen der aus wäßrigen Lösungen gefällten Hydroxyde oder durch Zersetzung von Nitraten, Oxalaten, Formiaten oder Azetaten der betreffenden Metalle zu gewinnen. Dadurch soll sich die Brenntemperatur bis auf 1000° herabsetzen lassen.

3. Verwendung.

Über Anwendungsmöglichkeiten der Ferrite berichten ausführlich K. E. LATIMER und H. B. McDONALD[2]. Neben Hochfrequenztransforma-

---

[1] POLDER, D.: Proc. Inst. Electr. Eng. Bd. 97 (1950) S. 246/56.

[2] LATIMER, K. E., u. H. B. McDONALD: Proc. Inst. Electr. Eng. Bd. 97 (1950) S. 257/67.

torenkernen, Topf- und Schraubkernen lassen sich auch Leistungstransformatoren bis zu 100 Watt bei 10 kHz herstellen. Sehr wichtig ist das Ferritmaterial für Impulstrafos in Fernsehapparaten. Schließlich ergaben sich Anwendungsmöglichkeiten im Bau von kleinen Generatoren für Wechselstrom mit Trägerfrequenz, wobei die Wicklung auf die Maschinenteile aufgedruckt werden kann. Schließlich können die Ferrite auch für den Bau von Konzentratoren bei der örtlichen Hochfrequenzerhitzung benutzt werden.

Ob den Manganiten größere technische Bedeutung zukommt, ist noch nicht abzusehen, ihr elektrischer Widerstand ist nach J. H. VAN SANTEN und G. H. JONKER[1] um einige Zehnerpotenzen geringer als derjenige der Ferrite.

E. Werkstoffe mit großer Magnetostriktion.

Für die Umwandlung hochfrequenter elektrischer Schwingungen in Schwingungen des hörbaren und Ultraschalls wird die Magnetostriktion ferromagnetischer Werkstoffe benutzt. Um ein Maximum der Leistungsabgabe zu erzielen, werden die Dimensionen des Schwingers so abgestimmt, daß die Eigenschwingungszahl in Resonanz zur elektrischen Schwingung liegt. Die Resonanzamplitude ist u. a. auch durch die Größe der Magnetostriktion bestimmt und wird durch Wirbelstromverluste verkleinert. Erwünscht ist also ein Werkstoff mit hoher Magnetostriktion und hohem spezifischen elektrischen Widerstand.

Ursprünglich wurde Reinnickel verwendet, welches eine recht hohe Sättigungsmagnetostriktion von etwa $-35 \cdot 10^{-6}$ cm/cm aufweist. Nach Angaben von T. NISHINA[2] wurden in Japan Legierungen auf Nickelbasis entwickelt, die entweder 4% Chrom oder 2—3% Chrom und 5—12% Kobalt enthielten und durch den Chromzusatz einen höheren elektrischen Widerstand erlangten. Wird großer Wert auf Temperaturunabhängigkeit der Magnetostriktion gelegt, so ist trotz eines verhältnismäßig kleinen Absolutbetrages eine Legierung mit 36% Ni, 64% Fe (Invar) zu empfehlen. Wie aus Abb. 95 (S. 127) hervorgeht, wird bei Eisen durch Al-Zusatz die Magnetostriktion am stärksten erhöht, sie erreicht bei 12% Al ungefähr den Wert des Reinnickels. Die Rohstoffknappheit während des Krieges veranlaßte Entwicklungsarbeiten in dieser Richtung und es gelang, Legierungen mit 9—10% Al unter noch erträglichen Bedingungen zu Blechen mit großer Magnetostriktion und erheblichem elektrischen Widerstand auszuwalzen.

---

[1] VAN SANTEN, J. H., u. G. H. JONKER: Physica Bd. 16 (1950) S. 599/600.
[2] NISHINA, T.: Japan. Nickel Rev. Bd. 7 (1939) S. 45/62.

F. Werkstoffe mit besonderen physikalischen Eigenschaften auf Grund verborgener magnetischer Vorgänge.

I. Allgemeines.

Schon lange Zeit waren Legierungen mit sehr kleinem Ausdehnungskoeffizienten oder kleinem Temperaturkoeffizienten des E-Moduls bekannt, ohne daß man die tieferen Ursachen für dieses abweichende Verhalten kannte. Es gehört mit zu den großen Verdiensten R. Beckers und seines Schülers M. Kersten, mit der theoretischen Untermauerung unserer Kenntnisse über ferromagnetische Vorgänge auch eine Deutung der oben angeführten Werkstoffeigenschaften zu geben. Aus diesem Grunde dürfte es berechtigt sein, Werkstoffe, deren bevorzugte Eigenschaften nicht magnetischer Natur sind, trotzdem in diesem Rahmen zu besprechen.

1. Theorie der Werkstoffe mit geringem Temperaturkoeffizienten der Ausdehnung.

Bekanntlich ist der Magnetisierungsvorgang in den meisten Fällen mit einer Volumenänderung, die fast stets positiv ist, verbunden, d. h. eine Zunahme der wahren Magnetisierung ist gewöhnlich mit einer Volumenzunahme verknüpft. Diese Volumenzunahme überlagert sich der normalen, thermisch bedingten Volumenänderung von dem Augenblick an, wo bei der Abkühlung des Werkstoffes der Curiepunkt durchschritten ist und nun mit sinkender Temperatur nach dem bekannten Weissschen Gesetz die wahre Magnetisierung der einzelnen Elementarbezirke zunächst rasch, dann langsam bis zum absoluten Nullpunkt zunimmt. Mit dieser Zunahme der wahren Magnetisierung ist aber stets eine Zunahme der damit in ursächlichem Zusammenhang stehenden Volumenmagnetostriktion verknüpft. In Abb. 258 sind schematisch drei Fälle der Überlagerung von thermischer und magnetostriktiver Volumenänderung gezeigt. Im Fall a) ist die Längenänderung des Werkstoffes mit einer sehr starken Volumenmagnetostriktion verbunden, die bewirkt, daß trotz Sinkens der Temperatur die Länge des Werkstoffes zunächst zunimmt und dementsprechend der Temperaturkoeffizient der thermischen Ausdehnung negativ wird. Im Falle b) ist die Volumenmagnetostriktion etwas geringer, es kommt nicht mehr zur Ausbildung eines negativen Temperaturkoeffizienten der Ausdehnung, jedoch wird er über ein größeres Temperaturgebiet hinweg gleich Null. Im Falle c) schließlich ist die Volumenmagnetostriktion so klein, daß es nur zu einer in ihrem Absolutbetrag veränderten, jedoch stetigen Längenabnahme kommt. Auf diese Zusammenhänge machte erstmalig U. DEHLINGER[1] aufmerksam. Der Fall a) tritt bei Eisen-Platin-Legierungen in Erscheinung, der Fall b) ist bei den Invarlegierungen in der Praxis vertreten, während der Fall c) bei verschiedenen Legierungen für Glas-Metalleinschmelzungen seine Verwirklichung findet. Durch Veränderung des Curiepunktes ist man in

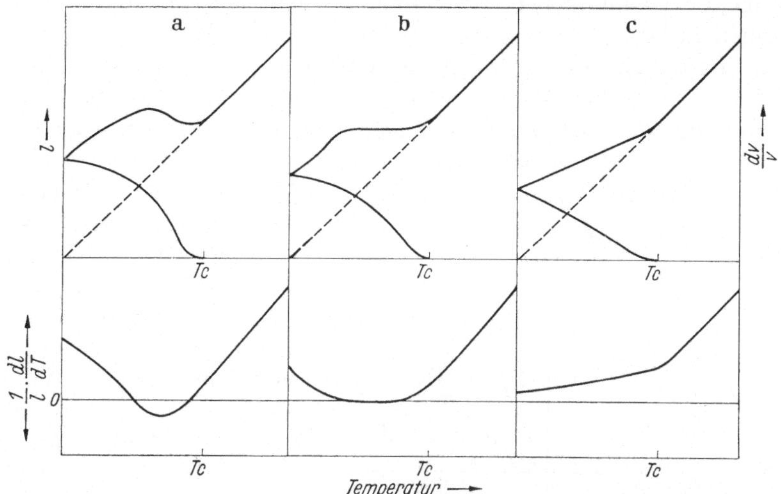

Abb. 258a—c. Schematischer Verlauf von Längenänderung, Volumenmagnetostriktion und Ausdehnungskoeffizienten eines ferromagnetischen Stoffes von der Temperatur.

der Lage, das Temperaturgebiet eines kleinen Ausdehnungskoeffizienten in weiten Grenzen zu verschieben.

Während im nichtmagnetisierten, entspannten Zustand die Magnetisierungsvektoren der WEISSschen Bezirke statistisch im Raum verteilt sind, kann durch die Wirkung innerer Spannungen bei verschiedenen Bezirken eine 90°-Umklappung eintreten, die aber im Gegensatz zur 180°-Umklappung mit einer Längsmagnetostriktion verbunden ist. Bei Anwesenheit innerer Spannungen kann zu dem Anteil der Volumenmagnetostriktion noch ein gerichteter Anteil der Längsmagnetostriktion treten. Das bedeutet praktisch, daß durch innere Spannungen — sei es durch Ausscheidungshärtung oder Kaltverformung — der Ausdehnungskoeffizient unabhängig von der Zusammensetzung zusätzlich beeinflußt werden kann.

2. Theorie der Werkstoffe mit geringem Temperaturkoeffizienten des E-Moduls.

Bekanntlich ist ein ferromagnetischer Stoff auch ohne Einwirkung eines äußeren Feldes bis zur Sättigung magnetisiert, jedoch heben sich

---

[1] DEHLINGER, U.: Z. Metallkde. Bd. 28 (1936) S. 194/96.

die einzelnen Elementarbereiche in ihrer Wirkung nach außen auf. Durch
Anlegen äußerer Spannungen werden 90°-Umklappungen bewirkt, die
sich auch wieder gegenseitig aufheben, die aber mit einer Magnetostriktion
verbunden sind und ein abweichendes mechanisches Verhalten des Werkstoffes zur Folge haben. Wird das Werkstück einer Zugspannung unterworfen, so kommt neben der normalen elastischen Dehnung noch die
magnetostriktive Längenänderung hinzu, wie aus Abb. 259 hervorgeht.
Diese zusätzliche Dehnung bewirkt eine Verkleinerung des E-Moduls.
Da aber die wahre Magnetisierung und auch die damit verknüpfte
Magnetostriktion temperaturabhängig sind, muß auch der E-Modul in
der Nähe des Curiepunktes besonders temperaturabhängig sein. In

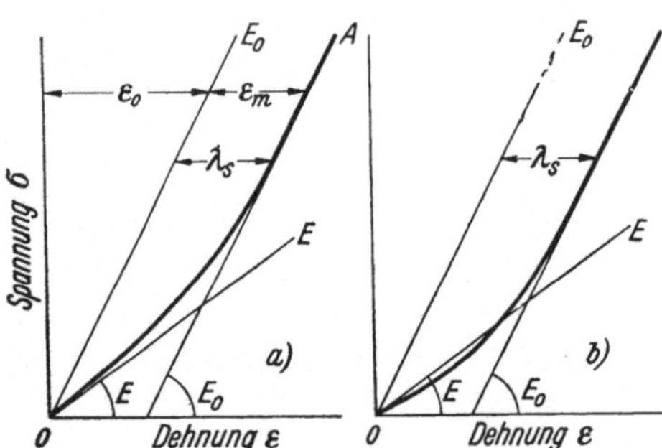

Abb. 259. Spannung - Dehnung - Kurve eines ferromagnetischen Werkstoffes ohne (*a*) und mit (*b*) Berücksichtigung
des Verhaltens bei kleinen Dehnungen. (Nach M. KERSTEN.)

Abb. 260 sind wieder drei
Fälle wiedergegeben, die das
Wechselspiel zwischen E-
Modul und einer verschieden
großen Magnetostriktion de-
monstrieren. Im Fall a) bewirkt eine sehr große Magnetostriktion eine starke Senkung des E-Moduls und einen
Wechsel des Temperaturko-
effizienten des E-Moduls von
normalerweise negativen zu
positiven Werten. Ist die
Magnetostriktion kleiner, dann kommt es im Falle b) zur Ausbildung
eines Intervalls mit verschwindend kleinem Temperaturkoeffizienten
des E-Moduls. Im Falle c) kommt es bei kleiner Magnetostriktion
nurmehr zu einer Änderung des stets negativ bleibenden Temperaturkoeffizienten des E-Moduls. Die hier wiedergegebenen Gedankengänge
gehen auf Veröffentlichungen von M. KERSTEN[1] zurück, der sich um die
Deutung der Eigenschaften sehr verdient machte.

Auch hier bewirken äußere Spannungen 90°-Wandverschiebungen
und damit eine Änderung der magnetisch bedingten Längenänderung.
Somit kann auch der Temperaturkoeffizient des E-Moduls durch Kaltverformung und Ausscheidungshärtung zusätzlich beeinflußt werden. In
die Praxis umgesetzt, heißt dies, daß der in Abb. 260 unter Fall a) skizzierte Verlauf des E-Moduls in den technisch wichtigen Fall b) übergeführt werden kann.

Zusammenfassend läßt sich sagen, daß ein besonderes Verhalten des
thermischen Ausdehnungskoeffizienten und des Temperaturkoeffizienten
des E-Moduls bei Werkstoffen zu erwarten sind, bei welchen Volumen-

---

[1] KERSTEN, M.: Z. Phys. Bd. 85 (1933) S. 708/16; Z. Metallkde. Bd. 27 (1935)
S. 97/101.

magnetostriktion und thermische Ausdehnung bzw. Längenmagneto-
striktion und E-Modul aufeinander abgestimmt sind und wo außerdem
der Curiepunkt in der Nähe der Raumtemperatur liegt, so daß die wahre
Magnetisierung der WEISSschen Bezirke und die damit verknüpfte
Magnetostriktion noch stark temperaturabhängig sind.

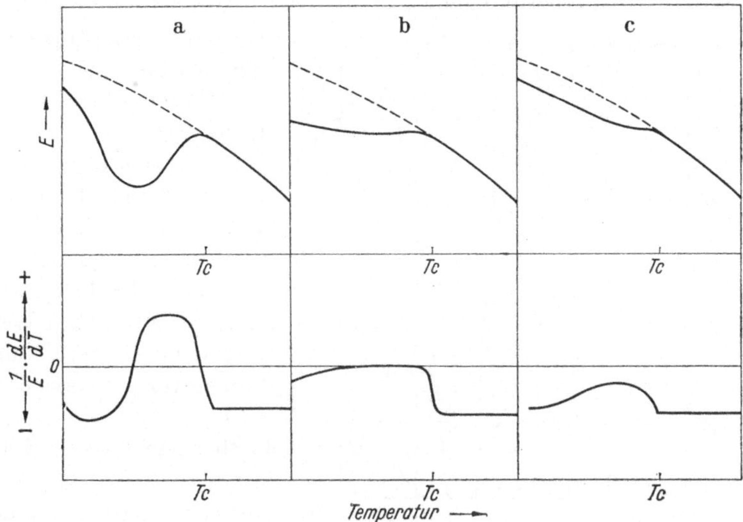

Abb. 260. Schematischer Verlauf des E-Moduls und seines Temperaturkoeffizienten mit der Temperatur.

Im folgenden sollen nun Werkstoffe mit sehr kleinem oder mittleren,
dem Verhalten des Glases angepaßten Ausdehnungskoeffizienten und mit
sehr kleinem Temperaturkoeffizienten des E-Moduls besprochen werden.

II. Werkstoffe mit kleinem Ausdehnungskoeffizienten.

Obwohl ein Werkstoff mit negativem Ausdehnungskoeffizienten
praktisch keine Anwendung findet, sei doch kurz auf eine solche Erscheinung hingewiesen, um zu zeigen, daß alle in Abb. 258 aufgeführten
Möglichkeiten auch wirklich auftreten können. Bei Untersuchungen am
System Fe-Pt fand A. KUSSMANN[1], daß im Gebiet von etwa 55% Pt ein
negativer Temperaturkoeffizient der thermischen Ausdehnung mit erheblichen Absolutbeträgen beobachtet wurde, wie aus Abb. 261 zu ersehen ist.

1. Invarlegierungen.

Der in Abb. 258b gezeigte Fall ist für die Technik bedeutungsvoll.
Schon lange, bevor die theoretischen Zusammenhänge klar waren, kam
eine unter dem Namen Invar bekannte Eisen-Nickel-Legierung mit 36% Ni

---

[1] KUSSMANN, A.: Phys. Z. Bd. 38 (1937) S. 41/42.

als Werkstoff mit sehr kleinen Temperaturkoeffizienten der Ausdehnung zur Anwendung. In Abb. 262 sind für das System Fe-Ni Ausdehnungskoeffizient, Curietemperatur und Volumenmagnetostriktion zusammengestellt. Es zeigt sich in der Tat, daß das Zusammentreffen von niedriger Curietemperatur und hoher Volumenmagnetostriktion zu der vorausgesagten Ausdehnungsanomalie führen. Die hier für Raumtemperatur

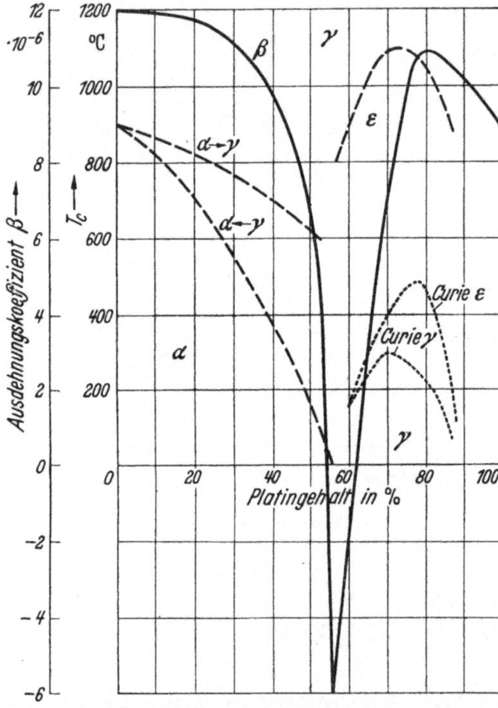

Abb. 261. Phasengrenzen, Curietemperatur und Ausdehnungskoeffizienten im System Fe-Pt. (Nach L. WENT.)

gezeigten Verhältnisse werden sich stets in der Nähe des Curiepunktes wiederholen; wenn auch der Ausdehnungskoeffizient nicht immer bis auf Null absinken wird, so ist doch ein Minimum zu erwarten, das sich mit steigender Temperatur in der Richtung von Legierungen mit höherer Curietemperatur verschieben wird. In Abb. 263 sind die Isothermen des Ausdehnungskoeffizienten von Eisen-Nickel-Legierungen nach Messungen von P. CHEVENARD[1] wiedergegeben. Die Verschiebung des Minimums des Ausdehnungskoeffizienten mit steigender Temperatur nach höherliegenden Isothermen ist unverkennbar, die Größe der Anomalie vermindert sich entsprechend der mit steigendem Nickelgehalt abnehmenden Volumenmagnetostriktion (siehe Abb. 262).

Jede Legierung wird also den in Abb. 258b schematisch gezeichneten Verlauf der Längenänderung aufweisen. Zunächst ist eine normale Zunahme der Länge zu verzeichnen, in der Nähe des Curiepunktes wird die Ausdehnung durch eine starke Änderung der Volumenmagnetostriktion kompensiert. Da die Magnetostriktion im allgemeinen früher als die Magnetisierung selbst verschwindet, so wird der Knick in der Ausdehnungskurve etwas unterhalb des Curiepunktes eintreten. Abb. 264 zeigt den Verlauf der Curietemperatur, der Knickpunktstemperatur, des

---

[1] CHEVENARD, P.: Rev. Métallurgie Bd. 25 (1928) S. 14/34.

Temperaturbereiches eines kleinen Ausdehnungskoeffizienten und den dabei auftretenden Absolutbetrag des mittleren Ausdehnungskoeffizienten zwischen seinem Minimum und dem Knickpunkt in Abhängigkeit von der Zusammensetzung.

Danach zeigt eine Legierung mit 36% Ni bei Raumtemperatur den kleinsten Ausdehnungskoeffizienten, der jedoch noch von Null verschie-

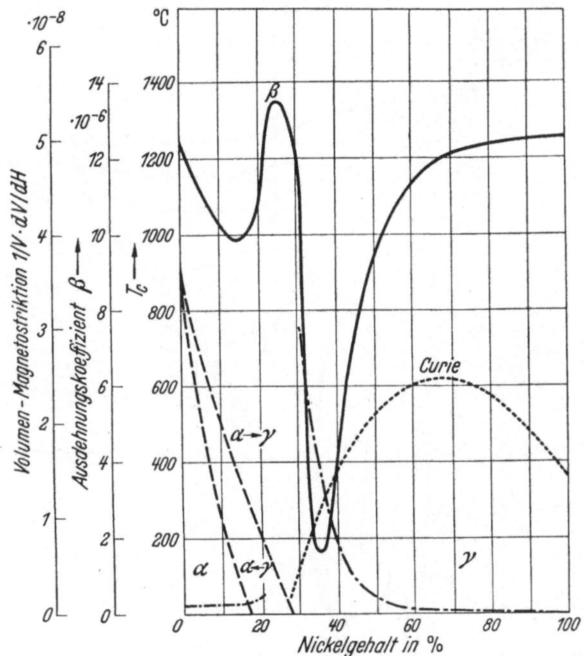

Abb. 262. Phasengrenzen, Curietemperatur, Volumenmagnetostriktion und Ausdehnungskoeffizienten im System Fe-Ni. (Nach L. Went.)

den ist. Wie bereits oben erwähnt, kann unter dem Einfluß mechanischer Spannungen ein Teil der Weissschen Bezirke die Richtung der spontanen Magnetisierung ändern und durch die damit verbundene Magnetostriktion die thermische Ausdehnung beeinflussen. Tatsächlich gelingt es, durch Ziehen oder Walzen den Ausdehnungskoeffizienten sogar negativ zu machen. Eine sehr sorgfältige Anlaßbehandlung kann dann die mechanischen Spannungen schrittweise wieder abbauen und den Ausdehnungskoeffizienten genau auf Null bringen. Die in der Praxis an einer Legierung mit 36—37% Ni erzielbaren Werte nach verschiedener Behandlung sind in Tab. 29 zusammengestellt.

Wie aus Abb. 263 ersichtlich, ist das durch Überlagerung zweier temperaturabhängiger Eigenschaftsänderungen erzielte Minimum der thermischen Ausdehnung recht scharf ausgeprägt. Da eine dieser Eigen-

schaften, der Curiepunkt, außerdem durch Zusätze erheblich verändert
werden kann, sind die Eigenschaften des Invars stark von Verunreinigungen abhängig. Um den Curiepunkt wieder in die richtige Beziehung

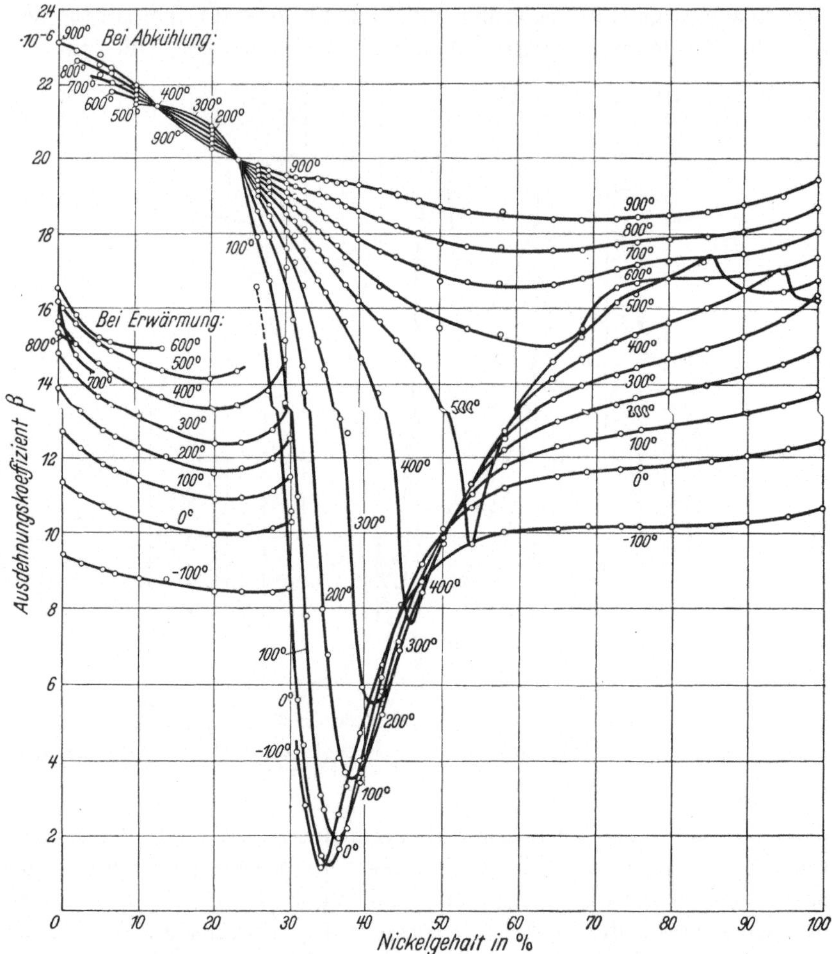

Abb. 263. Isothermen des Ausdehnungskoeffizienten bei Fe-Ni-Legierungen. (Nach P. Chevenard.)

zur Volumenmagnetostriktion zu bringen, muß der Nickelgehalt auf den
Anteil an Verunreinigungen abgestimmt werden. Abb. 265 zeigt, daß
Zusätze von Mn und Cr durch Vermehrung, von Cu und C durch Herabsetzung des Nickelgehaltes kompensiert werden müssen. Der Kohlenstoff
kann auch durch Ti-Zusatz unschädlich gemacht werden[1]. M. W. Pridan-

---

[1] DRP 556372.

ZEW und B. N. SCHTSCHERBAKOW[1] benutzen zu seiner Abbindung 0,15···0,25% V.

Invarstäbe unterliegen auch einer Alterung, deren Ursachen in einer Ausscheidung von Kohlenstoff zu suchen ist. Mehrfache Temperatur-

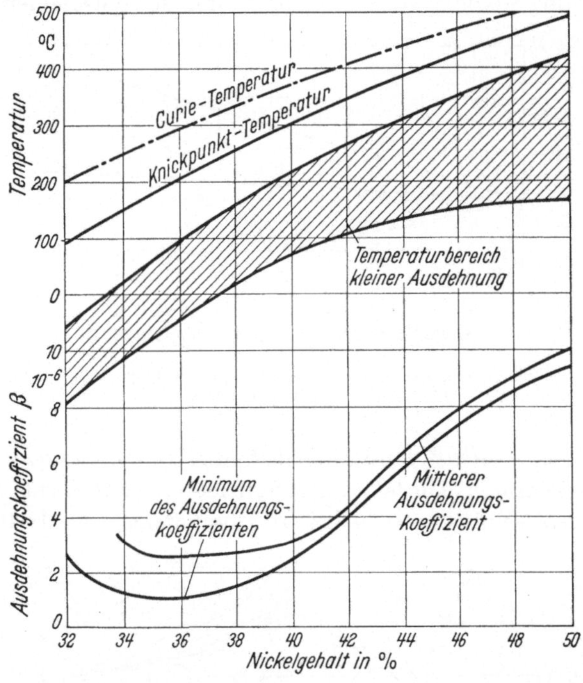

Abb. 264. Curietemperatur, Knickpunkttemperatur, Temperaturbereich des niedrigen Ausdehnungskoeffizienten, Minimum des Ausdehnungskoeffizienten und mittlerer Ausdehnungskoeffizient zwischen dem Minimum von Fe-Ni-Legierungen in Abhängigkeit vom Ni-Gehalt. (Nach J. W. SANDS.)

Tabelle 29. *Mittlerer Ausdehnungskoeffizient einer Legierung mit 36% Ni, 64% Fe, kaltverformt oder rekristallisiert, in verschiedenen Temperaturbereichen.*
Ausdehnungskoeffizient · 10⁷

Temp. Bereich	kalt-verformt	geglüht mit Ofen-kühlung	Temp. Bereich	kalt-verformt	geglüht mit Ofen-kühlung
— 40° ··· — 20°	3	19	60° ··· 80°	3	13
— 20° ··· 0°	3	17	80° ··· 100°	4	14
0° ··· + 20°	2	16	100° ··· 150°	16	20
20° ··· 40°	1	13	150° ··· 200°	42	30
40° ··· 60°	2	12			

spiele zwischen 200 und 100° und sehr langsames Erkalten auf Raumtemperatur während 3 Monate sollen die besten Ergebnisse erzielt haben. Aus demselben Grunde ist Invar auch recht empfindlich gegen mecha-

---

[1] PRIDANZEW, M. W., u. B. N. SCHTSCHERBAKOW: Stal (1941) Nr. 1 S. 62/68.

nische Beanspruchung, wie sie z. B. Knicke in Meßdrähten darstellen, worauf F. Neumann und H. Johannsen[1] hinweisen.

Man hat auch erfolgreich versucht, durch Legierungszusätze den Temperaturkoeffizienten auf Null zu drücken und gleichzeitig die Lage des Minimums weniger stark abhängig von der Zusammensetzung zu

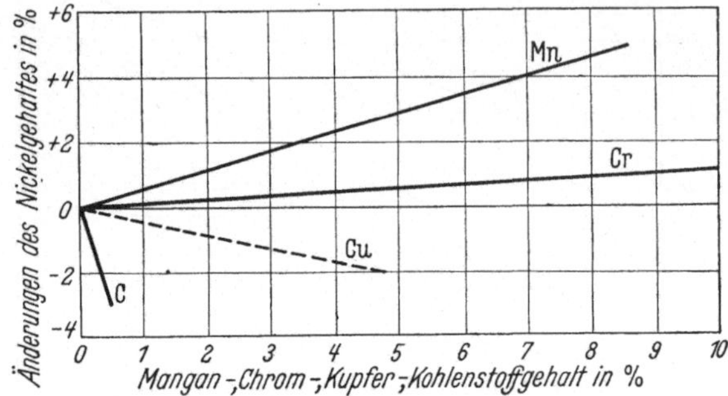

Abb. 265. Änderung des Ni-Gehaltes in Invar-Legierungen zur Kompensation von Verunreinigungen. (Nach E. Guilleaume.)

machen. H. Masumoto[2] fand zunächst, daß durch Zusatz von Co das Gebiet des kleinsten Ausdehnungskoeffizienten zwar nicht verbreitert, der Koeffizient selbst aber von $1{,}2 \cdot 10^{-6}$ auf weniger als $1 \cdot 10^{-7}$ herab-

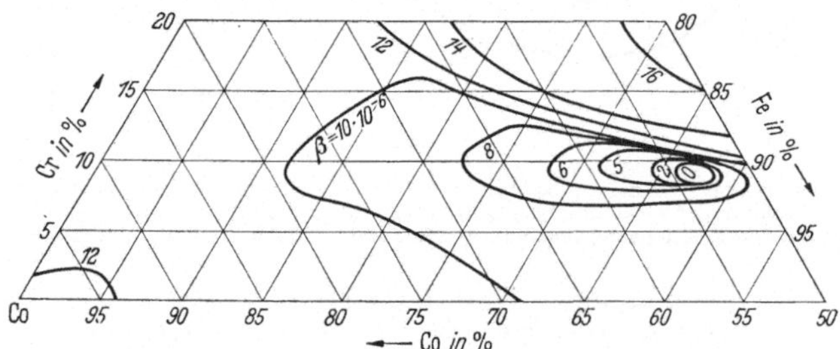

Abb. 266. Linien gleichen Ausdehnungskoeffizienten im System Fe-Co-Cr. (Nach H. Masumoto.)

gedrückt wurde. Bei der systematischen Untersuchung des Systems Fe-Co-Cr gelang es ihm[3], ein Gebiet mit recht kleinem Ausdehnungskoeffizienten zu finden, wie es aus Abb. 266 zu ersehen ist. Eine Legierung mit 54,0% Co, 36,5% Fe und 9,5% Cr weist bei Raumtemperatur einen Ausdehnungskoeffizienten kleiner als $1 \cdot 10^{-7}$ auf und ist außerdem sehr korrosionsbeständig. Es wird daher auch rostfreies Invar ge-

---

[1] Neumann, F., u. H. Johannsen: Z. Vermessungsw. Bd. 63 (1934) S. 1/16; Z. Instrumentenkunde Bd. 54 (1934) S. 173/90.

[2] Masumoto, H.: Sci. Rep. Imp. Univ. Bd. 20 (1931) S. 101/23.

[3] Masumoto, H.: Sci. Rep. Imp. Univ. Bd. 23 (1934) S. 265/80.

nannt. Durch eine starke Kaltverformung geht nach Untersuchungen von Z. NISHIYAMA[1] die Legierung unter Verlust ihrer wertvollen Eigenschaften aus dem kubisch-flächenzentrierten in das kubisch-raumzentrierte Gitter über. Diese Umwandlung wird auch durch eine Abkühlung in flüssiger Luft erzwungen. Wie alle kobalthaltigen Legierungen, zeigt auch diese eine außerordentlich große Umwandlungshysterese. P. CHEVENARD und P. J. BOUCHET[2] stellten fest, daß der Übergang von der α- in die γ-Phase erst zwischen 730 und 850° vor sich geht. Die bei Raumtemperatur instabile γ-Phase zeigt den erwarteten niedrigen Curiepunkt von 175°, sie ist gegen thermische Beanspruchung recht unempfindlich und spricht nur auf eine Kaltverformung an.

Zum Schluß sei noch darauf hingewiesen, daß durch Zusatz von 2···3,5% Ti aushärtbare Invarlegierungen mit etwa 39···44% Ni erhalten werden können[3].

Die Invarlegierungen werden für den Meßinstrumentenbau und besonders für die Herstellung von Thermo-Bimetallen verwendet. Letztere sind zweischichtige Werkstoffe, deren eine Komponente einen großen, deren andere Komponente aber einen möglichst kleinen Ausdehnungskoeffizienten haben soll. Erwärmung dieser Werkstoffe in Blech- oder Bandform bewirkt eine ungleichmäßige Ausdehnung, welche eine Verkrümmung des Bandes zur Folge hat und zur Betätigung von Schaltgeräten benutzt werden kann. Die Erwärmung darf nicht zu hoch sein, sonst bewirkt die eintretende Erweichung und Rekristallisation einen Ausgleich der thermischen Spannungen. Als Komponente mit kleinem Ausdehnungskoeffizienten wählt man eine Eisen-Nickel-Legierung, deren Ausdehnungsminimum mit der Arbeitstemperatur zusammenfällt. Soll z. B. das Bimetall seine größte Empfindlichkeit bei 300° aufweisen, so wählt man eine Legierung mit 42···46% Ni.

Als Komponente mit großer Ausdehnung kommen neben Nickel, Monel, Messing und Konstantan auch Eisen-Nickel-Legierungen mit etwa 20% Ni in Frage, die nach Abb. 262 ein Maximum des Temperaturkoeffizienten aufweisen. Durch Zusätze von Chrom, Molybdän oder Mangan werden E-Modul und Rekristallisationstemperatur erhöht und dadurch der Anwendungsbereich nach höheren Temperaturen zu erweitert.

2. Glas-Einschmelz-Legierungen.

Für die Röhrenindustrie ist es von größter Wichtigkeit, für vakuumdichte Einschmelzungen von Metall in Glas Werkstoffe in die Hand zu bekommen, die dasselbe Ausdehnungsverhalten wie das Glas aufweisen.

---

[1] NISHIYAMA, Z.: Sci. Rep. Imp. Univ. Bd. 25 (1935) S. 94/101.

[2] CHEVENARD, P., u. P. J. BOUCHET: C. R. hebd. Séances Acad. Sci. Bd. 220 (1945) S. 774/76.

[3] A. P. 2266481.

Nun zeigt das Glas beim Aufheizen einen „Transformations"-Punkt, oberhalb welchem das Glas infolge beginnender Erweichung in der Lage ist, Spannungen auszugleichen. Bis zu diesem Transformationspunkt muß der Ausdehnungskoeffizient des Glases mit dem des eingeschmolzenen Drahtes übereinstimmen. Für die üblichen Gläser liegt der Transformationspunkt bei etwa 300°. Man hat eine Anzahl Legierungen geschaffen, deren Ausdehnung mindestens bis zu diesem Punkt annähernd linear verläuft, deren Knickpunkt (proportional dem Curiepunkt) also darüberliegt. In Tab. 30 sind Zusammensetzung, Ausdehnungskoeffizient und Knickpunkttemperatur dieser Werkstoffe zusammengestellt.

Tabelle 30. *Zusammensetzung und mittlerer Ausdehnungskoeffizient verschiedener Einschmelzlegierungen.*

Zusammensetzung				Mittlerer Ausdehnungskoeffizient $\times 10^7$					Knick-punkt-Temp.
Ni	Mn	Cr	Fe	20—200°	20—300°	20—400°	20—500°	20—600°	
42			Rest	55	56	63	83	97	355°
46		.	Rest	74	73	75	88	99	400°
20	6		Rest	199	200	201	202	203	
49		1	Rest	91	91	89	97	107	445°
51		1	Rest	101	101	101	102	109	480°
54			Rest	106	107	107	108	113	550°
42		6	Rest	72	81	100	113	121	(300°)
25			Rest	105	107	109	111	112	

Besondere Schwierigkeiten bereitete es, für Hartglas mit sehr kleiner Ausdehnung und hohem Transformationspunkt eine geeignete Legierung zu finden. H. Scott[1] konnte bei der Untersuchung des Systems Fe-Ni-Co geeignete Legierungen finden, die bis etwa 470° eine kleine Ausdehnung aufweisen, deren Curiepunkt also bei etwa 500° C liegt. Er konnte sogar formelmäßig den Einfluß der Legierungskomponenten und der Verunreinigungen C und Mn auf die Knickpunkttemperatur erfassen nach folgenden Formeln:

$$T_K = 19{,}5 \times (\% \text{ Ni} + \% \text{ Co}) - 22 \, (\% \text{ Mn}) - 465$$
$$(\% \text{Co}) = 0{,}0795 \, T_K + 4{,}8 \, (\% \text{ Mn}) + 19 \, (\% \text{ C}) - 18{,}1$$
$$(\% \text{Ni}) = 41{,}9 - 0{,}0282 \, T_K - 37 \, (\% \text{ Mn}) - 19 \, (\% \text{ C})$$
$$\frac{(\% \text{Ni}) + 2{,}5 \, (\% \text{ Mn}) + 18 \, (\% \text{ C})}{(\% \text{ Fe})} = 0{,}55$$

Eine unter dem Namen Kovar oder Fernico bekannte Legierung weist folgende Zusammensetzung auf: 27% Ni, 19% Co, 54% Fe, der mittlere Ausdehnungskoeffizient zwischen 20 und 500° beträgt $6{,}3 \cdot 10^{-6}$, der Knickpunkt liegt bei 425°, der Zusammenhang zwischen Knickpunkt

---

[1] Scott, H.: J. Franklin Inst. Bd. 220 (1935) S. 733/53.

und Curietemperatur ist aus Abb. 267 zu ersehen. Für Bleiglas wird von
A. W. Hull und E. E. Burger[1] eine Legierung mit 37% Fe, 30% Ni,
25% Co und 8% Cr angegeben.

Kovar neigt bei Kaltverformung zur Martensitbildung. So konnte
L. L. Wyman[2] die Martensitbildung bereits an Schnittkanten beobachten.
Die Neigung zur Martensitbildung wird durch geringe Beimengungen
von Kohlenstoff erheblich verstärkt, sobald dieser durch Glühen bei sehr
hohen Temperaturen, z. B. bei 1300° in Lösung gebracht wurde.
W. Hessenbruch[3] fand, daß in diesem Zustande unter Umständen ein
Biegen der Drähte genügt, um
die Martensitbildung einzulei-
ten. Da der Martensit keineswegs die günstigen Ausdeh-
nungseigenschaften aufweist, ist
seine Entstehung auf alle Fälle
zu unterbinden. I. R. Kramer
und F. M. Walters[4] konnten
durch Zusätze von Mn, Ti oder
V dies nicht erreichen. K. Schichtel und U. Wilke-Dörfurt[5]
fanden, daß 0,2···0,3% Cr genügen, um einige Hundertstel
Prozent C unschädlich zu machen. Durch Cu-Zusatz wird
nach J. J. Went[6] die Temperatur der α/γ-Umwandlung von

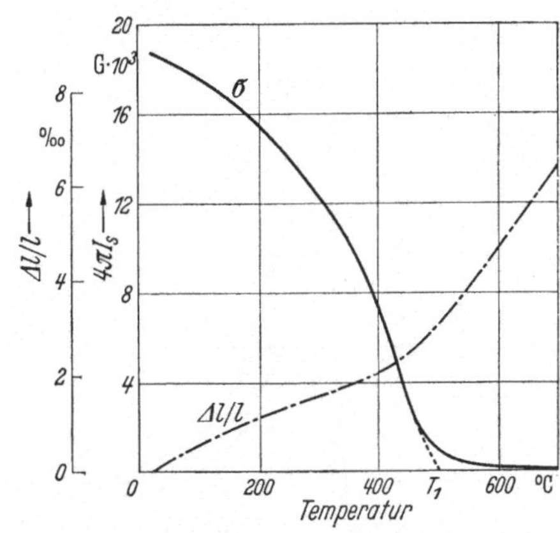

Abb. 267. Sättigungsmagnetisierung und Ausdehnungskoeffizient einer Legierung mit 54% Fe, 27% Ni, 19% Co in Abhängigkeit von der Temperatur. (Nach L. Wendt.)

+ 100 auf — 180° herabgedrückt, so daß auch bei Kaltverformung
keine Umwandlung bei Raumtemperatur zu befürchten ist. Die
genaue Einhaltung der Konzentrationen und große Reinheit der Legierungen stellen hohe Anforderungen an die Hersteller. Deshalb ist man
teilweise zur Erzeugung auf pulvermetallurgischem Wege übergegangen, wenn auch die Legierungsbildung wegen des Kobaltgehaltes nach
E. E. Burger[7] und Nguyen Thienchi[8] erst durch längeres Glühen oberhalb 1200° C zu erreichen ist.

[1] Hull, A. W., u. E. E. Burger: Physics Bd. 5 (1934) S. 384/405.

[2] Wyman, L. L.: Metals Techn. Bd. 6 (1939), Techn. Publ. Nr. 1013.

[3] Hessenbruch, W.: Z. Metallkde. Bd. 29 (1937) S. 193/96.

[4] Kramer, I. R., u. F. M. Walters: Metals Techn. Bd. 8 (1941), Techn. Publ. Nr. 1370.

[5] Schichtel, K., u. U. Wilke-Dörfurt: Z. Metallkde. Bd. 36 (1944) S. 147/48.

[6] Went, J. J.: Philips techn. Rdsch. Bd. 10 (1948) S. 87/95.

[7] Burger, E. E.: General Electric Rev. Bd. 49 (1946) Nr. 12 S. 22/27.

[8] Thienchi, N.: C. R. hebd. Séances Acad. Sci. Bd. 222 (1946) S. 1046/47.

III. Werkstoffe mit kleinen Temperaturkoeffizienten des E-Moduls.

Ebenso wie bei den Legierungen mit kleinem Ausdehnungskoeffizienten stellt auch hier die Legierung mit 36 % Ni, 64 % Fe den Ausgangspunkt der Entwicklung dar. Der in Abb. 260a skizzierte Fall wird durch diese Legierung realisiert wie aus Abb. 268 zu ersehen ist. Bei zwei verschiedenen Temperaturen, 30 und 43°, ist der Temperaturkoeffizient des E-Moduls Null. Der Durchgang durch die Null-Lage ist allerdings so außerordentlich steil, daß an eine praktische Verwertung nicht gedacht werden konnte. Schon C. E. GUILLEAUME[1] fand eine Lösung dieses Werkstoffproblems durch Zusatz von Cr, welches den Kurvenverlauf abflacht und das Maximum der Anomalie herabsetzt. Wie aus Abb. 268 hervorgeht, zeigen Legierungen mit 7…8 % Cr bei Raumtemperatur einen von Temperaturschwankungen fast unabhängigen E-Modul. Diese Legierungen sind aber noch zu weich, um ein geeignetes Federnmaterial für

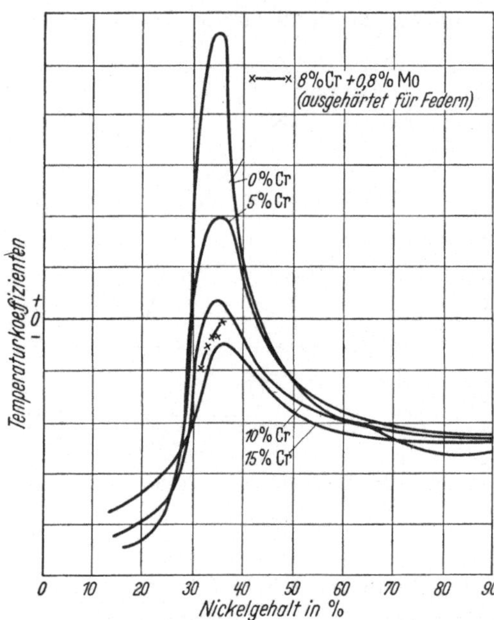

Abb. 268. Temperaturkoeffizient des E-Moduls bei 0° von Fe-Ni-Cr-Legierungen mit verschiedenem Cr-Gehalt. (Nach P. CHEVENARD.)

Uhrfedern abzugeben. Man hatte zunächst den schwankenden E-Modul der Stahlfeder durch eine Bimetallunruhe kompensiert; die Verwendung einer Unruhe aus einheitlichem Metall mit konstantem E-Modul bedeutete einen entscheidenden Fortschritt, als es gelang, dieses Material zu härten. So setzte man den Eisen-Nickel-Legierungen neben Chrom noch etwas Wolfram zu, um durch Ausscheidungshärtung ein Federnmaterial genügender Härte zu erlangen. Nach W. G. BROMBACHER[2] zeigt eine als Elinvar bezeichnete Legierung mit 34,5 % Ni, 9,1 % Cr, 2,6 % Mn, 3,1 % W, 0,68 % C, Rest Fe zwischen 0 und +30° einen Temperatur-

---

[1] GUILLEAUME, C. E.: Rev. Métallurgie Bd. 25 (1928) S. 35/43.
[2] BROMBACHER, W. G.: Rev. Sci. Instruments Bd. 4 (1933) S. 688/92.

koeffizienten des E-Moduls von $0,7 \cdot 10^{-5}$. Die unter dem Namen Nivarox von R. STRAUMANN[1] beschriebenen Legierungen weisen neben Zusätzen von W, Mo oder Cr als aushärtenden Bestandteil noch Be und Ti auf. Auch F. C. OCHSNER[2] berichtet über Legierungen mit Cr und Ti als härtende Zusätze. H. FAHLENBRACH und H. H. MEYER[3] benutzten hierfür Zusätze von Si und Mo. P. CHEVENARD, L. HUGUENIN, X. WACHÉ und A. VILLACHON[4] solche von Mo und V (Metelinvar) oder je 2% Al und Ti (Durinval). Alle diese Legierungen verdanken ihre Eigenschaften einem verhältnismäßig niedrig liegenden Curiepunkt, sie sind deshalb auch nicht so empfindlich gegen die Einwirkung äußerer Magnetfelder wie Stahlfedern.

Von H. MASUMOTO und H. SAITO[5] wurden Legierungen mit $52 \cdots 60\%$ Co, $8 \cdots 12\%$ Cr und $28 \cdots 38\%$ Fe gefunden, die ebenfalls sehr kleine Temperaturkoeffizienten des E-Moduls aufweisen.

G. Magnetische Werkstoffe mit stark temperaturabhängiger Sättigungsmagnetisierung.

Um die reversible Änderung der Remanenz und damit der Feldstärke in Dauermagnetsystemen zu kompensieren, werden magnetische Nebenschlüsse aus Werkstoffen mit stark temperaturabhängiger Magnetisierung angebracht. Es müssen dies Werkstoffe sein, deren Curiepunkt etwa bei der Gebrauchstemperatur, im allgemeinen also bei Raumtemperatur, liegt. Es werden hierfür Legierungen mit etwa 70% Ni und 30% Cu, deren Curiepunkt bei etwa 80° liegt, oder mit 30% Ni und 70% Fe, deren Curiepunkt bei etwa 100° liegt, verwendet. Abb. 269 zeigt den Verlauf der Sättigungsmagnetisierung in Abhängigkeit von der Temperatur, wie er von F. STÄBLEIN[6] angegeben wurde. Die Einhaltung des gezeigten Kurvenverlaufs ist an außerordentlich enge Grenzen in der Konzentration des Nickels gebunden, wenige Zehntel% Abweichungen genügen, um ein anderes Verhalten zu bewirken, weil die Curietemperatur sehr rasch mit dem Nickelgehalt ansteigt. Durch Zusätze von Chrom wird nach P. CHEVENARD[7] gemäß Abb. 270 der Curiepunkt herabgesetzt

---

[1] STRAUMANN, R.: Hevetica Physica Acta Bd. 10 (1937) S. 269/70; Heraeus-Vakuumschmelze 1923/33 (1933) S. 408/23.

[2] OCHSNER, F. C.: Proc. Eng. Bd. 19 (1948) S. 126/28.

[3] FAHLENBRACH, H., u. H. H. MEYER: Z. techn. Phys. Bd. 21 (1940) S. 40/44.

[4] CHEVENARD, P., L. HUGUENIN, X. WACHÉ u. A. VILLACHON: C. R. hebd. Séances Acad. Sci. Bd. 204 (1937) S. 1231/33.

[5] MASUMOTO, H., u. H. SAITO: Sci. Rep. Res. Inst. Tôhoku Univ. Bd. 1 (1949) Nr. 1 S. 17/22.

[6] STÄBLEIN, F.: Techn. Mitt. Krupp Bd. 2 (1934) S. 127/28.

[7] CHEVENARD, P.: Rev. Métallurgie Bd. 25 (1928) S. 14/34.

und seine Abhängigkeit vom Nickelgehalt vermindert. Auf die Verwendung solcher Legierungen mit Zusätzen von Cr und Si weisen L. R. JACKSON und H. W. RUSSELL[1] und M. YAMAGUCHI[2] hin. Genaue Angaben über die Zusammensetzung liegen jedoch nicht vor.

Daneben besteht eine weitere Möglichkeit, Werkstoffe mit temperaturabhängiger Permeabilität herzustellen unter Ausnutzung der Spannungsabhängigkeit der Permeabilität weicher Fe-Ni-Legierungen. Durch Kombination von Werkstoffen mit verschiedenen thermischen Ausdehnungskoeffizienten treten bei Erwärmung Spannungen auf, welche die Permeabilität in Legierungen mit kleiner Magnetostriktion herabsetzen. Auf diese Möglichkeit weisen F. ACKERMANN[3] und S. SCHWEIZERHOF[4] hin.

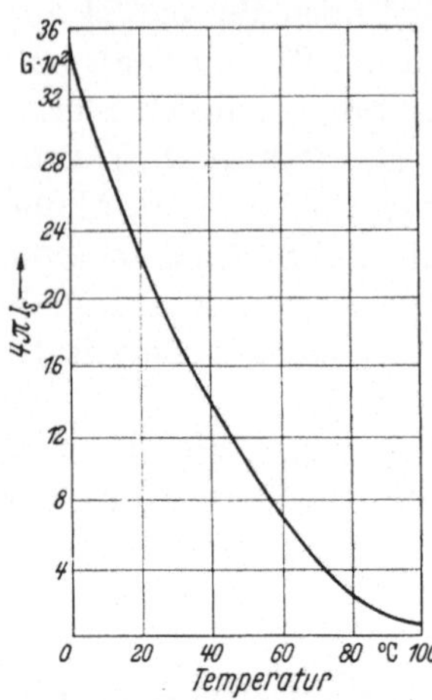

Abb. 269. Änderung der Sättigungsmagnetisierung einer Fe-Ni-Legierung mit 30% Ni in Abhängigkeit von der Temperatur. (Nach F. STÄBLEIN.)

Alle die bisher beschriebenen Werkstoffe zeigen zwar eine starke, aber nicht lineare Abnahme der Magnetisierung, so daß sie die Wünsche des Meßinstrumentenbaues nicht vollkommen befriedigen. Durch Kombination zweier Werkstoffe mit wenig verschiedener Zusammensetzung gelingt es[5] einen geradlinigen

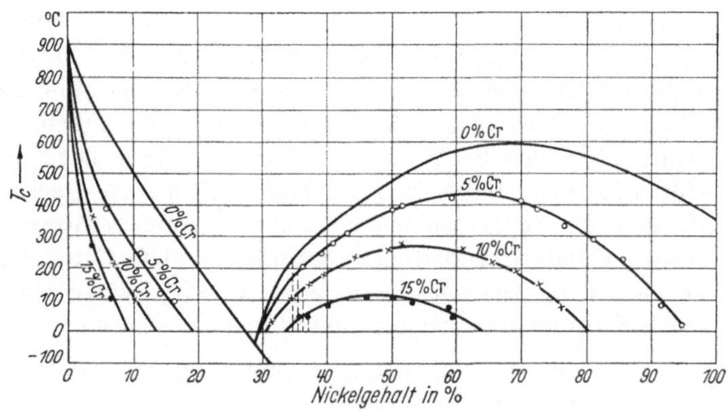

Abb. 270. Änderung des Curiepunktes von Fe-Ni-Legierungen durch Cr-Zusatz. (Nach P. CHEVENARD.)

---

[1] JACKSON, L. R., u. H. W. RUSSELL: Instruments Bd. 11 (1938) S. 280/82.
[2] YAMAGUCHI, M.: Electricien Bd. 70 (1939) Nr. 2 S. 55/79.
[3] ACKERMANN, F. W.: Z. techn. Phys. Bd. 24 (1943) S. 45/46.
[4] SCHWEIZERHOF, S.: Z. techn. Phys. Bd. 24 (1943) S. 218/19.
[5] DRP 741 744.

Verlauf zu erzielen. Noch eleganter ist die Lösung dieses Problems auf pulvermetallurgischem Wege, wo die Sinterung nicht bis zur völligen Homogenisierung der Legierung getrieben wird und die so entstandenen Mischkörper einen geradlinigen Abfall der Magnetisierung bis zum Curiepunkt zeigen.

H. Unmagnetische Werkstoffe.

Aus zwei Gründen müssen manche Konstruktionsteile unmagnetisch sein. Entweder soll der Verlauf von Kraftlinien nicht gestört und beeinflußt werden, z. B. bei Kompassen oder Meßinstrumenten oder es soll ein magnetischer Nebenschluß vermieden werden, z. B. bei wichtigen Konstruktionsteilen im Elektromaschinenbau. Wir können vom Standpunkt des Werkstoff-Fachmannes aus zwei Gruppen von Werkstoffen unterscheiden, nämlich solche, die von Natur aus unmagnetisch sind und ihre magnetischen Eigenschaften nur durch entsprechende Verunreinigungen erhalten und magnetische Werkstoffe, welche durch Legierungszusätze ihren Ferromagnetismus verloren haben. Die Zweiteilung stimmt auch recht gut mit der Aufgliederung und dem Verwendungszwecke überein. Der Meßinstrumentenbau legt keinen Wert auf große mechanische Festigkeiten, während der Elektromaschinenbau in dieser Beziehung oft außerordentliche Anforderung stellt, deshalb werden im ersten Falle die Nichteisenmetalle bevorzugt.

I. Nichteisenmetalle.

Die ferromagnetischen Verunreinigungen in Nichteisenmetallen sind nur dann wirksam, wenn sie in freier Form oder als ferromagnetische Kristallart vorliegen. So bilden Kupfer und Nickel eine vollständige Mischkristallreihe, die bis etwa 60% Ni unmagnetisch ist, Nickel als Verunreinigung spielt daher keine Rolle. Kobalt ist nur zu 0,2% im Kupfer löslich, jedoch ist der Kobaltgehalt stets so gering, daß er keine Rolle spielt. Die wichtigste Verunreinigung, das Eisen, ist zwar bei höheren Temperaturen bis zu etwa 1% löslich, die Löslichkeit nimmt aber bei Raumtemperatur nach G. TAMMANN und W. OELSEN[1] bis auf 10^{-3}% ab. Die Ausscheidung des dann ferromagnetisch wirksamen Eisens wird durch Kaltverformung stark beschleunigt. Ähnlich wie Kupfer verhält sich Messing. Es ist deshalb ziemlich schwierig, wirklich unmagnetisches Kupfer oder Kupferlegierungen, z. B. sogenanntes Kompaßmessing herzustellen. Es ist dabei zu bedenken, daß in diesem Falle nicht nur das

---

[1] TAMMANN, G., u. W. OELSEN: Z. anorg. Chem. Bd. 186 (1930) S. 257/88.

metallische Eisen in freier Form, sondern auch das chemisch gebundene Eisen in Form von Kupfer- oder Zinkferriten magnetisch wirksam sein kann. Man muß daher entweder die Kupferlegierungen sehr sorgfältig desoxydieren und nach beendeter Verarbeitung die Werkstoffe einer Lösungsglühung für das ausgeschiedene Eisen unterwerfen und dann rasch abschrecken, damit das Eisen auch im Mischkristall gelöst bleibt oder, was sicherer ist, man muß für die Werkstoffherstellung ausgesuchte, wirklich eisenfreie Ausgangsstoffe benutzen, und beim Schmelzen und Gießen peinlichst jeden Kontakt mit eisernen Werkzeugen vermeiden.

Zink und Aluminium binden die Eisenmetalle in Form von unmagnetischen Verbindungen, z. B. $Zn_{13}Fe$ oder Al_3Fe, die nur eine geringe Löslichkeit im Grundmetall aufweisen. Hier ist also das Eisen unschädlich. Zinkspritzguß und Aluminiumlegierungen sind daher leicht unmagnetisch zu erhalten.

II. Unmagnetisches Gußeisen.

Der Austenit ist unmagnetisch. Um ein unmagnetisches Eisen zu erhalten, hat man Legierungszusätze zu wählen, welche das γ-Gebiet stark erweitern und eine α/γ-Umwandlung bis unterhalb der Raumtemperatur herabdrücken. Als Elemente, die das γ-Gebiet erweitern, kommen in Betracht: C, N, Mn, Co, Ni und Cu. Bekanntlich wird durch Zusatz von mehr als 15% Ni die Umwandlung auf unterhalb der Raumtemperatur erniedrigt. Da aber Nickel ein teueres Legierungselement ist, hat man frühzeitig versucht, es durch billigere Elemente zu ersetzen.

Am längsten bekannt ist das als Nomag bezeichnete Gußeisen mit 10% Ni und 5% Mn. Da aber die Bearbeitbarkeit durch das Mangan herabgesetzt wurde, nahm man lieber den höheren Nickelgehalt in Kauf und fügte zur Stabilisierung des Austenits noch Kupfer hinzu. So entstand das als Niresist bekannte Gußeisen, welches zur Erhöhung der Korrosionsbeständigkeit noch einige Prozent Cr enthalten kann. Eine typische Zusammensetzung ist gemeinsam mit den wichtigsten Werkstoffeigenschaften einer Arbeit von F. Roll[1] entnommen und in Tab. 31 aufgeführt.

III. Unmagnetischer Stahl.

Im Elektromaschinenbau braucht man an manchen Stellen, so z. B. bei der Befestigung von Stromleitern in rasch laufenden großen Turbogeneratoren unmagnetische Werkstoffe großer Festigkeit. Die Entwicklung der unmagnetischen Stähle wird von denselben Gesichtspunkten geleitet wie beim Gußeisen. Während reine Nickelstähle durch Kaltver-

---

[1] Roll, F.: Gießerei Bd. 21 (1934) S. 152.

formung leicht in den ferritischen, magnetischen Zustand übergehen, wird durch Zusatz von Mn und Cu der austenitische Zustand stabilisiert und es kann die sehr große Verfestigungsfähigkeit dieser Werkstoffe durch Kaltverformung voll ausgenutzt werden. Drähte aus Stahl mit 0,5% C, 8% Mn, 10% Ni, Rest Eisen zeigten zwar nach dem Ziehen eine Streckgrenze von etwa 170 kg/mm², neigten aber zur Spannungskorrosion. Unter dem Einfluß von korrodierenden Mitteln, z. B. beim Lagern an feuchter Luft, wurden die Drähte brüchig und ließen sich teilweise nicht einmal mehr verarbeiten. Um diese Anfälligkeit gegen Spannungskorrosion zu unterbinden, wurde von R. WEIHRICH[1] ein Zusatz von Chrom vorgeschlagen und gleichzeitig die Streckgrenze durch Verminderung der Kaltverformung um etwa 20 kg/mm² herabgesetzt. Stähle mit 0,1% C, 4% Mn, 12% Cr, 12% Ni, Rest Fe zeigten dann keine Anzeichen einer Versprödung durch Lagerung. Die aus solchen Stählen hergestellten kaltgezogenen Drähte mit sehr hoher Streckgrenze dienen als Bandagendrähte zur Festlegung der Wicklungen in raschlaufenden elektrischen Maschinen.

An Stelle von Drähten werden auch geschmiedete Ringe aus unmagnetischem Stahl über die Läufer der Generatoren gezogen. Durch Herabsetzung der Fertigschmiedetemperatur auf 400···500° C gelingt es auch hier, Streckgrenzen von 75···90 kg/mm² zu erhalten, wie das Beispiel eines Cr-Ni-Mn-Stahles mit 14% Mn und je 3,5% Ni und Cr zeigt[2]. Von G. RIEDRICH[3] wurde der praktisch vollkommene Ersatz des Nickels durch Mangan vorgeschlagen. Um die Bearbeitbarkeit nicht zu sehr zu verschlechtern, darf dabei der Kohlenstoffgehalt nicht über 0,3% liegen. Zusammensetzung und Eigenschaften solcher unmagnetischer Werkstoffe hoher Festigkeit sind in Tab. 31 aufgeführt.

Tabelle 31. *Zusammensetzung und Eigenschaften verschiedener unmagnetischer Guß-eisen- und Stahlsorten.*

Bezeichnung	Zusammensetzung								Zugfestigk.	Streckgrenze	Dehnung	Biegefestigk.	Brinellhärte
	C	S	P	Ni	Mn	Cu	Cr	Si					
Nomag				10	5								
Niresist	3			15	1	6	4	1,5	36		0,9	50	···270
Bandagendraht	0,2			10,5	6		12,6	0,36	170	160	5		
Kappenringe .	0,64	0,004	0,040	3,87	13,86		3,42	1,04	110	85	27		

[1] WEIHRICH, R.: Arch. Eisenhüttenw. Bd. 15 (1941) S. 153/54.
[2] Metallwirtschaft Bd. 21 (1942) S. 791/92.
[3] RIEDRICH, G.: Stahl u. Eisen Bd. 60 (1940) S. 815/18.

Anhang.

Bezeichnung, Zusammensetzung und Eigenschaften der Dauermagnetwerkstoffe in Deutschland.

a) *Eisen-Nickel-Aluminium-Legierungen.*

Bezeichnung	Werkstoff Nr.	Zusammensetzung in % (Rest Fe)					Magnetische Werte (Mindest-Werte)						Wichte g/cm³
		Ni	Al	Co	Cu	Ti	B_r	H_c	B_A	H_A	$\frac{(B \cdot H)_{max}}{10^6}$	μ_{rev}	
AlNi 90	3725	22	12	—	—	—	7400	260	5200	160	0,90	8	6,9
AlNi 120	3728	27,5	13	—	—	—	5400	480	3600	300	1,05	6	6,8
AlNi 160	3741	24,5	11,5	10,0	4,0	—	6200	630	3600	350	1,40	5	7,1
AlNi 250		18,5	6,5	24,0	4,0	5,0	6400	980	3800	600	2,30		6,9
AlNi 400	3760	15,5	9,5	24,0	4,0	—	10500	550	8000	400	3,60	5	7,2
AlNi 550		15,5	8	22,0	4,0	—	12800	660	—	—	5,50	—	7,2

b) *Kohlenstoff-Stähle.*

Bezeichnung	Werkstoff Nr.	Zusammensetzung in % (Rest Fe)					Magnetische Werte (Mindest-Werte)						Wichte g/cm³
		C	Cr	Co	Mo	W	B_r	H_c	B_A	H_A	$\frac{(B \cdot H)_{max}}{10^6}$	μ_{rev}	
Co 30	3603	1	3,3	—	—	—	9500	56	6200	42	0,24	28	7,8
Co 40	3702	1	4,0	2,0	—	0,7	9400	70	6500	49	0,34	25	7,85
Co 50	3704	1	8,5	6,5	1,3	—	8400	120	5300	75	0,46	15	7,9
Co 60	3707	1	8,5	11,0	1,6	—	8400	155	5300	100	0,60	12	7,9
Co 70	3710	1	9,0	16,0	1,6	—	8400	180	5300	115	0,68	10	8,0
Co 90	3719	0,9	4,7	31,0	0,4	4,8	8400	230	5300	150	0,90	8	8,1

c) *Andere Legierungen.*

Bezeichnung	Zusammensetzung in %				Magnetische Werte						Wichte g/cm³
	Fe	Ni	Cu	Co	B_r	H_c	B_A	H_A	$\frac{(B \cdot H)_{max}}{10^6}$	μ_{rev}	
Magnetoflex 20	20	20	60	—	5500	360	3600	240	0,86	—	8,1
Magnetoflex 12	12	20	68	—	3600	680	2500	430	1,08	—	8,1
	100	—	—	—	5400	520	3200	300	1,05	6	4,2
	70	—	—	30	6200	630	3600	350	1,40	5	4,4

Firmenbezeichnungen: DEW Oerstit
Krupp-Widia Koerzit

Bezeichnung: Zusammensetzung und Eigenschaften der Dauermagnetwerkstoffe im Ausland.

a) *Eisen-Nickel-Aluminium-Legierungen.*

Her-steller-Land	Werkstoffbezeichnung	Zusammensetzung in Gew. %					B_r Gauß	H_c Oersted	$(BH)_{max} \cdot 10^6$ G·Oe
		Al	Ni	Co	Cu	Ti			
Öst.	NiAl 110	13	21	—	—	—	8000	270	1,1
USA	Alnico III C	12	24	—	—	—	7500	400	1,35
USA	Alnico III B	12	25	—	—	—	7000	470	1,35
Frkr.	Z 5 NA 24-14	12···14	24···27	—	—	—	6800	470	1,25
GB	Alni	13	25	—	4	—	6000	500	1,3
Öst.	NiAl 120	14	26	—	—	—	6000	525	1,2
USA	Alnico III A	12	26	—	—	—	6500	560	1,35
USA	Nipermag	12	30	—	—	0,4	5600	660	1,34
USA	Alnico I C	12	19,5	5	—	—	7600	400	1,4
USA	Alnico I B	12	21	5	—	—	7100	450	1,4
Frkr.	Z 5 NAK 20-10-05	9···14	20···22	—	—	—	7000	525	1,5
USA	Alnico I A	12	22,5	5	—	—	6600	540	1,4
USA	Alnico IV B	12	27	5	—	—	6000	660	1,3
USA	Alnico IV A	12	28	5	—	—	5500	730	1,25
GB	Alnico III	10	16	12	6	0,7	8400	400	1,6
USA	Alnico II C	10	16	12,5	6	—	8000	425	1,6
Frkr.	Z 5 NKA 20-12-08	7···10	17,5···22	10···15	—	—	(8500)	500	(1,75)
GB	Alnico I	10	18	13	6	0,7	7000	510	1,6
USA	Alnico II B	10	17	12,5	6	—	7500	560	1,6
GB	Alnico III	10	20	12	6	0,7	6000	600	1,6
USA	Alnico II A	10	18	12,5	6	—	7000	630	1,6
Öst.	CoNiAl 140	11	25	8	—	—	6500	650	1,4
Öst.	CoNiAl 160	10	20	15	4	—	7000	700	1,6
USA	Alnico XII	6	18	35	—	8	6100	1000	1,65
Holl.	Reco 2 A	7	20	20	7	6,5	5500	1000	1,9
USA	Alnico V	8	14	24	3	—	12000	575	4,5
GB	Alcomax II	8	11,5	22	4	—	12500	550	4,3
GB	Alcomax III	8	14	24	3,5(+2%Nb)		12200	650	4,75
Holl.	Ticonal E	8	14	24	3	—	11200	660	4,2
Frkr.	Z 1 KNA 24-14-08	8	14	24	3	—	12000	600	4,8
Öst.	NiAlCo 400	8	14	24	3	—	12000	600	4,6
USA	Alnico V D G[1]	8	14	24	3	—	13100	640	5,5
Holl.	Alnico G[1]	8	14	24	3	—	13400	585	5,7
USA	Alnico VI C	8	15	24	3	0,5	11000	700	4,0
USA	Alnico VI B	8	15	24	3	1,2	10500	750	3,65
USA	Alnico VII	8,5	18	24	3,3	5	7500	1100	3,0
GB	Alcomax IV	—	—	—	—	—	11200	750	4,3
GB	Hycomax	9	21	20	2	—	9000	830	3,2
Holl.	Ticonal K	—	—	—	—	—	8500	(1170)	(3,7)
Öst.	NiAlCo 200	10	20	15	3	—	9000	650	2,4

Russische Bezeichnung: Magnico.

---

[1] bei gerichteter Erstarrung.

b) *Kohlenstoff-Stähle.*

Hersteller-Land	Werkstoff-bezeichnung	Zusammensetzung in %					Magnetische Werte		
		C	Cr	Co	Mo	W	B_r	H_c	$(B \cdot H)_{max} \cdot 10^6$
USA	C-Steel	1	—	—	—	—	8600	48	0,18
USA	Cr-Steel	1	2…4	—	—	—	9500	55	0,24
USA, GB	Tungsten-Steel	0,7	—	—	—	6	10500	70	0,32
GB		1,0	9	3	1,5	—	7200	130	0,35
GB		1,0	9	6	1,5	—	7500	145	0,45
GB		1,0	9	9	1,5	—	7800	160	0,50
GB		1,0	9	15	1,5	—	8200	180	0,60
USA, GB	Co-Steel	0,8	2,5	17	—	8	9500	150	0,65
USA, GB	Co-Steel	0,7	4	36	—	5	9500	240	0,94
USA, GB		0,7	4	38	—	5	10000	240	0,98

c) *Andere Legierungen.*

Hersteller-Land	Werkstoff-bezeichnung	Zusammensetzung	B_r Gauß	H_c Oersted	$(BH)_{max} \cdot 10^6$ Gauß · Oersted
USA	Cunife 1	60% Cu, 20% Ni, Rest Eisen	5800	600	1,96 in magn. Vorzugsrichtung
USA	Cunife 2	50% Cu, 20% Ni, 2,5% Co, Rest Fe	7300	260	0,78 in magn. Vorzugsrichtung
USA	Cunico	50% Cu, 21% Ni, 29% Co	3400	660	0,80
USA	Vicalloy I	52% Co, 9,5% V, Rest Fe	9000	300	1,00
USA	Vicalloy II	52% Co, 14% V, Rest Fe	10000	520	2,00…3,50
USA	Comol oder Remalloy	12% Co, 19% Mo, Rest Fe	10500	250	1,10
USA	Indalloy	Fe-Co-Mo gesintert	9000	230	0,90
USA	Vectolite	30% Fe_2O_3, 44% Fe_3O_4, 26% Co_2O_3	1600	1000	0,60
USA	Silmanal	86,75% Ag, 8,8% Mn, 4,45% Al	600	550	0,075
GB	Permet	30% Co, 25% Ni, 45% Cu	2500	800	0,50
GB	Caslon	$Fe_2O_3 + Co_2O_3$	1100	700	0,20

Eigenschaftswerte von Blechkernen.

Werkstoff	Klasse n. DIN 41301	ϱ $\dfrac{\Omega\,mm^2}{m}$	s g/cm^3	$Dicke$ mm	H_c Oe	μ_{20} G/Oe	$^0/_{00}$ je mOe δ_5	δ_{100}	$f_g{}^1)$ kHz	$TK^3)$ $10^{-3}/^\circ C$	$\Delta\,m^2)$ $^0/_0$
Dynamoblech	—	0,55	7,6	0,35	0,5	400		10	10	0,5	—15
A 3-Blech	A 3 (A 2)	0,55	7,6	0,35	0,4	>700		10	6	0,5	—15
Trafoperm 25 N 1	A 1	0,4	7,7	0,35 0,15 0,05	0,8	850±150 850±150 800±100	<20	<5	4,5 24 200	0,5	—40
Hyperm 3	C 2	0,55	7,6	0,35 0,15	0,4	>1200	<30	<15	3 15		
Hyperm 7	C 3	0,55	7,6	0,35 0,15	0,2	>1500		<10	1 5		—25
Permenorm 3601 K 1 (Hyperm 36)	D 1	0,75	8,15	0,35 0,10 0,05	0,25	2000±200	<3	<2	3 35 140	4	—20
Mumetall (Hyperm 766)	E 3	0,45	8,6	0,35 0,1	0,05	μ_5 >11000			0,2 2,3	2	—20

^{1} $\operatorname{tg}\,\varepsilon_w = \dfrac{2}{3}\,\dfrac{f}{f_g}$.

^{2} Magn. Instabilität: Perm. Änderung nach Sättigung im Gleichfeld; weitgehend materialabhängig.

^{3} Temp. Koeff. der Anfangsperm. $TK = \dfrac{\Delta\,\mu_A}{\mu_A \cdot \Delta T}$.

Namenverzeichnis.

Sachverzeichnis.